MOTORRÄDER IN DEUTSCHLAND

JAPANISCHE MARKEN 1970–2000

Joachim Kuch

Motor
buch
Verlag

Einbandgestaltung: Luis dos Santos,
unter Verwendung von Fotos aus dem Archiv des Autors

Bildnachweis: Archiv Hersteller, Archiv Autor

ISBN 978-3-613-04211-7

1. Auflage 2023

Sie finden uns im Internet unter www.motorbuch-verlag.de

Lektorat: Martin Gollnick
Innengestaltung: Lukas Kretzschmar, tebitron gmbh, 70839 Gerlingen
Druck und Bindung: Conzella, 85609 Aschheim-Dornach
Printed in Germany

Inhalt

Vorwort

Mit den Siebzigern begann ein goldenes Zeitalter für Motorradfahrer, das bis zur Jahrtausendwende andauerte. In diesem Zeitabschnitt entdeckten eine Menge neuer Motorradfahrer die »Freiheit auf zwei Rädern«, gaben den Verlockungen – meist – von Honda, Kawasaki, Suzuki und Yamaha nach und stiegen auf japanische Bikes. Motorradfahren wurde zu einem Massenphänomen.

Der weltweite Boom begann 1969 mit Ankunft der legendären Honda CB 750 Four und wurde zusätzlich befeuert durch Kawasaki: 1972 stellte der Konzern die Kawasaki Z 900 Super Four vor, mit 900 cm^3 (statt 738 cm^3 der Honda CB 750), mit zwei obenliegenden Nockenwellen (statt nur einer bei der Honda), mit 82 PS (statt 67) und mit einer Spitze jenseits von 220 km/h (statt knapp 200 km/h). Jetzt erst recht ergriffen die Umwälzungen der Generation Honda auch den Rest der Branche, denn die beiden Bigbikes setzten Yamaha wie auch Suzuki unter Zugzwang, die zwar an eigenen Konzepten arbeiteten, viel Zeit aber mit der Entwicklung von Wankelmotorrädern oder großvolumigen Zweitaktern verloren.

Denn darauf waren beide spezialisiert gewesen, doch die erwachende Umweltbewegung und die in Kalifornien seit 1968 geltenden Umweltauflagen – natürlich lasch nach heutigen Maßstäben – beschleunigten das Ende der schnellen, aber extrem durstigen Zweitaktraketen zumindest auf den Märkten des Westens. Schlusslicht in dieser Beziehung war Suzuki, das erst zur IFMA 1976 – der »Internationalen Fahrrad- und Motorradausstellung« in Köln – seine Viertakter präsentierte. Die Motorradprogramme aller Hersteller näherten sich nun immer weiter an.

Außerhalb der westlichen Märkte sah es hingegen ganz anders aus: Unbemerkt von den auf große Viertaktmotorräder fixierten europäischen Märkten überfluteten die japanischen Hersteller den Rest der Welt mit kleinvolumigen Brot-und-Butter-Motorrädern. Und auch wenn viele in erster Linie für den asiatischen Markt bestimmt waren: Die kleinen und preisgünstigen Zweiräder wurden in großen Stückzahlen produziert. Sie erst machten aus den Zweirad-Riesen Zweirad-Giganten.

Auf dem deutschen Markt waren vor allem Viertakter mit mindestens 27 PS gefragt. Dass nicht jeder gleich zur 750er, 900er oder 1000er griff, lag an der seit 1977 gültigen Staffelung der Versicherungsprämien nach Leistung; die damals eingeführten Versicherungsklassen – bis 10, 17, 27, 50 und über 50 PS – sollte fast 20 Jahre lang Bestand haben. Die Jahrzehnte bis zur Jahrtausendwende brachten nicht nur eine schier unüberschaubare Vielfalt an Allround-Motorrädern hervor, sondern auch eine bei allen Herstellern immer feiner aufgefächerte Modellpalette. Ursache war der verbissene Konkurrenzkampf untereinander. Jede neue Idee, jede neue Entwicklungsrichtung fand sich, in ähnlicher Form, bei jedem der japanischen Hersteller. Ausnahmen gab es kaum, Hondas CX- und GL-Serien gehören dazu, ebenso Yamahas Dreizylinder.

Dieser Trend zur Diversifizierung setzte sich auch im folgenden Jahrzehnt fort. Anfangs noch geprägt vom Honda-Yamaha-Krieg – der zu einer nie für möglich gehaltenen Motorrad-Schwemme führte – setzten auf der IFMA 1984 die »Big Four« ein letztes großes Ausrufezeichen und zementierten jene Spartenvielfalt, die den Motorradmarkt bis heute prägt: Neben Allroundmotorrädern, Enduros und Choppern etablierten sie die Gattung der Supersportmotorräder.

Bei allen folgenden Modellen und Strömungen handelte es sich um Variationen und Verfeinerungen jener großen Entwicklungslinien, die mit der Honda CB 750 ihren Anfang genommen hatten.

Betriebsanleitung

oder: Es kommt ganz darauf an

Dieses Buch dokumentiert die stürmischen Entwicklungen des deutschen Motorradmarkts bis zur Jahrtausendwende. In dieser Zeit gaben die japanischen Hersteller das Innovationstempo vor. Die Texte vollziehen die wichtigsten Entwicklungen innerhalb einer Baureihe nach und spiegeln mitunter auch wieder, wie das jeweilige Motorrad damals in Tests gesehen und bewertet wurde. In den meisten Fällen dienten die Berichte der Zeitschrift »Motorrad« als Basis, deren Redaktion in der Stuttgarter Leuschnerstraße beheimatet war (und auch heute noch ist).

Von ehemaligen Motorrad-Redakteuren gegründet wurde dann 1974 die Zeitschrift »PS« (die heute ebenfalls zur Motorpresse gehört), während Anfang der Achtziger die Zeitschrift »Tourenfahrer« an den Start ging. Alle drei Magazine waren Pflichtlektüre, damals wie heute, und alle drei bildeten die Grundlage für diese Chronik.

Und damit sind wir beim einzigartig umfangreichen Tabellenwerk angelangt.

Die Basis bildeten zunächst, wie gesagt, die Angaben zeitgenössischer Tests. Doch in diesen finden sich mitunter erhebliche Unterschiede: Die Ergebnisse von Fahr-, Einzel-, Vergleichs- oder Gebrauchttests schwanken beträchtlich. Dafür kann es viel Gründe geben: Das Motorrad war noch nicht eingefahren, das Fahrzeug entsprach noch nicht den endgültigen deutschen Spezifikationen, unterschiedliche Fahrer, andere Reifen, ungeeignete Kleidung, Serienstreuung, Wetter oder Übertragungsfehler – es gibt eine ganze Menge Erklärungen dafür, warum die Angaben differieren. Für die Tabellen wurden daher die verschiedenen Motorradmagazine ausgewertet und die Angaben anschließend mit denen in Werks-Prospekten, Werkstatthandbüchern, Bedienungsanleitungen und Pressemeldungen abgeglichen. Doch selbst diese offiziellen Werksunterlagen sind sich erstaunlich oft uneinig. Und bei ganz frühen Modellen musste in amerikanischen und englischen Motorradtests nachgeschlagen werden.

Doch bei aller Unsicherheit: Es wurde keine Angabe, keine Zahl ungeprüft übernommen, sondern dieser Wert mit mindestens noch einer weiteren Quelle, meist aber zwei oder drei, abgeglichen. Auch bei den Preisen gab es zahlreiche, meist heute nicht mehr aufzulösende Diskrepanzen: Wurden sie mit oder ohne Nebenkosten angegeben, und zu welchem Zeitpunkt erfolgte die Drucklegung? Mitunter waren die Preislisten kaum mehr das Papier wert, auf dem sie gedruckt waren. Ich habe versucht, den jeweiligen Startpreis inklusive Nebenkosten und den im letzten Importjahr zu ermitteln. Mitunter liegt dieser letzte Preis wesentlich niedriger, was dann der Fall ist, wenn der Importeur die Preise drastisch senkte, um die Lager zu räumen. Diese Angaben markieren daher einen Preiskorridor.

Die Gliederung

Ich habe mich in der Regel dazu entschieden, alle Maschinen zunächst nach der Motorbauart zu sortieren und alle Fahrzeuge gleich welcher Gattung – Straßenmaschine, Enduro, Chopper – mit gleichem Motor zusammenzufassen.

Die Bilder stammen fast ausschließlich aus den Archiven der Hersteller oder von Motorrad-Fotograf Ulrich Schwab.

Die Abkürzungen

Manche Angaben sind nicht selbsterklärend, daher hier einige Hinweise, die das Verständnis erleichtern.

Jahr: *Importzeitraum, entspricht nicht zwangsläufig dem Produktionszeitraum.*

Motor: *S1 = stehender Einzylinder, R2–R6 = Zwei- bis Sechszylinder-Reihenmotor, V2/V4 = V-Motor mit Angabe von Zylinderzahl und -winkel.*

Steuerung: *Steuerung der Gaswechsel beim Zweitakter: SL = Schlitzsteuerung; MB = Membrane; PV = Power Valve; DS = Drehschieber; VA = Variable Auslassteuerung.*
Steuerung der Gaswechsel beim Viertakter: OHV = hängende Ventile, über Stößel, Stoßstangen und Kipphebel betätigt. OHC/DOHC = eine / zwei obenliegende Nockenwelle(n).

Gemischaufbereitung: *Vergaser, Anzahl, Durchlass-Durchmesser in Millimeter.*

Kühlung: *L = Luft; W = Flüssigkühlung; Luft-/Öl = Luftkühlung mit zusätzlicher Kühlung des Kolbenbodens durch Öl.*

Hinterradantrieb: *K = Kette, W = Welle, ZR = Zahnriemen*

Rahmen:
LKR = Leichtmetall-Brückenrahmen, Kastenschwinge
PSR = Pressstahl, als Rückgratrahmen oder mit Stahlrohr
SDR = Doppelrohrrahmen, Stahl
SER = Einschleifenrahmen, Stahl, mit oder ohne Unterzug. Mitunter auch als »Diamant«-Rahmen bezeichnet.
SGR = Stahl-Gitterrohrrahmen
SZR = Stahl-Zentralrohrrahmen
SKR = Stahl-Brückenrahmen, Kastenschwinge

Vorderradfederung: *T = Teleskopfedergabel;*
USD = Upside-down-Gabel, Standrohr-Durchmesser in mm

Hinterradfederung: *S = Schwinge, zwei Federbeine;*
ES = Einarmschwinge, ZF = Zentralfederbein. Anlenkung und Einbaulage abhängig von Bauart der Schwinge. Die ersten Monoshock-Aufhängungen samt Umlenkhebeln hießen bei Honda »Pro-Link«, bei Kawasaki »Uni Trak«, bei Suzuki »Full Floater« und bei Yamaha »Cantilever«.

Gewicht: *betriebsbereit, also inklusive Kraftstoff und Öl.*

Tank: *Inhalt in Litern, inklusive Reserve.*

Beschleunigung: *0–100 km/h in Sekunden, Näherungswert.*

Höchstgeschwindigkeit: *Wo verfügbar, erfolgt die Angabe mit liegendem Solo-Fahrer; auch die Werke nannten diese im Alltagsbetrieb völlig unrealistischen Werte.*

Preis: *Preisspanne, erste und letzte deutsche Listenpreise mit Nebenkosten.*

Nach dieser unabdingbaren Klarstellung bleibt Verlag und Autor nur noch, Ihnen viel Spaß zu wünschen – verbunden mit dem Versprechen, alle Korrekturen und Anregungen in eine mögliche zweite Auflage einfließen zu lassen.

Joachim Kuch, Motorbuch Verlag Stuttgart

HONDA

Soichiro Honda (1906–1991) schuf aus dem Nichts ein Imperium. Der Sohn eines Schmieds war bereits in den 1930er Jahren ein erfolgreicher Geschäftsmann und Rennfahrer. Nach dem Krieg erwarb er einen Posten von Armee-Stationärmotoren und motorisierte damit Fahrräder. Das funktionierte glänzend, und am 24. September 1948 gründete Honda die Honda Motor Co. Danach ging es Schlag auf Schlag, zwei Jahre später wurde das erste Montagewerk eröffnet; Ende 1951 erschien die Honda Dream E mit 146-Kubik-Viertaktmotor, obenliegender Nockenwelle und 5,5 PS. Dieser erste Viertakter der Marke verhalf Honda zum Durchbruch. Die Produktion der Cub begann im Juni 1952, bald verließen 25 000 Stück monatlich die schon wieder viel zu kleinen Fabrikhallen. Mit Shirako, Aoi und Saitama gingen drei weitere Honda-Werke in Planung beziehungsweise in Betrieb, letzteres mit der zehnfachen Kapazität von Shirako (wo jetzt die Dream E gebaut wurde). Das Werk Tokio wurde zum Schulungszentrum umfunktioniert. Die rasche Expansion zehrte die Kapitalreserven auf, Anfang 1954 stand Honda vor der Pleite. Japans Wirtschaftswunder rettete die Firma, 1956 war das Unternehmen die Nummer 2 auf dem japanischen Zweirad-Markt, vier Jahre später war man Marktführer. Früher als seine Konkurrenten setzte Honda auf den Export, mit seiner »You meet the nicest people on a Honda«-Kampagne läutete er in den 1960er Jahren den grundlegenden Imagewandel des Motorrads ein. Maschinen wie die CB 72, die CB 450 von 1965 und, natürlich, die CB 750 Four von 1968 setzten die Glanzlichter am ansonsten düsteren Motorradhimmel der 1960er Jahre. Anfang der Siebziger konzentrierte der Konzern seine Bemühungen vor allem auf den Automobilbau und versuchte, den Vorsprung auf dem Motorradsektor zu verwalten. 1976 überstiegen die Einnahmen aus dem Autogeschäft bereits die Einnahmen aus der Motorrad-Produktion. Revolutionäre Motorradentwürfe entstanden nicht. Die GL 1000 Gold Wing gehörte zu den wenigen Epoche machenden Entwicklungen jener Jahre, ebenso die CBX 1000, jenes Motorrad, das hier in Deutschland zur freiwilligen Selbstbeschränkung auf 100 PS führte. Zum Ende des Jahrzehnts war Yamaha dem Marktführer bedrohlich nahe gekommen.

Doch auch in den Achtzigern führte an Honda kein Weg vorbei: Der Motorradgigant aus Japan blieb führend, obwohl Yamaha erhebliche Anstrengungen unternahm, diese Position einzunehmen. Die Folge war der »Honda-Yamaha-Krieg«, der zu einer absurden Motorradschwemme führte und in der Folge zu einem ruinösen Preiswettbewerb, der nur Verlierer kannte. Dazu kam in der ersten Hälfte des Jahrzehnts der steigende Yenpreis, der die Ausfuhren verteuerte und einen Strich durch die Bilanzen machte: Motorradboom hin oder her, mit Autos verdiente Honda entschieden besser. Mit dieser prall gefüllten Kriegskasse wehrte Honda die Yamaha-Attacke ab und frischte innerhalb von 18 Monaten die komplette Modellpalette mit rund 80 neuen Modellen und Varianten auf.

Von den Fließbändern rollte zwar viel Überflüssiges wie die Turbo-CX, aber auch solche Kracher wie die V4-Sportler; die VF 750 F von 1982 markierte dabei nur den Anfang. Je weiter das Jahrzehnt fortschritt, desto innovativer wurden die Maschinen: Die NSR 400 R von 1984 hauchte dem Zweitakt-Prinzip neues Leben ein; die CBR 600 F, zur IFMA 1986 gezeigt, avancierte zum Inbegriff des japanischen »Joghurtbechers«, die VFR 750 von 1987 dagegen galt als bestes Motorrad des Jahrzehnts, und mit der Sechszylinder-GL 1500 setzte Honda neue Maßstäbe im Bereich der Supertourer. Die entstand im Werk Marysville, Ohio, Hondas erstem US-Werk, nachdem 1959 in Kalifornien die American Honda Motor Co. gegründet worden war.

Die European Honda (zunächst in Hamburg), dann Honda Deutschland und heute Honda Europe (North) in Offenbach folgte 1961. Im Jahr darauf wurde mit dem Bau eines Montagewerks im belgischen Aalst begonnen, 1964 nahm Honda France seine Arbeit auf; Honda U.K Ltd in London begann 1965 mit dem Motorrad-Import, es folgten Kanada und Australien (1969), Brasilien (1971), Indonesien (1973), Schweiz und Peru (1974). Zum Ende des Jahrtausends unterhielt Honda 78 Werke in über 40 Ländern. Die Region Europa wird von Rom aus gesteuert, wobei Honda in drei Werken in Europa produziert. Das Werk in Atessa in den Abruzzen baute die NX 650 Dominator, die XL 650 V Transalp, die CB 500 sowie Leichtkrafträder und Roller. In Belgien entstanden ausschließlich kleine Motorräder und bei Montesa-Honda liefen Leichtkrafträder, Roller und die NT 650 V Deauville vom Band: Honda war mehr denn je der Weltmarktführer unter den Motorradproduzenten: Bereits 1997 rollte die 100.000.000ste Maschine vom Band.

1 Honda Zweitakter

Honda MTX 200 R (1983–1987)
Honda NS 400 R (1984–1986)
Honda NSR 125 (1997–2004)

Nahezu alle Motorradhersteller haben mit dem Bau von Zweitaktmaschinen begonnen und später dann auf die anspruchsvolleren Viertakter umgestellt. Honda hat es umgekehrt gemacht: Lange nur Viertakter gebaut, und erst in den Achtzigern bestimmte Marktnischen mit Zweitakt-Konstruktionen bedient. Einige dieser Nebendarsteller verirrten sich auch nach Deutschland. Die eine davon, 1983 präsentiert, war eine Enduro. Sie hieß MTX 200 R und blieb bis 1988 im Programm. Sie entsprach, mehr noch als die viertaktenden XL-Typen, dem Ideal einer leichten, wendigen Geländemaschine. Ihr kurzhubiger Einzylinder-Motor verfügte über Wasserkühlung, Ausgleichswelle und Membran-Einlass; für mehr Dampf im unteren Drehzahlbereich sorgte das ATAC-Auslasssystem mit zusätzlicher Resonanzkammer neben dem Auslasskanal: Für so wenig Hubraum schob die MTX schon aus dem Drehzahlkeller mächtig an. Zunächst verfügte die MTX noch über einen einfachen Rohrrahmen mit an der Schwinge montierten Sozius-Fußrasten. 1985 kam ein neues Fahrwerk mit Vierkant-Rahmen, die Sozius-Fußrasten hatten rahmenfeste Ausleger. Außerdem gab es eine Scheibenbremse im Vorderrad.

Bei der NS 400 R sorgte ein wassergekühlter Dreizylinder-Zweitakt-90°-V-Motor für Vortrieb. Zwei Zylinder lagen, einer stand, was ein besonders kompaktes Kraftpaket ergab.

Eher etwas mickrig im Hubraum wirkte auch die supersportliche NS 400 R. Mit ihr feierte Honda den WM-Titel von Freddie Spencer auf der NS 500 R 1983. Außerdem brachten sowohl Yamaha als auch Suzuki Rennreplicas an den Start. Das führte dazu, dass Mitte der Achtziger Sportmotorräder mit Zweitaktmotor eine Renaissance erlebten. Im Gegensatz zu den Halbliter-Vierzylindern der Konkurrenz von Suzuki (RG 500) und Yamaha (RD 500) setzte Honda allerdings auf eine Drei-

Freddies Bike: Die NS 400 R mit Alu-Rahmen und flüssiggekühltem V3-Zweitakter hatte Spencers WM-Renner zum Vorbild. 72 PS bei 10.000/min, 0–100 km/h in 3,9 s, Spitze 216 km/h, DM 9718,–.

zylinder-400er mit einer Leistung von 72 PS. Der spitzen Leistungscharakteristik begegnete man mit einem Auslass-Steuerungssystem, die verkappte Rennmaschine benötigte aber dennoch hohe Drehzahlen, um voranzukommen. Die NS bestach zwar durch Handling und Fahrleistungen, war als schmalbrüstiger Zweitakter aber nur etwas für Spezialisten und blieb extrem selten.

Nicht besonders häufig zu sehen war auch die NSR 125, die gut ein Dutzend Jahre später ihr Zweitakt-Fähnchen hisste. Mit ihr bediente Honda den nach der Führerschein-Novelle boomenden 125er Markt. Gebaut wurde sie im italienischen Zweigwerk, in ihren Papieren stand als Hersteller »Montesa«. Modellbezeichnung wie auch Optik wiesen die 7999 Mark teure 125er als kompromissloses Sportgerät aus. Von vorn erinnerte die kleine NSR mit Vollverkleidung und Insektenaugen-Scheinwerfern an die Ovalkolben-Honda NR 750.

Die MTX 200 R wurde zwischen 1983 und 1987 verkauft. Ihr Chassis bildete auch die Basis für die Honda MTX 80 R II, der mutmaßlich besten 80-Kubik-Enduro der Achtziger.

Gedrosselt auf 15 PS, war die in Italien gebaute NSR laut »Motorrad«-Test »erste Wahl für kostengünstigen, stressfreien Personentransport mit sportlichem Touch.«

Hinter der dreifarbig lackierten Verkleidungsschale versteckte sich ein flüssigkeitsgekühlter Einzylinder-Zweitaktmotor mit Getrenntschmierung, elektronischer Auslasssteuerung und Ausgleichswelle. Er hing in einem Brückenrahmen aus Leichtmetall. Hinten kam eine Kastenschwinge mit Pro-Link-Schwinge zum Einsatz, als Stopper diente vorn eine riesige Scheibenbremse samt Doppelkolben-Bremssattel. Auch hinten gab es eine Scheibe. Die neuen Abgasvorschriften sorgten dafür, dass ab Juni 2004 keine neuen NSR mehr zugelassen werden konnten.

Jahr	**1983–1987**	**1984–1986**	**1997–2004**
Modell	**MTX 200 R**	**NS 400 R**	**NSR 125 R**
Motor			
Hubraum (cm³)	194	387	125
Zylinder	S 1	90° V3	S 1
Bohrung x Hub (mm)	67 x 55	57 x 50,6	54 x 54,5
Arbeitsweise	2-Takt	2-Takt	2-Takt
Steuerung	SL, MB	SL, VA	
Gemischaufbereitung	1 x Keihin Ø 26	3 x Keihin Ø 26	1 x Keihin Ø 28
Ventile/Zylinder	–	–	–
Verdichtung	7,5	6,7	7
Kühlung	W	W	W
Leistung (kW (PS) / bei U/min)	20 (27) / 7000	53 (72) / 9500	11 (15) / 9500
Max. Drehmoment (Nm / bei U/min)	25 / 7000	56 / 8500	15 / 8000
Batterie	12 V 3 Ah	12 V 4 Ah	12 V 4 Ah
Generator (Watt)	130	160	276
Kraftübertragung			
Anz. Gänge	6	6	6
Übersetzung	3,090 / 2,000 / 1,473 / 1,136 / 0,958 / 0,807	2,500 / 1,714 / 1,33 / 1,11 / 0,965 / 0,866	3,090 / 2,000 / 1,470 / 1,210 / 1,043 / 0,916
Hinterradantrieb	K	K	K
Endübersetzung	3,230	2,500	2,692
Starter	Kick	Kick	Elektro
Fahrwerk			
Rahmen	SER	LKR	LKR
Vorderradfederung	T Ø 35	T Ø 37	T Ø 35
Hinterradfederung	ZF	ZF	ZF
Federweg vorne (mm)	230	120	118
Federweg hinten (mm)	200	100	125
Vorderradbremse	TB Ø 110, 1985: SB Ø 240	DSB Ø 256	SB Ø 316
Hinterradbremse	TB Ø 110	SB Ø 220	SB Ø 220
Vorderradreifen	2.75-21	100/90-16	100/80-17
Hinterradreifen	4.10-18	110/90-17	130/70-17
Allgemeine Daten			
Radstand (mm)	1345	1385	1355
Maße (Länge, mm)	2170	2070	2060
Lenkkopfwinkel (Grad)	62,5	63,5	64,7
Nachlauf (mm)	112	100	97
Gewicht (kg)	116	192	136
Tankinhalt (l)	12	19	13
Beschleunigung (s)	9,5	4,9	k. A.
Höchstgeschw. (km/h)	121	207	125
Preis inkl. MwSt (DM)	4746–5098,–	9718,–	7995,–

2 Honda Einzylinder

Honda CB 100 (1970–1976)
Honda SL / XL 125 / S (1972–1979)
Honda CB 125 J/S (1975–1979)
Honda CG 125 (1998–2000)
Honda XL 125 / S (1976–1979)
Honda CLR 125 CityFly (1998–2003)
Honda XLR 125 R (1998–2000)

Die kleinste Vertreterin der neuen Motorradlinie, die 1967/68 auf Kiel gelegt worden war, hieß CB 100. Ihr Einzylinder leistete 11,5 PS bei 11.500/min und schaffte eine Spitze von 105 km/h, und wenn der Fahrer sich ganz lang machte, auch 110 km/h. Das galt als mehr als anständig, und weil der Motor absolut drehzahlfest war und die Maschine mit 92 Kilo trocken ziemlich leicht, galt sie als richtig gutes Angebot. Als sie zur IFMA 1970 kam, waren 100 Kubik tatsächlich noch eine kleine, aber durchaus respektierte Hubraumgröße; als sie 1976 verschwand, war auch diese Motorradklasse ausgestorben. Bis heute noch – oder gerade wieder – lebendig indes ist die 125er Klasse, denn natürlich baute Honda unter der Bezeichnung CB 125 auch Straßenmaschinen. Diese erste Achtelliter--Einzylinder-CB war aber hierzulande anfangs nicht oder nur kurzzeitig lieferbar. Das änderte sich mit der CB-Neuauflage Mitte der Siebziger. Wiewohl der Motor im Prinzip nicht angetastet worden war, erwies sich die im Herbst 1975 eingeführte 125er als noch drehfreudiger als ihre Vorgängerin. Sie stand bis

»Ein richtig schnelles Motorrad«, befanden die Tester, als sie 1970 im Sattel einer CB 100 unterwegs waren. Das Motorrad lief bis zu 115 km/h.

zum Modelljahr 1979 im Importprogramm. Erwähnenswerte Modellpflegemaßnahmen fanden 1976 – Soziusfußrasten an separaten Auslegern, längere Sitzbank – und 1978 (Kickstartermechanismus) statt. Knapp 20 Jahre später nahm Honda mit der in der Türkei gebauten CG 125 eine Maschine ins Programm, die technisch jener ersten CB 125 entsprach. Oft verkauft wurde sie hier nicht, auch wenn wegen der neuen

Die CB 125 S mit dem Motor aus XL und SL erschien 1975. In Deutschland weitgehend vergessen, wird sie als CG 125 in Asien noch immer verkauft.

Die in Deutschland kurzfristig verkaufte CG 125 war die aufgefrischte Uralt-Konstruktion CB 125 S. Die Einfachst-Maschine war wenig gefragt.

Jahr	1970–1976	1975–1979	1998–2000	1998–2003
Modell	CB 100	CB 125 J/S	CG 125	CLR 125 CityFly
Motor				
Hubraum (cm³)	99	124	124	124
Zylinder	S 1	S 1	S 1	S 1
Bohrung x Hub (mm)	50,5 x 49,5	56,5 x 49,5	56,5 x 49,5	56,5 x 49,5
Arbeitsweise	4-Takt	4-Takt	4-Takt	4-Takt
Steuerung	OHC	OHC	OHV	OHC
Gemischaufbereitung	1 x Keihin Ø 24	1 x Keihin Ø 24	1 x Keihin Ø 22	1 x Keihin Ø 22
Ventile/Zylinder	2	2	2	2
Verdichtung	9,5	9,4	9	9,2
Kühlung	L	L	L	L
Leistung (kW (PS) / bei U/min)	8,4 (11,5) / 11.500	10 (14) / 10.000	7,6 (10,3) / 8500	8,3 (11,3) / 8250
Max. Drehmoment (Nm / bei U/min)	8,5 / 8000	9,9 / 9400	9,2 / 7000	10,4/6750
Batterie	6 V 6 Ah	6 V 6 Ah	12 V 2,5 Ah	12 V 3 Ah
Generator (Watt)	50	76	94	k. A.
Kraftübertragung				
Anz. Gänge	5	5	5	5
Übersetzung	2,500 / 1,722 / 1,333 / 1,083 / 0,923	2,77 / 1,72 / 1,27 / 1,00 / 0,88	2,77 / 1,72 / 1,27 / 1,00 / 0,88	2,77 / 1,72 / 1,27 / 1,00 / 0,88
Hinterradantrieb	K	K	K	K
Endübersetzung	2,857	2,467	2,4	2,94
Starter	Kick	Kick	Kick	Elektro
Fahrwerk				
Rahmen	SER	SER	SER	SER
Vorderradfederung	T Ø 27	T Ø 27	T Ø 31	T Ø 37
Hinterradfederung	S	S	S	SB Ø 240
Federweg vorne (mm)	109	90	115	180
Federweg hinten (mm)	75	62	80	140
Vorderradbremse	TB Ø 110	SB Ø 240	TB Ø 130	SB Ø 240
Hinterradbremse	TB Ø 110	TB Ø 120	TB Ø 110	TB Ø 110
Vorderradreifen	2.50-18	2.75-18	2.75-18	90/90-19
Hinterradreifen	2.75-18	3.00-17	90/90-18	110/90-17
Allgemeine Daten				
Radstand (mm)	1205	1221	1300	1380
Maße (Länge, mm)	1885	1860	2000	2070
Lenkkopfwinkel (Grad)	64	63,5	62,5	k. A.
Nachlauf (mm)	75	80	94	k. A.
Gewicht (kg)	99	105	115	128
Tankinhalt (l)	7,5	9,5	12	12
Beschleunigung (s)	21	23	–	–
Höchstgeschw. (km/h)	105	116	101	k. A.
Preis inkl. MwSt (DM)	1748–1995,–	2592,–	4690,–	6300,–

Führerscheinbestimmungen nun 125er mit dem Autoführerschein bewegt werden durften. Das Ganze etwas hübscher und stadttauglicher hieß dann CLR 125 »CityFly« und sah sehr nach SLR 650 aus. Pfiffig gemacht, aber trotz des Achtelliter-Booms der Jahrtausendwende wurde sie von den meisten Interessenten übersehen.

Den Achtelliter-Single jagte Honda auch ins Gelände, zuerst in Form der »SL 125«. Diese Modellreihe debütierte Ende 1969 und entsprach auch optisch den amerikanischen Vorstellungen eines Gelände-Motorrads. Nach Europa kam diese erste Scrambler 1972 mit 21-Zoll-Vorderrad und 18-Zoll-Hinterrad. Echter Geländesport gehörte allerdings nicht zu ihren Domänen.

Während sich bei den Straßenmodellen auch optisch nicht allzu viel tat, so galt das doch nicht für die Scrambler: Mit dem Modellwechsel 1976 wurde aus der Scrambler eine Enduro. Sie sah so aus wie die größeren Schwestern und trug darob auch deren Bezeichnung »XL«. Allerdings übernahm sie den aus der SL bekannten Zweiventiler. Der bewährte Eintopf leistete im XL-Trimm 13 PS, war also um ein PS kräftiger als in der SL, was am geänderten Vergaser und der geringfügig modifizierten Nockenwelle lag. Ganz neu war auch das Auspuffsystem. Räder, Bremsen und Elektrik stammten aus der Vorgängerin, die Telegabel und der Rahmen waren neu. Seine Kommandos gab der Fahrer über die schon von der

Hondas SL 125 (1972) gehörte zu den interessantesten Entwicklungen des beginnenden Boom-Jahrzehnts. Das 12-PS-Motorrad kostete DM 2308,–.

Die XLR 125 R schickte gerade elf PS ans grobstollige Hinterrad – für eine 125er war das nicht üppig.

In der Optik der »Motosport«-250er erschien 1976 die XL 125 S: 13 PS bei 9400/min, Spitze 105 km/h.

größeren XL 250 bekannten Armaturen weiter. Die 125er verschwand schnell wieder und wurde auch in S-Ausführung nicht lange verkauft. 20 Jahre später erschien sie wieder, hieß aber jetzt XLR 125 R. Dabei handelte es sich um die frisch verpackte XL 125 S selig, kombiniert mit dem Offroad-kompetenten Fahrwerk der XR 200.

Honda XL 185 S (1979–1983)
Honda XL 200 R (1983–1984)

Die Nachfolge der ersten XL 125 erschien in Gestalt der bislang in Deutschland nicht angebotenen XL 185 S. Optisch an die neue Enduro-Linie von Honda angeglichen, blieb es bei der konventionellen Zweiventil-Technik des Viertakt-Singles.

Jahr	1972–1974	1975–1976	1977–1979	1998–2000
Modell	**SL 125**	**XL 125**	**XL 125 S**	**XLR 125 R**
Motor				
Hubraum (cm³)	122	124	124	124
Zylinder	S 1	S 1	S 1	S 1
Bohrung x Hub (mm)	56 x 49,5	56,5 x 49,5	56,5 x 49,5	56,5 x 49,5
Arbeitsweise	4-Takt	4-Takt	4-Takt	4-Takt
Steuerung	OHC	OHC	OHC	OHC
Gemischaufbereitung	1 x Keihin Ø 22	1 x Keihin Ø 24	1 x Keihin Ø 21	1 x Keihin Ø 22
Ventile/Zylinder	2	2	2	2
Verdichtung	9,5	9,4	9,4	9,2
Kühlung	L	L	L	L
Leistung (kW (PS) / bei U/min)	9 (12) / 9700	10 (13) / 9400	7 (10) / 9400	8,3 (11,3) / 8250
Max. Drehmoment (Nm / bei U/min)	9,81 / 9000	9,81 / 9000	9,2/7000	10,4/6750
Batterie	6 V 6 Ah	6 V 6 Ah	6 V 4 Ah	12 V 3 Ah
Generator (Watt)	52	76	90	k. A.
Kraftübertragung				
Anz. Gänge	5	5	6	5
Übersetzung	2,769 / 1,722 / 1,272 / 1,000 / 0,814	2,769 / 1,722 / 1,272 / 1,000 / 0,814	3,083 / 1,941 / 1,400 / 1,130 / 0,923 / 0785	2.769 / 1.722 / 1.263 / 1.000 / 0.838
Hinterradantrieb	K	K	K	K
Endübersetzung	3,267	3,466	3,357	3
Starter	Kick	Kick	Kick	Elektro
Fahrwerk				
Rahmen	SDR	SER	SER	SER
Vorderradfederung	T Ø 31	T Ø 31	T Ø 31	T Ø 37
Hinterradfederung	S	S	S	S
Federweg vorne (mm)	125	125	200	225
Federweg hinten (mm)	70	70	165	230
Vorderradbremse	TB Ø 110	TB Ø 120	TB Ø 130	SB Ø 240
Hinterradbremse	TB Ø 110	TB Ø 120	TB Ø 120	TB Ø 110
Vorderradreifen	2.75-21	2.75-21	2.75-21	2.75-21
Hinterradreifen	3.25-18	3.50-18	3.50-18	4.10-18
Allgemeine Daten				
Radstand (mm)	1270	1315	1310	1375
Maße (Länge, mm)	1960	2085	2135	2225
Lenkkopfwinkel (Grad)	60	59	k. A.	64.3
Nachlauf (mm)	80	140	k. A.	97
Gewicht (kg)	108	110	109	122
Tankinhalt (l)	9	6,5	6,8	9
Beschleunigung (s)	–	–	–	–
Höchstgeschw. (km/h)	102	114	100	94
Preis inkl. MwSt (DM)	2308,–	2780–2851,–	2631–2735,–	6454–4990,–

Ausgeliefert wurde die Maschine mit dem ungewöhnlichen Hubraum mit zehn wie auch 16 PS und verkraftete dank üppiger Federwege und großer Bodenfreiheit auch derbere Gelände-Einlagen. Abgelöst wurde sie 1983 durch die 200er, der sie ihren Rahmen vererbte. Die neue Enduro hatte im Vergleich zum Vormodell einen größeren Radstand und eine andere Lenkgeometrie. Vorn kam eine luftunterstützte Teleskopgabel mit 35-mm-Standrohren und 220 mm Federweg zum Einsatz. Die Hinterradfederung erfolgte über eine progressiv wirkende Pro-Link-Hebelei auf das stehende Federbein. Eher mäßig allerdings die Vorstellung in punkto Bremsen, wie auch im Gelände die viertaktende 200er nicht ganz überzeugte. Abgelöst wurde sie durch die leichtere und spritzigere MTX 200 R mit Zweitakt-Motor.

Die ersten Honda XL 185 S kamen 1979 und zeigten noch die alte Optik mit dem direkt über dem Rad befindlichen Kotflügel.

Honda bot die XL 200 R auch gedrosselt an. Dann leistete sie 10 PS und wuchtete sich, mit langem Anlauf, über die 100-km/h-Marke.

Jahr	1979–1983	1983–1984
Modell	**XL 185 S**	**XL 200 R**
Motor		
Hubraum (cm³)	178	194,8
Zylinder	S 1	S 1
Bohrung x Hub (mm)	63 x 57,8	65,5 x 57,8
Arbeitsweise	4-Takt	4-Takt
Steuerung	OHC	OHC
Gemischaufbereitung	1 x Keihin Ø 24	1 x Keihin Ø 24
Ventile/Zylinder	2	2
Verdichtung	9,2	9,2
Kühlung	L	L
Leistung (kW (PS) / bei U/min)	12 (16) / 6800	13 (16) / 8000
Max. Drehmoment (Nm / bei U/min)	13 / 4500	16 /7000
Batterie	6 V 4 AH	12 V 3 AH
Generator (Watt)	108	196
Kraftübertragung		
Anz. Gänge	5	5
Übersetzung	2,769 / 1,722 / 1,27 2 / 1,000 / 0,777	2,769 / 1,722 / 1,27 2/ 1,000 / 0,777
Hinterradantrieb	K	K
Endübersetzung	3,461	3,31
Starter	Kick	Kick
Fahrwerk		
Rahmen	SER	SER
Vorderradfederung	T Ø 33	T Ø 35
Hinterradfederung	S	ZF
Federweg vorne (mm)	200	220
Federweg hinten (mm)	165	190
Vorderradbremse	TB Ø 110	TB Ø 110
Hinterradbremse	TB Ø 110	TB Ø 110
Vorderradreifen	2.75-21	2.75-21
Hinterradreifen	4.10-18	4.10-18
Allgemeine Daten		
Radstand (mm)	1310	1375
Maße (Länge, mm)	2130	2065
Lenkkopfwinkel (Grad)	62	61,7
Nachlauf (mm)	122	122
Gewicht (kg)	116	114
Tankinhalt (l)	7	8,5
Beschleunigung (s)	16	12,2
Höchstgeschw. (km/h)	110	115
Preis inkl. MwSt (DM)	3478–3749,–	4527,–
	1980: Vorderrad-schutzblech nach oben verlegt, 1981: Gabel Ø 35 mm	

Honda XL 250 K (1974–1978)
Honda XL 250 S (1978–1982)
Honda XL 250 R (1982–1985)

Die 22 PS starke XL 250 erschien zwar schon 1972 in den USA, kam aber erst zur Saison 1974 auch nach Deutschland. Sie wiederum war die erste Geländemaschine, die Honda nicht für beinharte Wettbewerbsfreaks, sondern für asphaltmüde Jedermänner konzipiert hatte. Daher gab es auch keine allzu hochgezüchtete Technik, stattdessen einen zuverlässigen, haltbaren OHC-Single, aber einen mit vier Ventilen, Fliehkraftzündung und solidem Einschleifen-Rohrahmen mit gegabelten Unterzügen – eine respektable Sache, und soziustauglich noch mit dazu. Trotz des respektablen Auftritts: Gut verkauft wurde sie hierzulande nicht, daher konnte auch die schnelle Überarbeitung Ende 1975 (Kennung K2) kaum schaden: Deutsche Motorradfahrer hatten sich bislang nicht für Enduros interessiert, und das sollte noch einige Zeit so bleiben. Daher nahm man von den Änderungen (rechtsseitig verlegte Auspuffanlage,

Die SL (XL) 250 S »Motosport« war der erste Honda-Single mit vier Ventilen.

Sammelanzeige für die Enduro-Familie des Jahres 1978/79. 1980 wurden bei den XL-S-Modellen die Kotflügel hochverlegt.

1978 kam eine gründlich überarbeitete XL 250 S. Bei ihr kam zum neuen Rahmen ein 23-Zoll-Vorderrad.Der Kotflügel saß zunächst direkt darüber.

Die XL 250 R (1982) hatte den bewährten Motor der XL 250 S, aber ein neues Fahrwerk mit Pro-Link-Schwinge.

Schutzblech direkt über dem Vorderreifen) kaum Notiz. Die letzten Exemplare wurden 1978, auf 17 PS gedrosselt, parallel zur neuen XL 250 S verkauft. Deren wichtigster technischer Unterschied zum gleichnamigen Vormodell bestand im überarbeiteten Motor, der dank der beiden hier zu findenden Ausgleichswellen wesentlich mehr Laufkultur aufwies. Auch das Fahrwerk hatte gegenüber der XL-K stark zugelegt, was vor allem die Federelemente und das gewaltige 23-Zoll-Vorderrad betraf: Damit war die Viertelliter-Enduro wesentlich geländegängiger als die Vorgängerin, wies aber auch eine erheblich

Jahr	1974–1978	1978–1982	1982–1985
Modell	**XL 250**	**XL 250 S**	**XL 250 R**
Motor			
Hubraum (cm³)	248	248	245
Zylinder	S 1	S 1	S 1
Bohrung x Hub (mm)	74 x 57,8	74 x 57,8	74 x 57,8
Arbeitsweise	4-Takt	4-Takt	4-Takt
Steuerung	OHC	OHC	OHC
Gemischaufbereitung	1 x Ø 28	1 x Ø 28	1 x Ø 28
Ventile/Zylinder	2	4	4
Verdichtung	9,4	9,1	9,3
Kühlung	L	L	L
Leistung (kW (PS) / bei U/min)	15 (20) / 7500	13 (17) / 7000	13 (17) / 6500
Max. Drehmoment (Nm / bei U/min)	19,1 / 6500	19,5 / 5500	20 / 5000
Batterie	6 V 6 Ah	6 V 4 Ah	12 V 3 Ah
Generator (Watt)	80	80	k. A.
Kraftübertragung			
Anz. Gänge	5	5	6
Übersetzung	2,352 / 1,666 / 1,280 / 1,000 / 0,806	2,800 / 1,850 / 1,375 / 1,111 / 0,900	2,307 / 2,111 / 1,590 / 1,280 / 1,074 / 0,931
Hinterradantrieb	K	K	K
Endübersetzung	3,200	3,00	3,143
Starter	Kick	Kick	Kick
Fahrwerk			
Rahmen	SER	SER	SER
Vorderradfederung	T Ø 35	T Ø 35	T Ø 35
Hinterradfederung	S	S, ab 1980: ZF	ZF
Federweg vorne (mm)	181	204	215
Federweg hinten (mm)	105	178	190
Vorderradbremse	TB Ø 130	TB Ø 160	TB Ø 150
Hinterradbremse	TB Ø 120	TB Ø 140	TB Ø 140
Vorderradreifen	2.75-21	3.00-23	3.00-21
Hinterradreifen	4.00-18	4.60-18	4.60-17
Allgemeine Daten			
Radstand (mm)	1410	1390	1385
Maße (Länge, mm)	2044	2300	2155
Lenkkopfwinkel (Grad)	59,5	61,5	61,7
Nachlauf (mm)	140	148	120
Gewicht (kg)	143	132	133
Tankinhalt (l)	9,5	10	9
Beschleunigung (s)	13,5	15,2	13,4
Höchstgeschw. (km/h)	134	111	111
Preis inkl. MwSt (DM)	3538,–	3927–4208,–	4678–5288,–

Die XL 250 R von 1984 verfügte über radial platzierte Ventile. Diese »RFVC«-Technik hatte zuerst die XL 600 R verwendet.

angewachsene Sitzhöhe auf. Nach leichten Design-Retuschen für das Modelljahr 1980, als bei allen XL-S-Modellen die Kotflügel hochgelegt wurden, kam 1982 die XL in einer völlig überarbeiteten Neuauflage. Die neue Enduro-Generation mit dem Zusatz R in der Verkaufsbezeichnung unterschied sich vor allem durch das Fahrwerk von den unmittelbaren Vorgängern. Der nach unten offene Einrohrrahmen, die nadelgelagerte Pro-Link-Schwinge und die neue 35-mm-Telegabel mit teflonbeschichteten Gleitbuchsen nahmen Anleihen an den Cross-XR-Modellen. Mit 215 mm Federweg vorn und 190 mm hinten meisterte die 250er nahezu jedes Schlagloch. Für weitere Verbesserungen sorgten die neu dimensionierten Räder und Reifen.

Honda XL 250 / 350 R (1984–1991)

Bei der zweiten XL 250 R-Generation von 1985 handelte es sich um eine komplette Neukonstruktion mit neuem Chassis samt neuem Motor mit vier radial angeordneten Ventilen. Spritzig und ansprechend wie sie war, ließ sie doch in Sachen Leistung mit 17 Drossel-PS noch Platz nach oben, denn eine leichte 27-PS-Enduro Maschine gab es nicht, zumindest im Honda-Programm, wohl aber bei der Konkurrenz. Daher schuf man Abhilfe und ergänzte das Programm mit einem 27-PS-Feger, wobei diese XL 350 R von 1985 im Grunde ihrer Ölwanne nichts anderes als eine im Hubraum vergrößerte Neuauflage der XL 250 R darstellte. Versehen mit einem anderen Verhältnis von Bohrung und Hub, 39-mm-Standrohren und 220 mm Federweg sowie vernünftiger Scheibenbremse mit Doppelkolbenzange vorne anstelle des mickrigen Bremsdöschens der 250er, trat

Honda mit der notorisch startunwilligen Leicht-Enduro gegen die ebenfalls neue XT 350 des Erzrivalen Yamaha an.

Abgesehen von den Startschwierigkeiten präsentierte sich die XL 350 R als in jeder Hinsicht bestens gelungen, blieb aber eher ein Fall für Spezialisten, denn die meisten Enduro-Interessenten griffen zu den hubraumstärkeren Modellen, selbst wenn bei diesen erste Gewichtsprobleme auftraten. Die letzten Exemplare wurden auf 17 PS gedrosselt – eine Verlegenheitslösung, um die Lager zu räumen, denn mit der ab April 1988 lieferbaren NX 250 stand eine viel geeignetere Maschine für Motorrad-Einsteiger zur Verfügung, als es die 350er je gewesen war.

Honda NX 250 (1988–1994)

Zum Dominator-Outfit mit rahmenfester Verkleidung spendierten die Techniker ihr auch einen neuen, wassergekühlten Motor. Die radial angeordneten Ventile der XL-Modelle ge-

Die NX 250 galt als wunderbares Einsteiger-Motorrad und stand sechs Jahre weitgehend unverändert im Programm.

Die XL 350 R wurde zwischen 1985 und 1988 importiert. Die zunächst für DM 5673,– angebotene Enduro fand 3022 Käufer.

Nach den leichten Motor-Modifikationen 1991 lief die NX 250 noch bis 1994 vom Band, zuletzt mit den für diese Epoche typischen Grafik-Mustern.

hörten endgültig der Vergangenheit an, hier betätigten zwei obenliegende Nockenwellen via Tassenstößel die vier Ventile. Eine zahnradgetriebene Ausgleichswelle reduzierte die einzylindertypischen Vibrationen und machte das Viertelliter-Triebwerk zu einer sehr erfreulichen Erscheinung. Das Leichtgewicht im Dominator-Look war sowohl mit 17 wie auch mit 26 PS lieferbar. Die einzige Gelände-Honda mit weniger als 600 Kubikzentimetern Hubraum blieb bis 1994 in Produktion, Modellpflegemaßnahmen schenkte man sich, einmal abgesehen vom geringfügig im Hubraum reduzierten Motor durch die von 70 auf 68,5 mm reduzierte Bohrung 1991. Offen lag die Leistung nun bei 23 PS bei 8000 U/min. Restbestände wurden bis 1996 abverkauft.

Honda CB 250 RS (1980–1984) Honda CL 250 S (1982–1984)

Auch die Viertelliter-CB basierte auf einem Enduro-Motor, in dem Falle einem der zweiten Generation, wie er in der XL 250 S zu finden war. Die CB 250 RS, ein leichtes Gebrauchsmaschinchen, das im Juli 1980 erschien, war ursprünglich als »Commuter-Bike«, also Pendler-Motorrad, für den englischen Markt entwickelt worden. Einige Exemplare wurden dann nach Deutschland umgeleitet. Mit Cockpitschale und kleinen Hartschalenkoffern war die Ausstattung entsprechend zweckmäßig, allerdings gehörte die zierliche RS nie zu den Bestsellern im Programm.

Bei der noch selteneren CL 250 S von 1982 handelte es sich dann um eine Scrambler im 60er-Jahre-Look mit dem bekannten Einzylinder-Motor. Mochte die RS noch eine gewisse Daseinsberechtigung gehabt haben, so erschloss sich

Jahr	1984–1988	1985–1991	1988–1994
Modell	**XL 250 R**	**XL 350 R**	**NX 250**
Motor			
Hubraum (cm³)	247	339	246
Zylinder	S 1	S 1	S 1
Bohrung x Hub (mm)	75 x 56,5	84 x 61,3	70 x 64,8
Arbeitsweise	4-Takt	4-Takt	4-Takt
Steuerung	OHC	OHC	DOHC
Gemischaufbereitung	2 x Keihin Ø 24	2 x Keihin Ø 24	1 x Keihin Ø 32
Ventile/Zylinder	4	4	4
Verdichtung	9,5	9,5	11
Kühlung	L	L	L
Leistung (kW (PS) / bei U/min)	13 (17) / 8000	20 (27) / 7500	19 (26) / 8500, auch 13 (17) / 7000
Max. Drehmoment (Nm / bei U/min)	17,5 / 5500	26,5 / 6500	24 / 7000, auch 18 / 5000
Batterie	12 V 3 Ah	12 V 3 Ah	12 V 6 Ah
Generator (Watt)	232	230	204
Kraftübertragung			
Anz. Gänge	6	6	6
Übersetzung	2,846 / 1,777 / 1,333 / 1,042 / 0,885 / 0,786	2,714 / 2,000 / 1,556 / 1,273 / 1,080 / 0,926.	2,846 / 1,777 / 1,333 / 1,042 / 0,885 / 0,786
Hinterradantrieb	K	K	K
Endübersetzung	3,14	2,714	3,154
Starter	Kick	Kick	Elektro
Fahrwerk			
Rahmen	SER	SER	SER
Vorderradfederung	T Ø 37	T Ø 39	T Ø 37
Hinterradfederung	ZF	ZF	ZF
Federweg vorne (mm)	220	220	220
Federweg hinten (mm)	195	205	200
Vorderradbremse	TB Ø 130	SB Ø 240	SB Ø 240
Hinterradbremse	TB Ø 110	TB Ø 110	TB Ø 110
Vorderradreifen	3.00-21	3.00-21	90/100-19
Hinterradreifen	4.60-17	4.60-17	120/90-16
Allgemeine Daten			
Radstand (mm)	1380	1420	1350
Maße (Länge, mm)	2155	2180	2095
Lenkkopfwinkel (Grad)	61,7	59	64,7
Nachlauf (mm)	110	129	89
Gewicht (kg)	127	137	128
Tankinhalt (l)	10,5	11,5	9
Beschleunigung (s)	13,4	9,1	10,5, auch 14,7
Höchstgeschw. (km/h)	110	134	128
Preis inkl. MwSt (DM)	5408,–	5673–6090,–	5960–6910,–
			1991: Hubraum 239 cm³ Leistung 17 (23) / 8000

selbst nach längerem Nachdenken keine plausible Begründung für die Anschaffung einer so antiquiert wirkenden Novität wie der CL. Mit dem Modellwechsel zum Jahr 1985 fielen sowohl die RS als auch die Scrambler aus dem Programm.

Serienmäßig mit Cockpitverkleidung und Sturzbügeln, später auch als RS (D) nackt lieferbar, musste bei der CB 250 RS vor dem Ankicken die Fahrerfußraste weggeklappt werden. Es gab sie aber gegen Aufpreis auch mit E-Starter.

Im Vergleich zur Konkurrenz bot die CB 250 die besten Allround-Eigenschaften. Allerdings waren die Wartungsintervalle kurz.

Technisch entsprach sie einer CB 250 RS: Hondas CL 250 S von 1982. In Deutschland wurde der kleine Scrambler mit 17 PS verkauft.

Jahr	**1980–1984**	**1982–1984**
Modell	**CB 250 RS**	**CL 250 S**
Motor		
Hubraum (cm³)	249	249
Zylinder	S 1	S 1
Bohrung x Hub (mm)	74 x 57,8	74 x 57,8
Arbeitsweise	4-Takt	4-Takt
Steuerung	OHC	OHC
Gemischaufbereitung	1 x Keihin Ø 19, auch Ø 30	1 x Keihin Ø 28
Ventile/Zylinder	4	4
Verdichtung	9,3	9,3
Kühlung	L	L
Leistung (kW (PS) / bei U/min)	13 (17) / 7000, auch 19 (26) / 8500	13 (17) / 6500
Max. Drehmoment (Nm / bei U/min)	20 / 4000, auch 21 / 7500	20 / 5000
Batterie	12 V 9 Ah	12 V 9 Ah
Generator (Watt)	170	170
Kraftübertragung		
Anz. Gänge	5	6
Übersetzung	2,80 / 1,850 / 1,375 / 1,111 / 0,931	3,66 / 2,35 / 1,59 / 1,24 / 1,00 / 0,84
Hinterradantrieb	K	K
Endübersetzung	3,143	3,64
Starter	Kick	Elektro
Fahrwerk		
Rahmen	SER	SER
Vorderradfederung	T Ø 33	T Ø 33
Hinterradfederung	S	S
Federweg vorne (mm)	140	110
Federweg hinten (mm)	82	100
Vorderradbremse	SB Ø 240	TB Ø 140
Hinterradbremse	TB Ø 140	TB Ø 140
Vorderradreifen	3.00-18	3.00-19
Hinterradreifen	3.50-18	3.50-18
Allgemeine Daten		
Radstand (mm)	1350	1395
Maße (Länge, mm)	2070	2160
Lenkkopfwinkel (Grad)	63	61,5
Nachlauf (mm)	90	105
Gewicht (kg)	148	145
Tankinhalt (l)	13	11,5
Beschleunigung (s)	11,2, auch 9,7	16,5
Höchstgeschw. (km/h)	125, auch 135	112
Preis inkl. MwSt (DM)	4174–3590,–	4328–3165,–

Honda XL 500 S (1979–1982)
Honda XL 500 R (1982–1985)

Die mit der ersten XL 250 praktisch baugleiche XL 350 stand hierzulande nicht offiziell im Angebot. In das deutsche Importprogramm schaffte es erst deren Nachfolgerin: Mit der XL 500 S präsentierte Honda einen modernen Vierventil-Single mit vibrationshemmender Ausgleichwelle, der offen 34 PS leistete und von dem endlich auch die deutschen Käufer Notiz nahmen. Hondas XT-Konkurrentin war weit weniger rustikal gestrickt als die Yamaha, und vielleicht war gerade dies ihr Manko. »Vibriert nur in bescheidenem Maße«, stellte ein Tester nämlich fest, und »überflügelt ihre Konkurrenten im mittleren und oberen Drehzahlbereich.« Damals ungewöhnlich: die Auspuffanlage mit zwei Krümmern, noch ungewöhnlicher allerdings das riesige 23-Zoll-Vorderrad. Zu den XL-Schwachstellen gehörten die 6-Volt-Lichtanlage wie auch die Trommelbremsen. 1980 wurden diese vergrößert, doch die Bremsleistung blieb schlecht. Außerdem wurde, wie bei allen XL-Modellen, der vordere Kotflügel hochgelegt. Die Modelle des Jahres 1981 waren an den Faltenbälgen an der Telegabel und der Kastenschwinge zu erkennen. Letztlich aber war die Honda viel zu kultiviert, um den Ruf von Yamahas XT als einzig echte Enduro den Rang ablaufen zu können. Doch die Konkurrenzsituation dauerte an, und auf das Erscheinen der Yamaha XT 550 reagierte Honda mit der XL 500 R.

Die Antwort auf Yamahas Bestseller XT 500 hieß Honda XL 500 S. Sie erschien 1979.

Die XL 500 S, Modell 1981: Der höher gelegte Kotflügel verbesserte die Offroad-Eigenschaften, die Bremsen blieben schlecht.

Die neue Halbliter-Enduro erschien im Februar 1982 und glänzte durch ihr neues Fahrwerk mit Pro-Link-Schwinge, luftunterstützter Telegabel und 21-Zoll-Vorderrad. Ausgesprochen schweres Gelände war allerdings nicht die Domäne der Honda-Enduro, sie war ein wieselflinker Kurvenkünstler, der atemberaubende Schräglagen erlaubte. Nur im ersten Jahr war die XL 500 R auch in einer Paris-Dakar-Version mit mächtigem 21-Liter Tank, modifizierter Sitzbank und entsprechender Farbgebung erhältlich. Insgesamt wurden, von allen Generationen zusammen, hierzulande etwa 20.000 XL 500 verkauft, darunter rund 9000 R-Modelle. Von solchen Absatzzahlen konnten die anderen Halbliter-Honda mit diesem Motor nur träumen.

Die XL 500 R von 1982 mit ihren beiden Ausgleichswellen kostete rund 400 Mark weniger als Yamahas XT 550. Kritisch gesehen wurden die Sitzhöhe von 910 mm sowie die schwache Beleuchtung. Doch das war nicht der Grund, warum sie bereits 1983 der XL 600 R wich: Die wachsende Begeisterung für die Paris-Dakar-Rallye führte zu größeren Hubräumen.

Motorseitig gegenüber der XL 500 S kaum verändert, aber im Fahrwerk kräftig überarbeitet präsentierte sich die XL 500 R, ab 1983 mit schwarz lackiertem Motor.

Jahr	1979–1982	1982–1985
Modell	XL 500 S	XL 500 R
Motor		
Hubraum (cm³)	498	498
Zylinder	S 1	S 1
Bohrung x Hub (mm)	89 x 80	89 x 80
Arbeitsweise	4-Takt	4-Takt
Steuerung	OHC	OHC
Gemischaufbereitung	1 x Keihin Ø 32	1 x Keihin Ø 32
Ventile/Zylinder	4	4
Verdichtung	8,6	8,6
Kühlung	L	L
Leistung (kW (PS) / bei U/min)	20 (27) / 7000	20 (27) / 5500
Max. Drehmoment (Nm / bei U/min)	31 / 6259	39 / 4000
Batterie	6 V 4 Ah	12 V 3 Ah
Generator (Watt)	112	196
Kraftübertragung		
Anz. Gänge	5	5
Übersetzung	2,462 / 1,647 / 1,250 / 1,000 / 0,839	2,461 / 1,647 / 1,250 / 1,000 / 0,840
Hinterradantrieb	K	K
Endübersetzung	2,786	2,733
Starter	Kick	Kick
Fahrwerk		
Rahmen	SER	SER
Vorderradfederung	T Ø 35	T Ø 37
Hinterradfederung	S	Pro-Link
Federweg vorne (mm)	204	215
Federweg hinten (mm)	178	190
Vorderradbremse	TB Ø 140	TB Ø 130
Hinterradbremse	TB Ø 130	TB Ø 130
Vorderradreifen	3.00-23	3.00-21
Hinterradreifen	4.60-18	4.60-17
Allgemeine Daten		
Radstand (mm)	1405	1405
Maße (Länge, mm)	2205	2150
Lenkkopfwinkel (Grad)	61,5	61
Nachlauf (mm)	138	118
Gewicht (kg)	143	148
Tankinhalt (l)	10	10,5
Beschleunigung (s)	9,1	7,6
Höchstgeschw. (km/h)	128	134
Preis inkl. MwSt (DM)	4208–5356,–	5548,–
	1980: Vergrößerte Bremsflächen v./h., hochgelegter Kotflügel	1982/83: Sondermodell Paris-Dakar: Sonderlackierung 22-l-Tank

Honda FT 500 (1982–1983)
Honda XBR 500 (1985–1990)
Honda GB 500 Clubman (1992–1993)

Die FT 500 mit dem XL-500-Motor erinnerte stark an amerikanische Dirt-Track-Racer und war für die USA entwickelt worden, sollte aber auch hierzulande den Yamaha-Singles in die Parade grätschen. Und obwohl die FT ohne Zweifel besser war als jede SR, bot sie nicht den von Fans so gewünschten Klassiker-Touch und stand wie Blei. Nach 1983 wurden in Japan keine FT (dort natürlich mit 400 Kubik) mehr gebaut. Man hatte sich auf ihr immer ein wenig unter-

Die FT 500 sollte eine moderne Alternative zur Yamaha SR 500 darstellen. Der Vierventil-Motor mit Ausgleichswelle war sehr kultiviert.

Die XBR 500 kombinierte den Vierventil-Motor der XL-R mit einem konventionellen Einrohrrahmen mit geteilten Unterzügen.

Jahr	1982–1983	1985–1990	1992–1993
Modell	**FT 500**	**XBR 500 / S**	**GB 500 Clubman**
Motor			
Hubraum (cm³)	498	498	498
Zylinder	S 1	S 1	S 1
Bohrung x Hub (mm)	89 x 80	92 x 75	92 x 75
Arbeitsweise	4-Takt	4-Takt	4-Takt
Steuerung	OHC	OHC	OHC
Gemischaufbereitung	1 x Keihin Ø 35	1 x Keihin Ø 39	1 x Keihin Ø 42
Ventile/Zylinder	4	4	4
Verdichtung	8,6	8,9	8,9
Kühlung	L	L	L
Leistung (kW (PS) / bei U/min)	20 (27) / 5500	32 (44) / 7000, auch 20 (27) / 6000	28 (38) / 7500, 20 (27) / 6000
Max. Drehmoment (Nm / bei U/min)	40 / 4000	45 / 6000, auch 37 / 3000	38 / 6500, auch 42 / 3000
Batterie	12 V 14 Ah	12 V 12 Ah	12 V 12 Ah
Generator (Watt)	170	170	170
Kraftübertragung			
Anz. Gänge	5	5	5
Übersetzung	2,461 / 1,647 / 1,250 / 1,000 / 0,840	2,384 / 1,55 / 1,20 / 1,00 / 0,875	2,384 / 1,55 / 1,20 / 1,00 / 0,875
Hinterradantrieb	K	K	K
Endübersetzung	2,66	2,571	2,47
Starter	Elektro	Kick / Elektro	Kick / Elektro
Fahrwerk			
Rahmen	SER	SER	SER
Vorderradfederung	T Ø 39	T Ø 35	T Ø 35
Hinterradfederung	S	S	S
Federweg vorne (mm)	160	140	105
Federweg hinten (mm)	100	100	96
Vorderradbremse	SB Ø 265	SB Ø 274	SB Ø 280
Hinterradbremse	SB Ø 265	TB Ø 140	TB Ø 140
Vorderradreifen	3.50-18	100/90-18	90/90-110
Hinterradreifen	4.25-18	110/90-18	110/90-18
Allgemeine Daten			
Radstand (mm)	1435	1400	1412
Maße (Länge, mm)	2230	2120	2090
Lenkkopfwinkel (Grad)	61	60,5	60
Nachlauf (mm)	113	115	118
Gewicht (kg)	175	182	179
Tankinhalt (l)	13	20	16,5
Beschleunigung (s)	8,3	6,5, auch 9,4	7,0, auch 9,3
Höchstgeschw. (km/h)	147	171, auch 145	166, auch 147
Preis inkl. MwSt (DM)	5448,–	5683,–	7760,–
		S ab 1987: Speichenräder + DM 200,–	

motorisiert gefühlt. Klar, die Leistung hatte stets gestimmt, doch in Zeiten der Multizylinder wirkte ein Flat-Tracker immer ein wenig schmächtig und stieß lange nicht auf so viel Sympathie wie die gleich motorisierte, aber konservativer gezeichnete Straßenmaschine. Denn die offiziell als XBR 500 bezeichnete Honda von 1985 kombinierte die Technik der XL 500 R mit einem Retro-Styling, zu dem lediglich die Leichtmetall-Räder nicht so ganz passten. Doch sie sparten Gewicht, und weil die Maschine leer nicht mehr als 150 Kilo auf die Waage brachte, überzeugte der mit 27 und 42 PS lieferbare Viertakt-Single in Handling und Fahrleistungen. Besonders imponierte er im mittleren Drehzahlbereich mit kräftigem Antritt.

Die GB 500 »Clubman« – Motorrad-Legende Ernst »Klacks« Leverkus hat eine besessen – wurde nur 1992/93 verkauft und war eigentlich für die USA entwickelt worden. Die technische Basis stiftete die XBR 500, die »Clubman« hatte aber ein wunderbar klassisches Styling samt »Tourist Trophy«-Logo auf den Seitendeckeln. Es hat sie offen mit 38 oder gedrosselt mit 27 PS gegeben, aber immer nur als Einsitzer.

Die GB 500 mit dem »Tourist Trophy«-Logo auf den Seitendeckeln war die klassisch angehauchte Variante der XBR 500. Restbestände der zunächst lediglich für die USA und Japan bestimmten Maschine wurden 1992 auch in Deutschland verkauft, zunächst nur für den Solobetrieb zugelassen.

Honda XL 600 R/RM/LM (1983–1988)
Honda XR 600 (1987–1997)

Herzstück der XL-500-Ablösung war ein neuer Einzylinder mit 589 Kubik, halbkugelförmigem Brennraum und vier im Zylinderkopf radial angeordneten Ventilen. Die Ventilbetätigung erfolgte über Kipp- und Zwischenhebel. Allerdings bot der Honda-Single eher mäßige Durchzugswerte und erfüllte erst bei höheren Drehzahlen alle Erwartungen. Die XL 600 R erschien im Januar 1983 zum Start der Rallye Paris–Dakar; die angebotene Dakar-Variante verfügte über einen größeren Tank. 1985 folgten eine erste Modellpflege – neuer Doppelvergaser, Verdichtung 9,0 statt 8,5:1, Ausgleichswelle – sowie die Einführung der RM- und LM-Typen. Von der bisherigen XL 600 stammten nur der Vierventil-Zylinderkopf sowie die Telegabel. Der Rest war praktisch neu.

In ungedrosseltem Zustand mobilisierte die LM 44 PS bei 6500/min. Mit 27 PS gab es nur die etwas zivilere LM-Variante namens RM mit 13-Liter-Tank und Einfach- statt Doppelscheinwerfer. Beide Großenduros wurden für 1987 kräftig modifiziert, erkenntlich am nunmehr schwarz lackierten Triebwerk. Eine Nummer für sich waren die XR-Singles; das Kürzel steht bei Honda traditionell für straßenzugelassene,

Die XL 600 LM weckte mit Lackierung, 28-Liter-Tank und Doppelscheinwerfer Erinnerungen an die Paris–Dakar-Maschine. Bei den bis 1987 gebauten Maschinen war der Motor rot lackiert, danach schwarz. Bei RM wie auch LM wurde 1987 der Gabel-Federweg auf 220 mm reduziert.

Die XL 600 R kam 1983 als Nachfolgerin der Halbliter-XL auf den Markt. Besonderes Highlight war der neue RFVC-Motor mit vier radial angeordneten Ventilen im OHC-Zylinderkopf.

Die XR-Modelle XR 500 und XR 600 wurden in kleiner Stückzahl auch in Deutschland verkauft. Sie waren in erster Line für Hobby-Crosser gedacht.

aber wettbewerbstaugliche Hard-Enduros. Im Vergleich zu einer XL gibt es etwas weniger Ausstattung (Starter, Lichtmaschine) und etwas weniger Gewicht.

Insbesondere in den USA sind XR-Modelle noch populärer als die straßenorientierteren XL mit identischer Technik. Die XR 500 R wurde nur inoffiziell eingeführt, die XR 600 R war dann über den Importeur zu haben; ebenso die Nachfolgerin XR 650, mit neuen Motor und kompetentem Leichtmetall-Fahrgestell als reines Wettbewerbsmodell zwischen 2000 und 2004.

Jahr	1983–1986	1986–1988	1987–1997
Modell	**XL 600 R**	**XL 600 RM / LM**	**XR 600 R**
Motor			
Hubraum (cm³)	589	589	589
Zylinder	S 1	S 1	S 1
Bohrung x Hub (mm)	97 x 80	97 x 80	97 x 80
Arbeitsweise	4-Takt	4-Takt	4-Takt
Steuerung	OHC	OHC	OHC
Gemischaufbereitung	2 x Keihin Ø 28	2 x Keihin Ø 28	2 x Keihin Ø 28
Ventile/Zylinder	4	4	4
Verdichtung	8,6	8,8	9
Kühlung	L	L	L
Leistung (kW (PS) / bei U/min)	32 (44) / 6500	32 (44) / 6500	34 (45) / 6500; 1991: 20 (27) / 5800
Max. Drehmoment (Nm / bei U/min)	51 / 5000	49 / 5500	54 / 5000
Batterie	12 V 3 Ah	12 V 14 Ah	k. A.
Generator (Watt)	230	230	80
Kraftübertragung			
Anz. Gänge	5	5	5
Übersetzung	2,462 / 1,647 / 1,250 / 1,000 / 0,839	2,462 / 1,647 / 1,250 / 1,000 / 0,839	2,385 / 1,647 / 1,250 / 1,000 / 0,840
Hinterradantrieb	K	K	K
Endübersetzung	2,733, auch 2,867	2,867, LM: 2,666	3,571; 1991: 3,429
Starter	Kick	Kick / Elektro, LM: Elektro	Kick
Fahrwerk			
Rahmen	SER	SER	SER
Vorderradfederung	T Ø 39, ab 1985 Ø 41	T Ø 41	T Ø 41; 1991: T Ø 43
Hinterradfederung	ZF	ZF	ZF
Federweg vorne (mm)	229	229	280
Federweg hinten (mm)	203	205	280
Vorderradbremse	SB Ø 240	SB Ø 256	SB Ø 256
Hinterradbremse	TB Ø 140	TB Ø 140	TB Ø 110
Vorderradreifen	3.00-21	3.00-21	80/100-21
Hinterradreifen	5.10-17	5.10-17	100/100-18; 110/100-18
Allgemeine Daten			
Radstand (mm)	1410	1446	1460 / 1455
Maße (Länge, mm)	2155	2220	2160 / 2250
Lenkkopfwinkel (Grad)	61	61,5	62 / 63
Nachlauf (mm)	118	138	118 / 105
Gewicht (kg)	154	156, LM: 189	131, 1991: 139
Tankinhalt (l)	12	13, LM: 28	10
Beschleunigung (s)	6,3	6,1, LM: 6,3	k. A.
Höchstgeschw. (km/h)	151	157, LM: 144	143, 1991: 110
Preis inkl. MwSt (DM)	5828–7073,–	7073–7748,–	9800,–
	1984/85: XL 600 L Paris-Dakar: größerer Tank, Radstand 1446 mm. »R« auch mit 20 kW lieferbar	1987: Änderung Federelemente	1988: statt Doppel- 1 x Keihin-Rundschieber-vergaser Ø 38 mm; 1991: SB Ø 256 mm hinten

Honda NX 650 Dominator (1988–2000)
Honda SLR 650/Vigor (1997–2000)

Etwas ziviler als bei den Großenduros gestaltete sich der Auftritt der NX 650 »Dominator«. Die hatte zwar den aufgebohrten Single der XL 600 R, bot aber das, was der »R« fehlte: Viel Dampf aus dem Drehzahlkeller. Sie zog schon knapp jenseits der 2000 Umdrehungen ruckfrei hoch, Tests bescheinigten ihr eine ausgezeichnete Leistungsentfaltung. Viel Lob verdienten auch das neue Fahrwerk aus Kastenprofilen wie auch die Feder- und Dämpferelemente: Die Synthese aus Straßen- und Enduromaschine war ausgezeichnet gelungen. Man hat sie in verschiedenen Evolutionsstufen gesehen, die letzte erschien 1997. Gebaut wurde sie nach 1996 im spanischen Honda-Werk Montesa, und von dort stammten auch die Nachfolge-Baureihen. Diese entfernten sich noch weiter vom Enduro-Gedanken, als es schon die Dominator gemacht hatte: Honda wollte die Einzylinder-650er SLR 650 (1997–1999) und deren Sidekick Vigor 650 (1998–2000) – ein »nahezu konkurrenzloses Gefährt für den professionellen Handtaschenraub«, wie das Motorradmagazin *Mo* konstatierte – als moderne Funbikes verstanden wissen. Im Grunde genommen war damit alles gesagt. Die wendigen Wusler mit dem Domi-Single – irgendwo angesiedelt zwischen Scrambler, Enduro und Supermoto – passten hervorragend in die Innenstädte, waren aber ihrer Zeit weit voraus und daher wenig verkauft.

Funbike mit Dominator-Motor: die SLR 650 von 1997 entstand im spanischen Honda-Werk Montesa. Nach zwei Jahren wurde sie abgelöst.

Die NX 650 Dominator basierte auf der XL 600 R und hatte den Vierventil-Zylinderkopf mit radial angeordneten Ventilen. Im Bild die Ur-Domi von 1988.

Die Vigor 650 von 1999 war eine modifizierte SLR. Zu den Unterschieden gehörten der jetzt vorhandene Drehzahlmesser und das Cockpit-Scheibchen.

Jahr	1988–1989	1990–1992	1993–1995	1996–2000	1997–2000
Modell	**NX 650 Dominator**	**NX 650 Dominator**	**NX 650 Dominator**	**NX 650 Dominator**	**SLR 650 / Vigor**
Motor					
Hubraum (cm³)	644	644	644	644	644
Zylinder	S 1	S 1	S 1	S 1	S 1
Bohrung x Hub (mm)	100 x 82	100 x 82	100 x 82	100 x 82	100 x 82
Arbeitsweise	4-Takt	4-Takt	4-Takt	4-Takt	4-Takt
Steuerung	OHC	OHC	OHC	OHC	OHC
Gemischaufbereitung	1 x Keihin Ø 40	1 x Keihin Ø 40	1 x Keihin Ø 40	1 x Keihin Ø 40	1 x Keihin Ø 40
Ventile/Zylinder	4	4	4	4	4
Verdichtung	8,3	8,3	8,3	8,3	8,3
Kühlung	L	L	L	L	L
Leistung (kW (PS) / bei U/min)	33 (45) / 6000, auch 20 (27) / 5500	32 (43,5) / 6000, auch 20 (27) / 5500	32 (43,5) / 6000	32 (44) / 6000; auch 25 (34) / 5500	29 (39) / 5750, auch 25 (34) / 4750
Max. Drehmoment (Nm / bei U/min)	55 / 5000, auch 46 / 2500	53 / 5000, auch 46 / 2500	55,4 / 5000	53 / 5000, auch 48 / 4500	54 / 4500, auch 51 / 4000
Batterie	12 V 8 Ah	12 V 8 Ah	12 V 8 Ah	12 V 8 Ah	12 V 8 Ah
Generator (Watt)	182	186	186	186	186
Kraftübertragung					
Anz. Gänge	5	5	5	5	5
Übersetzung	2,666 / 1,647 / 1,250 / 1,000 / 0,840	2,666 / 1,750 / 1,250 / 1,000 / 0,800	2,666 / 1,750 / 1,250 / 1,000 / 0,800	2,666 / 1,750 / 1,250 / 1,000 / 0,800	2,666 / 1,750 / 1,250 / 1,000 / 0,800
Hinterradantrieb	K	K	K	K	K
Endübersetzung	3,000, auch 3,1333	3,133, auch 3,333	3,07	3,07	3,07
Starter	Kick / Elektro	Elektro	Elektro	Elektro	Elektro
Fahrwerk					
Rahmen	SER	SER	SER	SER	SER
Vorderradfederung	T Ø 41	T Ø 41	T Ø 41	T Ø 41	T Ø 41
Hinterradfederung	ZF	ZF	ZF	ZF	ZF
Federweg vorne (mm)	220	220	220	219	190
Federweg hinten (mm)	190	195	195	195	170
Vorderradbremse	SB Ø 256	SB Ø 256	SB Ø 256	SB Ø 256	SB Ø 276
Hinterradbremse	SB Ø 220	SB Ø 220	SB Ø 220	SB Ø 220	SB Ø 220
Vorderradreifen	90/90-21	90/90-21	90/90-21	90/90-21	100/90-19
Hinterradreifen	120/90-17	120/90-17	120/90-17	120/90-17	120/90-17
Allgemeine Daten					
Radstand (mm)	1435	1435	1435	1435	1440 / 1430
Maße (Länge, mm)	2195	2195	2195	2200	2185 / 2180
Lenkkopfwinkel (Grad)	61,7	61,5	61,5	62	63 / 62
Nachlauf (mm)	115	114	114	115	100 / 105
Gewicht (kg)	180	182	186	186	181 / 175
Tankinhalt (l)	13	13	16	16	13
Beschleunigung (s)	6,9, auch 10,6	6,0	6,9	6,9	5,3 / 6,5
Höchstgeschw. (km/h)	144, auch 128	160	162	161	163 / 148
Preis inkl. MwSt (DM)	8870 – 9990,–	10.040–10.260,–	11.225,–	10.265,–	8990,–
		Größerer Tank, neue Verkleidung, SLS	Produktion in Italien, Mehrgewicht durch Rahmenrohre		

3 Honda Reihen-Zweizylinder

Honda CB 125 S / K / disc (1970–1976)
Honda CB 200 (1974–1976)

Als kleinsten Zweizylinder bot Honda in den Sechzigern – und wir reden von der zweiten Hälfte des Jahrzehnts, erst dann ging Honda daran, ein flächendeckendes Vertriebsnetz aufzubauen – die CB 125 SS an. Sie basierte zwar auf den 60er-Jahre-Twins, sah aber frischer aus. Mit 15 PS bei 10 500/min war sie zwar kaum stärker als die Einzylinder-100er, hatte aber einen fünften Gang und, ab 1971, einen Chromtank. Man hat sie optisch noch

Im Stil der CB 72 mit Telegabel und Rohrrahmen war die CB 125 SS erschienen und hatte zuerst, 1965, DM 2185,– gekostet. Seit 1970 gab es sie in neuer Optik.

Zweifarbig lackierte Tanks waren typisch für die Honda-Modelle der frühen 1970er Jahre, wobei Zwei- und Vierzylinder-Maschinen grundsätzlich unterschiedliche Muster aufwiesen.

Noch vor der IFMA 1974 kündigte Honda die Umrüstung auf Scheibenbremsen an. Die CB 125 disc (B6) kostete DM 2698,– und lag damit um 200 Mark über der SS 125.

einmal überarbeitet und technisch verfeinert, doch 1976 dann aus der Lieferliste verschwinden lassen: Sie passte optisch nicht mehr in die Zeit – und mit ihren 15 PS nicht in die 17-PS-Klasse.

Wer in dieser Leistungsklasse einkaufen musste, griff zur CB 200. Die war mit 360 Grad (CB 250/350: 180 Grad) ein echter Paralleltwin englischer Schule. Ihre Domäne war der Stadtverkehr, ihre Schwäche die zu sehr auf den amerikanischen Geschmack zugeschnittene Optik und die sehr weiche Auslegung der fünffach verstellbaren Federbeine. An der Vorderhand verzögerte eine Scheibenbremse, die allerdings mechanisch, also per Bowdenzug betätigt werden musste. Dennoch erreichte die laut Werk 130 km/h schnelle Maschine ordentliche Verzögerungswerte und erfreute sich als Fahrschulmaschine großer Beliebtheit.

Die CB 200 (1974) war bei Fahrschulen sehr beliebt. 17 PS bei 9000/min, 0–100 km/h in 14,5 s, 113 km/h, DM 2998,–.

Ein echter Paralleltwin: Bei der CB 200 handelte es sich um eine Weiterentwicklung der in England und in den USA sehr erfolgreichen CB 160/175-Reihe.

Jahr	1970–1976	1974–1976
Modell	**CB 125 S / K / Disc**	**CB 200**
Motor		
Hubraum (cm³)	125	198
Zylinder	R 2	R 2
Bohrung x Hub (mm)	44 x 41	55,5 x 41
Arbeitsweise	4-Takt	4-Takt
Steuerung	OHC	OHC
Gemischaufbereitung	2 x Keihin Ø 23	2 x Keihin Ø 20
Ventile/Zylinder	2	2
Verdichtung	9,4	9
Kühlung	L	L
Leistung (kW (PS) / bei U/min)	11 (15) / 10.500	13 (17) / 9000
Max. Drehmoment (Nm / bei U/min)	9,8 / 8000	13,9 / 8000
Batterie	6 V 12 Ah	12 V 9 Ah
Generator (Watt)	72	79
Kraftübertragung		
Anz. Gänge	5	5
Übersetzung	2,615 / 1,611 / 1,181 / 0,958 / 0,808	2,769 / 1,882 / 1,450 / 1,174 / 0,96
Hinterradantrieb	K	K
Endübersetzung	3,357	3,70
Starter	Kick	Elektro
Fahrwerk		
Rahmen	SER	SER
Vorderradfederung	T Ø 31	T Ø 31
Hinterradfederung	S	S
Federweg vorne (mm)	104	105
Federweg hinten (mm)	61	68
Vorderradbremse	TB Ø 130	SB Ø 260
Hinterradbremse	TB Ø 130	TB Ø 130
Vorderradreifen	2.50-18	2.75-18
Hinterradreifen	2.75-18	3.00-18
Allgemeine Daten		
Radstand (mm)	1280	1260
Maße (Länge, mm)	1905	1935
Lenkkopfwinkel (Grad)	64	64
Nachlauf (mm)	86	89
Gewicht (kg)	134	142
Tankinhalt (l)	10	9
Beschleunigung (s)	19,6	14,5
Höchstgeschw. (km/h)	110	113
Preis inkl. MwSt (DM)	2198–2888,–	2998–3131,–
	ab 1974: Modell Disc mit SB Ø 212 mm v., Vergaser Ø 22 mm. Federweg h. 68 mm	

Honda CB 125 T/T2 (1977–1986)
Honda CB Two Fifty (1996–1999)

Im Grunde genommen war alles, was Honda bis dahin in den Hubraumklassen bis hoch zum halben Liter produzierte, von mehr oder weniger gleicher Machart. Das änderte sich in der zweiten Hälfte der Siebziger, als eine neue Motorengeneration mit Dreiventil-Zylinderköpfen, zwei Ausgleichswellen und wartungsfreier Transistor-Zündung erschien, die in den Achtzigern die Richtung vorgab. Kleinste Vertreterin der neuen Generation war die CB 125 T im damals propagierten Euro-Design. Die Optik überzeugte, der neue, leicht überquadratisch ausgelegte Zweizylinder dagegen weniger: So etwas wie Vortrieb erzeugte er erst bei astronomisch hohen Drehzahlen, das nutzbare Drehzahlband war sehr schmal und hätte eigentlich eines Sechsganggetriebes bedurft. Ein ganz düsteres Kapitel war auch die Seilzug-betätigte vordere Scheiben-

Hondas CB 125 T, eingeführt 1977, hatte Speichenräder. 17 PS bei 5000/min, 0–100 km/h in 16,1 s, 125 km/h, DM 3075,–.

Die CB 125 T2 von 1978 unterschied sich nur durch die ComStar-Räder von der bisherigen CB 125 T. Nun gab es sie auch mit reduzierter Leistung: 10 PS bei 10.500/min, 100 km/h, DM 3235,–.

bremse: Honda-Käufer durften Besseres erwarten. Die T wandelte sich 1979 zur T2 und trug jetzt ComStar-Räder; 1980 schließlich bot Honda einen 10-PS-Drosselsatz an: Diese Leistung weckte keine Begehrlichkeiten.

Jahr	1977–1979	1979–1986	1996–1999
Modell	CB 125 T	CB 125 T2	CB Two Fifty
Motor			
Hubraum (cm³)	125	125	234
Zylinder	R 2	R 2	R 2
Bohrung x Hub (mm)	44 x 41	44 x 41	53 x 53
Arbeitsweise	4-Takt	4-Takt	4-Takt
Steuerung	OHC	OHC	OHC
Gemischaufbereitung	2 x Keihin Ø 22	2 x Keihin Ø 22	2 x Keihin Ø 26
Ventile/Zylinder	2	2	2
Verdichtung	9,4	9,4	9,2
Kühlung	L	L	L
Leistung (kW (PS) / bei U/min)	13 (17) / 11.500, auch 7 (10) / 9500	13 (17) / 11.500, auch 7 (10) / 9500	13 (17) / 8500
Max. Drehmoment (Nm / bei U/min)	10 / 10.500	10 / 10.500	17 / 6500
Batterie	6 V 6 Ah	6 V 6 Ah	12 V 6 Ah
Generator (Watt)	86	86	190
Kraftübertragung			
Anz. Gänge	5	5	5
Übersetzung	2,769 / 1,882 / 1,450 / 1,217 / 1,083	2,769 / 1,882 / 1,450 / 1,217 / 1,083	2,846 / 1,777 / 1,333 / 1,083 / 0,913
Hinterradantrieb	K	K	K
Endübersetzung	2,600	2,600	2,214
Starter	Kick	Kick	Elektro
Fahrwerk			
Rahmen	SER	SER	SER
Vorderradfederung	T Ø 31	T Ø 31	T Ø 31
Hinterradfederung	S	S	S
Federweg vorne (mm)	120	115	123
Federweg hinten (mm)	55	64	110
Vorderradbremse	SB Ø 245	SB Ø 245	SB Ø 240
Hinterradbremse	TB Ø 130	TB Ø 130	TB Ø 130
Vorderradreifen	2.75-18	2.75-18	90/100-18
Hinterradreifen	3.00-18	3.00-18	120/90-16
Allgemeine Daten			
Radstand (mm)	1275	1275	1425
Maße (Länge, mm)	1980	1980	2090
Lenkkopfwinkel (Grad)	63	63	61,5
Nachlauf (mm)	90	90	109
Gewicht (kg)	125	126	144
Tankinhalt (l)	11,5	10	16
Beschleunigung (s)	14	16,1	14,7
Höchstgeschw. (km/h)	129	128, auch 100	115
Preis inkl. MwSt (DM)	2622–2832,–	3205–3352,–	7195,–
		T2: Leichtmetall-Räder Comstar, ab 1981: auch mit 7 kW / 10 PS	Gebaut bei Montesa

Die 1992 erstmals gezeigte CB 250 kam erst ab 1996 auch nach Deutschland. Sie war laut Pressemappe, »für den reiferen, erwachsenen städtischen Fahrer« gedacht. DM 7195,–.

Optisch wie technisch machte da die CB Two Fifty von 1996, außerhalb Deutschlands in dieser Aufmachung seit 1992 angeboten, eine viel bessere Figur: Sie erinnerte im Design wie auch der Modellbezeichnung an die erfolgreiche CB Seven Fifty und versuchte, deren Erfolgsrezept auch in die kleinere Hubraumklasse zu übertragen. Die Rechnung ging auf: Die kleine 250er, hierzulande für 7195 Mark verkauft, entpuppte sich als ideales Einsteiger- und Kurzstrecken-Gefährt. Gebaut wurde sie bei der Honda-Tochter Montesa, lediglich Bremsen, Vergaser und Motor kamen aus Japan. Für die City reichten die gut im Futter stehenden 17 PS allemal. Die Höchstgeschwindigkeit lag bei 115 km/h, das Drehmoment-Maxium von 17 Nm lag bei 6500 Umdrehungen an. Der einzige echte Kritikpunkt betraf die unterdimensionierte Showa-Gabel mit den 31er Standrohren aus spanischer Produktion.

Honda CM 125 C (1982–1994)
Honda CM 185 T (1978–1979)
Honda CM 200 T (1980–1983)
Honda CM 250 C (1982–1984)
Honda CMX 250 C (1996–2001)

Hondas kleinster Chopper hieß CM 125 C und übernahm Motor, Getriebe und Fahrwerk von der Straßen-125er. Lediglich der Lenkkopfwinkel stand flacher (hier 60,7 Grad, vorher 63) und entsprechend geriet der Nachlauf größer (112 mm statt 90 mm). Hinten ein dickeres 16-Zoll-Drahtspeichenrad, halbhoher Lenker, ein tropfenförmiger Tank und eine Stufensitzbank – und fertig war eines der unausgewogensten Motorräder, das Honda je auf die Räder gestellt hatte.

Jahr	1982–1985	1992–1994	1995–2001	1978–1979	1980–1983	1982–1984	1996–2001
Modell	**CM 125 C**	**CM 125 C**	**Rebel CA 125**	**CM 185 T**	**CM 200 T**	**CM 250 C**	**CMX 250 C Rebel**
Motor							
Hubraum (cm³)	124	124	124	179	194	234	234
Zylinder	R 2	R 2	R 2	R 2	R 2	R 2	R 2
Bohrung x Hub (mm)	44 x 41	44 x 41	44 x 41	53 x 71	53 x 44	53 x 53	53 x 53
Arbeitsweise	4-Takt	4-Takt	4-Takt	4-Takt	4-Takt	4-Takt	4-Takt
Steuerung	OHC	OHC	OHC	OHC	OHC	OHC	OHC
Gemischaufbereitung	1 x Keihin Ø 22	1 x Keihin Ø 22	1 x Keihin Ø 18	2 x Keihin Ø 22	2 x Keihin Ø 22	2 x Keihin Ø 26	2 x Keihin Ø 22,8
Ventile/Zylinder	2	2	2	2	2	2	2
Verdichtung	9,4	9,4	9,4	8.8	8.8	9,4	9,2
Kühlung	L	L	L	L	L	L	L
Leistung (kW (PS) / bei U/min)	7 (10) / 9000, auch 10 (13,6) / 10.000	7 (10) / 9000, auch 10 (13,6) / 10.000	8,1 (11) / 9500	7,4 (10) / 7500	13 (17) / 9000	13 (17) / 7500	13 (17) / 8000
Max. Drehmoment (Nm / bei U/min)	9 / 6000, auch 10,9 / 8500	9 / 6000, auch 10,9 / 8500	9,1 / 6000	13 / 4000	15 / 7000	18 / 4000	17,4 / 5500
Batterie	12 V 9 Ah	12 V 9 Ah	12 V 6 Ah	6 V 6 Ah	12 V 9 Ah	12 V 9 Ah	12 V 9 Ah
Generator (Watt)	150	150	156	86	79	190	190
Kraftübertragung							
Anz. Gänge	5	5	5	4	4	5	5
Übersetzung	2,769 / 1,882 / 1,450 / 1,217 / 1,083	2,846 / 1,777 / 1,333 / 1,083 / 0,913	2,846 / 1,777 / 1,333 / 1,083 / 0,913	2,744 / 1,728 / 1,274 / 1,001	2,846 / 1,778 / 1,273 / 1,0	2,733 / 1,850 / 1,416 / 1,148 / 0,965	2,486 / 1,778 / 1,333 / 1,083 / 0,913
Hinterradantrieb	K	K	K	K	K	K	K
Endübersetzung	2,600	2,866	3,00	2,333	2,333	2,14	2,357
Starter	Elektro	Elektro	Elektro	Elektro	Elektro	Elektro	Elektro
Fahrwerk							
Rahmen	SER	SER	SER	SER	SER	SER	SER
Vorderradfederung	T Ø 31	T Ø 31	T Ø 33	T Ø 31	T Ø 31	T Ø 31	T Ø 33
Hinterradfederung	S	S	S	S	S	S	S
Federweg vorne (mm)	140	140	126	115	115	140	116
Federweg hinten (mm)	75	64	75	65	64	75	75
Vorderradbremse	TB Ø 140	TB Ø 140	SB Ø 240	TB Ø 140	TB Ø 140	TB Ø 140	SB Ø 240
Hinterradbremse	TB Ø 130	TB Ø 130	TB Ø 130	TB Ø 130	TB Ø 130	TB Ø 130	TB Ø 130
Vorderradreifen	3.25-18	3.25-18	3.00-18	3.00-17	3.00-17	3.25-18	3.00-18
Hinterradreifen	110/90-16	110/90-16	130/90-15	3.50-18	3.50-16	110/90-16	130/90-15
Allgemeine Daten							
Radstand (mm)	1350	1350	1460	1280	1280	1345	1460
Maße (Länge, mm)	2100	2100	2195	1970	1990	2060	2195
Lenkkopfwinkel (Grad)	60,7	60,7	59,60	62	62	60,75	58
Nachlauf (mm)	112	112	105	92	92	112	120
Gewicht (kg)	139	127 (tr.)	150	137	138	144	149
Tankinhalt (l)	13	13	10	11,4	11,4	12	10
Beschleunigung (s)	–	–	–	–	15,1	20,1	19,8
Höchstgeschw. (km/h)	91	91	97	93	119	106	114
Preis inkl. MwSt (DM)	3498,–	k. A.	6550,–	3286,–	3588,–	4028,–	8055,–
					1981: 12-V-Elektrik, CDI-Zündung		

Die ersten Honda-Chopper überhaupt betraten in Gestalt der CM 185 zur Saison 1978 die deutsche Bühne. Für die Leistung – zehn oder 17 PS – wogen sie aber zu viel. Für die Honda sprachen neben der Optik das saubere Finish, der kultivierte Motor und das hohe Maß an Fahrkomfort. Ein Quäntchen mehr Hubraum machte aus der CM 185 T dann 1980 die CM 200 T. Abgesehen davon war der Zweizylinder praktisch baugleich mit dem Vormodell. Auffällige Unterschiede waren der runde Tacho mit separater Konsole anstelle des bisherigen Kombi-Instruments, die kürzeren Auspufftüten und der Wegfall des Sozius-Haltebügels.

Die CM 250 C hat die 200er dann 1982 abgelöst. Abgesehen von der Optik – und dem leichten Hubraumzuwachs – hatte sich so gut wie nichts geändert, zumindest nicht verbessert: Der 17 PS starke Twin mühte sich redlich, verfügte aber weder über Durchzug noch Temperament. Überdies wirkte der Chopper ein wenig übergewichtig. Über 110 km/h kam die Tachonadel eigentlich nie, und das auch nur höchst widerwillig.

Die CM-Baureihe verfügte über die sogenannten Twinstar-Motoren – ein hochtrabender Begriff für ausgesprochen brave Viertakter. Bis 1980 verfügten sie über Unterbrecher, ab 1981 dann über CDI-Zündung.

Die CM 125 C war eines der am schlechtest getesteten Honda- Motorräder der frühen 1980er, sie ließ jedes Gefühl von »echtem Choppern« vermissen. Aber günstig war sie, laut Liste kostete sie 1982 nur DM 3498,–.

Die Honda CM 185 T war zwischen 1978 und 1980 in zwei Leistungsstufen lieferbar. Die 10-PS-Ausführung war häufiger, wurde aber von jedem deutschen Kleinkraftrad überholt. Ihre baugleiche Nachfolgerin hieß CM 200 T. Die versprochenen 120 km/h erreichte sie praktisch nie.

1984 endlich hatte Honda ein Einsehen, beendete das Trauerspiel und kehrte erst ein Dutzend Jahre später mit einem Viertelliter-Chopper zurück. Dieser »Traum von einem Chopper« hieß CMX 250 C Rebel, war optisch viel näher am Chopper-Ideal und wurde erstaunlicherweise, trotz des unambitionierten Zweiventil-Motors, von der Presse viel wohlwollender beurteilt als die bisherigen 17-PS-Versuche. Die Domäne der CMX war die Stadt, dort konnte die Rebel ihre Wendigkeit beweisen; auch auf Landstraßen schlug sie sich wacker, wiewohl die große Tour natürlich nicht zu ihr passte. Und Autobahnen mied man bei einer Spitze von kaum 120 km/h sowieso besser.

Kleine Chopper waren hierzulande lange Mangelware. In den USA gab es schon in den 80ern eine CMX 250 Rebel im Stil der großen VT- und VF-Chopper, als limitiertes Sondermodell mit viel Chrom und goldfarbenem Zylinderkopf.

Nach bewährtem Strickmuster: die CMX 250 Rebel des Jahres 1996 sah aus wie die im Vorjahr präsentierte CA 125.

Honda CB 250 / 350 K / disc (1968–1973)
Honda CL 250 (1970–1972)
Honda CB 250 / 360 G (1974–1977)
Honda CJ 250 / 360 T (1976–1979)

Für die Baby-Boomer-Generation, also die Buben – fahrende Mädels waren damals noch die absolute Ausnahme – der frühen Siebziger, hatte ein Motorrad mindestens einen viertel Liter Hubraum aufzuweisen. Mindestens. In dieser Hubraumklasse war Honda natürlich stark, denn die CB-Motoren gehörten zu den besten Zweizylinder-Aggregaten jener Zeit und stellten auch die Vorgänger-Typen CB 72/77 in den Schatten. Sie erschienen unter der Bezeichnung CB 250/350 K Ende 1967 in London, und wer sich auskannte, wusste sofort, dass er es hier mit einer neuen Motorengeneration zu tun hatte, zumal die bislang nach vorne geneigt eingebauten Motoren nun nahezu senkrecht im Rahmen standen. Zu den neuen Zweizylinder-Motoren gesellte sich ein neues Fahrwerk aus Rundrohren und Pressteilen. Die bis 1973 verkauften Twins unterschieden sich nur im Detail voneinander, Kenner wussten die verschiedenen Baujahre an Lackdesigns, Dekoren und Schriftzügen zu differenzieren. Obwohl die Leistung nur wenig über der der 30 PS starken Viertelliter-CB lag, galt die 350er doch in vielerlei Hinsicht als die bessere Alternative, da sie die Fahrleistungen größerer Motorräder mit dem Gewicht und der Handlichkeit einer 250er kombinierte. Nach 1973 mit einer Einscheibenbremse im Vorderrad aufgewertet und mit dem Zusatz »disc« versehen, waren nur wenige Teile, so etwa der

Bei Scramblern wie der CL 250 standen die früheren Trail-Motorräder Pate. Ducati aber, und nicht Honda, brachte sie zuerst in die USA.

breitere 3.50er Hinterreifen, die Vergaserbedüsung oder die Hinterrad-Übersetzung, anders als bei der 250er. Gewicht und Handling passten aber nicht zur Motorleistung und zur deutschen Versicherungslandschaft, die zwischen 250 ccm und 475 ccm unterschied. Kaum verkäuflich war auch die CL 250, die Scrambler-Ausführung der CB 250 K. Als es sie nicht mehr gab, hat keiner ihr Verschwinden bemerkt.

Den K-Zwillingen folgten Ende 1973 die G-Twins. Die waren besser, weil zuverlässiger, spannten die Steuerkette automatisch und übertrugen die Kraft per Sechsganggetriebe an das Hinterrad. Außerdem waren sie schrauberfreundlich,

Sie war schnell, leicht und handlich, hatte aber sehr teure Ersatzteile: Hondas CB 350 K (»Super Sports«). Sie kostete 1971 DM 3198,–.

Bekannter Name, aber ein völlig neues Modell war die CB 250 K von 1968. Sie war ab 1973 als »disc« mit Scheibenbremse lieferbar. DM 3328,–.

weil der Motor nicht mehr gleich ausgebaut werden musste, wenn's mal mehr zu schlossern gab. Die Motorleistung der 250er lag bei 27 PS, da das Gewicht aber bei 170 Kilo blieb, war die Viertelliter-Honda nur mühsam auf Touren zu bringen.

Mehr als 125 km/h schaffte sie im Test sowieso nicht, und selbst das war zu viel für das Wackel-Chassis, das unter dem Verzicht auf die noch bei den Vorgängern üblichen Pressblech-Teile litt. Der Wechsel zum G-Modell 1974 brachte der

Die CB 250 / CB 350 K-Modelle wurden von Grund auf neu entwickelt und zwischen 1968 und 1973 gebaut. Insbesondere die 350er war mit über 300.000 Stück ein weltweiter Verkaufserfolg.

bisherigen 350er einen Leistungsverlust, offen standen jetzt nur noch 34 PS bei 9000 Umdrehungen in den Papiern. Der wichtigste Unterschied zum Vormodell bestand aber neben dem Hubraumplus und den zahlreichen Modifikationen (u. a. Ventiltrieb, Vergaser) in der hydraulischen Scheibenbremse (214 mm) anstelle der vorderen Doppelnocken-Trommelbremse und dem Sechsgang-Getriebe. Auch das Rundrohr-Chassis war neu, aber sehr labil. Bis zu ihrer Ablösung durch die T-Modelle wurde den G-Typen keine Modellpflege zuteil, sieht man einmal von anderen Lackfarben und Tankaufklebern ab.

Bei den CJ-Typen von 1976 handelte es sich um sportlich angehauchte Sparversionen der G-Modelle ohne Anlasser, sechsten Gang und mit nur einem Endtopf. Die Optik orientierte sich an den größeren Vierzylindern, Fahrwerk und Fahrleistungen waren aber besser als bei den hubraumgleichen CBs, was an der neuen Telegabel lag. Schwachstellen blieben die Scheibenbremse, die Bauarbeiter-Pratzen erforderte, sowie die kernigen Vibrationen dieser Twins ohne Ausgleichswellen. Man hat sie nicht überall verkauft, und die Händler waren froh, als 1979 die letzten vom Hof rollten.

Zu viel versprochen: »Die neue 27-PS-Formel für sportliches Fahren« landete beim Vergleichstest nur im Mittelfeld, trotz tollem Fahrwerk und günstigem Verbrauch: Die CJ 250 T von 1977 war, wie die baugleiche CJ 360, erfolglos.

Die neue Zweizylinder-Generation von Honda fiel nach Meinung der Tester beinahe zu brav aus. Die CB 360 G (Preis 1974: DM 3918,–) war in Deutschland nicht sonderlich begehrt.

Jahr	1968–1973	1974–1977	1976–1978	1977	1978	1970–1973	1974–1977	1976–1978
Modell	**CB 250 K**	**CB 250 G**	**CJ 250 T**	**CB 250 T**	**CB 250 N**	**CB 350 K**	**CB 360 G**	**CJ 360 T**
Motor								
Hubraum (cm³)	249	249	245	245	245	325	357	357
Zylinder	R 2	R 2	R 2	R 2	R 2	R 2	R 2	R 2
Bohrung x Hub (mm)	56 x 50,6	56 x 50,6	62 x 41,4	62 x 41,4	62 x 41,4	64 x 50,6	67 x 50,6	67 x 50,6
Arbeitsweise	4-Takt	4-Takt	4-Takt	4-Takt	4-Takt	4-Takt	4-Takt	4-Takt
Steuerung	OHC	OHC	OHC	OHC	OHC	OHC	OHC	OHC
Gemischaufbereitung	2 x Keihin Ø 28	2 x Keihin Ø 28	2 x Keihin Ø 28	2 x Keihin Ø 28	2 x Keihin Ø 28	2 x Keihin Ø 28	2 x Keihin Ø 28	2 x Keihin Ø 30
Ventile/Zylinder	2	2	2	3	3	2	2	2
Verdichtung	9,5	9,5	9,4	9,4	9,4	9,5	9,3	9,3
Kühlung	L	L	L	L	L	L	L	L
Leistung (kW (PS) / bei U/min)	22 (30) / 10.500	20 (27) / 9500	20 (27) / 9500, auch 13 (17) / 8500	13 (17) / 8500	13 (17) / 8500	26 (36) / 10.500	25 (34) / 9000	25 (34) / 9000, ab 1978 20 (27) / 8000
Max. Drehmoment (Nm / bei U/min)	21 / 9500	21,6 / 9000	20,6 / 8500, auch 16,2 / 6500	16,2 / 6500	16,2 / 6500	25 / 9500	28,4 / 8000	20,6 / 8500
Batterie	12 V 12 Ah	12 V 12 Ah	12 V 12 Ah	12 V 12 Ah	12 V 12 Ah	12 V 12 Ah	12 V 12 Ah	12 V 12 Ah
Generator (Watt)	130	130	130	130	130	130	130	130
Kraftübertragung								
Anz. Gänge	5	6	5	5	5	5	6	5
Übersetzung	2,353 / 1,636 / 1,269 / 1,036 / 0,900	2,50 / 1,75 / 1,375 / 1,111 / 0,965 / 0,866	2,733 / 1,850 / 1,416 / 1,148 / 0,965	2,733 / 1,850 / 1,416 / 1,148 / 0,965	2,733 / 1,850 / 1,416 / 1,148 / 0,965	2,353 / 1,636 / 1,269 / 1,036 / 0,900	2,50 / 1,75 / 1,375 / 1,111 / 0,965 / 0,866	2,733 / 1,850 / 1,416 / 1,148 / 0,965
Hinterradantrieb	K	K	K	K	K	K	K	K
Endübersetzung	2,375	2,375	2,73	2,73	2,73	2,250	2,125	2,125
Starter	Kick / Elektro	Kick / Elektro	Kick	Kick / Elektro	Kick / Elektro	Kick / Elektro	Kick / Elektro	Kick
Fahrwerk								
Rahmen	SER	SER	SER	SER	SER	SER	SER	SER
Vorderradfederung	T Ø 32	T Ø 32	T Ø 33	T Ø 33	T Ø 33	T Ø 33	T Ø 33	T Ø 33
Hinterradfederung	S	S	S	S	S	S	S	S
Federweg vorne (mm)	104	114,5	140	140	140	125	114,5	140
Federweg hinten (mm)	k. A.	90	77,6	90	96	75	77,6	77
Vorderradbremse	TB Ø 180	SB Ø 260	SB Ø 260	SB Ø 280	SB Ø 280	TB Ø 180	SB Ø 260	SB Ø 280
Hinterradbremse	TB Ø 160	TB Ø 160	TB Ø 160	TB Ø 140	TB Ø 140	TB Ø 160	TB Ø 160	TB Ø 140
Vorderradreifen	3.00-18	3.00-18	3.00-18	3.00-18	3.60-18	3.00-18	3.00-18	3.00-18
Hinterradreifen	3.25-18	3.50-18	3.75-18	3.75-18	4.10-18	3.50-18	3.50-18	3.75-18
Allgemeine Daten								
Radstand (mm)	1320	1345	1375	1395	1395	1320	1345	1345
Maße (Länge, mm)	2090	2040	2130	2120	2130	2090	2040	2145
Lenkkopfwinkel (Grad)	63	63	63,6	63,6	63	63	63	63
Nachlauf (mm)	85	92	86	86	92	85	92	92
Gewicht (kg)	170	175	183	183	185	170	178	184
Tankinhalt (l)	12	11	14	14	14	12	11	14
Beschleunigung (s)	8	14,1	11,7 (20 kW)	17,2.	19,1	6,4	6,4	7,5
Höchstgeschw. (km/h)	150	150	135, auch 115	117	120	165	165	150
Preis inkl. MwSt (DM)	2697–3048,–	3778,–	3797–4338,–	4338–3987,–	4338,–	3195–3548,–	3918,–	3958–4067,–
					nur 1980 auch mit 20 kW			

Honda CB 250 / 400 T / A (1977–1979)
Honda CB 250 / 400 N (1978–1984)
Honda CM 400 T (1980–1984)
Honda CB 450 N / S (1984–1990)

Als Honda 1977 auf dem Pariser Salon seine neue Twin-Generation vorstellte, konzentrierte sich das Interesse vor allem auf die neue Technik: die Dreiventil-Zylinderköpfe, die beiden Ausgleichswellen und die wartungsfreie Transistor-Zündung. Ein Schwachpunkt war das vergleichsweise hohe Gewicht, mit vollem 14-Liter-Tank kamen sie auf stolze 185 Kilogramm. Die 250er wurde international mit 27 PS, die 400er mit 43 PS vermarktet. Die Fahrwerksauslegung geriet bei beiden sportlich straff und bot vergleichsweise wenig Komfort. Dennoch wurden sie international sehr gelobt, die ausschließlich in Deutschland lieferbaren 17- beziehungsweise 27-PS-Drosselversion hingegen nicht, weil ohne Temperament und Kraft.

Die Drosselung um 16 auf 27 PS bekam der CB 400 T überhaupt nicht, erst recht nicht in der Ausführung mit Zweigang-Automatik.

Die Honda CB 250 T von 1977 bot moderne Dreiventil-Technik, wurde in Deutschland aber nur selten verkauft.

Die Euro-Sportler mit dem Zusatz »N« übernahmen die Technik der T-Modelle, die in den USA weiterhin mit dem Zusatz »Hawk« verkauft wurden. Der Aero-Stil kam aber in Deutschland wesentlich besser an. Wie gehabt, gab es sowohl eine 17-PS-250er sowie eine stärkere 400 N. Letztere wurde in sechs Jahren rund 24.000 Mal verkauft, zuletzt auch offen mit 43 PS.

1979 gab es auch noch eine CB 400 TA (»Hondamatic«) mit hydraulischem Drehmomentwandler und zwei Fahrstufen: Die Kombination aus hohem Gewicht und kräftezehrender Automatik ließ in Sachen Beschleunigung und Durchzugsvermögen alle Wünsche offen. Hierzulande war sie kommerziell ein Flopp.

Die neue T-Generation war noch keine zehn Monate auf dem Markt, als schon die Nachfolger in den Startlöchern standen: Die CB-N-Modelle, die im Frühsommer 1978 präsentiert wurden. Richtig neu war allerdings nur das Design im Eurostyle-Look. »Für Europa entwickelt – in Styling, Leistung und Handling«, begeisterten sich die Honda-Werber vom neuen Auftritt in der Mittelklasse, der von den ComStar-Rädern bis zum Heckabschluss viel mit den großen Vierzylindern CB 750 F / 900 F gemeinsam hatte.

Die erste CB 450 war noch eine Sensation gewesen, zwei Jahrzehnte später war es in erster Linie der Gitterrohrrahmen, der die CB 450 S auszeichnete. Die schönste Mittelklasse-Honda jener Jahre verfügte über den Zweizylinder-Dreiventilmotor der CB 450 N.

Alte Bekannte dagegen waren das Fahrwerk und der mittragende Sechsventil-Motor. Letzterer aber war im Detail noch einmal überarbeitet worden. Die deutsche Ausführung leistete 27 PS bei 7500/min im Falle der 400er und 17 PS im Falle der 250er. Auch hier war das Leergewicht von 185 kg ein Thema. In der deutschen 17-PS-Version bot die 250 N (die 1980 auch mit 27 PS angeboten wurde) nur bescheidene Fahrleistungen. Die praktisch baugleiche 400 N (die hatte eine Doppelscheibe im Vorderrad) überzeugte da viel mehr und gehörte zu den Bestsellern der späten 70er. Außerdem waren beide typische Honda: hochwertig verarbeitet, zuverlässig und nahezu unzerstörbar. Erkennungszeichen des 1981er Jahrgangs waren die besser verarbeiteten und breiteren Comstar-Räder aus goldfarbenem Aluminium und die O-Ring-Kette, eine etwas niedrigere Sitzbank mit Spoilerlippe und ein etwas höherer Lenker. Das 82er Modell verzichtete auf einen Kickstarter, trug einen schwarzeloxierten Motor mit außenliegenden Ölsteigleitungen, erhielt einen Vorderradkotflügel aus Kunststoff sowie Doppelkolben-Bremssättel.

Die CM 400 T mit 16-Zoll-Rad hinten und flacherem Lenkkopfwinkel, Stufensitzbank, Tropfentank (mit zehn Litern sehr klein, sah aber gut aus) und Hochlenker war die Chopper-Ausgabe der Dreiventil-Twins. Der Zweizylinder-Viertakter mit obenliegender Nockenwelle wurde unverändert von der Straßen-Maschine übernommen. In Sachen Fahrleistungen riss der meist auf 27 PS gedrosselte Mittelklasse-Chopper erwartungsgemäß keine Bäume aus. Die Leistungsabgabe erfolgte zwar äußerst vibrationsarm, doch waren die vom Werk publizierten Fahrwerte arg optimistisch: 140 km/h waren mindestens um zehn zu viel.

Die CM 400 T als Chopperversion der CB 400 N erreichte trotz identischer Technik nicht deren Fahrleistungen.

Als Nachfolger der CB 400 N gescheitert: die in Brasilien gebaute CB 450 N. DM 5178,– (1984).

Keinen Chopper für Deutschland gab es von der CB 450 N, die zur IFMA 1984 gezeigt wurde. Diese Weiterentwicklung der Euro-N – die rund 27.000 Mal verkauft worden war – zeigte in erster Linie ein neues Styling. Beim Motor handelte es sich um das aufgebohrte Aggregat der ersten Euro-N. Vom Hubraumzuwachs auf 447 Kubik profitierte vor allem das Durchzugsvermögen des mit 9,3:1 verdichteten Paralleltwins, der nun viel temperamentvoller agierte. Dennoch lagen die Absatzzahlen weit unter denen der Vorgänger: Im Laufe ihrer ebenso kurzen wie ereignislosen Karriere entschieden sich lediglich 2994 Käufer für die in Brasilien gebaute CB 450.

Da die CB 450 N den Zeitgeschmack des voll auf Sport ausgerichteten Motorradmarkts haarscharf verfehlte, besserte Honda blitzschnell nach und stellte im Februar 1986 mit der CB 450 S ihren Nachfolger vor: zehn Kilogramm leichter und hundert Prozent schöner. Ins Auge stach vor allem der wunderschöne Gitterrohrrahmen, der dem technisch praktisch unveränderten Paralleltwin auf den Leib geschneidert worden war. Das neue Chassis ließ den Fahrer nun eher in als auf dem Motorrad sitzen, ein Verdienst der auf 795 mm reduzierten Sitzhöhe, die N hatte ihre Besitzer noch auf 830 mm gehievt. Für mehr Fahrstabilität sorgte die Telegabel mit 35er Standrohren, eine in Rollen gelagerte Kastenschwinge und weich ausgelegte Stoßdämpfer mit 110 mm Federweg – mit dem kleinen Sportler war man flott unterwegs. Mit vollen 44 PS lief die S im sechsten Gang rund 175 km/h, auf 27 PS gedrosselt standen noch rund 145 km/h auf dem Tacho. Das in Weiß, Schwarz, Silber und Rot lieferbare Schmuckstück stand bis zum Modelljahr 1989 im Programm.

Jahr	1977–1978	1978–1979	1978–1984	1980–1983	1984–1986	1986–1990
Modell	**CB 400 T**	**CB 400 A / Hondamatic**	**CB 400 N**	**CM 400 T**	**CB 450 N**	**CB 450 S**
Motor						
Hubraum (cm³)	395	395	395	395	447	447
Zylinder	R 2	R 2	R 2	R 2	R 2	R 2
Bohrung x Hub (mm)	70,5 x 50,6	70,5 x 50,6	70,5 x 50,6	70,5 x 50,6	75 x 50,6	75 x 50,6
Arbeitsweise	4-Takt	4-Takt	4-Takt	4-Takt	4-Takt	4-Takt
Steuerung	OHC	OHC	OHC	OHC	OHC	OHC
Gemischaufbereitung	2 x Keihin Ø 31	2 x Keihin Ø 28	2 x Keihin Ø 32	2 x Keihin Ø 32	2 x Keihin Ø 32	2 x Keihin Ø 31
Ventile/Zylinder	3	3	3	3	3	3
Verdichtung	9,3	9,3	9,3	9,3	9,3	9,3
Kühlung	L	L	L	L	L	L
Leistung (kW (PS) / bei U/min)	20 (27) / 7500, auch 32 (43) / 9500	20 (27) / 8000	20 (27) / 7900, auch 32 (43) / 8500	20 (27) / 7500	20 (27) / 7000, auch 32 (44) / 9000	32 (44) / 9000, auch 20 (27) / 7000
Max. Drehmoment (Nm / bei U/min)	27,5 / 6500, auch 33,4 / 8000	28 / 5000	27,5 / 6500, auch 38/7000	27,5 / 6500	33 / 3000, auch 37 / 7000	38 / 7000, auch 33 / 3000
Batterie	12 V 12 Ah	12 V 12 Ah	12 V 12 Ah	12 V 12 Ah	12 V 12 Ah	12 V 12 Ah
Generator (Watt)	130	170	170	170	174	174
Kraftübertragung						
Anz. Gänge	5	2 S-A	6	6	6	6
Übersetzung	2,733 / 1,850 / 1,416 / 1,148 / 0,965	Hydraulischer Drehmomentwandler, zwei Fahrstufen	2,733 / 1,850 / 1,416 / 1,148 / 0,965	2,733 / 1,850 / 1,416 / 1,148 / 0,965	2,857 / 1,947 / 1,545 / 1,280 / 1,074 / 0,931	2,769 / 1,947 / 1,545 / 1,280 / 1,074 / 0,931
Hinterradantrieb	K	K	K	K	K	K
Endübersetzung	2,250	2,312	2,250	2,187	2,25	2,25
Starter	Kick / Elektro	Kick / Elektro	Kick / Elektro	Kick / Elektro	Elektro	Elektro
Fahrwerk						
Rahmen	SER	SER	SER	SER	SER	SGR
Vorderradfederung	T Ø 33	T Ø 33	T Ø 33	T Ø 33	T Ø 33	T Ø 35
Hinterradfederung	S	S	S	S	S	S
Federweg vorne (mm)	140	140	140	140	140	140
Federweg hinten (mm)	90	96	96	76	97	100
Vorderradbremse	SB Ø 280	SB Ø 280	DSB Ø 255	SB Ø 255	DSB Ø 240	DSB Ø 255
Hinterradbremse	TB Ø 140	TB Ø 140	TB Ø 140	TB Ø140	TB Ø 140	TB Ø 140
Vorderradreifen	3.60-19	3.60-19	3.60-19	3.50-18	3.60-19	100/90-18
Hinterradreifen	4.10-18	4.10-18	4.10-18	4.60-18	4.10-18	110/90-18
Allgemeine Daten						
Radstand (mm)	1390	1390	1390	1425	1395	1405
Maße (Länge, mm)	2130	2100	2115	2190	2105	2110
Lenkkopfwinkel (Grad)	63	63	63	63	63	63
Nachlauf (mm)	100	100	100	108	93	107
Gewicht (kg)	183	189	187	184	194	185
Tankinhalt (l)	14	12	14	9,6	17	18
Beschleunigung (s)	7,7	15,2	11,6, auch 6,6	11,5	9	6,5, auch 11,4
Höchstgeschw. (km/h)	145	129	141, auch 142	135	140, auch 170	171, auch 141
Preis inkl. MwSt (DM)	4338,–	4818,–	4718–5204,–	4618–4878,–	5178,–	6145–6810,–
			1981: Felgen verbreitert, neuer Hauptbremszylinder. Auch 43 PS.			

Honda CB / CL 450 K / disc (1968–1974) Honda CB 500 T (1974–1976)

Die CB 450 von 1965 war das bis dahin hubraumstärkste Motorrad der Marke. Nach enttäuschendem Auftakt präsentierte die Firma 1968 dann mit der K1 einen wesentlich verbesserten Twin. Nunmehr 45 PS stark, aber mit neukonstruiertem Fünfgang-Getriebe, modifizierter Gemischaufbereitung, separaten Bechern für Drehzahlmesser und Tachometer und kleinerem 12-Liter-Tank versehen, überzeugte sie durch die Art der Leistungsentfaltung. Verschiedentlich modellgepflegt, war die CB 450 bis 1974 lieferbar, wobei lediglich die K2 mit CB 750-Optik und die K3 mit Scheibenbremse vorn (ab 1972 auch in Deutschland) erwähnt werden sollen. Kaum verkauft und weitgehend unbekannt geblieben ist die als Scrambler dekorierte 450er mit dem Kürzel »CL« gewesen. Motor und Rahmen waren identisch, CL-typisch waren das 19-Zoll-Vorderrad, der 9-Liter-Tank, die hochgezogene Auspuffanlage und der breite Lenker. Die Scrambler leistete 43 PS bei 8000/min, das maximale Drehmoment lag geringfügig höher bei leicht verringerten Drehzahlen. Wie auch die CB gab es die CL 450 in verschiedenen Bauserien (K1–K5), die sich lediglich in Details voneinander unterschieden. Die CL tauchte 1972 letztmals in der deutschen Preisliste auf.

Mit der CB 450 hatte anno 1965 Hondas Aufbruch in die großen Hubraumklassen begonnen. Zunächst wegen seiner Leistung von der deutschen Presse als »Monstermotorrad« bezeichnet, legte sich der Hype um das »Vollblut« spätestens nach Erscheinen der CB 750 schnell. 45 PS bei 9000/min, 0–100 km/h in 6 s, 170 km/h, DM 4400,–.

»Man muss sich schon sehr doof anstellen, um dieses Aggregat kaputt zu fahren.«, schrieb Das Motorrad 1966 im ersten großen Test. Der »Big Black Bomber« wurde 1968 erheblich überarbeitet und war ab der K3-Serie (1974) auch mit Scheibenbremse vorn zu haben.

Die CL 450 Scrambler stand zwischen 1970 und 1972 im Programm. Verkauft wurde aber, wenn überhaupt die kleinere CL 250.

Die Nachfolgerin der CB 450 erschien dann zur IFMA 1974 und hieß CB 500 T. Honda erinnerte damit ganz bewusst an die britischen Paralleltwins alter Schule, doch die Zeit war noch nicht reif für Retro-Bikes. Das Aggregat mit seinen Drehstab-Ventilfedern stammte aus der ersten Hälfte der Sechziger, was sich seit der CB 450 geändert hatte war lediglich der Hub. Auch das Chassis – Rohrrahmen, unter dem Motor gegabelt –, Vergaser, Elektrik, Räder und Bremsen wurden übernommen.

Das hubraum- und leistungsstärkste Modell der Honda-Zweizylinderbaureihe, die CB 500 T, basierte auf der CB 450.

Mitte der 1970er galt das Konzept des Halbliter-Twins als überholt. Auch Suzuki hatte mit der GT 500 einen ähnlichen Oldtimer im Programm.

Die 500er war mit 42 PS bei 8000/min um drei PS schwächer als die 450er, mit 210 kg aber deutlich schwerer als diese. Restbestände der nur zwei Jahre lang angebotenen Maschine standen zum Teil noch 1979 auf Halde. Sie gingen schließlich an den Hamburger Großhändler Detlev Louis, der sie auf 27 PS umbaute und über den Preis absetzte.

Honda CB 500 / S (1993–2003)

Im Wirbel um das neue Bigbike »Big One« ging 1993 die ebenfalls neu vorgestellte CB 500 etwas unter. Allerdings: Den großen Vierzylindern gehörten vielleicht die Schlagzeilen, doch Kasse gemacht wurde mit den neuen Zweizylindern. Und da gab es kaum eine ausgewogenere Maschine als die CB 500.

Jahr	1968–1971	1972–1974	1970–1971	1974–1976
Modell	CB 450 K1	CB 450 K4 / Disc	CL 450 K3	CB 500 T
Motor				
Hubraum (cm³)	445	445	445	499
Zylinder	R 2	R 2	R 2	R 2
Bohrung x Hub (mm)	70 x 57,6	70 x 57,8	70 x 57,6	70 x 64,8
Arbeitsweise	4-Takt	4-Takt	4-Takt	4-Takt
Steuerung	DOHC	DOHC	DOHC	DOHC
Gemischaufbereitung	2 x Keihin Ø 32	2 x Keihin Ø 32	2 x Keihin Ø 32	2 x Keihin Ø 32
Ventile/Zylinder	2	2	2	2
Verdichtung	9	9	9	8,5
Kühlung	L	L	L	L
Leistung (kW (PS) / bei U/min)	30 (41) / 8500	33 (45) / 9000	31 (43) / 8000	31 (43) / 8000
Max. Drehmoment (Nm / bei U/min)	38 / 7000	38 / 7000	39 / 7000	38 / 7000
Batterie	12 V 12 Ah	12 V 12 Ah	12 V 12 Ah	12 V 12 Ah
Generator (Watt)	110	110	110	110
Kraftübertragung				
Anz. Gänge	5	5	5	5
Übersetzung	2,412 / 1,636 / 1,269 / 1,000 / 0,844	2,412 / 1,636 / 1,269 / 1,000 / 0,844	2,412 / 1,636 / 1,269 / 1,000 / 0,844	2,277 / 1,521 / 1,230 / 1,000 / 0,844
Hinterradantrieb	K	K	K	K
Endübersetzung	3,304	3,304	2,333	2,20
Starter	Kick / Elektro	Kick / Elektro	Kick / Elektro	Kick / Elektro
Fahrwerk				
Rahmen	SER	SER	SER	SER
Vorderradfederung	T Ø 35	T Ø 35	T Ø 35	T Ø 35
Hinterradfederung	S	S	S	S
Federweg vorne (mm)	121	121	121	121
Federweg hinten (mm)	75	75	75	75
Vorderradbremse	TB Ø 200	SB Ø 296	TB Ø 200	SB Ø 296
Hinterradbremse	TB Ø 180	TB Ø 180	TB Ø 180	TB Ø 180
Vorderradreifen	3.25-18	3.25-18	3.25-19	3.50-19
Hinterradreifen	3.50-18	3.50-18	3.50-18	4.00-18
Allgemeine Daten				
Radstand (mm)	1350	1375	1375	1410
Maße (Länge, mm)	2085	2130	2150	2170
Lenkkopfwinkel (Grad)	62,5	62,3	64	62,3
Nachlauf (mm)	104	110	85	110
Gewicht (kg)	197	204	197	210
Tankinhalt (l)	14	14	12	15,5
Beschleunigung (s)	5,6	5,4	5,6	7,6
Höchstgeschw. (km/h)	169	171	169	160
Preis inkl. MwSt (DM)	3728,–	3957–4288,–	3980,–	5018–4730,–
				Restbestände bis 1979 verkauft, dann mit 20 kW (27 PS)

Bei deren DOHC-Vierventil-Twin mit Wasserkühlung handelte es sich um eine Neuentwicklung, die neue CB hat die Zweizylinder-Tradition des Hauses bis ins neue Jahrtausend fortgeführt und ihre Sache richtig gut gemacht. Zum Modelljahr 1998 erschien die mit einer Halbschale versehene CB 500 S. Abgesehen von dem rechteckigen Scheinwerfer unterschied sie sich lediglich durch die im Cockpit montierten Instrumente von der unverkleideten 500er – und durch den Preis: Für 9750 Mark und damit 500 Mark mehr als die Basis-CB erhielt der Käufer nicht nur ein sehr gutes, sondern auch ein sehr attraktives Motorrad, und lange Jahre waren die CB-Twins die günstigsten Straßenmotorräder des Herstellers. Und vielleicht lag es genau daran, die Halbliter-Twins jedenfalls gehörten zu den am meisten unterschätzten Motorrädern der Neunziger – sie hatten einfach kein Image. Doch dass eine veritable 500er bestenfalls noch als Einsteigermotorrad oder Mädchenmopped galt, war nicht ihre Schuld. Direkt vergleichbar mit ihr war eigentlich nur noch Suzukis GS 500, die Resteverwertung des luftgekühlten GS-Twins von 1976. Kawasaki rollte eine schlanke, vollverschalte 500er vor, und Yamaha hatte, abgesehen von der alten SR, in den Neunzigern keine Straßen-Halbliter im Angebot.

Räuber und Gendarm: Mit der CB 500 warb Honda um die Käufer, die bisher vor allem zu Suzukis »Bandit« gegriffen hatten. DM 9260,– (1993).

Bis auf die Verkleidung entsprach die 1998 vorgestellte CB 500 S der normalen Halbliter-Maschine.

Jahr	1993–1997	1997–2003
Modell	CB 500	CB 500 / S
Motor		
Hubraum (cm³)	499	499
Zylinder	R 2	R 2
Bohrung x Hub (mm)	73 x 59,6	73 x 59,6
Arbeitsweise	4-Takt	4-Takt
Steuerung	DOHC	DOHC
Gemischaufbereitung	2 x Keihin Ø 34	2 x Keihin Ø 34
Ventile/Zylinder	4	4
Verdichtung	10,5	10,5
Kühlung	W	W
Leistung (kW (PS) / bei U/min)	43 (58), auch 37 (50) / 9500, auch 25 (34) / 8500	42 (57), auch 36 (49) / 9500, auch 24 (33) / 8500
Max. Drehmoment (Nm / bei U/min)	47, 42 / 7000, auch 38 / 4500	47, 42 / 7000, auch 38 / 4500
Batterie	12 V 12 Ah	12 V 9 Ah
Generator (Watt)	174	174
Kraftübertragung		
Anz. Gänge	6	6
Übersetzung	3,461 / 2,235 / 1,750 / 1,478 / 1,280 / 1,130	3,461 / 2,235 / 1,750 / 1,478 / 1,280 / 1,130
Hinterradantrieb	K	K
Endübersetzung	2,667	2,667
Starter	Elektro	Elektro
Fahrwerk		
Rahmen	SDR	SDR
Vorderradfederung	T Ø 37	T Ø 37
Hinterradfederung	S	S
Federweg vorne (mm)	130	130
Federweg hinten (mm)	117	117
Vorderradbremse	SB Ø 296	SB Ø 296
Hinterradbremse	TB Ø 160	SB Ø 240
Vorderradreifen	110/80-17	110/80-17
Hinterradreifen	130/80-17	130/80-17
Allgemeine Daten		
Radstand (mm)	1430	1435
Maße (Länge, mm)	2170	2175
Lenkkopfwinkel (Grad)	63	63
Nachlauf (mm)	113	108
Gewicht (kg)	185	194
Tankinhalt (l)	18	18
Beschleunigung (s)	11,4, auch 6,5	11,4; 6,5 ; 5,2
Höchstgeschw. (km/h)	193, 183, 158	185; 176; 153
Preis inkl. MwSt (DM)	9260–9890,–	9110–8220,– / S: 9750,–
	ab 1996: Fertigung in Italien, Motoren aus Japan. Ab 1997: SB hinten Ø 240 mm, Leistungsangabe verändert	Ab 1997: geänderte Leistungsangebe wegen EG-vereinheitlichter Messmethode

4 Honda OHC-Vierzylinder

Honda CB 350 F (1973–1975) Honda CB 400 F (1975–1977)

Die damals kleinste Serien-Four (Benelli brachte seine filigranere 250er erst später) hieß CB 350 Four und erschien 1973. Sie war wiederum eine völlig eigenständige Vierzylinder-Entwicklung, die nur einige Kleinteile wie Ölfilterdeckel mit den größeren Four teilte. Die Kraftübertragung erfolgte über ein klauengeschaltetes Fünfganggetriebe, für die Kraftstoffzufuhr – die Four bevorzugte Super – sorgte ein Keihin-Quartett mit 22 Millimeter messenden Saugrohren. Auch in punkto Verzögerung stand die Kleine den Großen nicht nach: Honda spendierte dem Vierzylinderchen eine ausgewachsene Scheibenbremse am Vorderrad. Von den Zweizylindern dagegen schien der Rahmen übernommen worden zu sein, Rückgrat des Fahrgestells bildete ein gepresstes Stahlblechstück mit einem Unterzug, der sich in der Höhe des Motorölfilters teilte. Zum Frühjahr 1972 stand die 34 PS starke Bonsai-Honda dann schließlich zum Verkauf. Sie kostete 4298 Mark, 700 Mark mehr als die CB 350 disc mit Zweizylindermotor und immerhin noch 50 Märker mehr als die 45 PS starke 450er-Zweizylinder. Doch nur die 350er setzte Maßstäbe in Punkto Laufkultur und Leistungsentfaltung. Soichiro Honda hielt die 350 F für die gelungenste Four seines Hauses, ersetzte sie aber für 1975 durch die CB 400 F mit fast identischem Motor, aber Sechsgang-Box. Bei identischem Hub von 50 Millimetern war die Bohrung um vier auf 51 Millimeter angewachsen, was einen Hubraum von 408 Kubikzentimeter ergab. Das Verdichtungsverhältnis betrug 9,4 zu eins,

Die Honda CB 350 F war Hondas kleinste Serien-Four, 34 PS bei 9500/min, 0–100 km/h in 8 s, 145 km/h, DM 4388,–.

Jahr	1973–1975	1975–1977
Modell	CB 350 F	CB 400 F
Motor		
Hubraum (cm³)	347	408
Zylinder	R 4	R 4
Bohrung x Hub (mm)	47 x 50	51 x 50
Arbeitsweise	4-Takt	4-Takt
Steuerung	OHC	OHC
Gemischaufbereitung	4 x Keihin Ø 20	4 x Keihin Ø 22
Ventile/Zylinder	2	2
Verdichtung	9,3	9,4
Kühlung	L	L
Leistung (kW (PS) / bei U/min)	25 (34) / 9200	27 (37) / 8500
Max. Drehmoment (Nm / bei U/min)	27,6 / 8000	31,4 / 8000
Batterie	12 V 12 Ah	12 V 12 Ah
Generator (Watt)	156	156
Kraftübertragung		
Anz. Gänge	5	6
Übersetzung	2,733 / 1,850 / 1,416 / 1,148 / 0,965	2,733 / 1,8 / 1,375 / 1,111 / 0,965 / 0,866
Hinterradantrieb	K	K
Endübersetzung	2,235	2,235
Starter	Kick / Elektro	Kick / Elektro
Fahrwerk		
Rahmen	SER	SER
Vorderradfederung	T Ø 32	T Ø 33
Hinterradfederung	S	S
Federweg vorne (mm)	115	114
Federweg hinten (mm)	79	79
Vorderradbremse	SB Ø 260	SB Ø 260
Hinterradbremse	TB Ø 160	TB Ø 160
Vorderradreifen	3.00-18	3.00-18
Hinterradreifen	3.50-18	3.50-18
Allgemeine Daten		
Radstand (mm)	1355	1355
Maße (Länge, mm)	2065	2070
Lenkkopfwinkel (Grad)	63,7	63,3
Nachlauf (mm)	85	85
Gewicht (kg)	178	184
Tankinhalt (l)	12	14
Beschleunigung (s)	7,9	6,6
Höchstgeschw. (km/h)	145	158
Preis inkl. MwSt (DM)	4298–4498,–	4878–4469,–

Angeblich hatten die Honda-Entwickler auch einen Viertelliter-Vierzylinder in der Entwicklung, bis Mr. Honda persönlich das Projekt verwarf: Die CB 350 F soll Hondas persönliches Lieblingsmotorrad gewesen sein.

Auf der IFMA 1974 erstmals gezeigt, war die CB 400 Four wegen der Versicherungsreform kaum mehr verkäuflich.

Die CB 400 F war die erste Honda mit einer Vier-in-Eins-Auspuffanlage. Sie war ein großer Erfolg, nur nicht in Deutschland, denn da hatte sie lediglich 27 PS und nicht, wie im Rest Europas, 37 PS.

die Nennleistung zunächst 37 PS. Die Maschine stand nur zwei Jahre im Angebot, praktisch erst danach war auch ein Drosselkit auf 27 PS lieferbar. Offen lief die 400er laut Werk 170 km/h, bei Tests allerdings blieb die Tachonadel bei 158 km/h hängen. Übrigens war die 400 F die weltweit erste Maschine mit einer serienmäßigen 4-in-1-Auspuffanlage; ihr Handicap waren die miserablen Bridgestone-Pneus und die Wegwerf-Dämpferbeine. 1992 gab es für kurze Zeit dann in Form der CB-1 erneut eine Vierzylinder-400er zu kaufen, die hervorragende Kritiken erhielt.

Honda CB 500 F (1971–1975)
Honda CB 550 F/K (1975–1978)
Honda CB 650 F / SC (1978–1983)

Nachdem das Vierzylinder-Konzept sich über alle Erwartungen gut verkaufte, lag die Idee nahe, es auch ein oder zwei Hausnummern tiefer anzubieten. Den Anfang machte die CB 500 1971 in den USA, denn Halbliter-Motorräder galten noch immer als amtliche Ansage. Mit der CB 750 hatte sie allerdings nur wenig zu tun, denn beim Motor – ebenfalls mit obenliegender Nockenwelle – handelte es sich um eine weitgehende Neukonstruktion. Größere Modellpflegemaßnahmen fanden nicht statt, auch so fanden sich Mitte der Siebziger Händler wie Kunden im Vierzylinder-Modelldschungel kaum mehr zurecht. Denn Honda ließ 1975 mit der CB 550 eine weitere Halbliter-Four vom Stapel. Die war als sportliche Alternative zur weiterhin angebotenen 500 Four nur unwesentlich stärker, sah aus wie die kleinere 400 F und hatte auch wie diese einen 4-in-1-Auspuff. Das Ganze garnierte Honda dann mit Tank und

Parallel zu den großen Super-Sport-Modellen lancierte Honda auch in der nächst kleineren Hubraumklasse entsprechende Four-in-One-Modelle. Doch die CB 550 F1/F2 konnten sich nicht durchsetzen. Optik und Auspuffführung entsprachen der 400er, der Motor war von der 500er abgeleitet.

Instrumenten der 750er. Die neue 550er konnte alles ein wenig besser als die Halbliter-Maschine. So hatte man hier etwa deren Schwachstellen ausgemerzt und beispielsweise den Schaltmechanismus geändert. Die Four bot Honda 1977 dann mit neuen Farben als F2 an, außerdem musste sie jetzt ohne Faltenbälge an der Gabel auskommen, was moderner aussah, in der Produktion etwas Geld sparte und in der Praxis keinen Nachteil mehr darstellte, denn die Straßen waren nun überall so gut, dass keiner mehr Angst haben musste, durch Staub und Schmutz seine Gabelringe zu schrotten.

Um wirklich jeden in einen Motorrad-Sattel zu hieven, klaubten die japanischen Hersteller auch ursprünglich nicht für den deutschen Markt bestimmte Maschinen zusammen und luden sie aufs Schiff Richtung Europa. Da war es unvermeidlich, dass die eine oder andere Maschine beim Kunden durchfiel, so auch die CB 650 F. Die ging zur IFMA 1978 an den Start und beerbte die 550er, brachte aber das Suffix »F« völlig in Misskredit: Sie galt als eines der am wenigsten stimmigen Motorräder der späten Siebziger. Eine Spitze von rund 170 km/h war für eine 650er zu wenig, und die volle PS-Leistung gab es sowie meist nur im Prospekt – was wohl ganz gut war, da das Fahrwerk mit Kunststoff-Schwingenlagern hinten und Einfach-Kugellager am Lenkkopf in keiner Hinsicht überzeugte. Dazu gesellte sich eine missglückte Vergaser-abstimmung. Zumindest das änderte sich mit den neuen

Die CB 650 F erschien zeitgleich mit den neuen DOHC-Vierzylindern und lehnte sich optisch an die CB 750 K (Z) an. Technik und Instrumente allerdings basierten auf der CB 550 F2.

Gleichdruckvergasern, die ab August 1981 zum Einsatz kamen. Dass es diese 650er ab Januar 1980 dann als »Custom« gab, machte die Sache auch nicht besser: Nicht Fisch, nicht Fleisch, denn der Vierzylinder war zu unelastisch, um als Chopperantrieb zu taugen. Und das Fahrverhalten war noch weniger überzeugend als bei der Straßenmaschine. 1982 mutierte sie zur SC, doch der massenhafte Einsatz von Chrom brachte auch keine Besserung.

Die CB 500 F von 1972 überzeugte durch Laufkultur, Komfort und Zuverlässigkeit. 48 PS bei 9000/min, 0–100 km/h in 5,8 s, 179 km/h, DM 5695,– (1972).

Die CB 650 SC von 1981/82 gehörte zu jenen Maschinen, von denen die deutschen Tester gerne abrieten. Weltweit aber war die Custom sehr erfolgreich und beliebt. Abgelöst wurde sie durch die CBX 650 E.

Jahr	1971–1975	1975–1976	1976–1978	1977–1978	1978–1982	1980–1981	1982–1983
Modell	**CB 500 F K4**	**CB 550 F 1**	**CB 550 F 2**	**CB 550 K**	**CB 650 F**	**CB 650 C**	**CB 650 SC / Nighthawk**
Motor							
Hubraum (cm³)	498	544	544	544	627	627	627
Zylinder	R 4	R 4	R 4	R 4	R 4	R 4	R 4
Bohrung x Hub (mm)	56 x 50,6	58,5 x 50,6	58,5 x 50,6	58,5 x 50,6	59,8 x 55,8	59,8 x 55,8	59,8 x 55,8
Arbeitsweise	4-Takt	4-Takt	4-Takt	4-Takt	4-Takt	4-Takt	4-Takt
Steuerung	OHC	OHC	OHC	OHC	OHC	OHC	OHC
Gemischaufbereitung	4 x Keihin Ø 22	4 x Keihin Ø 22	4 x Keihin Ø 22	4 x Keihin Ø 22	4 x Keihin Ø 26	4 x Keihin Ø 26	4 x Keihin Ø 26
Ventile/Zylinder	2	2	2	2	2	2	2
Verdichtung	9	9	9	9	9	9	9
Kühlung	L	L	L	L	L	L	L
Leistung (kW (PS) / bei U/min)	35 (48) / 9000	37 (50) / 8500	37 (50) / 8500	37 (50) / 8500	37 (50) / 8000, auch 46 (63) / 9000	37 (50) / 8000, auch 46 (63) / 9000	37 (50) / 8000, auch 46 (63) / 9000
Max. Drehmoment (Nm / bei U/min)	41,7 / 7500	43,2 / 7500	46 / 7000	46 / 7000	49 / 6500, auch 53 / 8000	49 / 6500, auch 53 / 8000	49 / 6500, auch 53 / 8000
Batterie	12 V 12 Ah	12 V 12 Ah	12 V 12 Ah	12 V 12 Ah	12 V 12 Ah	12 V 12 Ah	12 V 12 Ah
Generator (Watt)	150	130	200	180	260	260	260
Kraftübertragung							
Anz. Gänge	5	5	5	5	5	5	5
Übersetzung	2,353 / 1,636 / 1,269 / 1,036 / 0,900	2,353 / 1,636 / 1,269 / 1,036 / 0,900	2,353 / 1,636 / 1,269 / 1,036 / 0,900	2,353 / 1,636 / 1,269 / 1,036 / 0,900	2,500 / 1,722 / 1,333 / 1,074 / 0,884	2,500 / 1,722 / 1,333 / 1,074 / 0,884	2,692 / 1,777 / 1,333 / 1,041 / 0,884
Hinterradantrieb	K	K	K	K	K	K	K
Endübersetzung	2,000	3,063	2,176	2,176	2,50	2,437	2,437
Starter	Kick / Elektro	Kick / Elektro	Kick / Elektro	Kick / Elektro	Elektro	Elektro	Elektro
Fahrwerk							
Rahmen	SDR	SDR	SDR	SDR	SDR	SDR	SDR
Vorderradfederung	T Ø 35	T Ø 35	T Ø 35	T Ø 35	T Ø 35	T Ø 35	T Ø 37
Hinterradfederung	S	S	S	S	S	S	S
Federweg vorne (mm)	120	120	120	121	142	142	142
Federweg hinten (mm)	75	75	75	90	77	92	92
Vorderradbremse	SB Ø 277	SB Ø 277	SB Ø 277	SB Ø 277	DSB Ø 274	DSB Ø 274	DSB Ø 274
Hinterradbremse	TB Ø 180	TB Ø 180	TB Ø 180	TB Ø 180	TB Ø 180	TB Ø 180	TB Ø 180
Vorderradreifen	3.25-19	3.25-19	3.25-19	3.25-19	3.25-19	3.50-19	3.50-19
Hinterradreifen	3.50-18	3.75-18	3.75-18	3.75-18	3.75-18	130/90-16	130/90-16
Allgemeine Daten							
Radstand (mm)	1440	1440	1405	1405	1430	1480	1509
Maße (Länge, mm)	2105	2105	2135	2150	2200	2295	2310
Lenkkopfwinkel (Grad)	64	64	64	64	62.5	60,7	60,7
Nachlauf (mm)	105	105	105	104	105	121	103
Gewicht (kg)	217	206	206	212	216	220	222
Tankinhalt (l)	14	17	17	16	18	14,2	13,5
Beschleunigung (s)	5,8	5,5	5,6	5,6	6,2, auch 5,1	5,9	6,1
Höchstgeschw. (km/h)	179	183	175	175	175, auch 182	173	167
Preis inkl. MwSt (DM)	5595–6448,–	5998–6448,–	6290,–	5818,–	6738–6972,–	6972,–	7163–
					Ab Mitte 1981: Gleichdruck- statt Schiebervergaser, verbesserte Fahrleistungen: Vmax 192 km/h		

Honda CB 750 Four (1968–1978)
Honda CB 750 F1/ F2 (1975–1978)

Im Oktober 1968 begann die Neuzeit, zumindest soweit es die Motorradgeschichte betrifft: Die CB 750 setzte völlig neue Maßstäbe. Gezeichnet hat sie Ikeda Hitoshi, das Konzept stammte von Soichiro Honda persönlich, dem wohl ein Art japanischer Triumph vorschwebte, denn britische Motorräder waren nun mal damals das Maß aller Dinge. Außerdem sollte dieses Super-Motorrad nach dem Misserfolg mit den Zweizylindern Hondas persönliche Ehre retten, da nahm er auch in Kauf, dass sich dieses Projekt nicht rechnen würde (und verzichtete daher auch zunächst auf die Anschaffung von geeigneten Maschinen für den Motorenguss).

Der Startschuss für das »Projekt 300« fiel im Oktober 1967, und das zeitweise 63-köpfige Team packte in die »Nana-Han«, so die japanische Bezeichnung, das seinerzeit in der Großserie Machbare. Der Erfolg? Überragend. Honda stieß damit in Geschwindigkeitsregionen vor, die bis dahin mit einem Straßenmotorrad nicht machbar gewesen waren. Die 67-PS-Maschine erzeugte ein gewaltiges Rauschen im Blätterwald. Außerdem war die Four voll alltagstauglich, hatte Blinker und Elektrostarter, was damals wirklich nicht selbstverständlich war. Diese Mühelosigkeit im Umgang verhalf dem Bigbike international zum Durchbruch. Die Euphorie beim Publikum wie auch bei der Presse litt auch nicht darunter, dass die Four bei Tempo 200 alles andere als ruhig lag und, wie man damals schrieb, nach »kundiger Fahrerhand« verlangte. Die monströse Honda war ein Motorrad für ganze Kerle, und damit auch andere sie fahren konnten, verfeinerte sie Honda mit jeder Bauserie ein bisschen mehr. Die erste Generation wurde bis 1978 gebaut, für gute Originale werden heute Liebhaberpreise bezahlt, und für echte Sandguss-Typen (Honda hatte ursprünglich mit nicht mehr als

Mit ihr begann die Neuzeit: die CB 750 Four debütierte im Oktober 1968. Der Erfolg übertraf selbst kühnste Erwartungen, insgesamt wurden über eine Million CB 750 produziert.

Die CB 750 Four K1 hatte andere Seitendeckel und eine andere Sitzbank. Sie erschien im September 1970. Wichtigste technische Neuerung war die Vergasersteuerung, die nun per Welle erfolgte.

Abschiedsgala: die CB 750 K7 von 1977 wirkte sehr bullig. An die Stelle der kleinen Eierbecher-Blinker waren die großen Gold-Wing-Richtungsweiser getreten.

Der K1 folgte im Frühjahr 1972 die optisch nahezu identische K2, die bis 1976 in Deutschland verkauft wurde und dann der K6 wich.

Die K3-, K4-, und K5-Modelle kamen nicht nach Deutschland. Technisch und optisch waren zwischen den verschiedenen, im jährlichen Wechsel präsentierten Fahrzeuggenerationen keine markanten Unterschiede erkennbar. Im Bild ein K4 von 1974.

1977 und 1978 bot Honda auf K7-Basis für Nordamerika eine Variante mit Zweigang-Automatik an. Diese CB 750 EARA mit »Hondamatic« hatte eine Nennleistung von 47 PS, die Höchstgeschwindigkeit sank auf unter 160 km/h.

3000 Maschinen gerechnet und fertigte die Motoren zunächst in Sandgussformen) geradezu aberwitzige Summen aufgerufen und auch bezahlt.

Kaum fünf Jahre nach der Premiere war die CB aber vielen nicht mehr sportlich genug, da zogen andere wie etwa Kawasaki locker vorbei. Hondas 750er galt bestenfalls noch als Tourensportler, daher war die CB 750 F1 von 1975 in erster Linie der Versuch, irgendetwas von Hondas Erfolgen bei der Langstrecken-EM auf die Straße zu bringen. Der Motor wies einige Merkmale der Langstreckenmaschine auf, so etwa den

Alter Wein in neuen Schläuchen: Um den Sportmaschinen der Konkurrenz Paroli zubieten – und um die Wartezeit bis zum Erscheinen der neuen DOHC-Generation zu überbrücken – schuf Honda 1975 die Super Sport F1 mit Sitzbankbürzel und hinterer Scheibenbremse, aber unveränderter Leistung von 67 PS.

Erst die ab 1977 gebaute F2-Four hatte mit 73 PS mehr Leistung. An den Comstar-Rädern und dem mattschwarzen Motor war sie vom Vormodell zu unterscheiden.

Steuerkettenspanner. Die Vorderradbremse entsprach nahezu den Einkolben-Greifern der K, wenn auch leicht modifiziert. Die Teleskopgabel verzichtete auf Gleitbuchsen, einige Schweißpunkte am Rahmen waren geändert worden und die (neue) Scheibenbremse hinten verlangte eine Gussplatte für den Bremszylinder. Da sich die Motorleistung aber nicht änderte, musste zumindest die Optik sportlich frisiert werden. In erster Linie hieß das: 4-in-1-Auspuffanlage, lang gezogener 17-Liter-Tank und neue Sitzbank mit Bürzel zum Abschluss. Im Sommer 1977 erschien dann die CB 750 F2 mit 73 PS.

Jahr	1968–1971	1972–1975	1976-1977	1978	1974–1976	1977–1978
Modell	**CB 750 Four K 1**	**CB 750 Four K2**	**CB 750 K6**	**CB 750 K7**	**CB 750 F1**	**CB 750 F2**
Motor						
Hubraum (cm³)	736	736	736	736	736	736
Zylinder	R 4	R 4	R 4	R 4	R 4	R 4
Bohrung x Hub (mm)	61 x 63	61 x 63	61 x 63	61 x 63	61 x 63	61 x 63
Arbeitsweise	4-Takt	4-Takt	4-Takt	4-Takt	4-Takt	4-Takt
Steuerung	OHC	OHC	OHC	OHC	OHC	OHC
Gemischaufbereitung	4 x Keihin Ø 26	4 x Keihin Ø 26	4 x Keihin Ø 26	4 x Keihin Ø 26	4 x Keihin Ø 26	4 x Keihin Ø 26
Ventile/Zylinder	2	2	2	2	2	2
Verdichtung	9	9	9	9,2	9,2	9,2
Kühlung	L	L	L	L	L	L
Leistung (kW (PS) / bei U/min)	49 (67) / 8000	49 (67) / 8000	46 (63) / 8000	49 (67) / 8500	49 (67) / 8500	54 (73) / 9000
Max. Drehmoment (Nm / bei U/min)	61 / 7000	61 / 7000	61 / 7000	59,8 / 7500	60/ 7500	63 / 7500
Batterie	12 V 14 Ah	12 V 14 Ah	12 V 14 Ah	12 V 14 Ah	12 V 14 Ah	12 V 14 Ah
Generator (Watt)	210	210	210	210	210	210
Kraftübertragung						
Anz. Gänge	5	5	5	5	5	5
Übersetzung	2,500 / 1,708 / 1,333 / 1,087 / 0,939	2,500 / 1,708 / 1,333 / 1,087 / 0,939	2,500 / 1,708 / 1,333 / 1,087 / 0,939	2,500 / 1,708 / 1,333 / 1,133 / 0,969	2,500 / 1,708 / 1,333 / 1,133 / 0,969	2,500 / 1,708 / 1,333 / 1,133 / 0,969
Hinterradantrieb	K	K	K	K	K	K
Endübersetzung	2,666	2,666	2,666	2,733	2,824	3,07
Starter	Kick / Elektro	Kick / Elektro	Kick / Elektro	Kick / Elektro	Kick / Elektro	Kick / Elektro
Fahrwerk						
Rahmen	SDR	SDR	SDR	SDR	SDR	SDR
Vorderradfederung	T Ø 35	T Ø 35	T Ø 35	T Ø 35	T Ø 35	T Ø 35
Hinterradfederung	S	S	S	S	S	S
Federweg vorne (mm)	143	143	143	141,5	141,5	141,5
Federweg hinten (mm)	85	85	85	101,6	86,3	86,3
Vorderradbremse	SB Ø 262	SB Ø 262	SB Ø 262	SB Ø 296	SB Ø 296	DSB Ø 280
Hinterradbremse	TB Ø 180	TB Ø 180	TB Ø 180	TB Ø 198	SB Ø 296	SB Ø 280
Vorderradreifen	3.25-19	3.75-19	3.25-19	3.50-19	3.25-19	3.25-19
Hinterradreifen	4.00-18	4.00-18	4.00-18	4.50-17	4.00-18	4.00-18
Allgemeine Daten						
Radstand (mm)	1455	1455	1445	1495	1470	1480
Maße (Länge, mm)	2160	2160	2215	2275	2265	2240
Lenkkopfwinkel (Grad)	63	63	63	62	62	62,5
Nachlauf (mm)	95	95	90	115	115	119
Gewicht (kg)	218	235	240	250	249	253
Tankinhalt (l)	17	17	17	19	18	18
Beschleunigung (s)	5	5	5	4,7	4,8	4,7
Höchstgeschw. (km/h)	190	190	194	192	197	197
Preis inkl. MwSt (DM)	6495,–	6495–6998,–	6766–7368,–	7368,–	7588,–	6766–7242,–

5 Honda DOHC-Mehrzylinder

Honda CB 750 F/F2 / KZ / C (1978–1984)
Honda CB 900 F/F2 (1978–1984)
Honda CB 1100 R (1980–1982)
Honda CB 1100 F (1982–1985)

Die eigentliche Nachfolgerin der legendären OHC-750er erschien zur IFMA 1978, hieß wie diese CB 750, verfügte aber über einen neuen DOHC-Motor und war mit 77 PS um zehn stärker als die Ur-CB. Maßstäbe setzte der Honda-Sechzehnventiler weniger in der Leistung als vielmehr in Sachen Laufruhe und Kraftentfaltung. Außerdem passte das Fahrwerk schon ganz gut, allerdings war die CB 750 KZ mit 255 Kilo etwas zu schwer geraten. Dafür aber ließ sich damit, gemessen an den Maßstäben der Zeit und an der Vorgängerin, ziemlich geschmeidig ums Eck biegen. Innerhalb der 750er-Klasse galt sie als

1981 erschien mit der CB 900 F2 eine Bol d'Or-Variante mit 11 kg schwererer Plastikschale und Zweifarben-Lackierung.

1978 präsentierte Honda die neuen DOHC-Vierzylinder. Basismodell bildete die 255 kg schwere CB 750 K (Z).

Die K (Z) war Hondas Angebot an Tourenfahrer. Sie verkaufte sich aber lange nicht so gut wie wie identisch motorisierten Euro-Honda im »Bol d'Ord«-Design, die als CB 900 Triumphe feierte.

Nachdem die 900er so gut ankam, erschien 1980 auch die CB 750 F im Euro-Styling, wahlweise ohne und mit Verkleidung. Beide aber hatten nicht mehr als 79 PS.

Neben der nackten CB 750 K und den F/F2-Modellen gab es mit der CB 750 C eine weitere Version des Vierzylinder-Modells. Die identische CB 900 C, die Bol d'Or im Chopper-Look, blieb dagegen den USA vorbehalten. Für bundesdeutsche Tempojagden waren diese Motorräder allerdings nicht geschaffen und wurden schnell wieder zurückgezogen.

Touren-Angebot, die Four im Euro-Style und mit dem Zusatz »F« galt als Sportvariante, war aber im Grunde genommen auch nicht mehr als ein braver Allrounder. 1980 gab es diese 750 F auch für Deutschland. Auch auf den zweiten Blick sah sie aus wie die 900er, hatte allerdings Gabel, Lenker und Armaturen vom 750er K-Modell. Die kleinere war die bessere, weil ausgewogenere Bol d'Or. Gab es ab 1981 auch als F2 mit der Verkleidung im Stil der CB 1100 R, ergänzt um seitlich angesetzte Knieschützer. Die Chopper-Variante mit dem Kürzel C war noch seltener, hatte aber eine andere Fahrwerksgeometrie. Zumindest der Geradeauslauf war nun hervorragend, die neue Motorabstimmung dagegen missglückte: Im Chopper-Vergleichstest der Zeitschrift *Motorrad* (Heft 4+5/1981) kassierte die 750 C eine herbe Niederlage. Platz 1 ging an Yamaha (XV 750), Rang 2 an Suzuki (GSX 750 L) und Platz 3 belegte die Z 750 LTD von Kawasaki: »Die Honda büßt ihr hohes Gewicht im Fahrverhalten und enttäuscht mit einem … durchzugschwachen Motor mit spitzer Leistungscharakteristik …«.

Abgesehen von der Farbe unterschieden sich die hubraumkleineren Fours nicht von der CB 900 Bol d'Or, die zeitgleich auf jener IFMA in Köln vorgestellt wurde. Die hatte den gleichen wunderbaren Sechzehnventiler mit einem Quäntchen mehr Hubraum und Leistung (zuzüglich eines Ölkühlers) – das war klasse. Ziemlich übel dagegen wieder das Fahrwerk, hier stieß Hondas Baukasten-Konzept an seine Grenzen. Zeit ihres

Lebens galt die 900er als Pflegefall. Fast zwingend war für Bol-d'Or-Fahrer die Umrüstung auf Koni-Dämpfer, doch auch dann: Keine Honda wurde wegen des groben Missverhältnisses von Fahrwerk und Motor so heftig kritisiert wie die knapp 220 km/h schnelle Maschine. Hierzulande nicht im Chopper-Outfit verkauft wurde die CB 900 C, da hätte das Fahrwerk noch mehr gestört. Sie blieb den USA vorbehalten.

Die CB 1100 R von 1980 galt als das beste Straßen-Motorrad ihrer Zeit. Der luftgekühlte Reihen-Vierzylinder leistete offen 115 PS. Beim Fahrwerk vertrauten die Honda-Konstrukteure auf ein Doppelschleifen-Chassis, das nach Meinung der Tester das beste Fahrwerk war, das bislang auf V-Reifen gestellt worden war. Feinarbeit führte 1982 zu mehr Dampf im mittleren Drehzahlbereich; aus der Halbschale mit Rundscheinwerfer wurde eine Vollverkleidung mit rechteckigem

Ein neues Fahrwerk mit 18-Zoll-Vorderrad und eine neue Verkleidung waren Kennzeichen der Neuauflage von 1982.

Die CB 1100 R in der ersten Generation mit Einmann-Sitzbank und Halbschale. Sie leistete offen 115 PS. 100 PS bei 9000/min, 0–100 km/h in 3,8 s, 215 km/h, DM 15.126,–.

Von der erfolgreichen RCB-Langstreckenmaschine abgeleitet war die CB 900 F. Die letzte Serie von 1983 hatte zwei Farben und Niederquerschnittsreifen. In einem Test erreichte sie 213 km/h.

Die CB 1100 F von 1983 war die letzte der ruhmreichen Bol D'Or-Vierzylinder. Sie war mit 100 PS auch die stärkste und mit 216 km/h die schnellste der Reihe.

Lichtaustritt. Dazu kam ein modifiziertes Fahrwerk. Schlichtweg ein Traum-Motorrad. Die Kombination aus dem 1982er Bol-d'Or-Rahmen und dem CB-R-Motor nannte sich dann CB 1100 F und erschien zur IFMA 1982. Bei ihr waren Fahrwerksschwächen kein Thema mehr. Sie kam aber letztlich zu spät, die große Zeit der luftgekühlten Reihen-Vierzylinder war vorüber. Den neuen V-Four gehörten der Rest des Jahrzehnts und die gesamten Neunziger.

Jahr	1978–1980	1980–1983	1979–1984	1978–1981	1982–1984	1980–1981	1982–1983	1982–1984
Modell	**CB 750 K (Z)**	**CB 750 C**	**CB 750 F / F2**	**CB 900 F / F2 Bol d'Or**	**CB 900 F**	**CB 1100 R**	**CB 1100 R**	**CB 1100 F**
Motor								
Hubraum (cm³)	748	748	748	902	902	1062	1062	1062
Zylinder	R 4	R 4	R 4	R 4	R 4	R 4	R 4	R 4
Bohrung x Hub (mm)	62 x 62	62 x 62	62 x 62	64,5 x 69	64,5 x 69	70 x 69	70 x 69	70 x 69
Arbeitsweise	4-Takt	4-Takt	4-Takt	4-Takt	4-Takt	4-Takt	4-Takt	4-Takt
Steuerung	DOHC	DOHC	DOHC	DOHC	DOHC	DOHC	DOHC	DOHC
Gemischaufbereitung	4 x Keihin Ø 30	4 x Keihin Ø 30	4 x Keihin Ø 30	4 x Keihin Ø 32	4 x Keihin Ø 32	4 x Keihin Ø 33	4 x Keihin Ø 33	4 x Keihin Ø 33
Ventile/Zylinder	4	4	4	4	4	4	4	4
Verdichtung	9	9	9	8,8	8,8	10	10	9,7
Kühlung	L	L	L	L	L	L	L	L
Leistung (kW (PS) / bei U/min)	57 (78) / 9000	57 (78) / 9000	58 (79) / 9000	70 (95) / 9000	70 (95) / 9000	74 (100) / 9000	74 (100), auch 88 (120) / 9000	74 (100) / 8500
Max. Drehmoment (Nm / bei U/min)	65,7 / 7000	65,7 / 7000	64 / 8000	77,5 / 8000	77,5 / 8000	97 / 7500/min	81 / 7500, auch 100 / 7500	90 / 7000
Batterie	12 V 14 Ah	12 V 14 Ah	12 V 14 Ah	12 V 14 Ah	12 V 14 Ah	12 V 14 Ah	12 V 12 Ah	12 V 14 Ah
Generator (Watt)	260	260	260	260	260	240	240	260
Kraftübertragung								
Anz. Gänge	5	5	5	5	5	5	5	5
Übersetzung	2,533 / 1,789 / 1,391 / 1,160 / 0,964	2,533 / 1,789 / 1,391 / 1,160 / 0,964	2,533 / 1,789 / 1,341 / 1,160 / 0,964	2,533 / 1,789 / 1,391 / 1,600 / 1,000	2,533 / 1,789 / 1,391 / 1,600 / 1,000	2,533 / 1,789 / 1,391 / 1,160 / 1,00	2,533 / 1,789 / 1,391 / 1,160 / 1,00	2,533 / 1,789 / 1,391 / 1,160 / 1,00
Hinterradantrieb	K	K	K	Kette	Kette	K	K	K
Endübersetzung	2,533	2,170	2,533	2,588	2,588	2,471	2,471	2,471
Starter	Elektro	Elektro	Elektro	Elektro	Elektro	Elektro	Elektro	Elektro
Fahrwerk								
Rahmen	SDR	SDR	SDR	SDR	SDR	SDR	SDR	SDR
Vorderradfederung	T Ø 35	T Ø 35	T Ø 35 / Ø 37	T Ø 35	T Ø 39	T Ø 37	T Ø 39	T Ø 39
Hinterradfederung	S	S	S	S	S	S	S	S
Federweg vorne (mm)	160	160	160	160	160	140	140	150
Federweg hinten (mm)	95	95	110, F2: 95	110, F2: 95	110	110	105	110
Vorderradbremse	DSB Ø 276	DSB Ø 276	DSB Ø 276	DSB Ø 276	DSB Ø 276	DSB Ø 296	DSB Ø 265	DSB Ø 276
Hinterradbremse	TB Ø 190	TB Ø 180	SB Ø 296	SB Ø 296	SB Ø 296	SB Ø 296	SB Ø 265	SB Ø 296
Vorderradreifen	3.25-19	110/90-19	3.25-19	3.25-19	100/90-18	3.50-19	100/90-18	100/90-18
Hinterradreifen	4.00-18	130/90-16	4.00-18	4.00-18	130/80-18	130/90-18	130/80-18	130/90-17
Allgemeine Daten								
Radstand (mm)	1515	1535	1520, F2: 1515	1515	1515	1490	1490	1520
Maße (Länge, mm)	2280	2410	2240, F2: 2260	2225	2210	2215	2200	2230
Lenkkopfwinkel (Grad)	62,5	60,5	62,5	62,5	62,8	62,5	62,5	61,5
Nachlauf (mm)	117	125	112, F2: 117	115	110	121	118	120
Gewicht (kg)	255	253	253, F2: 262	253, F2: 260	263	264	259	266
Tankinhalt (l)	20	16,6	20	20	20	26	26	20
Beschleunigung (s)	4,4	4,8	4,4, F2: 4,8	4,1 / F2: 4,5	4,7	3,8	3,7	3,9
Höchstgeschw. (km/h)	203	176	203, F2: 200	210 / F2: 195	211	215	218	2169
Preis inkl. MwSt (DM)	8584,–	8114,–	8584–9802,–	8853–10.344,–	11.573,–	15.126,–	15.755–16.851,–	11.591–11.643,–
			1980: Endübersetzung 2,555; , Nadellager-Schwinge, Neue LM-Felgen	1980: Schwinge nadelgelagert; 1981: Gabel Ø 37 mm, dickere Gummifußrasten	Motor in Gummilagern, breitere Räder, neues Vorderrad		offiziell nicht ungedrosselt angeboten	

Honda CBX 1000 (1978–1981)
Honda CBX (1981–1983)

Zusammen mit der neuen Generation an DOHC-Vierzylindern präsentierte Honda auf der IFMA 1978 die ultimative Mehrzylinder-Maschine: Die CBX markierte die Grenzen des in der Großserie Machbaren. Die Entscheidung, einen Sechszylinder zu bauen, hatte vor allem marketingpolitische Hintergründe: Nachdem die Konkurrenz – allen voran Yamaha, aber auch Suzuki – neue Bigbikes präsentierten, geriet der Marktführer, der oberhalb der CB 750 – mal abgesehen von der Goldwing – nichts zu bieten hatte, in Zugzwang. Mit der CBX 1000 meldete sich Japans Nummer 1 dann eindrucksvoll zurück und präsentierte auf dieser denkwürdigen Messe das erste Großserien-Motorrad mit Reihen-Sechszylinder und einer Leistung von 105 PS.

Rekordverdächtig war aber auch das Gewicht des neuen Boliden, der rund 280 Kilogramm wog und erstmals auf ComStar-Rädern, also Alufelgen mit Pressblech-Speichen, rollte. Das Chassis, eine unten offene Doppelrohrrahmen-Konstruktion, bei der der Motor mittrug, war der Urgewalt des 220 km/h schnellen Sechszylinders allerdings nicht gewachsen. Auch die Modellpflege 1980 – zu erkennen an den schwarzen ComStar-Rädern und der breiteren Felge hinten – änderte daran wenig. Das Rauschen im Blätterwald war so gewaltig, dass die besorgte Bundesregierung sich aufgefordert sah, für eine »freiwillige Selbstbeschränkung« zu sorgen. Mehr als 100 PS sollte fürderhin kein Motorrad mehr haben dürfen, was alle *Bild*-Zeitungsleser beruhigen mochte.

Um der notorischen Fahrwerksschwäche abzuhelfen, verpackte Honda für 1981 seine Six neu und verpasste ihr ein

Mit der CBX 1000 übertraf Honda zum ersten Mal die 100-PS-Marke, was letztlich zur freiwilligen Selbstbeschränkung der Leistung durch die Importeure führte. Aufnahme während des Motorrad-Test, im Schlepp das sogenannte Peiseler-Rad; das Kienzle-Messequipment hat Tester Schermer vor sich auf dem Tank.

Bereits in den 1960er Jahren hatte Honda-Ingenieur Soichiro Irimajiri vorexerziert, wie man sechs Zylinder zum Laufen bringt. Er war auch für die Entwicklung der DOHC-Vier- und Sechszylinder-Motoren verantwortlich. Sein Meisterstück war die offen 105 PS starke CBX 1000.

Nach Meinung von Honda-Tuner Roland Eckert war die CBX »der einzige Motor mit zwei Transporträdern«. Der imposante Reihen-Sechszylinder der CBX 1000 wurde von verschiedenen Veredlern mit einem entsprechenden Fahrwerk versehen: Links Egli Red Baron, in der Mitte Target Magnum, rechts Martin Speciale.

neues Fahrwerk mit Zentralfederbein, damals der neueste Schrei in Sachen Fahrwerkstechnik: Die nunmehrige CBX Pro-Link hatte Vollverkleidung und eine Aluschwinge mit Zentralfederbein samt justierbarer Zugstufendämpfung – eben jenes »Pro Link«-System. Insgesamt aber führten die Sechszylinder in eine technische Sackgasse, auch wenn Kawasaki und ausgerechnet die notorische Hungerleider-Marke Benelli ebenfalls mit Sechszylindern aufwarteten. Von Anfang 1978 bis Ende März 1982 verkaufte Honda in Deutschland 4374 nackte CBX, von der Pro-Link wurden etwa 400 Einheiten an den Mann gebracht.

1981 erschien die CBX 1000 FII. Sie trug die Bol D'Or-Verkleidung und hatte eine neue Schwinge. Rund 400 Stück wurden hierzulande verkauft.

Jahr	1978	1979–1981	1981–1983
Modell	**CBX 1000**	**CBX 1000**	**CBX**
Motor			
Hubraum (cm³)	1046	1046	1046
Zylinder	R 6	R6	R 6
Bohrung x Hub (mm)	64,5 x 53,4	64,5 x 53,4	64,5 x 53,4
Arbeitsweise	4-Takt	4-Takt	4-Takt
Steuerung	DOHC	DOHC	DOHC
Gemischaufbereitung	6 x Keihin Ø 28	6 x Keihin Ø 28	6 x Keihin Ø 28
Ventile/Zylinder	4	4	4
Verdichtung	9,3	9,3	9,3
Kühlung	L	L	L
Leistung (kW (PS) / bei U/min)	77 (105) / 9000	74 (100) / 9000	74 (100) / 9000
Max. Drehmoment (Nm / bei U/min)	84,6 / 8000	83 / 7500	83,5 / 7500
Batterie	12 V 14 Ah	12 V 14 Ah	12 V 14 Ah
Generator (Watt)	230	230	230
Kraftübertragung			
Anz. Gänge	5	5	5
Übersetzung	2,437 / 1,749 / 1,390 / 1,199 / 1,036	2,437 / 1,749 / 1,390 / 1,199 / 1,036	2,437 / 1,749 / 1,390 / 1,199 / 1,036
Hinterradantrieb	K	K	K
Endübersetzung	2,333	2,333	2,333
Starter	Elektro	Elektro	Elektro
Fahrwerk			
Rahmen	SDR	SDR	SDR
Vorderradfederung	T Ø 35	T Ø 35	T Ø 39
Hinterradfederung	S	S	ZF
Federweg vorne (mm)	160	175	160
Federweg hinten (mm)	100	105	105
Vorderradbremse	DSB Ø 280	DSB Ø 280	DSB Ø 265
Hinterradbremse	SB Ø 300	SB Ø 300	SB Ø 265
Vorderradreifen	3.50-19	3.50-19	3.50-19
Hinterradreifen	4.25-18	4.25-18	130/90-18
Allgemeine Daten			
Radstand (mm)	1495	1545	1535
Maße (Länge, mm)	2240	2240	2325
Lenkkopfwinkel (Grad)	62,5	60	62,5
Nachlauf (mm)	120	130	120
Gewicht (kg)	274	274	293
Tankinhalt (l)	24	24	22
Beschleunigung (s)	3,9	4,1	4,6
Höchstgeschw. (km/h)	219	220	205
Preis inkl. MwSt (DM)	10.963,–	11.262,–	14.165–11.315,–
		Änderungen an Rädern und Schwingenlagerung	

Honda CBX 550 F (1982–1985)
Honda CBX 650 E (1983–1987)
Honda CBX 750 F (1984–1987)
Honda CB Seven Fifty (1992–2015)

Trotz der neuen V-Motoren hatte Honda die Reihen-Vierzylinder noch nicht abgehakt und legte Anfang der 1980er eine weitere Generation nach. Das Kürzel »CBX« stand nun für zwei obenliegende, über Zahnriemen angetriebene Nockenwellen, jeweils vier über gegabelte Schlepphebel mit Einstellschrauben betätigte Ventile samt zentral platzierter Zündkerze und eine spezielle Brennraumform. Geringer Verbrauch, wenig Abgase und in unteren Regionen mehr Dampf gehörten zu den Vorzügen der neuen Triebwerksgeneration. Obwohl kein Leichtgewicht, ließ sich die CBX 550 wesentlich flinker um die Kurve zirkeln als alle Vierzylinder zuvor. Gab's auch als F2 mit rahmenfester Halbschale, die aber bei niedrigerem Tempo Lenkerflattern verursachte. Die Scheibenbremsen waren voll gekapselt, was die Bremsleistung verbesserte, die Wartung aber unnötig erschwerte. Insgesamt wurden zwischen 1982 und 1985 rund 6300 F und F2 verkauft.

CBX 550 F: Reihenvierzylinder der dritten Generation mit Sechsganggetriebe und einigen unpraktischen Details wie etwa den gekapselten vorderen Scheibenbremsen. Als F2 war die kleine CBX auch mit Verkleidung lieferbar.

Die nächstgößere Nummer hieß CBX 650 E. Sie war in ihren Grundzügen von der CBX 550 abgeleitet und punktete durch ihren hydraulischen Ventilspielausgleich. Dazu kam ein neuartiger Kettenspanner, der sich quasi von selbst regulierte. Und die Lichtmaschine, ohne verschleißfreudige Kollektorkohlen, hatten die Honda-Techniker hinter die Kurbelwelle verlegt. »Bei dieser Maschine brauchen wir für die Inspektion eine ganze Stunde weniger«, zitierte *Motorrad* einen Werkstattmeister. Das

Ohne Verkleidung war die Halbliter-CBX ein ungemein handlicher Allrounder.

Die CBX 650 E ersetzte 1983 die CB 650 F. Kardan und hydraulischer Ventilspielausgleich versprachen geringe Werkstattkosten. Die Drossel-Variante leistete 50 PS bei 8000/min und schaffte 175 km/h.

Wer keine der neuen V4 fahren wollte, fand in der CBX 750 E eine hervorragende Alternative: Die Four war der wahrscheinlich beste Sporttourer des Jahrzehnts.

Amerikanische Studien gaben den Ausschlag zum Bau der CB Seven Fifty. Die Rückkehr der legendären Four geriet zum weltweiten Triumphzug. DM 12.310,– (1993).

CBX-Chassis bestand aus einem konventionellen Stahl-Doppelschleifenrahmen mit konventioneller Schwinge. Die Angaben für Lenkwinkel (61,5 Grad), Nachlauf (98 mm) und Radstand (1460 mm) sprachen für das Bemühen der Honda-Konstrukteure, ein handliches Motorrad mit vernünftigen Geradeauslaufeigenschaften zu bauen. Vorn wurde die CBX mit einem 19-Zoll-Rad und einer luftunterstützten Teleskopgabel – mit Anti Dive – ausgestattet, die Führung des 16-Zoll-Hinterrads übernahmen vierfach in der Zugstufe und zweifach in der Druckstufe verstellbare Federbeine. Bei sportlicher Fahrweise und schlechten Straßen aber geriet die Kardan-Honda leicht ins Pendeln.

Wie eigentlich allen Hondas jener Jahre konnte man der Four lediglich ihre US-lastige Optik vorwerfen, und im Prinzip war das auch bei der größeren Schwester CBX 750 so. Die 91 PS starke Dreiviertelliter-Honda mit Anti-Hopping-Kupplung und Sechsganggetriebe übernahm Optik und Rahmen von der in den USA verkauften 700er Nighthawk, hatte der aber die Pro-Link-Schwinge und eine hintere Bremsscheibe voraus.

Dieses Chassis – Doppelschleifen-Fahrgestell mit 16-Zoll-Vorderrad und Pro-Link-Aufhängung des hinteren 18-Zöllers – war zwei Jahre lang, bis zum Erscheinen der VFR 750, der Maßstab in der Dreiviertelliter-Klasse.

Der extrem schlanke CBX-Motor (er war gerade mal 42 Zentimeter breit) fand sich dann auch in der CB Seven Fifty von 1992. Sie kostete knapp 11.000 Mark, und dass sie nicht noch teurer geworden war, lag daran, dass kostengünstig Teile – etwa Gabel und Bremsen – von anderen Modellen wie den CBR 600/1000 übernommen worden waren. Die Seven Fifty hielt sich, mal abgesehen von einer großen Modellpflege 1998, bis 2003 im Programm, für Japan wurde sie bis 2015 gebaut. Den deutschen Bikern gefiel sie auch, nur die Tester fanden etwas zu bekritteln: »Faszination ist ein Fremdwort«, schrieb die mittlerweile eingestellte Zeitschrift *mopped*, »alles prima, alles gut ... schön langweilig.«

Jahr	1982–1985	1983–1987	1984–1987	1992–2015
Modell	**CBX 550 F / F2**	**CBX 650 E**	**CBX 750 F**	**CB Sevenfifty**
Motor				
Hubraum (cm³)	572	656	742	742
Zylinder	R 4	R 4	R 4	R 4
Bohrung x Hub (mm)	59,2 x 52	60 x 58	67 x 53	67 x 53
Arbeitsweise	4-Takt	4-Takt	4-Takt	4-Takt
Steuerung	DOHC	DOHC	DOHC	DOHC
Gemischaufbereitung	4 x Keihin Ø 25	4 x Keihin Ø 29	4 x Keihin Ø 31	4 x Keihin Ø 34
Ventile/Zylinder	4	4	4	4
Verdichtung	9,5	9,5	9,3	9,3
Kühlung	L	L	L	L
Leistung (kW (PS) / bei U/min)	44 (60) / 10.000, auch 37 (50) / 8500	55 (75) / 9500	67 (91) / 9500	54 (74) / 8500, auch 37 (50) /
Max. Drehmoment (Nm / bei U/min)	48 / 8000, auch	59 / 8000	70 / 8500	63 / 7500
Batterie	12 V 12 Ah	12 V 12 Ah	12 V 12 Ah	12 V 14 Ah
Generator (Watt)	230	280	280	240
Kraftübertragung				
Anz. Gänge	6	6	6	6
Übersetzung	2,500 / 1,714 / 1,333 / 1,074 / 0,931 / 0,821	2,769 / 1,850 / 1,428 / 1,154 / 0,965 / 0,852	3,000 / 1,235 / 1,750 / 1,434 / 1,240 / 1,115	3,000 / 1,235 / 1,750 / 1,434 / 1,240 / 1,115
Hinterradantrieb	K	W	K	K
Endübersetzung	2,688	3,091	2,812	2,666
Starter	Elektro	Elektro	Elektro	Elektro
Fahrwerk				
Rahmen	SDR	SDR	SDR	SDR
Vorderradfederung	T Ø 35	T Ø 39	T Ø 39	T Ø 41
Hinterradfederung	ZF	ZF	ZF	S
Federweg vorne (mm)	140	160	150	130
Federweg hinten (mm)	100	95	115	110
Vorderradbremse	DSB Ø 226	DSB Ø 275	DSB Ø 276	DSB Ø 296
Hinterradbremse	SB Ø 226	TB Ø 175	SB Ø 276	SB Ø 240
Vorderradreifen	3.60-18	100/90-19	110/90-16	120/70-17
Hinterradreifen	4.10-18	130/90-16	130/80-18	150/70-17
Allgemeine Daten				
Radstand (mm)	1390	1460	1465	1495
Maße (Länge, mm)	2085	2200	2175	2230
Lenkkopfwinkel (Grad)	64	61,5	63	64
Nachlauf (mm)	97	98	93	91
Gewicht (kg)	209, F2: 215	220	241	238
Tankinhalt (l)	18	16,5	22	20
Beschleunigung (s)	4,4, F2: 4,6	4,2	4,3	4,5, auch 5,9
Höchstgeschw. (km/h)	190, F2: 180	202	217	191, auch 176
Preis inkl. MwSt (DM)	7063–8420,–	7974–8575,–	10.130–10.235,–	10.113,–

Honda CB-1 (1991–1992)
Honda CBR 600 F (1986–2000)
Honda CB 600 F Hornet (1998–2002)
Honda CBR 1000 F (1987–1999)

Zur IFMA 1986 feierte die neue CBR-600/1000-Familie Premiere. Die technische Basis war gleich: ein unten offener Brückenrahmen aus Stahlblechprofilteilen, der den Motor als tragendes Element aufnahm. Der erste Eindruck war gewöhnungsbedürftig, die CBR-Verkleidung umhüllte die 1000er noch vollständiger, als das bei der kleineren 600er der Fall war. Hier wie dort kam ein flüssigkeitsgekühlter DOHC-Reihenvierzylinder mit vier Ventilen pro Brennraum zum Einsatz, und beide wurden durch vier Gleichdruckvergaser Marke Keihin über geradlinig geführte Ansaugwege versorgt. Die 600er machte daraus 85 PS bei 11.000 Touren, die Tausender offen 135 PS bei 9500/min. Da der größere Motor höher baute, hatte er eine andere Einbaulage. Einen weiteren Unterschied stellte die nur dem großen Motor vorbehaltene Ausgleichswelle dar. Nur minimale Abweichungen fanden sich beim Pro-Link-Fahrwerk. Bei der großen CBR gab's aber eine Motoraufnahme mehr. Verzögert wurde über Zweikolben-Schwimmsattelbremsen. Das Anti-Dive-System wurde bei der Modellpflege für 1990 ausrangiert, bei der dritten CBR-Serie von 1993 kam das Integralsystem Dual-CBS. Danach verloren Entwickler wie Käufer etwas das Interesse an der Tausender, dafür rückten andere CBR in den Fokus. Solche wie die CB-1, die vor allem für den japanischen und amerikanischen Markt konzipiert gewesen war und hierzulande offiziell erst angeboten wurde, um weitere Grauimporte – durch unabhängige Händler – zu unterbinden. Herzstück der nur in Blau lieferbaren CB-1 war ein quirliger Reihenvierzylinder aus der CBR-Familie. Dieser war wassergekühlt, verfügte über hochmoderne 16-Ventil-Technologie, einen Nockenwellenantrieb mittels Zahnrädern und leistete tarifgerechte 50 PS (offen: 57 PS) bei 10.800 Umdrehungen. Eine Vier-in-eins-Auspuffanlage (schwarz lackiert, nicht etwa verchromt) leitete die Abgase ins Freie. Im Gegensatz zu Konkurrenten wie etwa der Suzuki GSF 400 Bandit glänzte das kleine Vierzylinderquartett durch eine sehr harmonische Leistungsentfaltung und nahm bereits knapp über Leerlaufdrehzahl sauber Gas an. Fahrfertig 188 kg Gewicht und 71,5 cm Sitzhöhe verhalfen der kleinen Four auch im Stop-and-Go zu spielerischer Handlichkeit. Kein Wunder also, dass vor allem auch Fahrschulen das sportliche Naked-Bike gerne einsetzten.

Honda Deutschland kaufte in den USA die CB-1-Restbestände auf. Bereits vorher hatten Grauimporteure den Reihen-Vierzylinder eingeführt. Deren Erkennungszeichen war der Sozius-Haltebügel der VFR 750 F.

Bei den CBR-Modellen bildete die Verkleidung eine Einheit mit Tank, Sitzbank und Sitzabdeckung. Die zweite CBR-Generation erschien 1989, sie hatte eine Leistung von 93 PS. Die dritte von 1991 hatte dann 100 PS.

Die CB 600 F Hornet von 1998 präsentierte sich als gelungene Kombination aus CBR-Technik und moderner Streetfighter-Optik. Sie bot für 12.390 Mark viel Motorrad fürs Geld.

Motorradtester zeigten sich eigentlich von jeder CBR-Generation, egal welchen Hubraums, angetan. Sie lobten deren Laufkultur ebenso wie die gleichmäßige Leistungsentfaltung über ein breites Drehzahlband, jubilierten wegen Startverhalten und Drehfreudigkeit und konnten das spurstabile Fahrwerk nicht genug preisen. Die Konkurrenz holte allerdings gewaltig auf, was insbesondere bei der Mittelklasse-CBR eine ständige Modellpflege erforderte: 1989 brachte Honda mit der PC 23 eine 93-PS-CBR 600 und 1991 eine komplett umgekrempelte 100-PS-CBR mit 230 km/h Spitze an den Start. Die 1995er PC 31 knackte

Jahr	1989–1991	1998–2000	1986–1988	1989–1991	1991–1994	1995–1998	1999–2000
Modell	CB-1 (CB 400 F)	CB 600 F Hornet	CBR 600 F	CBR 600 F	CBR 600 F	CBR 600 F	CBR 600 F
Motor							
Hubraum (cm³)	399	598	598	598	600	600	598
Zylinder	R 4	R 4	R 4	R 4	R 4	R 4	R 4
Bohrung x Hub (mm)	55 x 42	65 x 45,2	63 x 48	63 x 48	65 x 45,2	65 x 45,2	67 x 42,5
Arbeitsweise	4-Takt	4-Takt	4-Takt	4-Takt	4-Takt	4-Takt	4-Takt
Steuerung	DOHC	DOHC	DOHC	DOHC	DOHC	DOHC	DOHC
Gemischaufbereitung	4 x Keihin Ø 26	4 x Keihin Ø 34	4 x Keihin Ø 29,3	4 x Keihin Ø 30,4	4 x Keihin Ø 34	4 x Keihin Ø 36	4 x Keihin Ø 36,5
Ventile/Zylinder	4	4	4	4	4	4	4
Verdichtung	11,3	12,0	11	11,3	11,6	12,0	12,0
Kühlung	W	W	W	W	W	W	W
Leistung (kW (PS) / bei U/min)	42 (57) / 11.500,; auch 37 (50) / 10.800	70 (94) / 12.000	63 (85) / 11.000, auch 37 (50) / 9000	68 (93) / 11.000, auch 37 (59) / 9000	74 (100) / 12.000	72 (98) / 12.000	81 (110) / 12.500
Max. Drehmoment (Nm / bei U/min)	39; auch 35 / 9500	65,6 / 10.000	59 / 9500, auch 48 / 4500	63 / 9500, auch 48 / 4500	64 / 10.500	63 / 10.500,	67/ 10.500
Batterie	12 V 8 Ah	12 V 6 Ah	12 V 8 Ah	12 V 8 Ah	12 V 8 Ah	12 V 8 Ah	12 V 8 Ah
Generator (Watt)	250	340	346	346	340	340	340
Kraftübertragung							
Anz. Gänge	6	6	6	6	6	6	6
Übersetzung	3,307 / 2,352 / 1,875 / 1,590 / 1,435 / 1,333	2,923 / 2,062 / 1,647 / 1,368 / 1,200 / 1,086	3,231 / 2,235 / 1,800 / 1,500 / 1,273 / 1,130	3,231 / 2,235 / 1,800 / 1,500 / 1,273 / 1,130	2,928 / 2,062 / 1,588 / 1,368 / 1,200 / 1,086	2,928 / 2,062 / 1,647 / 1,368 / 1,200 / 1,086	2,833 / 2,002 / 1,647 / 1,421 / 1,250 / 1,130
Hinterradantrieb	K	K	K	K	K	K	K
Endübersetzung	2,600	2,666	2,866	2,866	2,866	2,866	2,812
Starter	Elektro	Elektro	Elektro	Elektro	Elektro	Elektro	Elektro
Fahrwerk							
Rahmen	SDR	SKR	SKR	SKR	SKR	SKR	LKR
Vorderradfederung	T Ø 40	T Ø 43	T Ø 37	T Ø 37	T Ø 41	T Ø 41	T Ø 43
Hinterradfederung	ZF	ZF	ZF	ZF	ZF	ZF	ZF
Federweg vorne (mm)	130	125	130	130	130	130	120
Federweg hinten (mm)	110	160	110	110	110	110	120
Vorderradbremse	SB Ø 310	DSB Ø 296	DSB Ø 276	DSB Ø 276	DSB Ø 276	DSB Ø 296	DSB Ø 296
Hinterradbremse	SB Ø 176	SB Ø 220	SB Ø 220	SB Ø 220	SB Ø 220	SB Ø 220	SB Ø 220
Vorderradreifen	110/17-17	130/70-16	110/80-17	110/80-17	120/60-17	120/60-17	120/70-17
Hinterradreifen	140/70-17	180/55-17	130/80-17	130/80-17	160/60-17	160/60-17	180/55-17
Allgemeine Daten							
Radstand (mm)	1370	1420	1410	1410	1405	1405	1395
Maße (Länge, mm)	2035	2055	2130	2130	2130	2130	2060
Lenkkopfwinkel (Grad)	64,5	64,6	64	64	64	65	66
Nachlauf (mm)	99	99	104	104	94	94	96
Gewicht (kg)	189	199	202	208	205	209	199
Tankinhalt (l)	15	16	16,5	16,5	16	17	18
Beschleunigung (s)	5,4 / 6,5	3,2	4,4	3,7; auch 5,9	3,9	3,2	3,2
Höchstgeschw. (km/h)	186; auch 173	215	222; auch 187	233; auch 187	235	243	255
Preis inkl. MwSt (DM)	8290–8990,–	12.390,–	10.240–11.550,–	11.750–12.150,–	13.150–14.175,–	16.270,–	16.430,–
		Sekundärluftsystem SLS		Modifikationen an Auspuff, Vergaser und Federbein.	auch mit 20 / 37 kW lieferbar	auch mit 72 / 25 kW lieferbar	

dann die 240-km/h-Marke. Diesen Motor nutzte Honda 1998 für die 94 PS starke »Hornet«, die Antwort auf Bandit, Fazer und Co. Von der CBR stammte auch die Bremsanlage, die Räder fanden sich im Fireblade-Fundus – sie passten am besten zum Streetfighter-Look der trocken 176 kg leichten Hornisse.

Jahr	1987–1988	1989–1992	1993–1999
Modell	CBR 1000 F	CBR 1000 F	CBR 1000 F
Motor			
Hubraum (cm³)	998	998	998
Zylinder	R 4	R 4	R 4
Bohrung x Hub (mm)	77 x 53,6	77 x 53,6	77 x 53,6
Arbeitsweise	4-Takt	4-Takt	4-Takt
Steuerung	DOHC	DOHC	DOHC
Gemischaufbereitung	4 x Keihin Ø 38,5	4 x Keihin Ø 36	4 x Keihin Ø 37
Ventile/Zylinder	4	4	4
Verdichtung	10,5	10,5	10,5
Kühlung	W	W	W
Leistung (kW (PS) / bei U/min)	74 (100) / 9000	74 (100) / 9000	72 (98) / 9000
Max. Drehmoment (Nm / bei U/min)	87 / 6500	87 / 6500	88 / 6500
Batterie	12 V 14 Ah	12 V 14 Ah	12 V 14 Ah
Generator (Watt)	350	350	420
Kraftübertragung			
Anz. Gänge	6	6	6
Übersetzung	2,750 / 2,066 / 1,647 / 1,368 / 1,174 / 1,045	2,750 / 2,067 / 1,647 / 1,368 / 1,174 / 1,045	2,750 / 2,067 / 1,647 / 1,368 / 1,174 / 1,045
Hinterradantrieb	K	K	K
Endübersetzung	2,529	2,471	2,471
Starter	Elektro	Elektro	Elektro
Fahrwerk			
Rahmen	SKR	SKR	SKR
Vorderradfederung	T Ø 41	T Ø 41	T Ø 41
Hinterradfederung	ZF	ZF	ZF
Federweg vorne (mm)	150	130	130
Federweg hinten (mm)	120	120	115
Vorderradbremse	DSB Ø 296	DSB Ø 296	DSB Ø 296, Dual-CBS
Hinterradbremse	SB Ø 276	SB Ø 276	SB Ø 256
Vorderradreifen	110/80-17	120/70-17	120/70-17
Hinterradreifen	140/80-17	170/60-17	170/60-17
Allgemeine Daten			
Radstand (mm)	1505	1510	1500
Maße (Länge, mm)	2245	2230	2240
Lenkkopfwinkel (Grad)	62	62,7	63
Nachlauf (mm)	117	112	110
Gewicht (kg)	262	270	270
Tankinhalt (l)	21	21	22
Beschleunigung (s)	3,9	3,7	3,9
Höchstgeschw. (km/h)	219	235	225
Preis inkl. MwSt (DM)	13.770–14.970,–	15.770–17.795,–	17.990,–
			CBS-Verbund-bremse

Als das neue Jahrtausend dann schon in Sichtweite war, griff Honda ein letztes Mal ganz tief in die Trickkiste: Bei der CBR 600 F war kein Stein auf dem anderen geblieben. Alu- statt Stahl-Rahmen, neuer Motor mit direkt im Gehäuse gelagerter Schwinge, Gewichtseinsparungen, wo immer möglich, und das Ram-Air-System, das die Ansaugluft direkt in den Luftfilterkasten presste – mit 110 PS bei 12.500 Touren taugte der Reihenvierer als Basis für die Supersport Worldseries. Zwei Jahre später kam sie dann mit Einspritzung und 2003 schließlich in einer noch schärfer geschnittenen Doppel-R-Variante: Mit der CBR 600 hatte Honda das 600er-Supersport-Segment erfunden: »Setzt den Maßstab in der 600er-Klasse ...« kommentierten die Gas-Profis des Motorradblattes *PS*.
Die CBR-Baureihe sollte letztlich zum Inbegriff des supersportlichen, superhandlichen Allrounders werden.

Die 100 PS starke CBR 1000 wurde für 1989 überarbeitet, was vor allem an der neuen Verkleidung kenntlich war. An den übrigen Qualitäten änderte sich nichts. DM 15.770,–.

Zeitgleich mit der CBR 600 zeigte Honda auch die CBR 1000. Unter der Plastikschale verbarg sich solide Großserientechnik ohne besondere Highlights.

Honda CBR 900 RR Fire Blade / Fireblade (1992–2000)

Als dritte CBR-Baureihe erschien 1992 die CBR 900 RR »Fire Blade«. Mit ihr hatte Honda das überragende Sportmotorrad des Jahrzehnts auf die Räder gestellt, die »Mutter aller Leichtbau-Supersportler« (Klaus Herder, *Motorrad*). Vollgetankt keine 210 Kilos schwer und mit unglaublichem Handling gesegnet, lief die CBR – offen 125 PS stark – rund 245 km/h. Und der Motor ging einfach nicht kaputt, Tests sprachen von 80.000 bis 100.000 Kilometern ohne ernsthafte Probleme – »auch bei sportlicher Fahrweise«, wie man ausdrücklich vermerkte.

Die Fireblade des Modelljahr 1996 unterschied sich wesentlich vom Vormodell; die Änderungen fielen so umfangreich aus, dass man beinahe von einem neuen Motorrad sprechen musste – was weniger ein Indiz für eventuelle Schwachstellen war, die ausgemerzt werden mussten, als vielmehr ein Hinweis darauf, dass die Konkurrenz gewaltig aufgeholt hatte. Im Überblick: Motor mit 919 cm^3, offen 128 PS. Verkleidung, Sitzbank und Tank geändert, Schwinge, Rahmen und Gabel modifiziert, neue Zündanlage, andere Getriebeübersetzungen. Und das Wettrüsten ging weiter, die Blade des Jahres 1998 war an Motor, Rahmen und Fahrwerk stark überarbeitet, hatte eine wirkungsvollere Verkleidung und leistete offen 130 PS bei 10.500/min. Von Null auf 200 km/h beschleunigte sie in etwas über zehn Sekunden: Für den Rest des Jahrzehnts fuhr die CBR wieder an der Spitze des Konkurrenzfelds, bevor dann im Jahr 2000 mit der SC44 eine völlig neue CBR 900 erschien: Mit 929 cm^3, Kraftstoffeinspritzung und sensationellem Trockengewicht von 170 Kilogramm und einer Leistung von 148 PS.

Mit der CBR 900 RR von 1992 schuf Honda ein Sportmotorrad mit beeindruckendem Leistungsgewicht. Mit 207 Kilogramm war die neue RR nur wenig schwerer als die 600er CBR. DM 19.750,– (1992).

Zwei Jahre nach der gefeierten Premiere wurde 1994 die CBR 900 RR ein erstes Mal überarbeitet. Die Zylinderköpfe bestanden nun aus einer Magnesiumlegierung. Die Verkleidung war überarbeitet worden, außerdem änderte sich der Schnitt der Scheinwerfer.

Der Jahrgang 1996 hatte erneut an Gewicht verloren, aber an Hubraum gewonnen: Die leicht vergrößerte Bohrung führte zu 919 cm³ und einem Leistungsanstieg auf 128 PS. DM 20.620,–.

Zur Saison 1998 gab es einmal mehr frische Farben und eine Motorleistung von 130 PS. Das Trockengewicht lag bei 180 Kilogramm.

2000-2002: Wieder etwas mehr Hubraum, Kraftstoffeinspritzung und, vor allem, ein Trockengewicht von 170 kg zeichneten die Millenium-Blade aus.

Jahr	1992–1995	1996–1997	1998–2000
Modell	CBR 900 RR Fireblade	CBR 900 RR Fireblade	CBR 900 RR Fireblade
Motor			
Hubraum (cm³)	893	918	918
Zylinder	R 4	R 4	R 4
Bohrung x Hub (mm)	70 x 58	71 x 58	71 x 58
Arbeitsweise	4-Takt	4-Takt	4-Takt
Steuerung	DOHC	DOHC	DOHC
Gemischaufbereitung	4 x Keihin Ø 38	4 x Keihin Ø 38	4 x Keihin Ø 38
Ventile/Zylinder	4	4	4
Verdichtung	11	11,1	11,1
Kühlung	W	W	W
Leistung (kW (PS) / bei U/min)	92 (125) / 10.500, auch 74 (100) / 11.000	94 (128) / 10.500, auch 72 (98)	95 (130) / 10.500, auch 72 (98) / 9750
Max. Drehmoment (Nm / bei U/min)	88 / 8500, auch 80 / 7000	92 / 8500	92 / 8500, auch 81 / 7250
Batterie	12 V 8 Ah	12 V 8 Ah	12 V 8 Ah
Generator (Watt)	445	384	384
Kraftübertragung			
Anz. Gänge	6	6	6
Übersetzung	2,80 / 2,00 / 1,57 / 1,40 / 1,25 / 1,17	2,73 / 1,93 / 1,60 / 1,40 / 1,26 / 1,17	2,77 / 2,00 / 1,60 / 1,37 / 1,23 / 1,13
Hinterradantrieb	K	K	K
Endübersetzung	2,62	2,69	2,63
Starter	Elektro	Elektro	Elektro
Fahrwerk			
Rahmen	LKR	LKR	LKR
Vorderradfederung	T Ø 45	T Ø 45	T Ø 45
Hinterradfederung	ZF	ZF	ZF
Federweg vorne (mm)	110	120	120
Federweg hinten (mm)	112	125	120
Vorderradbremse	DSB Ø 296	DSB Ø 296	DSB Ø 310
Hinterradbremse	SB Ø 220	SB Ø 220	SB Ø 220
Vorderradreifen	130/60-16	130/70-16	130/70-16
Hinterradreifen	180/55-17	180/55-17	180/55-17
Allgemeine Daten			
Radstand (mm)	1405	1405	1405
Maße (Länge, mm)	2255	2030	2040
Lenkkopfwinkel (Grad)	64	66	66
Nachlauf (mm)	90	90	95
Gewicht (kg)	207	206	202
Tankinhalt (l)	18	18	18
Beschleunigung (s)	3,4	3,5	3,2, auch 3,4
Höchstgeschw. (km/h)	251	260	260, auch 232
Preis inkl. MwSt (DM)	19.750,–	20.620,–	22.690,–
	Auch mit 72 kW (98 PS) lieferbar. 1994: Neue Verkleidung, Umrüstung auf 37 kW möglich.	Modifizierte Verkleidung, Rahmen und Schwinge geändert, Bohrung vergrößert	U.a. neues Styling, nach hinten sich verjüngende Schwinge, Edelstahl-Krümmer

Honda CB 1000 Big One (1991–1995)
Honda CBR 1100 XX (1996–2007)
Honda X-Eleven (1999–2004)

Herzstück des im Spätjahr 1991 erstmals gezeigten Muscle-Bikes bildete der Reihenvierzylinder der CBR 1000 F, der über andere Nockenwellen und neu abgestimmte Vergaser stramm in Richtung mehr Durchzug getrimmt worden war: »Kraft im Überfluss ab Standgasdrehzahl«, fand der Tester vom *Motorradfahrer*, eben ein richtiges »Morgens-beim-Losfahren-den-fünften-Gang-einlegen-und-erst-abends-wieder-raus-nehmen«-Motorrad.

Vor allem ihre Fahrwerksqualitäten bescherten der Big One beim großen Vergleichstest der Naked Bikes (*Motorrad* 11/93) den Sieg vor Triumph Trident, Suzuki GSX 1100 G und Kawasaki Zephyr 1100. Dennoch verschwand die Big One bald wieder aus den Lieferlisten, einer größeren Verbreitung dürfte vor allem der Preis von stolzen 17.820 Mark im Wege gestanden haben. Ihre Nachfolge trat die CB 1300 an, die kam zwar erst 2003, blieb dann aber mehr als zehn Jahre.

Auch der 1137er Motor der Über-CBR , der 1100 XX, ist Teil dieser konstruktiv eng miteinander verwandten Familie an CBR-Motoren, wobei die 1996 gezeigte Super Blackbird mit 164 PS bei 10.000 Umdrehungen die bis dahin leistungsstärkste Großserien-Honda überhaupt war. Die 258 Kilogramm schwere Super-Amsel sollte damit die 300-km/h-Marke knacken. In der Testpraxis waren es dann 155 PS und fast 280 km/h – knapp daneben, aber auch vorbei. Die Doppel-X wurde, ähnlich wie Suzukis Hayabusa, Kult, das Honda-Eisen hat man, nach der Umstellung auf Einspritzung fürs Modelljahr 1999 nur unwesentlich geändert, bis 2007 gebaut. Die Doppel-X, ohne Verkleidung und stramm in Richtung Streetfighter getrimmt, erschien kurz vor Ende des Millenniums; wie bei der Super-Blackbird lieferte der 1137er Motor auch »nackt« eine grandiose Vorstellung.

Vor dem Hintergrund der Lockheed SR-71 »Blackbird« posiert hier die CBR 1100 XX, die »Super Blackbird«. Die Modelle ab 1999 verfügten über Einspritzung, die Nennleistung sank auf nominell 150 PS. Optisch waren beide Varianten kaum zu unterscheiden, und auch in den Fahrleistungen nahmen sie sich nichts.

Retro-Bike mit Seven-Fifty-Optik und dem bärenstarken Vierzylinder der CBR 1000 F: Die CB 1000 war Hondas Antwort auf Kawasakis Zephyr 1100, kostete aber rund 2500 Mark mehr als die Konkurrenz.

Hondas Über-Motorrad hieß CBR 1100 XX Super Blackbird. Mit 164 PS sollte die 300-km/h-Marke fallen. Sie wurde zur IFMA 1996 vorgestellt.

Die X-Eleven (hier in »Mute Schwarzmetallic«) war eine unverkleidete Super Blackbird mit etwas weniger Leistung, aber mehr Drehmoment. Technisch fehlten, im Vergleich zur XX, eine Fahrstufe und eine Ausgleichswelle.

Jahr	1991–1995	1996–2007	1999–2004
Modell	**CB 1000 (Big One)**	**CBR 1100 XX**	**X-Eleven**
Motor			
Hubraum (cm³)	998	1137	1137
Zylinder	R 4	R 4	R 4
Bohrung x Hub (mm)	77 x 53,6	79 x 58	79 x 58
Arbeitsweise	4-Takt	4-Takt	4-Takt
Steuerung	DOHC	DOHC	DOHC
Gemischaufbereitung	4 x Keihin Ø 34	4 x Keihin Ø 42	EFI
Ventile/Zylinder	4	4	4
Verdichtung	10	11,1	11
Kühlung	W	W	W
Leistung (kW (PS) / bei U/min)	72 (98) / 8500	72 (98) / 9000	100 (136) / 9000
Max. Drehmoment (Nm / bei U/min)	87 / 6000	94 / 4250	116 / 7000
Batterie	12 V 10 Ah	12 V 10 Ah	12 V 10 Ah
Generator (Watt)	420	390	460
Kraftübertragung			
Anz. Gänge	5	6	5
Übersetzung	2,83 / 1,94 / 1,50 / 1,22 / 1,00	2,769 / 2,00 / 1,579 / 1,333 / 1,167 / 1,042	2,769 / 1,938 / 1,556 / 1,316 / 1,167
Hinterradantrieb	K	K	K
Endübersetzung	2,47	2,588	2,529
Starter	Elektro	Elektro	Elektro
Fahrwerk			
Rahmen	SDR	LKR	LKR
Vorderradfederung	T Ø 43	T Ø 43	T Ø 43
Hinterradfederung	S	ZF	ZF
Federweg vorne (mm)	130	120	120
Federweg hinten (mm)	110	120	120
Vorderradbremse	DSB Ø 310	DSB Ø 310	DSB Ø 310
Hinterradbremse	SB Ø 276	SB Ø 256	SB Ø 256
Vorderradreifen	120/70-18	120/70-17	120/70-17
Hinterradreifen	170/60-18	180/55-17	180/55-17
Allgemeine Daten			
Radstand (mm)	1540	1490	1500
Maße (Länge, mm)	2350	2160	2145
Lenkkopfwinkel (Grad)	63	65	64,5
Nachlauf (mm)	111	99	102
Gewicht (kg)	263	258	254
Tankinhalt (l)	22	22	22
Beschleunigung (s)	4,1	2,6	3
Höchstgeschw. (km/h)	225	295	240
Preis inkl. MwSt (DM)	17.490– 18.860,-	22.550,–	18.590,–
	Zusatz Big One nur beim Verkaufsstart, danach gestrichen	Ab 2/97: Kat optional (+ DM 500,–), ab 1999: Einspritzung, Ram-Air, Kat serienmäßig	G-Kat

6 Honda V2

Honda CX 500 / C / E; GL 500 (1978–1984)

Hierzulande war es ein Werner-Comic, der dieser außergewöhnlichen Honda zu ihrem Spitznamen verhalf, auch Nicht-Biker wussten, was damit gemeint war: Sie hieß »Güllepumpe«. Das unförmigste Motorrad seit Tagen der Münch Mammut erschien Ende 1977 und strafte alle Designer-Weisheiten Lüge, die da lauteten: Hässlichkeit verkauft sich nicht. Tat es in dem Falle sehr wohl, wobei das in erster Linie an den unschlagbaren Qualitäten des bulligen V2-Antriebs lag. Angeblich hätte der zunächst einen Kleinwagen antreiben sollen, eventuell auch ein Betonmischmaschine. Ob das nun stimmt oder nicht, Hondas Entwicklungschef Hiroshi Kameyama wählte für diesen ersten V-Twin des Hauses den ungewöhnlichen Zylinderwinkel von 80 Grad, was einen kompakten, schön kurzen Triebwerksblock ergab. Um Baubreite zu sparen, waren die Zylinderköpfe um 22 Grad nach außen gedreht worden; die Kraftübertragung erfolgte per Kardanwelle. Damit waren alle Zutaten beisammen für eine der langlebigsten und zähesten Honda-Baureihen überhaupt, die bei Berufspendlern und Motorradkurieren einen nahezu legendären Ruf erlangte.

Im September 1979 erschien als zweite CX-Variante die softchopperige CX 500 C, wobei das C für »Custom« stand. Zu haben war diese Honda mit 27 und 50 PS, wobei die 27-PS-Variante doch arg mit ihren über 220 Kilos zu kämpfen hatte. Das galt noch mehr für die vollverkleidete CX-Variante im Goldwing-Outfit, die dann als GL 500 »Silver Wing« verkauft wurde. Den deutschen TÜV-Vorschriften entsprechend musste die GL, ebenso wie die Goldwing, mit gekappter Windschutzscheibe ausgeliefert werden.

1982 erschien die Euro-CX 500. Zur neuen Optik gesellte sich ein modifiziertes Fahrwerk mit Zentralfederbein.

Die CX 500 entwickelte eine legendäre Zuverlässigkeit. Mit 27 PS bei 6400/min war sie aber untermotorisiert. 0–100 km/h in 8,4 s, 140 km/h, DM 5620,–.

Honda CX 500 C, 1979: 50 PS bei 9000/min, 0–100 km/h in 6 s, 160 km/h. DM 6534,–. Sie war auch mit 27 PS zu haben.

Verbindendes Element aller Varianten war der Antriebsstrang, denn in Sachen Fahrwerk ergaben sich erhebliche Änderungen: Sowohl die Tourer als auch die exotische Turbo erhielten einen anderen Rahmen und modifizierte Federelemente.

Vierte Halbliter-Variante war die CX 500 E. Dieses Straßenmotorrad im »Euro«-Styling von 1982 hatte dann nichts mehr von der »Güllepumpe« an sich. Sie durfte mit Fug und Recht als ein neues Motorrad gelten, aufgebaut aus bereits bekannten Komponenten. Die 500er Euro verfügte, wie Turbo und Silver Wing, über einen unten offenen Brückenrohrrahmen mit Pro-Link-Schwinge. Der Motor saß nun etwas tiefer im Rahmen, damit sank auch der Schwerpunkt und verbesserte das Handling. Auch Bremsen und Gabel stammten von der Turbo.

Jahr	**1978–1981**	**1979–1981**	**1982**	**1982–1984**
Modell	**CX 500**	**CX 500 C**	**GL 500 Silver Wing**	**CX 500 E**
Motor				
Hubraum (cm³)	497	497	497	497
Zylinder	80° V 2	80° V 2	80° V 2	80° V 2
Bohrung x Hub (mm)	78 x 52	78 x 52	78 x 52	78 x 52
Arbeitsweise	4-Takt	4-Takt	4-Takt	4-Takt
Steuerung	OHV	OHV	OHV	OHV
Gemischaufbereitung	2 x Keihin Ø 35	2 x Keihin Ø 35	2 x Keihin Ø 35	2 x Keihin Ø 35
Ventile/Zylinder	4	4	4	4
Verdichtung	10	10	10	10
Kühlung	W	W	W	W
Leistung (kW (PS) / bei U/min)	37 (50) / 9000, auch 20 (27) / 6500	37 (50) / 9000, auch 20 (27) / 6500	37 (50) / 9000, auch 20 (27) / 7000	37 (50) / 9000, auch 20 (27) / 6500
Max. Drehmoment (Nm / bei U/min)	43 / 7000, auch 35 / 4000	46 / 7000, auch 35 / 4000	43 / 7000, auch 35 / 4000	43 / 7000, auch 35 / 4000
Batterie	12 V 14 Ah	12 V 14 Ah	12 V 14 Ah	12 V 14 Ah
Generator (Watt)	170	170	250	250
Kraftübertragung				
Anz. Gänge	5	5	5	5
Übersetzung	2,733 / 1,850 / 1,316 / 1,148 / 0,931	2,733 / 1,850 / 1,316 / 1,148 / 0,931	2,733 / 1,850 / 1,416 / 1,146 / 0,931	2,733 / 1,850 / 1,416 / 1,146 / 0,931
Hinterradantrieb	W	W	W	W
Endübersetzung	3,091	3,091	3,091	3,091
Starter	Elektro	Elektro	Elektro	Elektro
Fahrwerk				
Rahmen	SZR	SZR	SDR	SDR
Vorderradfederung	T Ø 33	T Ø 33	T Ø 35	T Ø 37
Hinterradfederung	S	S	ZF	ZF
Federweg vorne (mm)	140	140	150	150
Federweg hinten (mm)	85	85	120	110
Vorderradbremse	DSB Ø 240	SB Ø 240	DSB Ø 240	DSB Ø 276
Hinterradbremse	TB Ø 160	TB Ø 160	TB Ø 160	SB Ø 280
Vorderradreifen	3.75-18	3.50-19	3.50-19	100/90-18
Hinterradreifen	4.00-18	130/90-16	130/90-16	120/80-18
Allgemeine Daten				
Radstand (mm)	1455	1455	1495	1495
Maße (Länge, mm)	2205	2205	2265	2290
Lenkkopfwinkel (Grad)	63,5	63,25	62	63
Nachlauf (mm)	100	105	117	105
Gewicht (kg)	221	216	235	227,5
Tankinhalt (l)	17	11,2	19,5	19
Beschleunigung (s)	5,4, auch 8,7	6,0	6,6	6,7
Höchstgeschw. (km/h)	183, auch 146	176	153	172
Preis inkl. MwSt (DM)	5620–6534,–	6753,–	7873,–	7363,–

Honda CX 650 E / C; GL 650 (1982–1985)

Die Sache mit der Mehrleistung ohne Mehrgewicht hatte bei der CX Turbo nichts gebracht. Eine nettere Optik war günstiger zu haben. Daher erhielt die CX 650 E, neben dem langhubigeren Motor mit deutlich verbessertem Durchzug, das neue Styling im »Euro«-Look mit zeitgemäßem Fahrwerk. Abgesehen von den Schriftzügen auf den Seitendeckeln und den Farben waren die 650er von den 500ern nicht zu unterscheiden, tatsächlich wurden beide Baureihen auch für eine gewisse Zeit noch parallel verkauft. Die CX 650 E feierte zur IFMA 1982 ihre Premiere, ebenso wie die GL 650. Diese unterschied sich nicht nur durch den Motor von der weiterhin angebotenen GL 500, sondern zum Beispiel auch durch die neuen Gussfelgen. Offen leistete die große GL 65 PS bei 8000/min; die Höchstgeschwindigkeit wurde mit 164 km/h angegeben.

Letzte Vertreterin dieser zweiten CX-Generation war die CX 650 C. Sie ging 1984 in den Verkauf und folgte der von

Die CX 650 C hatte bis auf Motor und Rahmen kaum mehr etwas mit der Straßenmaschine gemeinsam.

Die zur IFMA 1982 vorgestellte CX 650 E sah zwar aus wie die 500er, war aber stärker und hatte einen schwarz lackierten Motor.

den V4-Choppern VF 750 / 1100 vorgegebenen Linie. Auch die Gabel stammte aus dem VF-Fundus. Anders als die anderen Mitglieder der CX-Familie verfügte die Custom aber über eine konventionelle Schwinge mit Stereo-Federbeinen. Trotzdem blieb sie eine Rarität auf unseren Straßen.

Jahr	**1982–1985**	**1983–1984**	**1984–1985**
Modell	**CX 650 E**	**GL 650**	**CX 650 C**
Motor			
Hubraum (cm³)	673	673	673
Zylinder	80° V 2	80° V 2	80° V 2
Bohrung x Hub (mm)	82,5 x 63	82,5 x 63	82,5 x 63
Arbeitsweise	4-Takt	4-Takt	4-Takt
Steuerung	OHV	OHV	OHV
Gemischaufbereitung	2 x Keihin Ø 34	2 x Keihin Ø 35	2 x Keihin Ø 35
Ventile/Zylinder	4	4	4
Verdichtung	9,8	9,8	9,8
Kühlung	W	W	W
Leistung (kW (PS) / bei U/min)	48 (65) / 8000	48 (65) / 8000	37 (50) / 7000, auch 48 (65) / 8000
Max. Drehmoment (Nm / bei U/min)	61 / 6500	61 / 6500	56 / 5500, auch 61 / 6500
Batterie	12 V 14 Ah	12 V 14 Ah	12 V 14 Ah
Generator (Watt)	250	250	250
Kraftübertragung			
Anz. Gänge	5	5	5
Übersetzung	2,500 / 1,714 / 1,280 / 1,035 / 0,838	2,500 / 1,711 / 1,280 / 1,036 / 0,839	2,500 / 1,714 / 1,280 / 1,036 / 0,839
Hinterradantrieb	W	W	W
Endübersetzung	3,090	3,091	3,091
Starter	Elektro	Elektro	Elektro
Fahrwerk			
Rahmen	SDR	SDR	SDR
Vorderradfederung	T Ø 37	T Ø 37	T Ø 39
Hinterradfederung	ZF	ZF	ZF
Federweg vorne (mm)	150	150	160
Federweg hinten (mm)	170	110	120
Vorderradbremse	DSB Ø 276	DSB Ø 280	DSB Ø 240
Hinterradbremse	SB Ø 276	TB Ø 160	TB Ø 160
Vorderradreifen	100/90-18	3.50-19	100/90-19
Hinterradreifen	120/90-18	130/90-16	140/90-15
Allgemeine Daten			
Radstand (mm)	1500	1495	1515
Maße (Länge, mm)	2250	2305	2180
Lenkkopfwinkel (Grad)	63	62	58
Nachlauf (mm)	105	117	126
Gewicht (kg)	235	249	218
Tankinhalt (l)	19	17,5	12,4
Beschleunigung (s)	5,2	5,9	6
Höchstgeschw. (km/h)	190	164	170
Preis inkl. MwSt (DM)	7973–8269,–	8298–8530,–	7743,–

Parallel zur GL 500 bot Honda auch die GL 650 an. Bei beiden fand die Verkleidung der GL 1100 Verwendung. Aus Gründen der Produkthaftung bot Honda keinen Koffersatz an. 65 PS bei 8000/min, 0–100 km/h in 5,9 s, Spitze 164 km/h, DM 8503,–.

Die Sitzhöhe bei der GL 650 war geringer als bei der unmittelbaren Vorgängerin, der GL 500 »Silver Wing«.

Honda CX Turbo (1981–1985)

Honda baute seinen 80-Grad-V2 in verschiedenen Hubraumgrößen, für Japan zum Beispiel gab es eine CX 400. Und die Erfordernisse des Weltmarktes, in Verbindung mit dem Versuch von Yamaha, Honda an der Spitze abzulösen, führten Anfang der Achtziger zu einem verwirrenden Nebeneinander von mehr oder minder ähnlichen Maschinen. Die Übergänge waren fließend, oft waren die Altbestände noch nicht abgebaut, während die Container mit der neuen Ware in Rotterdam schon das Schiff verließen.

Dem intensiven Wettbewerb zu verdanken waren auch die CX-Turbos, zunächst mit dem kleineren Hubraum eingeführt und kurz darauf schon von der größeren CX 650 abgelöst. Bis auf den Hubraum praktisch baugleich, gehörten sie zu den technisch interessantesten Maschinen der frühen Achtziger, denn die Turbo-Technik versprach ein Leistungsplus bei gleichem Hubraum bei mäßigem Verbrauch. Doch der Versuch, Bigbike-Fahrleistungen in die Mittelklasse zu bringen, erforderte einen hohen Aufwand, angefangen bei der Kraftstoff-Einspritzung über einen neuen Rahmen bis hin zu einem so tiefgreifend überarbeiteten Motor, dass dieser dann letztlich kaum mehr etwas mit der Basis zu tun hatte. In der Praxis waren die Turbos sowieso eine ziemliche Enttäuschung: Unterhalb von 6000 Touren ging wenig, und darüber drückten die 262 Kilo doch ganz heftig auf das Temperament. Und 195 km/h waren angesichts des Preises auch nicht überwältigend: Eine konventionelle 750er machte mehr Spaß, kostete weniger und fuhr besser.

Die Auslieferung der CX 500 Turbo erfolgte zum Frühjahr 1982, knapp ein halbes Jahr später erschien dann die äußerlich identische 650er. Abgesehen von der Änderung der Kubaturen hatten sich die Entwickler vor allem auf Feinarbeit am Lader konzentriert, um das Turbo-Loch zu minimieren.

Zur IFMA 1980 stellte Honda die CX 500 Turbo als Prototyp vor, die Serienausführung war aber erst Anfang 1982 flächendeckend verfügbar. Ein halbes Jahr später erschien dann die ansonsten praktisch identische CX 650 Turbo.

Jahr	**1982**	**1983–1985**
Modell	**CX 500 Turbo**	**CX 650 Turbo**
Motor		
Hubraum (cm³)	497	668
Zylinder	80° V 2	80° V 2
Bohrung x Hub (mm)	78 x 52	82,5 x 63
Arbeitsweise	4-Takt	4-Takt
Steuerung	OHV	OHV
Gemischaufbereitung	Einspritzung, Turbo Ø 40	Einspritzung, Turbo Ø 51
Ventile/Zylinder	4	4
Verdichtung	7,2	7,8
Kühlung	W	W
Leistung (kW (PS) / bei U/min)	60 (82) / 8000	74 (100) / 8000
Max. Drehmoment (Nm / bei U/min)	79,4 / 5000	103 / 4500
Batterie	12 V 14 Ah	12 V 14 Ah
Generator (Watt)	340	340
Kraftübertragung		
Anz. Gänge	5	5
Übersetzung	2,50 / 1,714 / 1,280 / 1,035 / 0,838	2,500 / 1,714 / 1,280 / 1,035 / 0,838
Hinterradantrieb	W	W
Endübersetzung	3,09	3,091
Starter	Elektro	Elektro
Fahrwerk		
Rahmen	SDR	SDR
Vorderradfederung	T Ø 37	T Ø 37
Hinterradfederung	ZF	ZF
Federweg vorne (mm)	130	130
Federweg hinten (mm)	100	100
Vorderradbremse	DSB Ø 276	DSB Ø 276
Hinterradbremse	SB Ø 276	SB Ø 276
Vorderradreifen	3.50-18	100/90-18
Hinterradreifen	120/90-17	120/90-17
Allgemeine Daten		
Radstand (mm)	1496	1495
Maße (Länge, mm)	2300	2200
Lenkkopfwinkel (Grad)	63	63
Nachlauf (mm)	105	110
Gewicht (kg)	263	260
Tankinhalt (l)	20	20
Beschleunigung (s)	4,7	4,1
Höchstgeschw. (km/h)	200	226
Preis inkl. MwSt (DM)	13.203,–	13.703,–

Honda VT 500 E / C (1983–1987)

Das Auslaufen der CX-Baureihe war von Fans sehr bedauert worden, denn die Nachfolgerin VT 500 wurde nie als solche akzeptiert – zumal der Twin kein »echter«, dafür aber ein viel kultivierterer V-Motor war. Hier rotierten nämlich die Pleuel mit 76 Grad Versatz um die Kurbelwelle, was trotz des sehr engen Zylinderwinkels von 52 Grad zu einer hohen Laufruhe führte. Den Gaswechsel steuerten insgesamt sechs Ventile, pro Brennraum gab es zwei Zündkerzen. Nur im Solo-Betrieb überzeugte das 204 kg schwere Motorrad auch in der 27-PS-Version, ansonsten war die 50-PS-Variante die klar bessere Wahl. Allerdings gehörte der Sitzkomfort für den Beifahrer nicht zum besten. Die Chopper-Ausführung VT 500 C war allerdings auch nicht bequemer. Sie stand zwischen 1983 und 1986 im Angebot und schmückte sich mit all den Accessoires, die Mitte der 80er einen Chopper auszeichneten: Viel Gummi am Hinterrad, vorn ein schmaler 18-Zöller in langer Gabel, Chrom, Stufensitzbank und Tropfentank: Das Gesamtpaket sorgte, bei flacherem Lenkkopfwinkel (56,5 Grad, E: 59,5 Grad) und längerem Nachlauf (127 mm gegenüber 125 mm), für zufriedene Mienen unter den Halbschalen-Helmen. Die 27-PS-Version wirkte allerdings ein wenig zugestopft, die 50-PS-

Nach Honda-Meinung ein »Höhepunkt in der Entwicklung des Choppers«, nach Meinung der Tester eine Katastrophe und nach Meinung der Kunden überflüssig: VT 500 C, 1984.

Die VT 500 E mit wassergekühltem V2-Motor, gekapselter Vorderbremse und Kardan sollte die CX-Reihe ersetzten. Der Erfolg blieb mäßig, nur 4500 Maschinen wurden hierzulande verkauft. Doch das Motor-Konzept überlebte und wurde zu einer tragenden Säule in Hondas Motorrad-Geschäft.

Variante gefiel da mit einer Spitze von rund 160 km/h deutlich besser. Auf winkeligen, schnell gefahrenen Strecken geriet das sehr komfortabel abgestimmte Chassis allerdings an seine Grenzen.

Jahr	1983–1987	1983–1987
Modell	**VT 500 E**	**VT 500 C**
Motor		
Hubraum (cm³)	491	491
Zylinder	52° V 2	52° V 2
Bohrung x Hub (mm)	71 x 62	71 x 62
Arbeitsweise	4-Takt	4-Takt
Steuerung	OHC	OHC
Gemischaufbereitung	2 x Keihin Ø 32	2 x Keihin Ø 32
Ventile/Zylinder	3	3
Verdichtung	10,5	10,5
Kühlung	L	L
Leistung (kW (PS) / bei U/min)	37 (50) / 8500, auch 20 (27) / 6000	37 (50) / 8500, auch 20 (27) / 6000
Max. Drehmoment (Nm / bei U/min)	47 / 7000, auch 41,6 / 3000	47 / 7000, auch 39 / 3000
Batterie	12 V 12 Ah	12 V 12 Ah
Generator (Watt)	350	350
Kraftübertragung		
Anz. Gänge	6	6
Übersetzung	2,857 / 1,947 / 1,545 / 1,280 / 1,074 / 0,87	2,857 / 1,947 / 1,545 / 1,280 / 1,074 / 0,931
Hinterradantrieb	W	W
Endübersetzung	3,69	2,909
Starter	Elektro	Elektro
Fahrwerk		
Rahmen	SDR	SDR
Vorderradfederung	T Ø 37	T Ø 37
Hinterradfederung	S	S
Federweg vorne (mm)	120	160
Federweg hinten (mm)	105	115
Vorderradbremse	SB Ø 296	SB Ø 296
Hinterradbremse	TB Ø 140	TB Ø 140
Vorderradreifen	100/90-18	3.50-18
Hinterradreifen	120/80-18	130/90-16
Allgemeine Daten		
Radstand (mm)	1480	1490
Maße (Länge, mm)	2200	2225
Lenkkopfwinkel (Grad)	59,5	56,5
Nachlauf (mm)	125	127
Gewicht (kg)	202	193
Tankinhalt (l)	17	12,5
Beschleunigung (s)	5,8, auch 10,2	5,6, auch 10
Höchstgeschw. (km/h)	143, auch 184	141, auch 178
Preis inkl. MwSt (DM)	7564,–	7538–9130,–

Honda NTV 650 (1988–1998)
Honda NT 650 V Deauville (1998–2006)

Die NTV 650 Revere erschien im April 1988 und trat die Nachfolge der VT 500 E an. Mit sportlicher Sitzposition und ordentlicher Leistung sowie Zutaten wie Brückenrohr-Rahmen und Einarm-Kardanschwinge wurde sie endlich als legitime Erbin der Güllepumpe akzeptiert. Gleichwohl litt die erste Serie an Kinderkrankheiten, die allerdings rasch kuriert wurden: Mit der 1989er Auflage der später dann im ehemaligen Montesa-Werk gebauten Revere gehörten die Kritikpunkte der Vergangenheit an. Der sehr laufruhige V2, wahlweise mit 27, 50 oder 60 PS zu haben, wurde ab 1993 auch mit 34 PS angeboten. Die Leistung der offenen V2-Honda sank

Die NTV 650 verfügte über die Pro-Arm-Monoschwinge, Kardanantrieb und Hinterradbremse waren voll in diese verwindungssteife Konstruktion integriert. Einen Hauptständer gab es nur gegen Aufpreis.

In Deutschland entwickelt, in Spanien gebaut und nach einem französischen Seebad benannt: Honda NT 650 Deauville, der vollverschalte Mittelklasse-Tourer aus dem Jahre 1998.

auf 57 PS, im Jahr darauf um noch einmal vier auf 53 PS. Die NTV (die es in den USA auch mit Kette statt Kardan gab und dort »Hawk« hieß) wurde hierzulande rund 15.000 Mal verkauft und 1998 abgelöst. Den Motor samt Kardan-Antrieb erbte dann der bis zum Ende der Euro-3-Ära gebaute Mittelklasse-Tourer Deauville, dessen einziger Fehler in der völligen Abwesenheit von Emotionen und Charakter bestand – und dem vergleichsweise hohen Gewicht bei mäßiger Motorleistung. Doch nach schleppendem Verkaufsstart etablierte sich die ebenfalls bei bei Montesa gebaute Deauville als feste Größe auf dem Markt und erhielt, nach einer umfassenden Modellpflege 2002, Ende 2006 sogar noch eine Nachfolgerin.

Die NTV 650 hieß, mit Kette anstelle der Welle zum Hinterrad, in den USA »Hawk«.

Eine weitere NTV-Variante war vor allem für Japan bestimmt. Sie war sportiver und lief unter der Bezeichnung »Bros«.

Jahr	1988–1992	1993–1998	1998–2006
Modell	**NTV 650 Revere**	**NTV 650**	**NT 650 V Deauville**
Motor			
Hubraum (cm³)	647	647	647
Zylinder	52° V 2	52° V 2	52° V 2
Bohrung x Hub (mm)	79 x 66	79 x 66	79 x 66
Arbeitsweise	4-Takt	4-Takt	4-Takt
Steuerung	OHC	OHC	OHC
Gemischaufbereitung	2 x Keihin Ø 34,4	2 x Keihin Ø 36,5	2 x Keihin Ø 36,5
Ventile/Zylinder	3	3	3
Verdichtung	9,4 / 9,2	9,2	9,2
Kühlung	W	W	W
Leistung (kW (PS) / bei U/min)	44 (60), auch 37 (50) / 7500, auch 20 (27) / 6500	41 (57), auch 37 (50) / 7500, 25 (34) / 6500	41 (57) / 7750
Max. Drehmoment (Nm / bei U/min)	59 / 6500, auch 55 / 3000, auch 52 / 2500	59 / 6500, auch 55 / 3000, auch 52 / 2500	56 / 6250
Batterie	12 V 8 Ah	12 V 8 Ah	12 V 8 Ah
Generator (Watt)	345	345	345
Kraftübertragung			
Anz. Gänge	5	5	5
Übersetzung	2,571 / 1,882 / 1,500 / 1,240 / 1,074	2,571 / 1,882 / 1,500 / 1,240 / 1,074	2,571 / 1,882 / 1,500 / 1,240 / 1,074
Hinterradantrieb	W	W	W
Endübersetzung	2,721; 2,909	2,909	2,909
Starter	Elektro	Elektro	Elektro
Fahrwerk			
Rahmen	SKR	SKR	SKR
Vorderradfederung	T Ø 41	T Ø 41	T Ø 41
Hinterradfederung	ES	ES	ES
Federweg vorne (mm)	130	130	115
Federweg hinten (mm)	120	120	120
Vorderradbremse	SB Ø 316	SB Ø 316	DSB Ø 296
Hinterradbremse	SB Ø 276	SB Ø 276	SB Ø 276
Vorderradreifen	110/80-17	110/80-17	120/70-17
Hinterradreifen	150/70-17	150/70-17	150/70-17
Allgemeine Daten			
Radstand (mm)	1460, 1465	1465	1475
Maße (Länge, mm)	2185	2185	2220
Lenkkopfwinkel (Grad)	62	62	62
Nachlauf (mm)	119	119	119
Gewicht (kg)	208	212	243
Tankinhalt (l)	19	19	19
Beschleunigung (s)	5,6, auch 6,5, auch 8,6	6,3	6,3
Höchstgeschw. (km/h)	190, auch 177, auch 141	172	172
Preis inkl. MwSt (DM)	9130–10.145,–	9265,–	14.270,–
	1989: Änderungen an Bremsen, Federung und Sitzbank	ab 1994: Leistung offen 53 PS.	

Honda XL 600 V Transalp (1987–1999)

Wenn sich auch die VT 500 als Straßenmotorrad nicht so recht durchsetzen konnte, so erwies sich doch deren Basismotor als ausgesprochen zäher Bursche. Er war in zahlreichen Straßen-, Chopper- und Enduro-Modellen zu finden, allen voran in der XL 600 V Transalp von 1987. Zwischen Straßen- und Geländemaschine angesiedelt, war die »Transe« die erfolgreichste Reiseenduro des Herstellers. Der 52-Grad-V2 war ja bekannt, durch die Vergrößerung von Bohrung und Hub um jeweils vier Millimeter ergab sich ein Hubraum von 583 Kubikzentimetern. Größer dimensionierte Kurbelwellenlager, eine verstärkte Kupplung, um 76 Grad versetzte Hubzapfen und ein anders übersetztes Fünfganggetriebe machten den längs eingebauten Sechsventiler bereit für neue Aufgaben. Aus Gewichtsgründen verzichtete man bei der Enduro auch auf den Kardanantrieb der Halbliter-VT, eine O-Ring-Kette reichte die Kraft an das 17-Zoll-Hinterrad weiter. So präpariert, kam der XL-Treibsatz auf 58,5 Kilogramm und war damit rund sechs Kilogramm

Mit der XL 600 V Transalp konzipierte Honda eine vielseitige Reiseenduro mit prägnanter, rahmenfester Verkleidung. Sie kam auf eine Bauzeit von rund 12 Jahren, die Verkaufsbezeichnung wurde bei der XL 650 (2000–2006) und der XL 700 V (2007–2012) verwendet – und wird es seit 2023 erneut. Die 2023er Transalp wird allerdings mit einem Reihen-Zweizylinder-Motor und 750 cm³ Hubraum ausgeliefert. Außerdem ist sie mit 92 PS beinahe doppelt so stark wie die Ur-Transalp.

1994 erhielt die Transalp ein Verkleidungsschale in Dominator-Optik.

1997 wurde die Transalp-Produktion nach Italien verlegt. Kennzeichen der nunmehrigen PD10 war die zweite Scheibenbremse im Vorderrad. Bis zur Jahrtausendwende ergaben sich Klagen wegen nachlassender Verarbeitung.

Jahr	1987–1988	1989–1996	1997–1999
Modell	Transalp 600 V	Transalp 600 V	Transalp 600 V
Motor			
Hubraum (cm³)	583	583	583
Zylinder	52° V 2	52° V 2	52° V 2
Bohrung x Hub (mm)	75 x 66	75 x 66	75 x 66
Arbeitsweise	4-Takt	4-Takt	4-Takt
Steuerung	OHC	OHC	OHC
Gemischaufbereitung	2 x Keihin Ø 32	2 x Keihin Ø 32	2 x Keihin Ø 34
Ventile/Zylinder	3	3	3
Verdichtung	9,2	9,2	9,2
Kühlung	W	W	W
Leistung (kW (PS) / bei U/min)	37 (50) / 8000, auch 20 (27) / 6000	37 (50) / 8000, auch 20 (27) / 6000	37 (50) / 8000, auch 20 (27) / 6000
Max. Drehmoment (Nm / bei U/min)	52 / 6000, auch 43 / 2500	52 / 6000, auch 43 / 2500	53 / 6000, auch 43 / 2500
Batterie	12 V 12 Ah	12 V 12 Ah	12 V 12 Ah
Generator (Watt)	310	310	310
Kraftübertragung			
Anz. Gänge	5	5	5
Übersetzung	2,571 / 1,778 / 1,381 / 1,125 / 0,962	2,571 / 1,778 / 1,381 / 1,125 / 0,962	2,571 / 1,778 / 1,381 / 1,125 / 0,962
Hinterradantrieb	K	K	K
Endübersetzung	3,133	3,133	3,133
Starter	Elektro	Elektro	Elektro
Fahrwerk			
Rahmen	SDR	SDR	SDR
Vorderradfederung	T Ø 41	T Ø 41	T Ø 41
Hinterradfederung	ZF	ZF	ZF
Federweg vorne (mm)	200	200	200
Federweg hinten (mm)	187	187	187
Vorderradbremse	SB Ø 276	SB Ø 276	DSB Ø 256
Hinterradbremse	TB Ø 130	TB Ø 130	SB Ø 240
Vorderradreifen	90/90-21	90/90-21	90/90-21
Hinterradreifen	130/80-17	130/80-17	120/90-17
Allgemeine Daten			
Radstand (mm)	1530	1505	1505
Maße (Länge, mm)	2280	2265	2265
Lenkkopfwinkel (Grad)	62	62	62
Nachlauf (mm)	108	110	108
Gewicht (kg)	194	205	208
Tankinhalt (l)	18	18	18
Beschleunigung (s)	5,6	5,6	5,6
Höchstgeschw. (km/h)	165, auch 135	165, auch 135	165, auch 135
Preis inkl. MwSt (DM)	8300–8950,–	9850–10.990,–	8540–12.900,–
		Neues Federbein; Hauptständer gegen Aufpreis lieferbar. 1991: SB hinten Ø 240 mm	1997: Vergaser Keihin Ø 34, DSB Ø 256 vorne. Fertigung in Italien

leichter als der Halbliter-Twin. Ebenfalls neu war das Fahrwerk (Einschleifen-Rohrrahmen aus Stahlprofilen mit geteilten Unterzügen aus Rundrohr, Telegabel vorn und Pro-Link-Schwinge hinten). Wenn es so etwas wie eine japanische G/S gab, dann war es diese, und sie hat auch eine ähnliche Langlebigkeit an den Tag gelegt: Man konnte sie, in wechselnder Lackierung und mit nur drei größeren Modellpflege-Maßnahmen – 1989, 1994 und 1997 – bis zum Ende des Jahrhunderts kaufen, wobei die in Europa verkauften Maschinen nach der letzten Modellpflege aus italienischer Produktion stammten.

Jahr	1988–1995	1996–2000	1997–2002	1988–1990
Modell	VT 600 C Shadow	VT 600 C	VT 750 C2	XRV 650 Africa Twin
Motor				
Hubraum (cm³)	583	583	745	647
Zylinder	52° V 2	52° V 2	52° V 2	52° V 2
Bohrung x Hub (mm)	75 x 66	75 x 66	79 x 76	79 x 66
Arbeitsweise	4-Takt	4-Takt	4-Takt	4-Takt
Steuerung	OHC	OHC	OHC	OHC
Gemischaufbereitung	2 x Keihin Ø 31,3	2 x Keihin Ø 34	2 x Keihin Ø 32	2 x Keihin Ø 32
Ventile/Zylinder	3	3	3	3
Verdichtung	9,2	9,2	9,5	9,4
Kühlung	W	W	W	W
Leistung (kW (PS) / bei U/min)	30 (41) / 6500, auch 20 (27) / 5500	28 (39), auch 25 (34) / 6500	33 (45) / 5500	37 (50) / 7000
Max. Drehmoment (Nm / bei U/min)	51 / 3500, auch 49 / 3000	48 / 3500 (3250)	63 / 3000	55 / 5500
Batterie	12 V 8 Ah	12 V 8 Ah	12 V 14 Ah	12 V 12 Ah
Generator (Watt)	345	264	345	310
Kraftübertragung				
Anz. Gänge	4	5	5	5
Übersetzung	2,571 / 1,700 / 1,227 / 0,931	2,571 / 1,777 / 1,380 / 1,125 / 0,961	3,167 / 2,000 / 1,500 / 1,174 / 1,042	2,769 / 1,882 / 1,450 / 1,174 / 0,965
Hinterradantrieb	K	K	K	K
Endübersetzung	2,750	2,750	2,412	3,0625
Starter	Elektro	Elektro	Elektro	Elektro
Fahrwerk				
Rahmen	SDR	SDR	SDR	SDR
Vorderradfederung	T Ø 39	T Ø 39	T Ø 41	T Ø 43
Hinterradfederung	ZF	ZF	S	ZF
Federweg vorne (mm)	146	120	130	220
Federweg hinten (mm)	90	90	90	210
Vorderradbremse	SB Ø 296	SB Ø 296	SB Ø 296	SB Ø 296
Hinterradbremse	TB Ø 160	TB Ø 160	TB Ø 180	SB Ø 240
Vorderradreifen	100/90-19	100/90-19	120/90-17	90/90-21
Hinterradreifen	170/80-15	170/80-15	170/80-15	130/90-17
Allgemeine Daten				
Radstand (mm)	1600	1600	1660	1555
Maße (Länge, mm)	2335	2355	2455	2320
Lenkkopfwinkel (Grad)	55	55	56,1	62
Nachlauf (mm)	165	161	156	113
Gewicht (kg)	207	212	248	220
Tankinhalt (l)	9	11	14	24
Beschleunigung (s)	7,4, auch 10,3	7,4	7,2	5,4
Höchstgeschw. (km/h)	143, auch 129	143, auch 129	155	168
Preis inkl. MwSt (DM)	9600–10.330,–	11.055,–	14.235–17.025,–	11.750–13.080,–
	1991: Motorleistung verringert, 1993: Tankinhalt 11 l.			

Honda VT 600 Shadow (1988–2002)

Der 52-Grad-V2 in Transalp-Konfiguration beflügelte auch die ersten erfolgreichen Honda-Chopper, die von der glücklosen Straßen-Maschine VT 500 auch deren Bezeichnung übernahmen: Seit dieser Zeit stehen die Buchstaben »VT« – anfangs noch mit dem Zusatz »Shadow« – für die V2-Chopper des Hauses. Die neuen VT- beziehungsweise Shadow, die ab 1988 gebaut wurden, waren keine als Softchopper verkleidete Straßenmaschinen mehr, sondern bildschöne Custom-Bikes im Long-and-Low-Konzept. Es gab sie in verschiedenen Hubraumgrößen und aus verschiedenen Produktionsstandorten, die VT 600 entstand zum Beispiel in Japan. Sie machte zwar mit ihrer Dreieckschwinge auf Starrrahmen-Harley, war aber ein durch und durch gutmütiges und problemloses Motorrad. Mit ihren 207 Kilogramm und einer Sitzhöhe von lediglich 69 Zentimetern war sie besonders geeignet für Anfänger und Wiedereinsteiger, die Spaß hatten an reichlich Chrom und geschmackvollen Zweifarbenlackierungen. Zu haben war sie zunächst mit 34 und 41 PS (ab 1991: 39 PS), verkauft wurde sie, weitgehend unverändert (Ausnahme: Tankinhalt ab 1993 elf Liter, 1996 Fünfgang-Getriebe), bis ins Jahr 2000 hinein.

Die VT 600 C ab 1993 hatte einen 11-l-Tank, bis dahin waren neun Liter die Regel gewesen. Die Sitzhöhe blieb mit 690 mm erfreulich niedrig.

Ab 1996 erhielt die VT 600 C eine fünfte Fahrstufe (im Bild ein Modell von 1998), an der Endübersetzung änderte sich aber nichts.

Der Transalp-Motor wurde für den Chopper-Einsatz erheblich modifiziert, wichtigster Eingriff war die Montage der Pleuel auf einem Hubzapfen.

Honda VT 750 C/C2 (1997–2002)

Oberhalb der Einststeiger-Shadow klaffte eine Lücke im Honda-Modellprogramm, während die Konkurrenz mit entsprechenden Mittelklasse-Choppern aufwartete. Honda schloss diese 1997 mit der VT 750 C. Im Gegensatz zur Ur-VT 750 C mit ihrem 45-Grad-V2 verfügte die C über den 52-Grad-V2 der Africa Twin. Das sorgte für gute Fahrleistungen und einen tollen Sound. Die Optik überzeugte, die VT entpuppte sich als lupenreiner Cruiser, war aber wenig komfortabel: Die chromblitzenden Federbeine hatten nur 70 mm Federweg und traten lediglich bei gröbsten Fahrbahnunebenheiten in Aktion. Dafür entschädigte allerdings der phänomenale Anzug des 45-PS-Choppers, schon ab Leerlaufdrehzahl förderte die 750er Shadow reichlich Kohlen aus dem Drehzahlkeller: Von 0 auf 100 km/h vergingen kaum fünf Sekunden, von 60 bis 140 im höchstem Gang nur 12,2 Sekunden.

Wie bei allen Shadow-Baureihen stand auch bei der VT 750 das Kürzel »C« für die einfarbige und das Kürzel »C2« für die zweifarbige Ausführung.

Die VT 750 war ein Fall für Solisten, das Soziusbrötchen wie auch die Fußrasten ließen sich leicht abnehmen – länger sitzen mochte da niemand.

Honda XRV 650 Africa Twin (1988–1990)
Honda XRV 750 Africa Twin (1990–2002)

Die ersten Maschinen dieses Namens, vollständig ausgeschrieben »XRV 650 Africa Twin«, kombinierten den bewährten 52-Grad-V2, der hier auf 50 PS bei 7000 Touren kam, mit einem neuen Chassis samt geländetauglichen Federwegen. Garniert mit einer stimmige Lackierung und fernwehförderndem Namen ging die 650er Africa Twin (RD 03) anno 1988 in die Spur. Die Kraftübertragung zum 17 Zoll großen Hinterrad übernahm – anders als etwa bei der Kardan-getriebenen NTV – eine langlebige O-Ring-Kette: »An diesem Motorrad stimmt (fast) alles: die Sitzposition ist hervorragend. Kupplung und Getriebe funktionieren exakt und wunderbar leicht, und die Schalter liegen perfekt zur Hand«, schwärmten die Tester, die auch zum Fahrgestell nur lobende Worte fanden.

Mit dem nächsten Modellwechsel verabschiedete sich die Twin dann in eine höhere Hubraumklasse – und das formte die Legende, die 1990 in Gestalt der RD 04 erschien, der 750er Africa Twin mit 742 Kubik Hubraum. Ein Ölkühler war jetzt serienmäßig mit an Bord. Eine längere Schwinge ließ den Radstand auf 1565 mm anwachsen, dazu kam eine zweite Scheibe mit Doppelkolben-Bremszangen vorn und ein verstärktes Rahmenheck (das eine Heckbelastung von 30 kg erlaubte, vorher: 20 kg). Räder und Bereifung wie auch das Pro-Link-Federbein mit 210 mm Arbeitsweg blieben unangetastet: In Handling und Fahrkomfort war die XRV sowieso einsame Spitze, umso mehr nach der Modellpflege 1993.

Die XRV 750 löste 1990 die XRV 650 ab. In der Form stand sie – interne Kennung RD 04 – bis 1993 im Programm und wich dann der RD 07.

Obwohl dem Namen nach in der Wüste heimisch, machte die Honda-Großenduro auch auf europäischen Straßen eine ausgesprochen gute Figur. XRV 650 Africa Twin. 50 PS bei 7.000/min, 0–100 km/h in 5,3 s, Spitze 171 km/h, DM 10.750,–.

Die Africa Twin RD 07 wurde 1996 ein letztes Mal überarbeitet. Die Modellpflege brachte auch Ausstattungsvereinfachungen. So entfielen zum Beispiel die goldeloxierten Felgen und die Luftunterstützung der Telegabel.

Die RD 07 verfügte über einen neuen Rahmen. Die Leistung stieg um drei auf 62 PS, das Gewicht sank um 8 kg. Leider gehörte ein Hauptständer immer noch nicht zur Serienausstattung. Offizieller Produktionsstopp war 2000, aus Restbeständen wurden noch bis 2002 Fahrzeuge montiert.

Honda XLV 750 R (1983–1986)
Honda VT 750 C (1987)

Hondas stärkste Maxi-Enduro der frühen 1980er war die XLV 750 R, gezeigt als Prototyp 1982 und in Serie gebaut 1983. Ihren 45-Grad-Twin teilte sie sich mit der chopperigen VT 750 C. Die Besonderheiten der Konstruktion: drei Ventile

Jahr	1991–1993	1993–2002	1983–1986	1987 / 1989–93
Modell	**XRV 750 Africa Twin**	**XRV 750 Africa Twin**	**XLV 750 R**	**VT 750 C**
Motor				
Hubraum (cm³)	742	742	749	749
Zylinder	52° V 2	52° V 2	45° V 2	45° V 2
Bohrung x Hub (mm)	81 x 72	81 x 72	79,5 x 75,5	79,5 x 75,5
Arbeitsweise	4-Takt	4-Takt	4-Takt	4-Takt
Steuerung	OHC	OHC	OHC	OHC
Gemischaufbereitung	2 x Keihin Ø 34,4	2 x Keihin Ø 36	2 x Keihin Ø 33	2 x Keihin Ø 34
Ventile/Zylinder	3	3	3	3
Verdichtung	9	9	8,4	9,8
Kühlung	W	W	Luft / Öl	W
Leistung (kW (PS) / bei U/min)	37 (50) / 7000, auch 43 (58) / 7500	44 (60) / 7500, auch 37 (50) / 4500	45 (61) / 7000	37 (50) / 6500, auch 46 (63) / 7000
Max. Drehmoment (Nm / bei U/min)	55 , auch 61 / 5500	62 / 6000, auch 59 / 4500	68 / 5500	63,5 / 4000, auch 68,5 / 5500
Batterie	12 V 12 Ah	12 V 14 Ah	12 V 14 Ah	12 V 14 Ah
Generator (Watt)	310	360 W	250	340
Kraftübertragung				
Anz. Gänge	5	5	5	6
Übersetzung	3,083 / 2,062 / 1,550 / 1,272 / 1,083	2,769 / 1,882 / 1,450 / 1,174 / 0,965	2,500 / 1,750 / 1,291 / 1,000 / 0,833	2,294 / 1,650 / 1,304 / 1,077 / 0,897 / 0,750
Hinterradantrieb	K	K	W	W
Endübersetzung	2,875	3,0	3,090	3,256, ab 1989: 3,40
Starter	Elektro	Elektro	Elektro	Elektro
Fahrwerk				
Rahmen	SDR	SDR	SDR	SDR
Vorderradfederung	T Ø 43	T Ø 43	T Ø 43	T Ø 39
Hinterradfederung	ZF	ZF	ZF	S
Federweg vorne (mm)	220	220	200	145
Federweg hinten (mm)	200	210 / 214	186	81, ab 1989: 103
Vorderradbremse	DSB Ø 276	DSB Ø 276	SB Ø 276	SB Ø 296
Hinterradbremse	SB Ø 256	SB Ø 256	TB Ø 140	TB Ø 180
Vorderradreifen	90/90-21	90/90-21	90/90-21	100/90-19
Hinterradreifen	130/90-17	140/80-17	130/80-17	140/90-15
Allgemeine Daten				
Radstand (mm)	1565	1565	1480	1605 , ab 1989: 1525
Maße (Länge, mm)	2335	2380 / 2320	2260	2330, ab 1989: 2190
Lenkkopfwinkel (Grad)	62	62,5	61	57, ab 1989: 58
Nachlauf (mm)	113	110	100	156, ab 1989: 139
Gewicht (kg)	237	240	220	250 / 242
Tankinhalt (l)	24	23	19,5	12
Beschleunigung (s)	5,5	5,6	5,5	5,9
Höchstgeschw. (km/h)	164	170	175	170
Preis inkl. MwSt (DM)	13.080–15.190,–	16.395–16.840,–	10.038,–	10.225,–
		1993: Neuer Rahmen, 1996 modifizierte Verkleidung und reduzierte Sitzhöhe, Gabel ohne Luftunterstützung. Gewicht 235 kg.		

pro Zylinder, Doppelzündung, hydraulischer Ventilspielausgleich und zwei versetzte Hubzapfen auf einer einteiligen Kurbelwelle. Laufkultur, Durchzug und Spitzengeschwindigkeit überzeugten, außerdem gefiel die XLV wegen ihres Kardans. Minuspunkte kassierte sie wegen des hakeligen Fünfgang-Getriebes, ihres Gewichts und ihrer Bremsen. Die erste echte Großenduro des Hauses blieb aber nach dem Importstopp 1986 ohne direkten Nachfolger, die Absatzzahlen waren nicht gut genug. Erst mit der leichteren Africa Twin gelang es, den Siegeszug von Yamahas XTZ 750 zu stoppen.

Nachdem sie schon seit 1982 in den USA, etwas später in der Schweiz und Österreich im Handel war, gelangte die VT 750 C zur Saison 1987 endlich auch nach Deutschland. Nun war Honda in dieser Hubraum-Kategorie schon mit der VF 750 C vertreten, doch der halbherzig gemachte Vierzylinder-Chopper fiel beim Publikum durch. Auch der zweizylindrigen VT 750 erging es nicht viel besser, trotz des anerkannt standfesten V2 aus der XLV 750 R. Zu einem Chopper passte die Leistungsentfaltung sehr gut, wobei in Anbetracht des durchzugsstarke Motors das Sechsganggetriebe überflüssig wirkte. Vier Fahrstufen hätten auch genügt. Entsprechend dem großen US-Vorbild geriet das Fahrwerk mit Doppelschleifen-Stahlrohrrahmen, es war bei einem Radstand von 1605 mm ganz auf Geradeauslauf ausgelegt. Das beeinträchtigte natürlich auch das Kurvenverhalten der 256 Kilo schweren Maschine, in enge Biegungen kippte das Vorderrad quasi von selbst hinein. Die 296 mm messende Soloscheibe am Vorderrad genügte choppertypischen Ansprüchen, untypisch bequem fiel dagegen die Sitzposition aus: »Der Fahrer sitzt erster Klasse«, befand die Zeitschrift *PS,* konnte sich aber dennoch nicht so recht für die 10.225 Mark teure VT erwärmen. Immerhin: »Im gebotenen Rahmen lässt sich mit ihr prima auskommen, man darf sie nur nicht überfordern ...« Ihre Nachfolge traten die Shadow-Modelle an, die, ebenso wie die XRV-Nachfolger, die 52-Grad-Twins erhielten.

Honda nahm die VT 750 C zuerst 1987 ins deutsche Verkaufsprogramm, setzte dann aber den Import für zwei Jahre aus und bot sie dann, leicht geändert, zwischen 1989 und 1993 erneut an.

Mit der auf dem Pariser Salon gezeigten XLV 750 R trat Honda 1982 gegen die erfolgreichen BMW-GS-Modelle an. Ohne großen Erfolg allerdings, sie blieb kaum zwei Jahre im Programm. (Fotos unten: Eiche rustikal / cc-by-sa 3.0)

Honda VT 1100 C Shadow (1988–1993)
Honda VT 1100 C2/C3 Aero (1995–2000)

Zum Modelljahr 1988 verließen die ersten VT 1100 C Shadow die Bänder des amerikanischen Zweigwerks. Wie bei allen Honda-Choppern der ersten Generation mit V-Motoren standen die Zylinder im Harley-Winkel von 45 Grad. Die Betätigung der jeweils drei Ventile pro Zylinder erfolgte über je eine obenliegende Nockenwelle und Kipphebel. Für niedrige Inspektionskosten sorgte der hydraulische Ventilspielausgleich. Wie bei der kleineren Shadow hielt Honda durch einen Hubzapfenversatz von 90 Grad auf der einteilig geschmiedeten und gleitgelagerten Kurbelwelle die enormen Massenkräfte in Zaum. Der Doppelrohrrahmen erledigte seine Aufgaben tadellos, zumindest so lange es geradeaus ging. Fahrfertig brachte die

Zum Modelljahr 1995 eingeführt wurde die VT 1100 C2 ACE.

Born in the USA: die VT 1100 C Shadow. Sie kam gleichzeitig mit der VT 600 und wurde im amerikanischen Honda-Werk Marysville/Ohio gebaut.

62 PS starke Shadow rund 260 kg auf die Waage. Knapp ein Jahr lang wurden von der großen Shadow nur noch die Restbestände abverkauft, bevor sie, erheblich modifiziert, Ende 1994 wieder eingeführt wurde. Diese zweifarbige Cruiser-Variante (Verkaufsbezeichnung »C2«) VT unterschied sich von dieser

Jahr	1988–1993	1995–2001
Modell	**VT 1100 C**	**VT 1100 C2 / C3**
Motor		
Hubraum (cm³)	1099	1099
Zylinder	45° V 2	45° V 2
Bohrung x Hub (mm)	87,5 x 91,4	87,5 x 91,4
Arbeitsweise	4-Takt	4-Takt
Steuerung	OHC	OHC
Gemischaufbereitung	2 x Keihin Ø 34,2	2 x Keihin Ø 36
Ventile/Zylinder	3	3
Verdichtung	8,5	8; 8,5
Kühlung	W	W
Leistung (kW (PS) / bei U/min)	49 (67) / 5500	37 (50) / 4500; 42 (57) / 4750
Max. Drehmoment (Nm / bei U/min)	98 / 3000	86 / 93 bei 2500
Batterie	12 V 16 Ah	12 V 16 Ah
Generator (Watt)	329	329
Kraftübertragung		
Anz. Gänge	4	5
Übersetzung	2,375 / 1,500 / 1,077 / 0,800	2,375 / 1,391 / 1,037 / 0,888 / 0,766
Hinterradantrieb	W	W
Endübersetzung	3,091	3,091
Starter	Elektro	Elektro
Fahrwerk		
Rahmen	SDR	SDR
Vorderradfederung	T Ø 41	T Ø 41
Hinterradfederung	S	S
Federweg vorne (mm)	160	150 ; 127
Federweg hinten (mm)	100	100; 95
Vorderradbremse	SB Ø 336	SB Ø 316
Hinterradbremse	TB Ø 180	SB Ø 276
Vorderradreifen	110/90-19	120/90-18; 140/80-17
Hinterradreifen	170/80-15	170/80-15
Allgemeine Daten		
Radstand (mm)	1650	1661; 1680
Maße (Länge, mm)	2450	2440; 2540
Lenkkopfwinkel (Grad)	57	57; 57,7
Nachlauf (mm)	155	155; 144
Gewicht (kg)	265	280; 298
Tankinhalt (l)	13	15; 16
Beschleunigung (s)	5,3	6,8; 7,2
Höchstgeschw. (km/h)	170	165; 160
Preis inkl. MwSt (DM)	14.450,–	20.335–17.645,–

vor allem optisch von der nunmehrigen Basis-Ausführung VT 1100 C. Allerdings fanden sich auch einige tiefgreifende technische Änderungen, darunter eine neue Kurbelwelle mit anderem Hubzapfenversatz sowie Detailarbeit, die Einfluss auf die Leistungsabgabe und den Drehmomentverlauf hatte. Dazu kamen ein neues Fünfganggetriebe und eine nicht länger per Hydraulik zu betätigende Kupplung. Die C3 »Aero« von 1998 baute weitgehend auf demselben Rahmen auf wie die bisherige VT-C, hatte aber einen um 28 mm längeren Radstand, eine andere Auspuffführung, mehr Drehmoment und 18 kg mehr Gewicht. Der Import nach Deutschland endete zum Modelljahr 2001.

Honda VTR 1000 F (1997–2006)
Honda VTR 1000 SP-1 (1998–2006)

Für die VTR 1000 F (»Fire Storm«) entwickelte Honda einen neuen 90-Grad-Twin mit Vierventil-Zylinderköpfen, zwei kettengetriebenen Nockenwellen und Tassenstößeln – einer der besten Landstraßenräuber überhaupt, wunderbar ausgewogen und frei von irgendwelchen Allüren und Alltagsmacken: Vernunft auf Rädern, sofern ein Supersportler vernünftig sein kann, aber mit 240 km/h sauschnell. Die mit zwei ungeregelten Katalysatoren ausgestattete VTR war, anders als die Konkurrenz von Suzuki, ebenso handlich wie fahrstabil, und machte man sich das breite Drehzahlband des 996 Kubikzentimeter großen V2 zunutze, kam vor allem auf kurvenreichen Landstraßen so richtig Freude auf. Wenn es etwas zu bemängeln gab, war es vielleicht die Abwesenheit von Macken, die andernorts als Charakterstärke gelten. Und dann noch, vielleicht, der gesunde Appetit auf schnellen

Die VTR 1000 F kam 1997 nach Europa. Den V2-Sportler gab es zunächst in den Farben Schwarz, Rot und Gelb, ab 1998 dann auch in Silber. Der erste Preis lag bei 18.320 Mark.

Autobahn-Etappen, zu dem der kleine 16-Liter-Tank nicht so recht passen wollte. Den V-Twin hatte Honda gebaut, um damit endlich Ducati im Rennsport Paroli bieten zu können. Die Zivilausführung hat man versicherungskonform auf 98 PS gedrosselt, die stärker Supersport-orientierte SP-1 entwickelte 136 PS und diente als Basismaschine für die Superbike-WM 2000. Beim Motor handelte es sich im Grunde genommen um eine Neukonstruktion, neu war auch der Alu-Brückenrahmen.

1997 brachten Suzuki wies auch Honda V2-Supersportler nach Ducati-Strickmuster. Doch nur die VTR 1000 F war von Anfang an ausgereift.

Der 90-Grad-V2 der Firestorm saß mittragend im Leichtmetall-Brückenrahmen. Die Leichtmetallschwinge war direkt im Motorgehäuse gelagert, was Gewicht sparte – besonders wichtig bei der SP-1.

Jahr	1997–2006	2000–2001
Modell	VTR 1000 F Firestorm	VTR 1000 SP-1
Motor		
Hubraum (cm³)	996	999
Zylinder	90° V2	90° V2
Bohrung x Hub (mm)	98 x 66	100 x 63,6
Arbeitsweise	4-Takt	4-Takt
Steuerung	DOHC	DOHC
Gemischaufbereitung	2 x Keihin Ø 48	PGM-FI Ø 54
Ventile/Zylinder	4	4
Verdichtung	9,4	12,7
Kühlung	W	W
Leistung (kW (PS) / bei U/min)	81 (110) / 9000	98 (132) / 9500
Max. Drehmoment (Nm / bei U/min)	96 / 7000	102 / 8500
Batterie	12 V 10 Ah	12 V 10 Ah
Generator (Watt)	280	280
Kraftübertragung		
Anz. Gänge	6	6
Übersetzung	2,733 / 1,812 / 1,428 / 1,206 / 1,080 / 0,961	2,063 / 1,632 / 1,368 / 1,273 / 1,154 / 1,074
Hinterradantrieb	K	K
Endübersetzung	2,562	2,412
Starter	Elektro	Elektro
Fahrwerk		
Rahmen	LKR	LKR
Vorderradfederung	T Ø 41	USD Ø 43
Hinterradfederung	ZF	ZF
Federweg vorne (mm)	109	130
Federweg hinten (mm)	124	120
Vorderradbremse	DSB Ø 296	DSB Ø 320
Hinterradbremse	SB Ø 220	SB Ø 196
Vorderradreifen	120/70-17	120/70-17
Hinterradreifen	180/55-17	190/50-17
Allgemeine Daten		
Radstand (mm)	1430	1414
Maße (Länge, mm)	2050	2021
Lenkkopfwinkel (Grad)	65,5	66,5
Nachlauf (mm)	97	101
Gewicht (kg)	205	223
Tankinhalt (l)	16	24
Beschleunigung (s)	3,2	3,1
Höchstgeschw. (km/h)	248	269
Preis inkl. MwSt (DM)	17.990,–	26.460,–

Honda XL 1000 V Varadero (1998-2002)

Die zur Intermot 1998 in München vorgestellte Varadro schlug ein neues Kapitel in der Honda-Geschichte auf: Noch nie gab sich eine Enduro handzahmer, oder, umgekehrt, noch kein Straßenmotorrad wilder als dieses fast 280 kg schwere Dickschiff. Der mit andern Vergasern und vergrößerter Schwungmasse versehene V2-Motor stammte aus der VTR 1000 F und leistete 95 PS. Die komfortable, schnelle Reiseenduro wies Features auf wie die Dreispeichen-Gussräder oder das Bremssystem Dual-CBS, die eher zu Straßenmaschinen passten, und nicht zu Geländemotorrädern; die Motorschutzplatte diente eher zu Alibizwecken. Tadellos, wie gewohnt, Funktionalität und Ausstattung, was sich in einer großen Sitzbank sowie einer Verkleidung mit ausgeprägtem Windschutz dokumentierte. Die Sitzhöhe machte es aber weniger groß geratenen Käufern schwer, in den Sattel zu gelangen. Und der Spritverbrauch war hoch.

Die erste Varadero-Generation trug die Typkennung SD01. Der hochbeinige Reisedampfer wog im vollen Ornat nahezu 280 kg.

Bis 2002 war die XL 1000 V mit Vergasern bestückt; mit der Verlegung der Produktion nach Spanien erfolgte die Umstellung auf Einspritzung.

Jahr	1998–2002
Modell	Honda XL 1000 V Varadero
Motor	
Hubraum (cm³)	996
Zylinder	90° V 2
Bohrung x Hub (mm)	98 x 66
Arbeitsweise	4-Takt
Steuerung	DOHC
Gemischaufbereitung	2 x Keihin Ø 42
Ventile/Zylinder	4
Verdichtung	9
Kühlung	W
Leistung (kW (PS) / bei U/min)	70 (95) / 8000
Max. Drehmoment (Nm / bei U/min)	99 / 6000
Batterie	12 V 12 Ah
Generator (Watt)	300
Kraftübertragung	
Anz. Gänge	5
Übersetzung	2,571 / 1,706 / 1,318 / 1,111 / 0,962
Hinterradantrieb	K
Endübersetzung	2,938
Starter	Elektro
Fahrwerk	
Rahmen	SDR
Vorderradfederung	T Ø 43
Hinterradfederung	Pro-Link
Federweg vorne (mm)	175
Federweg hinten (mm)	155
Vorderradbremse	DSB Ø 296
Hinterradbremse	SB Ø 256
Vorderradreifen	110/80-19
Hinterradreifen	150/70-17
Allgemeine Daten	
Radstand (mm)	1560
Maße (Länge, mm)	2295
Lenkkopfwinkel (Grad)	62,5
Nachlauf (mm)	110
Gewicht (kg)	276
Tankinhalt (l)	25
Beschleunigung (s)	4,7
Höchstgeschw. (km/h)	204
Preis inkl. MwSt (DM)	18.490,–
	Dual-CBS v./h.

7 Honda V4

Honda VF 750 S / C / F (1982–1986)

Honda präsentierte zur Saison 1982 mit der VF 750 S den CB 750-Nachfolger mit V4-Motor. Die neu entwickelte Antriebsquelle war wassergekühlt und quer eingebaut; ihre beiden Zylinderpaare standen – erstmals bei einer Serien-Honda – im Winkel von 90 Grad zueinander. Das Herzstück des Fahrwerkes bildete der Doppelschleifenrahmen aus Stahl mit runden Rohrquerschnitten und abschraubbarem rechten Unterzug. Im Fahrbetrieb benahm sich die sehr weich abgestimmte Honda betont komfortabel, Schlaglöcher und Bodenwellen verarbeitete das Chassis ordentlich. Das lasche Federbein allerdings war kein Freund schneller Autobahnkurven und brachte die Fuhre ordentlich ins Schlingern. Ein echtes Sportmotorrad war die VF also nicht, aber ein gutes Langstrecken-Motorrad. Vielleicht ein wenig unbequem auf Dauer und auch nur für eher leidensfähige Beifahrer geeignet, doch der durchzugsstarke Motor überzeugte. Blöd nur, dass beim Dauertest der Zeitschrift *Motorrad* das Rahmenheck abbrach; ob das ein Sturzschaden war oder ob die vier Rohre einfach unterdimensioniert waren, ließ sich nicht klären, schmälerte aber auf jeden Fall die Begeisterung. Und dann war da noch die Sache mit den Schäden an Nockenwellen und Schlepphebeln bei den ersten Motoren. Honda gab sich zwar kulant und hat sie meist auf Garantie ersetzt (sofern die Ersatzteile rechtzeitig eintrafen, was ja nun auch nicht immer Fall war), doch ganz ausmerzen konnte sie Honda nie. Auch die VF 750 F vermochte nur wenig zur Wiedergutmachung beizutragen.

Die VF 750 F machte die Schwächen der VF-S vergessen. Zur IFMA 1982 gezeigt, wurde sie zum Motorrad des Jahres 1982 gewählt.

Die war wegen der sich abzeichnenden Änderung des Endurance-Reglements 1982 entstanden. Basis bildete der modifizierte V4 mit kompakterem Motorgehäuse, leicht nach oben gekipptem vorderen Zylinderpaar und anderen Nockenwellen. Mit 216 km/h war die VF 750 F die schnellste 750er der frühen Achtziger, und auch das neue Fahrwerk mit vorderem 16-Zöller und Doppelschleifenrahmen aus Vierkant-Stahlrohr weckten große Erwartungen. In Vergleichstests schnitt die

Die VF 750 C feierte ihre Premiere auf dem Pariser Salon 1981. In den USA wurde sie als »V45 Magna« verkauft.

Die V4-Motoren (hier in der VF 750 S, daneben eine CB 750 Four) überzeugten anfangs ebenso wenig wie die Fahrwerke der neuen Kardan-Modelle.

VF 750 F indes immer nur mittelmäßig ab, außerdem traten anfangs Nockenwellenschäden auf. Honda reagierte im Rahmen einer groß angelegten Umrüstaktion, die nicht nur die VF 750 F, sondern auch die Modelle VF 1000 F und VF 1000 R betraf; ein ovaler weißer Aufkleber auf der oberen Gabelbrücke kennzeichnete damals die so umgerüsteten Motorräder. Doch der Ruf war ramponiert, auch die Einführung der Zweijahres-Garantie für Maschinen mit mehr als 400 Kubikzentimetern Hubraum konnte da nichts mehr retten.

Jahr	1982–1984	1983–1986
Modell	**VF 750 S / C**	**VF 750 F**
Motor		
Hubraum (cm³)	748	748
Zylinder	90° V 4	90° V 4
Bohrung x Hub (mm)	70 x 48,6	70 x 48,6
Arbeitsweise	4-Takt	4-Takt
Steuerung	DOHC	DOHC
Gemischaufbereitung	4 x Keihin Ø 32	4 x Keihin Ø 32
Ventile/Zylinder	4	4
Verdichtung	10,5	10,5
Kühlung	W	W
Leistung (kW (PS) / bei U/min)	60 (82) / 9500	66 (90) / 10.000
Max. Drehmoment (Nm / bei U/min)	66 / 7500	73 / 7500
Batterie	12 V 14 Ah	12 V 14 Ah
Generator (Watt)	350	350
Kraftübertragung		
Anz. Gänge	6	5
Übersetzung	2,294 / 1,619 / 1,291 / 1,074 / 0,896 / 0,750	2,733 / 1,894 / 1,500 / 1,240 / 1,037
Hinterradantrieb	W	K
Endübersetzung	3,400 / 3,181	2,588
Starter	Elektro	Elektro
Fahrwerk		
Rahmen	SDR	SKR
Vorderradfederung	T Ø 36 / 37	T Ø 39
Hinterradfederung	ZF	ZF
Federweg vorne (mm)	140	160
Federweg hinten (mm)	100	120
Vorderradbremse	DSB Ø 245	DSB Ø 275
Hinterradbremse	TB Ø 160	SB Ø 220
Vorderradreifen	110/90-18	120/80-16
Hinterradreifen	130/90-17	130/80-18
Allgemeine Daten		
Radstand (mm)	1560 / 1540	1495
Maße (Länge, mm)	2280 / 2220	2245
Lenkkopfwinkel (Grad)	60,5 / 60	61,8
Nachlauf (mm)	117 / 105	96
Gewicht (kg)	246 / 240	253
Tankinhalt (l)	17,5 / 140	22
Beschleunigung (s)	4,0 / 4,5	4,7
Höchstgeschw. (km/h)	202 / 187	215
Preis inkl. MwSt (DM)	9173,–	10.107–10.518,–

Glücklos agierte auch die VF 750 C – die in den USA als Magna lief – auf dem deutschen Markt. Das Testfazit im Frühjahr 1982 fiel zwiespältig aus: »Die VF entpuppt sich als Zwitter. Was Ausstattung und Optik versprechen, halten Motor und Fahrwerk nicht.«

Honda VF 500 F / FII (1984–1987)

Wer eine wirklich sportliche V4-Honda suchte, musste zur 500er und nicht zur 750er greifen: Halbschalenverkleidung, Motorspoiler, Vierkantrohrrahmen und letztlich der wassergekühlte V4-Motor stempelten die VF 500 zur kleinen, aber noch sportlicheren Schwester der VF 750 F. Nur 201 Kilogramm brachte die 1984 präsentierte 500er vollgetankt auf die Waage, und von den versprochenen 70 PS Spitzenleistung versammelten sich bei der ersten Motorrad-Leistungsmessung immerhin echte 67 auf dem Prüfstand. Konstruktiv war der V4 eng mit

Eine Vollverkleidung machte aus der VF 500 F die VF 500 FII. Dadurch stieg die Höchstgeschwindigkeit auf 205 km/h.

Die Honda-Rennabteilung HRC bot einen Rennkit für die 500er-Viertakt-Klasse an. Helmut Bradl fuhr so eine.

der VF 750 F (US-Bezeichnung »Interceptor«) verwandt, drehte aber gut 2000/min höher als jener der VF 750 F und erhielt daher ein Sechsgang-Getriebe.

Im Fahrbetrieb wusste die mit 202 km/h gestoppte VF 500 ihren Renncharakter aber trefflich zu kaschieren, denn bereits ab 2000/min hing der ultrakurzhubige V4 willig am Gas und ermöglichte lochfreies Beschleunigen. Den richtigen Biss entwickelte der wassergekühlte Motor aber erst bei fünfstelligen Drehzahlen. Das sah auch Honda selbst ein und wertete die VF 500 mittels supersportlicher Vollverkleidung zur VF 500 FII auf. Dadurch stieg nicht nur der Image-Faktor, sondern auch die Höchstgeschwindigkeit auf enorme 205 km/h. Doch wie bei der VF 750 F und den 1000er-Modellen gab es Motorprobleme. Daher kam es für das Modelljahr 1985 zu zahlreichen technischen Änderungen. Im Rennsport aber heimste die VF 500 F Lorbeer ein, denn mit dem Kit der Honda-Rennabteilung HRC bestückt bot sie erstklassige Voraussetzungen für Siege in der 500er-Viertakt-Klasse. Einer der berühmtesten Fahrer: Helmut Bradl, der spätere 250er Grand-Prix-Pilot.

Jahr	1984–1986	1984–1987
Modell	**VF 500 F**	**VF 500 F2**
Motor		
Hubraum (cm³)	497	497
Zylinder	90° V 4	90° V 4
Bohrung x Hub (mm)	60 x 44	60 x 44
Arbeitsweise	4-Takt	4-Takt
Steuerung	DOHC	DOHC
Gemischaufbereitung	4 x Keihin Ø 29	4 x Keihin Ø 29
Ventile/Zylinder	4	4
Verdichtung	11	11
Kühlung	W	W
Leistung (kW (PS) / bei U/min)	52 (70) / 11.500	52 (70) / 11.500
Max. Drehmoment (Nm / bei U/min)	43 / 10.500	43 / 10.500
Batterie	12 V 12 Ah	12 V 12 Ah
Generator (Watt)	260	260
Kraftübertragung		
Anz. Gänge	6	6
Übersetzung	3,308 / 2,733 / 1,882 / 1,500 / 1,240 / 1,037	3,308 / 2,733 / 1,882 / 1,500 / 1,240 / 1,037
Hinterradantrieb	K	K
Endübersetzung	2,866	2,866
Starter	Elektro	Elektro
Fahrwerk		
Rahmen	SKR	SKR
Vorderradfederung	T Ø 37	T Ø 37
Hinterradfederung	ZF	ZF
Federweg vorne (mm)	140	140
Federweg hinten (mm)	115	115
Vorderradbremse	DSB Ø 256	DSB Ø 256
Hinterradbremse	SB Ø 256	SB Ø 256
Vorderradreifen	100/90-16	100/90-16
Hinterradreifen	110/90-18	110/90-18
Allgemeine Daten		
Radstand (mm)	1420	1420
Maße (Länge, mm)	2115	2115
Lenkkopfwinkel (Grad)	63	63
Nachlauf (mm)	101	101
Gewicht (kg)	202	203
Tankinhalt (l)	16,5	16,5
Beschleunigung (s)	4,8	4,6
Höchstgeschw. (km/h)	202	205
Preis inkl. MwSt (DM)	8578–9003,–	9618–9933,–

Honda VFR 750 F (1986–1997)
Honda VFR 800 (1997–2001)

Die V4-Motoren der Folgegeneration von 1986 hatten zwar noch 90-Grad-Winkel und Wasserkühlung, aber damit erschöpften sich auch schon so ziemlich die Gemeinsamkeiten: Hubzapfenversatz 180 Grad, Nockenwellenantrieb per Zahnrad, Doppelölpumpe und neue Zylinderköpfe – ein radikaler Umbruch, der die unrühmliche erste V4-Generation vergessen machen sollte. Als erste Vertreterin der neuen Familie wurde die VFR 750 F (RC 24) eingeführt, und die machte vieles anders und alles besser als die erste V4. Der Rahmen als Aluminium-Brückenkonstruktion aus Strangpressprofilen umschloss den neuen Motor; Steuerkopf und Motoraufnahmen bestanden aus Leichtmetall. Jahrelang gewann dieser wunderbare 100-PS-Allrounder jeden Vergleichstest, zumal konstante Modellpflege die Konkurrenz auf Abstand hielt. So wertete Honda den '88er-Jahrgang mit einer stärkeren Gabel, größeren Bremsen und 17-Zoll-Rädern vorn wie hinten

Die erste mit Alu-Rahmen: Hondas VFR 750 F von 1986 gehörte zu den Meilensteinen im Motorradbau jenes Jahrzehnts. Ein durch und durch gutes Motorrad mit exzellenten Allround-Qualitäten.

Mit ihrem durchzugsstarken Motor und dem überragenden Fahrverhalten meisterte die VFR 750 F im Straßenbetrieb alle Herausforderungen. Für nicht wenige gilt sie bis heute als eines der besten jemals gebauten Straßenmotorräder. Im Bild eine VFR III, gebaut zwischen 1994 und 1997.

auf. Auf die hin und wieder geäußerte Kritik am spärlichen Windschutz reagierte Honda mit einer höheren und zudem einstellbaren Verkleidungsscheibe.

Im Herbst 1989 präsentierte Honda in Misano die zweite VFR 750 F, Typenbezeichnung RC 36. Diese wirkte nun deutlich sportlicher und einen Hauch aggressiver als die Vorgängerin. Dank umfangreicher Feinarbeiten saß der Motor tiefer im Rahmen, was den Schwerpunkt nach unten rückte und ihr zu noch besseren Handling-Eigenschaften verhalf. Der nun verwendete Leichtmetall-Brückenrahmen orientierte sich mit den fünf- anstatt viereckigen Strangpressprofil-Trägern am Chassis der RC 30 und gewann dadurch an Torsionsstabilität. Zur Saison 1994 überarbeitete Honda die VFR 750 F in über 500 Details, erkennbar an den schräg geschnittenen Scheinwerfern. Mit knapp 230 kg unterbot sie jetzt so manchen Supersportler: »Es gibt kaum bessere Motorräder, nur extremere«, schrieb ein Tester und brachte den Charakter der RC 36 damit auf den Punkt. 1998 von der komplett neuen 800er abgelöst, bildete die VFR eine feste Konstante im Motorradmarkt der Neunziger.

Zum Jubiläum 1998 legte Honda die VFR 800 (RC46) auf, anfangs in Sonderlackierung. Im Grunde genommen handelte es sich um ein völlig neues Motorrad mit den bewährten Tugenden. Der Allrounder kostete mit 19.685 Mark 490 Mark mehr als die letzte VFR 750.

Die VFR 800 bildete den vorläufigen Höhepunkt in der Entwicklung der wassergekühlten Vierzylinder-V-Motoren. Im Gegensatz zur optisch sehr ähnlichen RC 36 basierte das Triebwerk aber nun nicht mehr auf dem in seinen Grundzügen bereits 1983 entworfenen Motorgehäuse, sondern trug ein modifiziertes RC-45-Aggregat mit 781 cm³ Hubraum und geregeltem Abgaskatalysator. Die 106 PS, die das überdies mit zahmeren Steuerzeiten modifizierte Triebwerk bei 10.500/min produzierte, reichten immerhin für 235 km/h Höchstgeschwindigkeit, und die Leistungsabgabe war so, wie von Hondas V4-Motoren seit jeher gewohnt. Kraft und Durchzug gab's bereits in niedrigen Drehzahlen, ohne jedoch den richtigen Punch in höheren Regionen missen zu lassen. Auch das stabile Fahrwerk der vollgetankt 237 Kilogramm schweren 800er bot einen idealen Kompromiss zwischen Sportlichkeit und Komfort.

Jahr	1986–1987	1988–1989	1990–1993	1994–1996	1997–2001
Modell	**VFR 750 F**	**VFR 750 F**	**VFR 750 F**	**VFR 750 F**	**VFR 800**
Motor					
Hubraum (cm³)	748	748	748	748	781
Zylinder	90° V 4	90° V 4	90° V 4	90° V 4	90° V 4
Bohrung x Hub (mm)	70 x 48,6	70 x 48,6	70 x 48,6	70 x 48,6	72 x 48
Arbeitsweise	4-Takt	4-Takt	4-Takt	4-Takt	4-Takt
Steuerung	DOHC	DOHC	DOHC	DOHC	DOHC
Gemischaufbereitung	4 x Keihin Ø 31,6	4 x Keihin Ø 34	4 x Keihin Ø 34	4 x Keihin Ø 34	Einspritzung PGM-FI Ø 36
Ventile/Zylinder	4	4	4	4	4
Verdichtung	10,5	11,0	11,0	11,0	11,6
Kühlung	W	W	W	W	W
Leistung (kW (PS) / bei U/min)	74 (100) / 10.500	74 (100) / 10.500	74 (100) / 10.000	74 (100) / 10.000	72 (98) / 10.500
Max. Drehmoment (Nm / bei U/min)	70,5 / 8500	74 / 9000	73 / 9500	73 / 9500	75 / 8500
Batterie	12 V 12 Ah	12 V 12 Ah	12 V 10 Ah	12 V 10 Ah	12 V 10 Ah
Generator (Watt)	350	335	375	375	470
Kraftübertragung					
Anz. Gänge	6	6	6	6	6
Übersetzung	2,846 / 2,063 / 1,632 / 1,333 / 1,154 / 1,036	2,846 / 2,063 / 1,632 / 1,333 / 1,154 / 1,036	2,846 / 2,063 / 1,632 / 1,333 / 1,154 / 1,036	2,846 / 2,062 / 1,631 / 1,333 / 1,153 / 1,035	2,846 / 2,062 / 1,578 / 1,291 / 1,111 / 0,965
Hinterradantrieb	K	K	K	K	K
Endübersetzung	2,81	2,81	2,69	2,69	2,69
Starter	Elektro	Elektro	Elektro	Elektro	Elektro
Fahrwerk					
Rahmen	LKR	LKR	LKR	LKR	LKR
Vorderradfederung	T Ø 37	T Ø 41	T Ø 41	T Ø 41	T Ø 41
Hinterradfederung	ES	ES	ES	ES	ES
Federweg vorne (mm)	140	140	140	130	120
Federweg hinten (mm)	105	105	130	130	120
Vorderradbremse	DSB Ø 276	DSB Ø 296	DSB Ø 296	DSB Ø 296	DSB Ø 296
Hinterradbremse	SB Ø 256	SB Ø 256	SB Ø 256	SB Ø 256	SB Ø 256
Vorderradreifen	110/90-16	110/80-17	120/70-17	120/70-17	120/70-17
Hinterradreifen	130/80-18	140/80-17	170/60-17	170/60-17	180/55-17
Allgemeine Daten					
Radstand (mm)	1480	1480	1470	1470	1440
Maße (Länge, mm)	2175	2175	2180	2200	2095
Lenkkopfwinkel (Grad)	62,5	62,6	64	64	64,5
Nachlauf (mm)	108	108	100	99	95
Gewicht (kg)	222	226	244	244	237
Tankinhalt (l)	20	20	19	21	21
Beschleunigung (s)	3,6	3,6	3,9	3,8	3,3
Höchstgeschw. (km/h)	233	236	230	233	239
Preis inkl. MwSt (DM)	12.243–12.750,–	14.550,–	15.570–16.750,–	18.795–19.195,–	20.195,–
		Neue Verkleidung, Scheibe höhenverstellbar			Mit Kombi-Bremssystem CBS

Honda VF 1000 F / F-II / R (1984–1986)

Die 1984 präsentierte VF 1000 F lehnte sich eng an das Konzept der VF 750 F an, ihre Verwandtschaft reichte bis in die Tiefen des (identischen) Kurbelgehäuses. Entsprechende Ähnlichkeiten gab es auch am Rahmen, dessen linker Unterzug hier noch als Wasserleitung fungierte. Für Europa mit 116 PS und für die USA mit 113 PS homologiert, stieß die knapp 240 km/h schnelle VF 1000 F in kaum gekannte Dimensionen vor. Honda trug den 26 Mehr-PS der VF 1000 F gegenüber der VF 750 F in Form einer stabileren und ebenfalls in der Zugstufendämpfung sowie der Federhärte via Luftpolster einstellbaren Gabel mit 41 statt 39 mm Durchmesser Rechnung. Identisch hingegen waren die Schwinge und das Zentralfederbein. Weitere Unterschiede markierten Räder, Bereifung und Bremsen.

Die VF 1000 F2 trug den Beinamen Bol d'Or und machte der Anlehnung an das Langstrecken-Rennen alle Ehre. Sie war extrem zuverlässig, stark, schnell und damit für lange Strecken wie geschaffen. Die Motor-Technik war bei diesem Modell endlich ausgereift.

1984 knüpfte Honda mit der VF 1000 F nahtlos an das Konzept der VF 750 F an. Fahrwerk, Motor und Design lehnten sich stark an die 750er an. Die Motorcharakteristik war ausgesprochen bullig. Das '85er-Modell der VF 1000 F besaß ein 18-Zoll-Vorderrad, das die Kippel-Neigung gegenüber dem vormals verbauten 16-Zöller deutlich reduzierte.

Die letzte Version der SC 16 von 1986 trug das Rothmans-Design. Der Abverkauf zog sich hierzulande bis 1987 hin, wiewohl der Importeur angeblich lediglich 68 Stück zugeteilt bekommen hatte.

Die VF 1000 R lehnte sich stark an die RS-Rennmaschinen an und besaß wie diese erstmals zahnradgetriebene Nockenwellen. Auch Fahrwerk, Bremsen und Design des offen 122 PS starken Straßen-Renners folgten den Vorbildern aus dem Rennsport.

Das Top-Modell der V4-Reihe hieß VF 1000 R und bot viele Details der HRC-Werks-Rennmaschinen, etwa zahnradgetriebene Nockenwellen. Offen 122 PS bei 10.500/min stark, schaffte die VF eine Spitze von 249 km/h. Fahrwerksseitig setzte Honda bei dieser Renn-Replica auf ein 16-Zoll-Vorderrad, dessen Nachteile wie die Kurven-Kippeligkeit und die Aufstellneigung beim Bremsen bereits von zivileren VF-Modellen bekannt waren. Aufgrund der engen Anlehnung an die VF 1000 F benahm sich die VF 1000 R denn auch nur wenig anders und heimste gerade in diesem Punkt stets Kritik ein. Ansonsten überzeugte das Handling der mit 265 kg recht schweren Honda. Rund ein halbes Jahr nach Einführung der VF 1000 F zur Jahresmitte erschien – vorgestellt auf der IFMA 1984 – mit der F-II eine vollverkleidete und in vielen Punkten verbesserte VF-Variante. Sie hatte einen etwas längeren Radstand und ein 18-Zoll-Vorderrad; die Basis-F zog dann nach.

Jahr	1984–1985	1985–1987	1984–1986	1985–1986
Modell	**VF 1000 F**	**VF 1000 F**	**VF 1000 R**	**VF 1000 F-II**
Motor				
Hubraum (cm³)	998	998	998	998
Zylinder	90° V 4	90° V 4	90° V 4	90° V 4
Bohrung x Hub (mm)	77 x 53,6	77 x 53,6	77 x 53,6	77 x 53,6
Arbeitsweise	4-Takt	4-Takt	4-Takt	4-Takt
Steuerung	DOHC	DOHC	DOHC	DOHC
Gemischaufbereitung	4 x Keihin Ø 36	4 x Keihin Ø 31,5	4 x Keihin Ø 30	4 x Keihin Ø 36
Ventile/Zylinder	4	4	4	4
Verdichtung	11	11,0	11,0	10,5
Kühlung	W	W	W	W
Leistung (kW (PS) / bei U/min)	74 (100) / 9500	74 (100) / 9500	74 (100) / 9000	74 (100) / 9500
Max. Drehmoment (Nm / bei U/min)	83 / 7500	83 / 7500	84 / 7500	83 / 7500
Batterie	12 V 16 Ah	12 V 16 Ah	12 V 16 Ah	12 V 16 Ah
Generator (Watt)	350	350	350	360
Kraftübertragung				
Anz. Gänge	5	5	5	5
Übersetzung	2,733 / 1,894 / 1,500 / 1,240 / 1,037	2,733 / 1,894 / 1,500 / 1,240 / 1,037	2,733 / 1,882 / 1,500 / 1,240 / 1,037	2,733 / 1,894 / 1,500 / 1,240 / 1,037
Hinterradantrieb	K	K	K	K
Endübersetzung	2,529	2,529	2,529	2,529
Starter	Elektro	Elektro	Elektro	Elektro
Fahrwerk				
Rahmen	SDR	SDR	SDR	SDR
Vorderradfederung	T Ø 41	T Ø 41	T Ø 41	T Ø 41
Hinterradfederung	Pro-Link	ZF	ZF	ZF
Federweg vorne (mm)	155	140	155	145
Federweg hinten (mm)	123	120	120	120
Vorderradbremse	DSB Ø 276	DSB Ø 276	DSB Ø 276	DSB Ø 276
Hinterradbremse	SB Ø 276	SB Ø 276	SB Ø 220	SB Ø 276
Vorderradreifen	120/80-16	100/90-18	120/80-16	100/90-18
Hinterradreifen	140/80-17	140/80-17	140/80-17	140/80-17
Allgemeine Daten				
Radstand (mm)	1505	1550	1505	1549
Maße (Länge, mm)	2210	2260	2180	2270
Lenkkopfwinkel (Grad)	62	61	60,5	60,9
Nachlauf (mm)	98	116	98	114
Gewicht (kg)	259	272	265	277
Tankinhalt (l)	23	23	25	23
Beschleunigung (s)	3,6	3,6	3,5	3,6
Höchstgeschw. (km/h)	235	225	240	232
Preis inkl. MwSt (DM)	12.918–13.658,–	13.243–13.653,–	18.748,–	12.943–14.673,–
			1985 geändertes Drehmoment: 84 Nm/ 4500	Vollverkleidung, geänderte Primärübersetzung, 18-Zoll-Rad vorne

Honda VF 750 C (1993–2000)
Honda VF 1100 C (1984–1986)

Der eher touristisch angehauchten VF 750 S (RC 07, US-Verkaufsbezeichnung »Sabre«) stellte Honda auch eine entsprechende Chopper-Variante zur Seite, dann aber mit Stereo-Federbeinen hinten und ohne Anti-Dive-Gabel – gut so, die frühen Systeme dieser Art waren allesamt nicht sonderlich brauchbar. Nach heutigen Maßstäben war die VF 750 C (»Magna«) eher ein Cruiser, und ihr flüssiggekühlter, drehzahlgieriger 82-PS-V4 passte nun so überhaupt nicht zum Thema.

Das hinderte die Deutsche Honda in Offenbach allerdings nicht daran, auch damit ihr Glück zu versuchen. In der Liste stand die VF-C mit rund 9200 Mark, doch keiner dürfte den vollen Preis bezahlt haben, denn wegen dieser Maschine verirrte sich kaum ein Käufer in die Showrooms. Im Grunde genommen wurde der Dreiviertelliter-Chopper nur 1983 ver-

Die VF 750 C war eigentlich für den amerikanischen Markt gedacht, wurde aber auch in Deutschland angeboten. Die V45 Magna, wie sie in den USA hieß, besaß den Motor der VF 750 S und wie diese einen Kardanantrieb.

Die VF 750 C knüpfte an bisherige Choppermodelle von Honda an, besaß aber einen neuen Motor auf Basis der VFR 750 F (RC 36). Mit 88 PS bot er neben gutem Durchzug auch genügend Leistung für schnelleres Fahren.

Mit knapp 1100 Kubikzentimetern Hubraum war die VF 1100 C die hubraumstärkste V4-Honda mit quer liegender Kurbelwelle. Gewaltige 120 PS in der ungedrosselten Version brachten das Fahrwerk an seine Grenzen.

kauft, Restbestände fanden sich aber bis Mitte der Achtziger noch beim Händler.

Zehn Jahre später hatte sich das Bild geändert, Power-Cruiser kamen auch in Europa in Mode. Dem trugen die Verantwortlichen für die Saison 1993 mit einem neuen Modell namens VF 750 C Rechnung. Zwar wurde dieser Name von dem Modell, wie es 1982 erschienen war, übernommen, doch technisch verband die beiden Maschinen nur das Bauprinzip des Motors. Wieder kam ein V4 mit 90 Grad Zylinderwinkel zum Einsatz, er entsprach weitgehend dem aus der RC 36 bekannten Aggregat. Optisch verfolgte die neue VF 750 C das Konzept des Cruisers, entsprechend verfügte der neue Chopper über eine langgestreckte Design-Linie und mit 1655 mm über einen ausgeprägt langen Radstand. Wie die letzte Variante der Ur-VF 750 C, die in den USA auf den Beinamen »Magna« hörte, entließ auch diese neue VF-C das Abgas über eine tief verlegte 4-in-4-Anlage ins Freie.

Mit der VF 1100 C hingegen gab es kein Wiedersehen in den Neunzigern. Diesen hubraumstärksten Vertreter der V4-Familie mit 1098 cm³ Hubvolumen bot Honda im Deutschland der Achtziger lediglich im Chopper-Trimm an, vielleicht hatte man ein Muscle-Bike im Stile der Yamaha Vmax anbieten wollen. Während man sich an die Yamaha aber bis heute erinnert, ist die VF vergessen. Zu Recht. Soweit es die Fahrstabilität betraf, kämpfte die stärkere und deutlich schwerere VF 1100 C mit noch mehr Problemen als die VF 750 C. Vor allem im Bereich der Höchstgeschwindigkeit leitete der Fahrer über den breiten, übrigens in zwei Ebenen einstellbaren Hochlenker merklich Unruhe ins Chassis ein, Chopper-Fahrer, die das volle Potential der Elfhunderter ausschöpfen wollten, hatten reichlich zu tun. Zweifelsohne waren Geradeausfahren und Ampelsprints Domäne der großen VF, Alltag, Stadtverkehr und Kurven eher nicht.

Jahr	1982–1983	1993–2000	1984–1986
Modell	VF 750 C	VF 750 C	VF 1100 C
Motor			
Hubraum (cm³)	748	748	1098
Zylinder	90° V 4	90° V 4	90° V 4
Bohrung x Hub (mm)	70 x 48,6	70 x 48,6	79,5 x 53,6
Arbeitsweise	4-Takt	4-Takt	4-Takt
Steuerung	DOHC	DOHC	DOHC
Gemischaufbereitung	4 x Keihin Ø 36	4 x Keihin Ø 34	4 x Keihin Ø 36
Ventile/Zylinder	4	4	4
Verdichtung	10,5	10,8	10,5
Kühlung	W	W	W
Leistung (kW (PS) / bei U/min)	60 (82) / 9500	64 (87) / 9000, auch 37 (50) / 8750, auch 25 (34) / 6250	74 (100) / 8500
Max. Drehmoment (Nm / bei U/min)	66 / 7500	70 / 7250, auch 58 / 4500, auch 53 / 2750	90 / 7000
Batterie	12 V 16 Ah	12 V 10 Ah	12 V 18 Ah
Generator (Watt)	340	340	300
Kraftübertragung			
Anz. Gänge	6	5	6
Übersetzung	2,294 / 1,619 / 1,292 / 1,074 / 0,896 / 0,750	2,846 / 1,882 / 1,450 / 1,227 / 1,036	2,294 / 1,619 / 1,292 / 1,074 / 0,897 / 0,750
Hinterradantrieb	W	K	W
Endübersetzung	3,400	2,500	3,182
Starter	Elektro	Elektro	Elektro
Fahrwerk			
Rahmen	SDR	SDR	SDR
Vorderradfederung	T Ø 37	T Ø 41	T Ø 41
Hinterradfederung	S	S	S
Federweg vorne (mm)	140	150	150
Federweg hinten (mm)	100	100	105
Vorderradbremse	DSB Ø 276	SB Ø 316	DSB Ø 270
Hinterradbremse	TB Ø 200	TB Ø 180	SB Ø 282
Vorderradreifen	110/90-18	120/80-17	110/90-18
Hinterradreifen	130/90-16	150/80-15	140/90-16
Allgemeine Daten			
Radstand (mm)	1540	1660	1595
Maße (Länge, mm)	2270	2365	2280
Lenkkopfwinkel (Grad)	58	58	59,7
Nachlauf (mm)	139	137	105
Gewicht (kg)	240	247	268
Tankinhalt (l)	14	13	17
Beschleunigung (s)	4,5	4,2	4,1
Höchstgeschw. (km/h)	187	203	193
Preis inkl. MwSt (DM)	9173–10.123,–	16.555,–	13.203,–

Honda VFR 750 R (1988–1992)
Honda VFR 400 R (1992–1993)
Honda RVF 750-RC 45 (1994–1997)

Honda schuf mit der Ende 1987 vorgestellten VFR 750 R (RC 30) eine Supersport-750er nach Vorbild der RVF-Werksrenner aus der Endurance-WM. Für den Einsatz im neuen Basis-Gerät für den Superbike-Sport war der V4 auf 112 PS erstarkt und völlig überarbeitet worden. Schon von außen an den wesentlich kompakteren Zylinderköpfe erkenntlich, hatte der RC 30-V4 bis auf den Zylinderwinkel von 90 Grad und dem Ventilwinkel von 38 Grad kaum mehr etwas mit den bisherigen V4-Triebwerken zu tun, auch wenn das Bohrung-Hub-Verhältnis von 70 zu 48,6 Millimetern blieb. Doch schon die Kurbelwelle war anders. Zur Leistungssteigerung gegenüber dem mit 10,5:1 verdichteten RC 24-Motor trugen auch vergrößerte Ein- und Auslassventilteller, dickere Ventilschäfte und größere Vergaser-Querschnitte bei. Um bei Rennveranstaltungen rasch die Düsennadeln wechseln zu können, waren die Membrandeckel bei der RC 30 mit je einer abschraubbaren Kappe ver-

Hondas VFR 400 R lehnte sich mit der Einarmschwinge, dem Alu-Rahmen und dem aufwendigen V4-Triebwerk stark an die RVF-Rennmaschinen aus der Endurance-WM an. Sportbegeisterten TT-F3-Piloten stellte HRC einen umfangreichen Tuning-Kit zur Verfügung.

Die VFR 750 R (RC 30) war von Honda als reinrassige Basis-Rennmaschine für den Superbike-Sport konzipiert worden. Im Renngeschehen kam sie 1988 und 1989 auch prompt zu Weltmeisterehren.

sehen, die den heiklen Ein- und Ausbau der Membrane erübrigte. Um die Reibung zu reduzieren, verpassten die Entwickler den Kolben nur noch einen Kompressions- und einen Ölabstreifring. Dadurch verringerte sich die Bauhöhe und mithin das Gewicht der ab dem Ölabstreifring mit Teflon-Molybdän beschichteten Kolben. Wie bei hochkarätigen Rennmotoren bestanden die Pleuel aus Recycling-Titan, sonst verwendet im Flugzeugbau.

Nach dem Vorbild der RC 30 schuf Honda die VFR 400 R (NC 30), die ursprünglich nur für den japanischen Markt gedacht war. Ganz wie das große Vorbild RC 30 verfügte sie über einen Aluminium-Brückenrahmen mit seitlichen Hauptträgern aus Strangpressprofilen, auch die Einarmschwinge mit Zentralmutter zur Hinterradbefestigung und eine ganz eng an das große Vorbild angelehnte Optik waren mit an Bord: Auf den ersten Blick ließ sich diese 400er kaum von der RC 30 unterscheiden. Im Fahrbetrieb gefiel die VFR 400 R insbesondere durch ihr spielerisches Handling; mit 193 Kilogramm Gewicht in vollgetanktem Zustand geriet sie reichlich zehn Kilogramm leichter als die fast doppelt so starke 750er.

Die Nachfolgerin der RC 30 hieß RVF 750-RC 45. Mit 72 mm Bohrung und 46 mm Hub legte Honda das neue Triebwerk deutlich kurzhubiger als zuvor aus und versah es mit einer Einspritzanlage. Dank dieser brillierte der V4 durch feinste Manieren. Bereits bei 3000/min stand genügend Kraft zur Verfügung, und in der Region zwischen 6000 und 12.000/min offerierte der auf 11,5:1 verdichtete Motor schlicht das Beste, was in der 750er-Klasse in puncto Leistungsabgabe geboten wurde. Zusammen mit dem vorzüglich zu schaltenden Sechsganggetriebe mit sehr langem erstem Gang bot die RVF 750-RC 45 viel Kraft und nur wenig Vibrationen im mittleren Drehzahlbereich. Auch die vielfältig einstellbare Upside-Down-Gabel von Showa und das ebenso voll einstellbare Zentralfederbein überzeugten, lediglich an den Bremsen schieden sich die Geister: Die Nissin-Doppelscheibe stammte aus der CB 900 RR, für fast 44.000 Mark hätte man Edleres erwartet.

Mit der RVF 750-RC 45 schuf Honda 1994 den langersehnten Nachfolger der RC 30. Auch das neue Basis-Superbike besaß einen wassergekühlten V4 in einem Leichtmetall-Brückenrahmen. Völlig neu war hingegen die von der NR 750 abgeleitete Kraftstoff-Einspritzung.

Jahr Modell	1988–1992 VFR 750 R (RC 30)	1992–1993 VFR 400 R (NC 30)	1994–1997 RVF 750 (RC 45)
Motor			
Hubraum (cm³)	748	399	749
Zylinder	90° V 4	90° V 4	90° V 4
Bohrung x Hub (mm)	70 x 48,6	55 x 42	72 x 56
Arbeitsweise	4-Takt	4-Takt	4-Takt
Steuerung	DOHC	DOHC	DOHC
Gemischaufbereitung	4 x Keihin Ø 35,3	4 x Mikuni Ø 32	PGM-FI Ø 46
Ventile/Zylinder	4	4	4
Verdichtung	11	11,3	11,5
Kühlung	W	W	W
Leistung (kW (PS) / bei U/min)	82 (112) / 12.000; 74 (100) / 11.000	45 (61) / 12.500	88 (120) / 12.000
Max. Drehmoment (Nm / bei U/min)	69 / 10.500; 65,5 / 10.500	39 / 10.000	76 / 10.000
Batterie	12 V 8 Ah	12 V 6 Ah	12 V 8 Ah
Generator (Watt)	374	k. A.	445
Kraftübertragung			
Anz. Gänge	6	6	6
Übersetzung	2,400 / 1,941 / 1,631 / 1,434 / 1,291 / 1,192	2,928 / 2,166 / 1,800 / 1,591 / 1,435 / 1,318	2,400 / 1,941 / 1,631 / 1,434 / 1,291 / 1,192
Hinterradantrieb	K	K	K
Endübersetzung	2,500	2,666	2,353
Starter	Elektro	Elektro	Elektro
Fahrwerk			
Rahmen	LKR	LKR	LKR
Vorderradfederung	T Ø 43	T Ø 41	USD Ø 41
Hinterradfederung	ES	ES	ES
Federweg vorne (mm)	120	120	120
Federweg hinten (mm)	130	120	130
Vorderradbremse	DSB Ø 310	DSB Ø 296	DSB Ø 310
Hinterradbremse	SB Ø 220	SB Ø 220	SB Ø 220
Vorderradreifen	120/70-17	120/60-17	130/70-16
Hinterradreifen	170/60-18	150/60-18	190/55-17
Allgemeine Daten			
Radstand (mm)	1410	1345	1410
Maße (Länge, mm)	2080	2070	2110
Lenkkopfwinkel (Grad)	65,5	65	65,3
Nachlauf (mm)	91	96	92
Gewicht (kg)	210	193	215
Tankinhalt (l)	18	15	18
Beschleunigung (s)	4,9	5,8	3,9
Höchstgeschw. (km/h)	250	205	243
Preis inkl. MwSt (DM)	25.270–31.225,–	19.170,–	44.480,–
			Auch mit 72 kW

Honda NR 750 (1991)

Stark angelehnt an die Prototypen-Rennmaschine von 1987 präsentierte Honda 1991 einen Vierzylinder, der eigentlich ein Achtzylinder war. Vier ovale Kolben, jeweils acht Ventile pro Brennraum und Doppelzündung setzten Highlights im Vierzylinderbau. Die 125 PS starke und bis zu 16.000/min hoch drehende 750er-Honda entstand in limitierter Auflage und kostete rekordverdächtige 100.000 Mark. Wer allerdings eine astreine Renn-Replica erwartete, wurde enttäuscht; gleichwohl wurde so ziemlich alles verbaut, was an Renntechnik zu haben war. Bis zur 12.000/min-Markierung röhrte die NR wie eine RC 30, darüber ähnelte der Sound einer Turbine und klang wie kein anderer Vierzylinder. Neben dem Motor stammten auch viele Fahrwerksdetails aus dem Rennsport, etwa die Alu-Einarmschwinge oder das 16-Zoll-Vorderrad, für das Michelin eigens einen neuen Pneu entwickelt hatte. Als »genialen Kompromiss zwischen der puren Sportlichkeit einer RC 30 und dem ruhigen Fahrverhalten einer Straßenmaschine« bezeichneten Motorrad-Tester den bei der Präsentation Ende 1991 in Le Castellet gewonnenen Fahreindruck. Lediglich das relativ hohe Gewicht von vollgetankt 222 Kilogramm kreideten die Tester dem High-Tech-Boliden an.

Mit der NR 750 brachte Honda den Ovalkolben-V4 zur Serienreife, der ursprünglich für den Rennsport mit der NR 500 entwickelt wurde. Das Serientriebwerk orientierte sich konstruktiv stark am Renn-Vorbild NR 750 von 1987.

Mit der Ovalkolbentechnik gelang es Honda, acht Ventile und zwei Zündkerzen in jedem Brennraum unterzubringen. Der V4 war also ein verkappter V8, leistete 125 PS und drehte über 15 000/min.

Jahr	1991
Modell	**NR 750**
Motor	
Hubraum (cm³)	748
Zylinder	90° V 4
Bohrung x Hub (mm)	75,3 x 42
Arbeitsweise	4-Takt
Steuerung	DOHC
Gemischaufbereitung	Einspritzung
Ventile/Zylinder	8
Verdichtung	11,7
Kühlung	W
Leistung (kW (PS) / bei U/min)	92 (125) / 14.000
Max. Drehmoment (Nm / bei U/min)	70 / 11.500
Batterie	12 V 10 Ah
Generator (Watt)	k. A.
Kraftübertragung	
Anz. Gänge	6
Übersetzung	2,666 / 2,125 / 1,777 / 1,545 / 1,381 / 1,240
Hinterradantrieb	K
Endübersetzung	2,500
Starter	Elektro
Fahrwerk	
Rahmen	LKR
Vorderradfederung	USD Ø 45
Hinterradfederung	ES
Federweg vorne (mm)	120
Federweg hinten (mm)	120
Vorderradbremse	DSB Ø 310
Hinterradbremse	SB Ø 222
Vorderradreifen	130/70-16
Hinterradreifen	180/55-17
Allgemeine Daten	
Radstand (mm)	1433
Maße (Länge, mm)	2140
Lenkkopfwinkel (Grad)	65,5
Nachlauf (mm)	88
Gewicht (kg)	234
Tankinhalt (l)	17
Beschleunigung (s)	3,7
Höchstgeschw. (km/h)	263
Preis inkl. MwSt (DM)	100.000,-
	Ovalkolben, Doppelzündung, Kassettengetriebe

Honda ST 1100 (1990–2001)

Der erste Super-Tourer von Honda nach europäischem Geschmack fand 1990 in Gestalt der ST 1100 Pan European seinen Weg ins Programm. Entstanden unter Mithilfe des europäischen Entwicklungszentrums, wurde sie statt des ursprünglich geplanten CBR-Vierzylinders von einem 90-Grad-V4 mit je zwei Nockenwellen pro Zylinderpaar und vier Ventilen pro Brennraum beflügelt. Für die Kraftübertragung sorgte eine Kardanwelle. Um sich eine aufwendige und gewichtstreibende Umlenkung in der Kraftübertragung zu sparen, setzten die Honda-Techniker den nur 92 Kilogramm schweren Vierzylinder mit längs liegender Kurbelwelle ins Fahrwerk. Dennoch entwickelte die ST 1100 beim Beschleunigen und beim Schließen des Gasgriffes keinerlei Neigung, um die Längsachse zu schwanken, wie es beispielsweise der BMW-Boxer oder der Guzzi-V2 tut. Dem Schwungmassenmoment entgegen wirkten die entgegengesetzt rotierende Kupplung samt Ruckdämpfer. Als erstes Serien-Motorrad der Welt trumpfte die mit ABS bewehrte ST 1100 »Pan European« mit einer Anti-Schlupf-Regelung (TCS) auf, die das Durchdrehen des Hinterrades auch auf rutschigem Untergrund verhinderte. Alles in allem ein weiterer großer Wurf des Hauses, der den Ruf von Honda unterstrich, nahezu unkaputtbare Motorräder zu bauen. Und die gelegentlichen Fahrwerkschwächen ließen sich in der Regel leicht in den Griff bekommen. Das vibrationsarme und durchzugsstarke Triebwerk mit einem maximalen Drehmoment von 111 Nm bei 6000/min verlangte geradezu nach schaltfauler Fahrweise und souveränem Umgang mit dem Gasgriff. Dennoch ließ der 312 Kilogramm schwere Supertourer bei fleißiger Bedienung des Fünfganggetriebes durchaus auch sportliche Talente aufblitzen. Die Summe seiner Eigenschaften stempelte den Motor zum idealen Tourenbegleiter. Dazu passte in jedem Falle auch der exzellente Komfort, den die großzügig dimensionierte und gut gepolsterte Sitzbank den Passagieren bot: Selbst nach mehrstündiger Non-Stop-Fahrt stieg man entspannt ab. Das beste Zeugnis stellten aber die *Motorrad*-Tester dem Super-Tourer aus. Stolze 100.000 Kilometer bewegten sie die Pan European im Langstreckentest und kamen nach dem Zerlegen der Testmaschine zum Befund, dass weitere 50.000 Kilometer revisionsfrei machbar gewesen wären.

Mit der ST 1100 schuf Honda für die Saison 1990 ein Motorrad, das gezielt auf die Bedürfnisse europäischer Motorradfahrer zugeschnitten war. Sie verfügte über ABS und eine Traktionskontrolle.

Jahr	1990–2001
Modell	**Honda ST 1100**
Motor	
Hubraum (cm³)	1084
Zylinder	90° V 4
Bohrung x Hub (mm)	73 x 64,8
Arbeitsweise	4-Takt
Steuerung	DOHC
Gemischaufbereitung	4 x Keihin Ø 31,6
Ventile/Zylinder	4
Verdichtung	10
Kühlung	W
Leistung (kW (PS) / bei U/min)	74 (100) / 7500
Max. Drehmoment (Nm / bei U/min)	111 / 6000
Batterie	12 V 12 Ah
Generator (Watt)	480
Kraftübertragung	
Anz. Gänge	5
Übersetzung	2,266 / 1,500 / 1,142 / 0,916 / 0,758
Hinterradantrieb	W
Endübersetzung	2,833
Starter	Elektro
Fahrwerk	
Rahmen	SDR
Vorderradfederung	T Ø 41
Hinterradfederung	ZF
Federweg vorne (mm)	150
Federweg hinten (mm)	120
Vorderradbremse	DSB Ø 316
Hinterradbremse	SB Ø 316
Vorderradreifen	110/80-18
Hinterradreifen	160/70-17
Allgemeine Daten	
Radstand (mm)	1555
Maße (Länge, mm)	2285
Lenkkopfwinkel (Grad)	62,5
Nachlauf (mm)	101
Gewicht (kg)	312
Tankinhalt (l)	29
Beschleunigung (s)	4,1
Höchstgeschw. (km/h)	212
Preis inkl. MwSt (DM)	20.910–27.695,–
	ABS und Traktionskontrolle TCS

8 Honda Gold Wing

Honda GL 1000 Gold Wing (1974–1980)
Honda GL 1100 Gold Wing (1980–1983)
Honda GL 1200 DX (1984–1988)
Honda GL 1500/6 (1988–2001)
Honda F6C Valkyrie (1997–2004)

Die erste Tausender aus Fernost debütierte zur IFMA 1974. Der kurzhubig ausgelegte Vierzylinder-Boxermotor verfügte über Flüssigkeitskühlung und Kardanantrieb, den Antrieb der obenliegenden Nockenwellen (OHC) übernahmen wartungs- und geräuscharme Zahnriemen. Die Goldwing brachte es, bei gefülltem 19-Liter-Tank, auf 295 kg. Leider war das Fahrwerk des flüsternden Riesen nicht so gut, wie es der 82 PS starke Motor verdient hätte: Der simple Doppelschleifen-Rohrrahmen mit geschraubtem linken Unterzug, die Teleskopgabel mit 120 Millimetern Federweg

Die GL 1000 war die Motorrad-Sensation des Jahres 1974. Die bis dahin stärkste Serien-Honda nutzte das Prinzip des Boxer-Motors.

Anfangs als Sportmotorrad missverstanden, wurde diese Gold Wing von einem niederländischen Tuner mit allem versehen, was der Zubehörmarkt so bot, darunter auch vier Racimex-Zusatzinstrumente. Foto von der RAI, 1976.

Für die Saison 1978 wurde die GL 1000 tiefgreifend überarbeitet. Die Leistung sank auf 78 PS, dafür gab's ComStar-Räder.

Mit der GL 1100 stellte Honda 1981 eine neue Wing vor. Sie wurde in den USA gebaut und war sowohl mit als auch ohne Verkleidung zu haben.

und die konventionelle Schwinge mit zwei fünffach verstellbaren Federbeinen (87 mm Arbeitsweg) hinten waren der Urgewalt des seidenweich laufenden Boxers nicht gewachsen.

Der K0 von 1975 folgte die K1 von 1976 mit neuer Sitzbank und Kegelrollenlager im Lenkkopf. Außerdem gab es eine auf 500 Stück limitierte de-Luxe-Version, die 1610 Mark mehr als die Basisausführung (DM 9278,–) kostete. Die K2 von 1977 hatte H4-Scheinwerfer und verbesserte Bremsen, pendelte aber immer noch, sodass mit der K3 für die Saison 1978 eine in 30 Punkten verbesserte GL 1000 folgte. Hier war die Leistung auf 78 PS zurückgenommen worden. Doch noch immer gehörte eine schnell gefahrene »Wing« nicht zu den fahrstabilsten Motorrädern.

Auf dem Pariser Salon 1979 präsentierte Honda die nächste Auflage der »Goldenen Schwinge«, die dann im Sommer 1980 zur Auslieferung gelangte. Dank des modifizierten Fahrwerks überzeugte der Kardan-Tourer nun durch unbeirrbaren Geradeauslauf, auch dem Vierzylinder-Boxermotor hatte die Kraftkur – mehr Hubraum, neue Steuerzeiten – gut getan: »Sämtliche Maßnahmen zur Elastizitätssteigerung vermitteln diesem Motor nun auch eine brutale Kraft, die den bisherigen Typen abging«, lobten die Tester.

Knapp ein halbes Jahr danach erschien die GL 1100 mit Interstate-Verkleidung. Weitere Änderungen erfolgten zum Modelljahr 1982 (Doppelkolben-Scheibenbremsanlage, länger übersetzte obere Fahrstufen), ansonsten stand die GL 1100 mit und ohne Verkleidung unverändert bis 1984 in den Preislisten.

Die GL 1100 »Interstate« mit Vetter-Verkleidung: 90 PS bei 5500/min, 0–100 km/h in 5 s, Spitze 192 km/h, DM 12.374,–.

Der Vierzylinder-Boxer in seiner letzten Ausbaustufe als GL 1200 leistete dann 94 PS bei 7000/min. Die Überarbeitung bekam dem nun mit Hydrostößeln versehenen Boxer ausgezeichnet; die Gold Wing passierte die 100-km/h-Marke in weniger als fünf Sekunden und lief laut Tacho knapp 200 km/h – und das völlig stressfrei für die Besatzung, die nun noch komfortabler untergebracht worden war. Noch einmal überarbeitet worden war auch das Fahrwerk. Die GL 1200 DX wog stolze 333 Kilogramm und kostete beinahe 18.000 Mark, inklusive Vollverkleidung, zweier Gepäckkoffer (dann allerdings in der Höchstgeschwindigkeit auf 130 km/h limitiert), hydraulisch zu betätigender Kupplung und mäßig wirksamer Doppelkolben-Bremse.

Die GL 1200 DX von 1984 hatte wartungsfreie Hydrostößel und war serienmäßig mit Gepäckkoffern ausgestattet. Sie beschleunigte in weniger als fünf Sekunden auf 100 km/h und lief laut Tacho knapp 200 km/h.

Die Sechszylinder-Wing GL 1500 galt von Anfang an als perfektes Touren-Motorrad, eine erwähnenswerte Modellpflege fand nicht statt. 1990 kam die Gold Wing SE, und die Leistung sank auf versicherungsgünstige 98 PS. Ab 1997 war das Topcase serienmäßig.

Mit viel Chrom und wuchtigem Blech setzte Honda bei der F6C auf das Cruiser-Konzept, verzichtete aber auf Trittbretter und eine Tankkonsole: Die Armaturen saßen auf der Gabelbrücke.

Mit dem im Herbst 1987 vorgestellten Supertourer GL 1500 legte Honda die Messlatte im Luxussegment wieder etwas höher: 1,5 Liter Hubraum, sechs Zylinder, 394 kg Gewicht und Rückwärtsgang – keiner bot mehr. Der 100-PS-Luxusliner bot Schub ohne Ende und überzeugte in Fahrkomfort und Ausstattung. Ein Tempomat war ebenso an Bord wie eine Radio-/Kassettenanlage und ein Luftkompressor für die hinteren Federbeine. Verzögert wurde vorne über eine Dreischeiben-Bremsanlage mit Integral-Bremssystem. Die Sechszylinder-Gold-Wing galt als perfektes Touren-Motorrad, eine erwähnenswerte Modellpflege, abgesehen von wechselnden Designs und Ausstattungen, fand nicht statt, erwähnenswert hier allenfalls die seit 1997 lieferbare Variante mit großem US-Topcase. Trotz aller Qualitäten richtete sich die Sechszylinder-Honda nur an einen kleine, sehr speziellen Kreis an Liebhabern, die bereit waren, dafür den Gegenwert eines Kleinwagens beim Honda-Händler auf den Tresen zu packen.

Unter ausuferndem Kundeninteresse hierzulande litt auch die F6C (»Valkyrie«) nicht, eine Variante der GL 1500, die 1997 in den Deutschland-Verkauf gelangte. Mit sechs Einzel- statt der Doppelvergaser bei der GL, reichlich Chrom-Tunke, schärferer Nockenwelle, unbeirrbarem Geradeauslauf und V8-Sound trotz der beiden Katalysatoren im Abgastrakt machte sie trotz 1,70 Metern Radstand und 335 Kilo Gewicht im Kurvengeschlängel viel Spaß – und »die Bremsen spielen brav mit« *(Motorrad)*.

Die F6C (»Flat Six Custom«) Valkyrie als Gold-Wing-Cruiser wurde bis 2004 im US-Honda-Werk produziert. (© Avpics / Alamy Stock Foto)

Jahr	1974–1977	1976	1978–1979	1980–1981	1982–1983	1984–1988	1988–1996	1996–2001	1997–2004
Modell	**GL 1000 Gold Wing K0 / K1 / K2**	**GL 1000 Gold Wing LTD**	**GL 1000 Gold Wing K3**	**GL 1100 Gold Wing**	**GL 1100 Gold Wing de Luxe**	**GL 1200 Interstate**	**GL 1500 Gold Wing**	**GL 1500 Gold Wing / SE**	**F6 C Valkyrie**
Motor									
Hubraum (cm³)	999	999	999	1084	1084	1182	1520	1520	1520
Zylinder	180° 4	180° 4	180° 4	180° 4	180° 4	180° 4	180° 6	180° 6	180° 6
Bohrung x Hub (mm)	72 x 61,4	72 x 61,4	72 x 61,4	75 x 61,4	75 x 61,4	75,5 x 66	71 x 64	71 x 64	71 x 64
Arbeitsweise	4-Takt	4-Takt	4-Takt	4-Takt	4-Takt	4-Takt	4-Takt	4-Takt	4-Takt
Steuerung	OHC	OHC	OHC	OHC	OHC	OHC	OHC	OHC	OHC
Gemischaufbereitung	4 x Keihin Ø 32	4 x Keihin Ø 32	4 x Keihin Ø 30	4 x Keihin Ø 30	4 x Keihin Ø 30	4 x Keihin Ø 32	2 x Keihin Ø 36	2 x Keihin Ø 33	6 x Keihin Ø 28
Ventile/Zylinder	2	2	2	2	2	2	2	2	2
Verdichtung	9,2	9,2	9,3	9,2	9,2	9	9,8	9,8	9,8
Kühlung	W	W	L	W	W	W	W	W	W
Leistung (kW (PS) / bei U/min)	60 (82) / 7500	60 (82) / 7500	57 (78) / 7000	61 (83) / 7500	61 (83) / 7500	69 (94) / 7000	74 (100) / 5200	72 (98) / 5200	72 (98) / 6000
Max. Drehmoment (Nm / bei U/min)	80 / 6500	80 / 6500	82 / 5500	90,2 / 5500	90,2 / 5500	105 / 5500	150 / 4000	147 / 4000	130 / 5000
Batterie	12 V 20 Ah	12 V 20 Ah	12 V 20 Ah	12 V 20 Ah	12 V 20 Ah	12 V 20 Ah	12 V 20 Ah	12 V 20 Ah	12 V 12 Ah
Generator (Watt)	300	300	300	290	290	360	468	468	468
Kraftübertragung									
Anz. Gänge	5	5	5	5	5	5	5	5+R	5
Übersetzung	2,500 / 1,708 / 1,332 / 1,097 / 0,939	2,500 / 1,708 / 1,332 / 1,097 / 0,939	2,500 / 1,708 / 1,332 / 1,097 / 0,939	2,500 / 1,667 / 1,286 / 1,065 / 0,909	2,500 (2,642)/ 1,667 / 1,250 / 1,000 / 0,829	2,571 (2,643) / 1,667 / 1,250 / 1,000 / 0,829 (0,800)	2,667 / 1,722 / 1,273 / 0,964 / 0,7591	2,667 / 1,722 / 1,273 / 0,964 / 0,759; R: 0,971	2,666 / 1,722 / 1,291 / 0,964 / 0,806
Hinterradantrieb	W	W	W	W	W	W	W	W	W
Endübersetzung	2,805	2,805	2,805	3,091	3,100	2,833	2,833	2,833	2,833
Starter	Kick / Elektro	Kick / Elektro	Elektro	Elektro	Elektro	Elektro	Elektro	Elektro	Elektro
Fahrwerk									
Rahmen	SDR	SDR	SDR	SDR	SDR	SDR	SDR	SDR	SDR
Vorderradfederung	T Ø 37	T Ø 37	T Ø 37	T Ø 39	T Ø 39	T Ø 41	T Ø 41	T Ø 41	USD Ø 45
Hinterradfederung	S	S	S	S	S	S	S	S	S
Federweg vorne (mm)	140	143	120	147	147	140	140	140	110
Federweg hinten (mm)	87	86	87	80	80	105	105	105	120
Vorderradbremse	DSB Ø 232	DSB Ø 232	DSB Ø 232	DSB Ø 280	DSB Ø 280	DSB Ø 280	DSB Ø 296	DSB Ø 296	DSB Ø 296
Hinterradbremse	SB Ø 250	SB Ø 250	SB Ø 250	SB Ø 296	SB Ø 296	SB Ø 296	SB Ø 296	SB Ø 316	SB Ø 316
Vorderradreifen	3.50-19	3.50-19	3.50-19	110/90-19	110/90-19	130/90-16	130/70-18	130/70-18	150/80-17
Hinterradreifen	4.50-17	4.50-17	4.50-17	130/90-17	130/90-17	150/90-15	160/80-16	160/80-16	180/70-16
Allgemeine Daten									
Radstand (mm)	1560	1545	1560	1605	1605	1610	1700	1690 / 1700	1690
Maße (Länge, mm)	2340	2340	2260	2345	2340	2505	2635	2615 /2620	2525
Lenkkopfwinkel (Grad)	62	62	62	60,8	60,2	60	60	60	57,8
Nachlauf (mm)	120	120	120	135	135	118	115	115	152
Gewicht (kg)	295	295	298	291	330	341	387	406	335
Tankinhalt (l)	18,7	18	19	19,3	19	22	24	23	20
Beschleunigung (s)	4,5	4,5	5,3	4,6	5	5,1	4,9	4,9	3,6
Höchstgeschw. (km/h)	187	196	196	195	195	191	186	184	205
Preis inkl. MwSt (DM)	9268,– / 8278,– / 8860,–	9268,– / 8278,– / 8860,–	8860,– / 9244,–	9844–11.440,–	12.852,–	17.728,–	21.300–29.815,–	33.220,–	26.620,–
			Verstärkter Rahmen		In Klammern: ab 1983	Getriebewerte in Klammern: nur frühe 84er Modelle		1996: Neue Bremse hinten, 1998: neue Zylinderkopf- und Brems-abdeckungen	

Kawasaki

350

Kawasaki

KAWASAKI

750

Tengai

1000RX

Kawasaki

ZXR
Kawasaki

Für den japanischen Großkonzern, der so ziemlich alles von der Lok bis zur Weltraumrakete baut, fungierte der Motorradbau in erster Linie als Aushängeschild für das Gesamtunternehmen. Entsprechend prestigeträchtig fiel auch das Programm aus: Schnelle, infernalische Zweitakter prägten das sportliche Image der Marke, und mit der Z 900 bewies Kawasaki, dass es auch schnelle Viertakter zu bauen verstand. Das Fahrwerk war allerdings der Leistung nicht gewachsen, *Motorrad* prägte mit »Frankensteins Tochter« einen der bekanntesten und am meisten zitierten Sätze in der Motorradszene der 1970er. In jenem Jahrzehnt erschien eine Palette besonders faszinierender Vierzylinder-Maschinen in den verschiedensten Hubraumklassen. Die Z 650 gehörte lange zu den Bestsellern im Programm, was von der wassergekühlten Z 1300 wahrlich nicht behauptet werden konnte: Dieses Über-Motorrad war allerdings der beste Beweis dafür, dass der kleinste der japanischen Motorradhersteller zu den ganz Großen der Branche gehörte.

1975 hatte Kawasaki den Deutschland-Import in Eigenregie übernommen, und seitdem war es steil bergauf gegangen. 1976 besaß Kawasaki einen Marktanteil von 5,1 Prozent, was 2871 verkauften Maschinen entsprach; vier Jahre später kam man auf 13,8 Prozent und 14.500 Motorräder. Ganz sicher hatten dazu auch die Erfolge im Grand-Prix-Rennsport beigetragen: 1978 und 1979 siegten die grünen Kawasakis bei den 250er und 350ern; Rennfahrer und Weltmeister wie Toni Mang und Kork Ballington wurden zum besten Aushängeschild des kleinsten japanischen Motorradherstellers, der in Deutschland über 221 Stützpunkte verfügte. 1980 rundete Kawasaki seine Modellpalette mit 50er/80ern nach unten ab; die neuen Leichtkrafträder feierten auf der IFMA in Köln ihre Premiere. Diese IFMA signalisierte auch eine radikale Abkehr vom bisherigen Kawasaki-Design-Konzept. Um die bestehende Technik formte Kawasaki mit der GPz-Baureihe eine neue, ungleich sportlichere Optik: Sportlichkeit, das war das große Kawasaki-Thema für das neue Jahrzehnt. 1981 präsentierte Kawasaki zur Tokio Motor Show eine aufgeladene 750er, die Anfang 1983 auch nach Deutschland gelangte – ein weiterer technischer Meilenstein in der Kawasaki-Geschichte.

Kompetenz signalisierten die Grünen auch auf der Rennstrecke, gerade in der ersten Hälfte der 80er Jahre holten die Werksteams zahlreiche Meistertitel nach Hause: 1981 in der 250er und 350er WM, in der Langstrecken-WM und bei der AMA (Superbike-Meisterschaft der American Motorcycles Association); 1982 AMA-Titel, 350er-WM wie auch die Langstrecken-WM, 1983 Endurance- und AMA-Titel …

Die Turbulenzen in den frühen Achtzigern, als sich Yamaha und Honda einen erbitterten Preis- und Modellkrieg um die Vorherrschaft auf dem Motorradsektor lieferten, zogen Kawasaki weit weniger in Mitleidenschaft als Suzuki, wiewohl auch Kawasaki auf gewaltigen Beständen unverkaufter Maschinen saß. In Deutschland spielte sich dieser Krieg vor allem in den 27- und 50-PS-Klassen ab, in Regionen, in denen Kawasaki nie so stark gewesen war. 1978 machten die 27-PS-Maschinen etwa 17 Prozent im Modellmix aus, zwei Jahre später waren es rund 28 Prozent. In den oberen Hubraum- und Leistungsregionen, der eigentlichen Kawasaki-Domäne, waren die Verwerfungen nicht so heftig. Überdies, und auch das mag ein Grund gewesen sein, warum Kawasaki diese Krise so gut meisterte: Nach wie vor war der Motorradbau nur eine der vielen Säulen, auf denen das Imperium der »Kawasaki Heavy Industries« ruhte. Weniger erfolgreich agierten die Grünen in der zweiten Hälfte der Achtziger, spektakuläre Rennerfolge blieben aus. Dafür legte man mit der Vulcan 88, hierzulande als VN-15 vermarktet, ein weiteres Mal die Hubraumlatte im Großserienbau höher.

In den Neunzigern kultivierte Kawasaki sein Anderssein und besetzte Nischen, welche die ganz Großen unbesetzt ließen. Dafür ließ man die Brot-und-Butter-Bikes mehr oder minder links liegen.

Die Modellpolitik stützte sich im Wesentlichen auf das, womit man in den USA Erfolg hatte: Auf nackte Klassiker wie die dreiköpfige Zephyr-Reihe, auf Cruiser und Ampel-Sprinter sowie, natürlich, vollverschalte Supersportler, angereichert um eine Alibi-Enduro hier oder einen überschweren Supertourer da: Bei diesem Modellmix waren zwar keine großen Zuwächse in Sachen Marktanteile zu erwarten, aber auch keine dramatischen Rückgänge: Konstanz und Verlässlichkeit prägen den Auftritt der »Grünen« auch im neuen Jahrtausend.

1 Kawasaki Zweitakter

Einzylinder

Kawasaki G 100 (1973–1975)
Kawasaki KE / KM / KH 100 (1976–1981)

Anfang der Siebziger galten 100 Kubik noch als durchaus respektable Einstiegs-Größe in Sachen Motorrad, nicht als unteres Ende der Nahrungskette. Zu der Zeit waren hierzulande noch rund 20.000 Hunderter im Umlauf, und sie taten genau das, was sie sollten: Sie dienten als uneitle Transportmittel und sollten nichts anderes sein als brave, zuverlässige Nutzfahrzeuge. Den ersten dieser kleinen Kawasakis, der G-Serie, genügte eine gerade mal zweistellige PS-Zahl, die aber, laut notorisch optimistischer Werksangabe, bei 90 bis

Um die Produktion schnellstmöglich zu steigern, verwendete Kawasaki den gleichen Motor in verschiedensten Fahrwerken. Die erste G-Serie mit 90 cm³ wurde 1967 lanciert, die zweite Serie startete 1968. Im Bild eine G-4 TR (»Trail«); Straßenmaschinen hießen »GA« oder trugen ein nachgestelltes »SS«.

Nachdem der Basis-Motor um 1,5 mm aufgebohrt worden war, gab es, parallel zu den G-90-Typen, auch G-Modelle mit 100 cm³, Trotz der großen Vielfalt an Ausführungen blieben sie in Deutschland unbekannt.

Neu waren bei der KE 100 von 1976 lediglich das Dekor und die Bezeichnung. Bislang war diese Maschine als G-5 bezeichnet worden.

KM 100 (Bild), KE 125 und KL 250: In der Klasse bis 17 PS hatte Kawasaki lediglich einfach gestrickte, anspruchslose Zweitaktmodelle zu bieten.

Die KM 100 gehört ebenfalls in diese Riege der kleinen, schnörkellosen Gebrauchsmotorräder.

Die KH 100 hatte ihre Karriere als G3SS begonnen. Die Umbenennung sollte sie in die Reihe der erfolgreichen Dreizylinder-Kawas KH 250, 400 und 500 stellen.

100 kg Leergewicht für mindestens 115 km/h Spitze sorgen sollte. Außerdem gönnte Kawasaki dem motorradfahrenden Fußvolk einige hübsche Metallicfarben.

Weil aber Motorräder in den Siebzigern – zumindest in Europa und den USA – nicht mehr nützlich sein mussten, sondern Spaß machen sollten, nutzte Kawasaki den drehschiebergesteuerten Fünfgang-Motor für weitere, hierzulande ziemlich erfolglose Minibikes. Sollte etwa Kawasaki mit der KM 100 gehofft haben, im Revier von Honda Dax 70 oder Suzuki RV 90/125 wildern zu können, so muss man feststellen: Das misslang auf ganzer Linie. Denn als diese Mini-Kawa 1976 in Deutschland erschien, zielte sie auf einen Markt, der eigentlich gar nicht existierte: Der Motorrad-Floh mit 16- und 14-Zoll-Stollenreifen sollte als Beiboot für Wohnmobilfahrer und Bootseigener dienen. So es diese aber gab, hatten die

Jahr	1973–1975	1975	1978–1981
Modell	**100 G 7**	**KE 100**	**KM 100**
Motor			
Hubraum (cm³)	100	100	100
Zylinder	S 1	S 1	S 1
Bohrung x Hub (mm)	49,5 x 51,8	49,5 x 51,8	49,5 x 51,8
Arbeitsweise	2-Takt	2-Takt	2-Takt
Steuerung	DS	DS	DS
Gemischaufbereitung	1 x Mikuni Ø 19	1 x Mikuni Ø 19	1 x Mikuni Ø 19
Ventile/Zylinder	–	–	–
Verdichtung	7	7	7,3
Kühlung	L	L	L
Leistung (kW (PS) / bei U/min)	8 (11,5) / 8000	8 (11) / 7000	6 (8,8) / 6250
Max. Drehmoment (Nm / bei U/min)	12,1 / 3500	12,1 / 3500	9,8 / 4500
Batterie	6V 4 Ah	6V 4 Ah	6 V 4 Ah, ab 1980: 6 Ah
Generator (Watt)	46 W	46 W	46 W, ab 1980: 84 W
Kraftübertragung			
Anz. Gänge	5	5	5
Übersetzung	2,92 / 1,76 / 1,30 / 1,09 / 0,96	2,92 / 1,77 / 1,30 / 1,09 / 0,96	2,92 / 1,77 / 1,30 / 1,09 / 0,96
Hinterradantrieb	K	K	K
Endübersetzung	3,00	2,80	2,64
Starter	Kick	Kick	Kick
Fahrwerk			
Rahmen	SDR	SER	SER
Vorderradfederung	T Ø 30	T Ø 30	T Ø 27
Hinterradfederung	S	S	S
Federweg vorne (mm)	90	140	80
Federweg hinten (mm)	65	80	60
Vorderradbremse	TB Ø 110	TB Ø 110	TB Ø 110
Hinterradbremse	TB Ø 110	TB Ø 110	TB Ø 110
Vorderradreifen	2.50-18	2.75-19	2.50-16
Hinterradreifen	2.75-18	3.00-18	3.00-14
Allgemeine Daten			
Radstand (mm)	1150	1290	1095
Maße (Länge, mm)	1933	2030	1717
Lenkkopfwinkel (Grad)	k. A.	60,5	63
Nachlauf (mm)	k. A.	119	74
Gewicht (kg)	96	101	89
Tankinhalt (l)	10	8	6
Beschleunigung (s)	–	–	–
Höchstgeschw. (km/h)	115	100	86
Preis inkl. MwSt (DM)	1800–2000,–	k. A.	1980–2258–1660,–

sich schon längst eine Honda Dax besorgt und erfreuten sich an deren kultiviertem Viertakter, ohne sich mit einem kreischenden Moto-Cross-Motor herumärgern zu müssen. Zu Recht hat man die KM 100 vergessen, und das gilt auch für die KE-Enduro und deren Straßenschwester KH 100: Mit ihren Fahrleistungen auf Kleinkraftrad-Niveau passten sie nicht in den deutschen Motorrad-Markt.

Kawasaki 125 F 6 (1972–1973)
Kawasaki 250 F 11 (1972–1973)
Kawasaki 350 F 9 (1972–1973)
Kawasaki KE / KH 125 (1975–1983)
Kawasaki KE 175 (1979–1983)

Mit dem Modell 350 F 9 bot Kawasaki, zumindest auf dem Papier, auch in Deutschland eine Scrambler an, die über einen Zweitakt-Einzylinder mit Drehschiebersteuerung verfügte. Ihr folgte 1972 die 250 F11 mit Membraneinlass, der die bei Zweitaktern üblichen Spülverluste verringerte. Verkauft wurden sie hierzulande praktisch nicht, etwas häufiger zu sehen waren die kleineren Zweitakt-Einzylinder mit Drehschiebersteuerung.

Die kleinste war eine 125er, Kennung F 6, und wie bei allen frühen Kawasaki handelte es sich um ein Motorrad, das nicht für den deutschen Markt konzipiert worden war. Sie hatte Getrenntschmierung und einen simplen Einrohr-Rahmen mit gegabelten Unterzügen. In Deutschland blieb sie unbekannt. Das galt auch für die nach 1974 gebaute Nachfolgerin, die im Ausland als KS 125 lief, hierzulande – mutmaßlich aus rechtlichen Gründen, denn das Kürzel zeichnete Zündapp-Maschinen aus – als KE 125. Die trat in der 10-PS-Klasse an, und dafür interessierten sich nun wirklich nur noch zweiradfahrende Kleinkaliber-Überzeugungstäter. Unter verschiedenen Bezeichnungen tobte das Drehschieber-Zweitakterle mit Einheits-Stahlrohrrahmen, mal als Straßen-, mal als Gelände-

Der Sitzbankbürzel war Merkmal der nach 1972 gebauten 250 F 11. Weder die F 6 noch die F 9 hatten einen solchen.

Die KH 125 war die günstigste Kawasaki im Programm. 14 PS bei 6500/min, 0–100 km/h in 17,7 s, 109 km/h. DM 2595,–.

In Deutschland praktisch unbekannt blieb die KE 125 A-3, erstmals zu sehen 1975 und, laut Händlerwerbung, für »Freizeit-Geländefahrer« konzipiert.

Kawasakis 125 F 6 hatte, ebenso wie die F 11, einen kolbengesteuerten Motor. Die größere F 9 verfügte über Drehschiebersteuerung.

Die 350 F9 »Big Horn« erschien 1972 als Weiterentwicklung der früheren F 5 und verfügte über die im Geländesport jener Jahre hoch gelobte Hatta-Gabel, Aluminium-Felgen und Transistor-Zündung. In Deutschland war sie nur per Einzelabnahme zuzulassen. Gebaut wurde sie bis 1975.

KE 125 und KE 175 waren 1976 zeitgleich präsentiert worden, aber nicht baugleich. Die KE 125 hatte 1974 als KS-125 in den USA debütiert und setzte sich durch das Sechsgang-Getriebe von der Konkurrenz ab. Mit ihren 10 PS war sie in Restbeständen bis 1983 lieferbar. (Foto: ETH Zürich)

motorrad kostümiert, durch das Prilblumen-Jahrzehnt. Technisch änderte sie sich kaum und optisch nur, soweit sie sich an das Design der größeren Modelle anpasste. Erst 1980 folgten tiefergehende technische Änderungen, die sich aber in der Modellbezeichnung nicht niederschlugen: Die Offroader behielten das Kürzel »KE«, die Straßenmotorräder die Abkürzung »KH«.

Innerhalb dieser Modellpalette nimmt die KE 175 eine besondere Rolle ein: Obwohl der Zweitaktmotor schon allenthalben auf dem Rückzug war, gelangte diese durch und durch konventionelle Zweitakt-Enduro ab 1980 auch nach Deutschland. Die Zeitschrift *Motorrad* begründete diese Entscheidung mit dem Misserfolg der Viertakt-250er KL 250 bei gleichzeitig blendenden Absatzerfolgen von Yamahas DT 175. Das Testfazit der »gediegenen« Kawasaki fiel viel positiver aus als bei der KL: Die KE 175 war nicht nur »schnucklig« und »billig«, sondern konnte »auch im Gelände mal hart hergenommen werden«.

Die KE 175 kam Ende 1979 und wog 116 kg. Sie verkraftete auch härtere Geländeeinsätze. 17 PS bei 7500/min, 0–100 km/h in 15,5 s, 113 km/h, DM 3280,–.

Jahr	1972–1973	1972–1973	1972–1973	1975–1983	1977–1981	1975–1977	1979–1983
Modell	**125 F 6**	**250 F 11**	**350 F 9**	**KE 125**	**KH 125**	**KE 175**	**KE 175**
Motor							
Hubraum (cm³)	125	247	346	125	125	175	175
Zylinder	S1	S 1	S 1	S 1	S 1	S 1	S 1
Bohrung x Hub (mm)	52 x 58,8	68 x 68	80,5 x 68	56 x 50,6	56 x 50,6	61,5 x 58,8	62,5 x 57
Arbeitsweise	2-Takt	2-Takt	2-Takt	2-Takt	2-Takt	2-Takt	2-Takt
Steuerung	DS	SL	DS	DS	DS	DS	MB
Gemischaufbereitung	1 x Mikuni Ø 24	1 x Mikuni Ø 30	1 x Mikuni Ø 32	1 x Mikuni Ø 24	1 x Mikuni Ø 24	1 x Mikuni Ø 26	1 x Mikuni Ø 26
Ventile/Zylinder	–	–	–	–	–	–	–
Verdichtung	7,2	7	6,8	6,5	6	7	6,0
Kühlung	L	L	L	L	L	L	L
Leistung (kW (PS) / bei U/min)	11 (14,5) / 7500	17 (23,5) / 6000	21 (28) / 6500	7 (10) / 6000	7 (10), auch 10 (14) / 6770 6300	12 (16) / 7000	13 (17) / 7500, ab 1980: 12 (16) / 6500
Max. Drehmoment (Nm / bei U/min)	14 / 7000	26 / 6000	27,5 / 5500	12 / 5700	11,8 / 5500, auch 15,7 / 6500/min	16,7 /7000	19 / 5500
Batterie	6V 4 Ah	6V 4 Ah	6V 4 Ah	6 V 6 Ah	6 V 6 Ah	6 V 6 Ah	6 V 6 Ah
Generator (Watt)	46	46	46	84	93	93	93
Kraftübertragung							
Anz. Gänge	5	5	5	6	6	5	5
Übersetzung	2,67 / 1,75 / 1,20 / 0,91 / 0,72	2,45 / 1,71 / 1,17 / 0,90 / 0,71	2,45 / 1,71 / 1,17 / 0,90 / 0,71	2,60 / 1,69 / 1,25 / 1,00 / 0,84 / 0,73	2,60 / 1,69 / 1,25 / 1,05 / 0,89 / 0,80	2,67 / 1,65 / 1,22 / 0,95 / 0,80	2,67 / 1,65 / 1,22 / 0,95 / 0,80
Hinterradantrieb	K	K	K	K	K	K	K
Endübersetzung	3,93		3,21	3,33	3,36	3,00	3,00
Starter	Kick	Kick	Kick	Kick	Kick	Kick	Kick
Fahrwerk							
Rahmen	SDR	SDR	SDR	SER	SER	SER	SER
Vorderradfederung	T Ø 30	T Ø 34	T Ø 34	T Ø 31	T Ø 27	T Ø 32	T Ø 35
Hinterradfederung	S	S	S	S	S	S	S
Federweg vorne (mm)	145	175	175	140	110	185	200
Federweg hinten (mm)	90	100	100	80	70	100	120
Vorderradbremse	TB Ø 130	TB Ø 150	TB Ø 150	TB Ø 130	SB Ø 190	TB Ø 120	TB Ø 120
Hinterradbremse	TB Ø 130	TB Ø 150	TB Ø 150	TB Ø 130	TB Ø 110	TB Ø 120	TB Ø 120, ab 1980: Ø 130
Vorderradreifen	3.00-18	3.00-21	3.00-21	2.75-21	2.75-18	2.75-21	2.75-21, ab 1980: 3.00-21
Hinterradreifen	3.25-18	4.00-18	4.00-18	3.50-18	3.00-18	3.50-18	3.50-18, ab 1980: 4.00-18
Allgemeine Daten							
Radstand (mm)	1315	1387	1400	1340	1235	1360	1365
Maße (Länge, mm)	2000	2115	2090	2180	1900	2016	2016
Lenkkopfwinkel (Grad)	k. A.	60	61,5	59	65,5	61	61
Nachlauf (mm)	k. A.	150	k. A.	135	74	116	116
Gewicht (kg)	111	127	140	110	106	110	116
Tankinhalt (l)	9	9,5	17	6,7, ab 1979: 9,5	11,5	7	9,6
Beschleunigung (s)	k. A.	8	6,2	k. A.	k. A.	k. A.	15,5
Höchstgeschw. (km/h)	110	125	135	96	100	110	113
Preis inkl. MwSt (DM)	k. A.	3250–3900,–	3450–3800,–	2851–3180,–	2595–2798,–	k. A.	3280–3650,–

Kawasaki KMX 125 (1986–1988)
Kawasaki KMX 125 (1997–2000)
Kawasaki KMX 200 (1987–1990)

Kawasaki war stets eine rennsportorientierte Firma und hat sich besonders im Offroad-Sport engagiert. Hauptabsatzmarkt für diese Art von Motorrädern waren die Vereinigten Staaten, und den riesigen Markt hat Kawasaki – wie alle japanischen Hersteller – mit einer breit aufgefächerten Enduro-Modellpalette bedient: Die Basis bildeten die ursprünglich als KE/KM (Zweitakt) und KL/KLR (Viertakt) bezeichneten Enduros mit voller Straßen- und Alltagstauglichkeit, die gelegentlichen Abstechern ins Gelände nicht abgeneigt waren. Darüber angesiedelt in Sachen Geländekompetenz und Charakteristik waren noch immer zulassungsfähige, aber wesentlich wettbewerbstauglichere Enduros, die zeitweise die Bezeichnung »KMX« trugen. Die höchste Ausbaustufe, soweit es Geländetauglichkeit anging, verkörperten die nicht zulassungsfähigen Wettbewerbs-KX-Maschinen. Die KMX-Modelle, die Mitte der Achtziger in Deutschland verkauft wurden, gehörten somit zur zweiten Kategorie, und was Kawasaki mit der KMX 125 auf die Räder stellte, konnte sich durchaus sehen lassen. Lange Federwege

Die KMX 125, 1986, sah aus wie die KMX 200. Im Geländebetrieb aber ergaben sich erhebliche Unterschiede.

Wegen der 15-PS-Regelung importierte Kawasaki die KMX 125 erneut 1997.

Gabel, Schwinge und Räder unterschieden die KMX 200 von der 125er.

von 230 Millimetern vorn und hinten, das mit KIPS bezeichnete Auslasssystem (schaltete automatisch eine Resonanzkammer zu) sowie stramm zupackende Scheibenbremsen vorn und hinten ermutigten zu Geländeeinlagen; die hochwertige, komplette Instrumentierung mit Drehzahlmesser und Kühlmittel-Temperaturanzeige sowie ein Gepäckträger sprachen für eine gewisse Alltagstauglichkeit. Die Abstimmung hinten war für schweres Gelände zu soft, man mutete ihr besser keine zu großen Sprünge zu.

Jahr	1986–1988	1997-2000	1987–1990
Modell	**KMX 125**	**KMX 125**	**KMX 200**
Motor			
Hubraum (cm³)	125	125	192
Zylinder	S 1	S 1	S 1
Bohrung x Hub (mm)	54 x 54,4	54 x 54,4	67 x 54,4
Arbeitsweise	2-Takt	2-Takt	2-Takt
Steuerung	MB	MB	MB
Gemischaufbereitung	1 x Mikuni Ø 26	1 x Mikuni Ø 26	1 x Mikuni Ø 26
Ventile/Zylinder	–	–	–
Verdichtung	7,8	7,8	8,0
Kühlung	W	W	W
Leistung (kW (PS) / bei U/min)	13 (17) / 8500	11 (15) / 8500	13 (17) / 8500
Max. Drehmoment (Nm / bei U/min)	14,7 / 7500	11,8 / 6500	17 / 6500
Batterie	12 V 4 Ah	12 V 4 Ah	12 V 4 Ah
Generator (Watt)	161	161	161
Kraftübertragung			
Anz. Gänge	6	6	6
Übersetzung	3,100 / 1,928 / 1,411 / 1,090 / 0,916 / 0,807	3,100 / 1,928 / 1,411 / 1,090 / 0,916 / 0,807	2,727 / 1,733 / 1,277 / 1,000 / 0,840 / 0769
Hinterradantrieb	K	K	K
Endübersetzung	3,428	3,000	3,125
Starter	Kick	Kick	Kick
Fahrwerk			
Rahmen	SER	SER	SER
Vorderradfederung	T Ø 35	T Ø 35	T Ø 38
Hinterradfederung	ZF	ZF	ZF
Federweg vorne (mm)	230	230	230
Federweg hinten (mm)	230	230	200
Vorderradbremse	SB Ø 240	SB Ø 230	SB Ø 240
Hinterradbremse	SB Ø 210	SB Ø 210	SB Ø 210
Vorderradreifen	2.75-21	2.75-21	3.00-21
Hinterradreifen	4.10-18	4.10-18	4.60-17
Allgemeine Daten			
Radstand (mm)	1375	1375	1375
Maße (Länge, mm)	2145	2100	2145
Lenkkopfwinkel (Grad)	62	62	61
Nachlauf (mm)	111	111	124
Gewicht (kg)	126	125	129
Tankinhalt (l)	9,3	9,3	9,3
Beschleunigung (s)	17,5	k. A.	13,1
Höchstgeschw. (km/h)	107	80/112	109
Preis inkl. MwSt (DM)	4690–4890,–	5990,–	4990–5490,–
		als LKR 6. Gang gesperrt	1989: auch 20 kW / 9000/min

Auf der 125er aufbauend, stellte Kawasaki für die Saison 1988 die KMX 200 auf die Räder. 13 Millimeter mehr Bohrung verhalfen dem Zweitakter bei gleichem Hub zu exakt 192 Kubikzentimetern Hubraum. An der Leistung in Deutschland änderte dies nichts, sie blieb mit 17 PS gleich, stand nun aber schon bei 8500/min an. Ein von der KMX 125 abgeleitetes, aber stärker dimensioniertes Fahrwerk und ein neu abgestimmtes Hebelsystem sollten der 200er im wahrsten Sinne des Wortes noch mehr auf die Sprünge helfen. Zudem gab's nun Nadellager am Hebelsystem. Allerdings, wie auch andere Maschinen in dieser Hubraumklasse, war sie auf der Straße nur selten zu sehen und auch nicht durchgängig im Import-Programm. Im Zeichen der neuen Führerscheinregelungen – auch Autofahrer durften nun 125er fahren – kehrte zumindest die KMX 125 aber 1997 zurück. Sie entsprach im Grunde genommen der Version von 1986. Nur die Leistung war an die neue 15-PS-Klasse angepasst worden.

Zwei- und Dreizylinder

Kawasaki 250 A1 Samurai (1970–1972)
Kawasaki 350 A7 Avenger (1970–1972)

Nach dem weltweiten Misserfolg mit der BSA-Kopie W 1 lancierte Kawasaki für 1966 neue Zweizylinder-Zweitaktmodelle. Die drehschiebergesteuerte, 31 PS starke 250 A1 »Samurai« machte den Anfang. Die seinerzeit stärkste Zweitakt-Zweihundertfünfziger wurde auf Anhieb zu einem Bestseller und begründete Kawasakis Ruf, sauschnelle

Nach der W1 lancierte Kawasaki für 1966 die drehschiebergesteuerte, 31 PS starke A1. Die seinerzeit stärkste Zweitakt-250er wurde zu einem internationalen Bestseller.

Ein Jahr nach der A1 Samurai erschien die nahezu baugleiche A7 Avenger. Die Zweifarben-Lackierung setzte optische Akzente. Die seitlichen Knieplatten am Tank waren ab 1969 Geschichte.

Motorräder zu bauen, zumal die Samurai noch ihren großen Bruder mitbrachte: Der hieß Avenger (»Rächer«), erschien 1967 und trug den Vornamen A7. Der 42 PS starke Nippon-Rächer wog nur vier Kilo mehr als die 250er. Beide waren weitgehend baugleich und hatten die in die Scheinwerfer integrierten Anzeigen, wie man sie von den deutschen Motorrädern der Fünfziger kannte. Später hat man dann getrennt, was nicht so recht zusammenpasste. Die A7 Scrambler mit anderer Auspuffanlage und hohem Lenker wurde in Deutschland zwar vorgestellt, aber nicht verkauft, dass sie nach 1971

Merkmal der ersten Twin-Generation waren die in den Scheinwerfer integrierten Anzeigeninstrumente; die ab 1969 verkauften Modelle hatten getrennte Instrumente. Detlev Louis rief für die A7 3300 Mark auf. Sie lag damit auf dem Niveau der Suzuki T 20/T 250.

aus dem Programm verschwand oder es erst gar nicht in den Verkaufsraum schaffte, hat keiner gemerkt. Avenger wie auch Samurai importierte wieder Detlev Louis in Hamburg nach Deutschland. Das Unternehmen war seit 1969 offiziell als Kawasaki-Importeur tätig und bot die 350er für 3300 Mark an – ein Schnäppchen, sie lag damit auf dem Niveau der Suzuki T 20/T 250, die 33 PS leistete.

Jahr	1970–1972	1970–1972
Modell	250 A 1 Samurai	350 A 7 Avenger
Motor		
Hubraum (cm³)	247	338
Zylinder	R 2	R 2
Bohrung x Hub (mm)	53 x 56	62 x 56
Arbeitsweise	2-Takt	2-Takt
Steuerung	DS	DS
Gemischaufbereitung	2 x Mikuni Ø 22	2 x Mikuni Ø 28
Ventile/Zylinder	–	–
Verdichtung	7	7
Kühlung	L	L
Leistung (kW (PS) / bei U/min)	23 (31) / 8000	31 (42) / 8000
Max. Drehmoment (Nm / bei U/min)	29 / 5500	39 / 7000
Batterie	12 V 6 Ah	12 V 6 Ah
Generator (Watt)	k. A.	k. A.
Kraftübertragung		
Anz. Gänge	5	5
Übersetzung	2,56 / 1,53 / 1,13 / 0,92 / 0,78	2,56 / 1,53 / 1,13 / 0,92 / 0,78
Hinterradantrieb	K	K
Endübersetzung	2,46	2,40
Starter	Kick	Kick
Fahrwerk		
Rahmen	SDR	SDR
Vorderradfederung	T Ø 32	T Ø 32
Hinterradfederung	S	S
Federweg vorne (mm)	110	110
Federweg hinten (mm)	70	70
Vorderradbremse	TB Ø 180	TB Ø 180
Hinterradbremse	TB Ø 180	TB Ø 180
Vorderradreifen	3.00-18	3.25-18
Hinterradreifen	3.25-18	3.50-18
Allgemeine Daten		
Radstand (mm)	1300	1295
Maße (Länge, mm)	1995	2005
Lenkkopfwinkel (Grad)	52	52
Nachlauf (mm)	86	86
Gewicht (kg)	154	159
Tankinhalt (l)	13,5	13,5
Beschleunigung (s)	7,5	6,4
Höchstgeschw. (km/h)	160	170
Preis inkl. MwSt (DM)	2950,–	3350,–

Kawasaki 250 S1 Mach I (1972–1975)
Kawasaki KH 250 (1975–1978)
Kawasaki 350 S2 Mach II (1971–1973)
Kawasaki 400 S3 Mach III (1974–1975)
Kawasaki KH 400 (1976–1978)

Zu Beginn des neuen Jahrzehnts überarbeitete Kawasaki seine Zweitakt-Modellpalette gründlich, der Erfolg der großen Dreizylinder-Modelle legte nahe, dieses Erfolgsrezept auch auf die kleineren Hubraumklassen zu übertragen. Also gab's jetzt neue Dreizylinder in den alten Hubraumklassen, garniert mit neuen Verkaufsbezeichnungen: Aus der Samurai wurde die 250 Mach I S1, aus der Avenger die 350 Mach II S2. Noch

S1-Anzeige von 1972. Die US-Modelle hatten einen höheren Lenker und seitliche Reflektoren.

Die 250 S1 erschien 1971. Gegenüber der 350er war die Bohrung um acht Millimeter reduziert worden. Ansonsten waren beide Modelle identisch.

Die KH 250 B1 kam gerade rechtzeitig zur großen Hitzewelle des Jahres 1976, die der Viertelliterklasse europaweit unglaubliche Verkaufszahlen bescherte. Die wichtigste technische Änderung dieses Jahrgangs bestand in der Einführung einer Scheibenbremse, für Deutschland wurde die Leistung auf 27 PS gedrosselt.

Diese 250er in »Halibut Blue« stammt von 1975 und wurde offiziell als S1C bezeichnet. Kawasaki und auch Suzuki machten es sich zur Angewohnheit, jedes Modelljahr mit einem anderen Buchstaben zu kennzeichnen.

Die kleinste Dreizylinder-Baureihe ging bis 1978 in den Export. Nach 1976 änderte sich nur noch das Design. Diese KH 250 B3 ist in »Candy Lime Green« lackiert und wurde in Japan bis 1980 verkauft.

Der auf Basis der Avenger entstandene Dreizylinder-Zweitakter der S2 entwickelte 60 PS bei 7500/min.

immer waren sie, mal abgesehen von den Seitendeckeln, kaum voneinander zu unterscheiden. Die S2 leistete 40 PS bei 8000/min, wobei, wie bei eigentlich allen frühen japanischen Motorrädern, die Leistungsangaben aufgrund unterschiedlicher Messmethoden mit Vorsicht zu genießen sind.

Und noch immer waren die Zulassungszahlen in Deutschland nicht so, dass es sich lohnte, eigene Prospekte zu drucken. Detlev Louis zum Beispiel verteilte vierseitige, englisch gehaltene Farbprospekte und simple, meist mit der Schreibmaschine getippte, aber auf jeden Fall schlecht kopierte

Spötter behaupteten, eine Kawasaki wackle und schaukle bereits im Stand. Auch diese 350 S2 von 1971 fühlte sich nur auf seidenglatter Fahrbahn wohl.

Die 40 PS starken Dreizylinder (hier von 1973) mussten anfangs noch per Einzelabnahme zugelassen werden, das führte auch zu unterschiedlichen Leistungsangaben. Für die S2 wurden mitunter auch 45 PS angegeben.

Die KH 400 begann ihre Karriere zur Saison 1974 als 400 S3. Sie basierte auf der 350 S2 von 1971. Im Bild das 1975er Dekor.

KH 400 hieß sie nach 1976. Die technischen Änderungen umfassten die Verwendung einer CDI-Zündanlage, die Motorleistung lag jetzt bei 36 PS. Später gab es für Deutschland einen Umrüstsatz auf 27 PS.

Die letzte Export-Ausführung der KH 400 (A5) erschien 1976. Die 400er wurde in Japan noch bis 1980 verkauft.

deutsche Preislisten. Der kleine Drilling erlebte als KH 250 noch die Einführung der 27-PS-Klasse mit und machte sich dann unbemerkt aus dem Staub; die S2 erhielt 1976 noch eine Nachfolgerin namens KH 400, die Hondas CB 400 F Paroli bieten und mit Yamahas RD 400 mithalten sollte. Die Ära der Zweitakt-Dreizylinder endete weltweit zum Modelljahr 1980, in Deutschland liefen sie 1977 aus.

Jahr	1972–1978	1974–1978
Modell	250 S 1 Mach I / KH 250	400 S 3 Mach III / KH 400
Motor		
Hubraum (cm³)	249	400
Zylinder	R 3	R 3
Bohrung x Hub (mm)	45 x 52,3	57 x 52,3
Arbeitsweise	2-Takt	2-Takt
Steuerung	SL	SL
Gemischaufbereitung	3 x Mikuni Ø 22	3 x Mikuni Ø 26
Ventile/Zylinder	–	–
Verdichtung	7,5	6,5
Kühlung	L	L
Leistung (kW (PS) / bei U/min)	21 (28) / 8000; 19 (26) / 7000	30 (42) / 7000
Max. Drehmoment (Nm / bei U/min)	26 / 7000; 27 / 6500	43,2 / 6500
Batterie	12 V 5,5 Ah	12 V 5,5 Ah
Generator (Watt)	110	k. A.
Kraftübertragung		
Anz. Gänge	5	5
Übersetzung	2,86 / 1,79 / 1,35 / 1,12 / 0,96	2,86 / 1,79 / 1,35 / 1,12 / 0,96
Hinterradantrieb	K	K
Endübersetzung	3,43	2,64
Starter	Kick	Kick
Fahrwerk		
Rahmen	SDR	SDR
Vorderradfederung	T Ø 34	T Ø 34
Hinterradfederung	S	S
Federweg vorne (mm)	110 / 90	112
Federweg hinten (mm)	70 / 65	78
Vorderradbremse	SB Ø 277 / 270	SB Ø 277
Hinterradbremse	TB Ø 180	TB Ø 180
Vorderradreifen	3.25-18 / 3.00-18	3.25-18
Hinterradreifen	3.50-18	3.50-18
Allgemeine Daten		
Radstand (mm)	1375 / 1400	1365 / 1330
Maße (Länge, mm)	2020 / 2000	2080
Lenkkopfwinkel (Grad)	62	62
Nachlauf (mm)	110	112
Gewicht (kg)	175	174 / 177
Tankinhalt (l)	14	14, ab 1976: 16
Beschleunigung (s)	6,5 / 8,4	6,5 / 6,6
Höchstgeschw. (km/h)	150	166
Preis inkl. MwSt (DM)	3490–3966,–	4300–4614,–
	ab 1976: Bezeichnung KH 250, CDI-Zündung, SB vorne.	ab 1976 Bezeichnung KH 400, CDI-Zündung

Kawasaki 500 H1 Mach III (1969–1974)
Kawasaki 750 H2 Mach IV (1972–1975)
Kawasaki KH 500 (1975–1977)

Kawasaki präsentierte 1968 mit der 500 H1 Mach III die bis dahin größte Zweitakt-Maschine – einen kaum zu bändigenden Feuerstuhl. Der auf Basis der 350er Avenger entstandene Dreizylinder-Zweitakter mit einem halben Liter Hubraum entwickelte schier unglaubliche 60 PS bei 7500/min – genug

Im Herbst 1968 hatte Kawasaki die Halbliter-Dreizylinder präsentiert. Sie wurde über Detlev Louis nach Deutschland gebracht. Rechts die frühe H1 (offiziell hieß sie »Kawasaki 500 SS Mach III«), unten eine Mach III H1D von 1974 mit Heckbürzel, neuem Tankdekor und CDI-Zündung. Preislich lagen sie nahe beieinander.

für eine Spitzengeschwindigkeit von knapp 200 km/h. Topspeed auf der rund 180 Kilo schweren Kawasaki war allerdings nichts für schwache Nerven. Der Doppelrohrrahmen war dem Inferno, das die Triple entfachte, kaum gewachsen. Außerdem war die 500er extrem trinkfreudig, kein Wunder also, dass Kawasaki-Händler die Möglichkeit boten, einen 24-Liter-Tank zu montieren, was insbesondere in den USA – dem Hauptabsatzmarkt – dazu führte, dass praktisch keine Mach III mit dem Serientank ausgeliefert wurde.

In Deutschland wurde die H1 wieder über Detlev Louis angeboten; die Verkaufsbezeichnung »Mach III« entfiel zum Modelljahr 1970, nachdem Kawasaki einen verstärkten Rahmen einbaute. Damit lag das Motorrad dann etwas ruhiger, aber relaxtes Cruisen ging anders. Bis 1973 kam die 500er in zwei Ausführungen aus dem Übersee-Container: Als H1B mit Kontaktzündung und 60er-Jahre-Optik sowie als moderner wirkende H1D mit Heckbürzel, neuem Tankdekor und CDI-Zündung. Preislich lagen sie nahe beieinander, auch in

Eine mutmaßlich von Rickman modifizierte H1B mit 1972er Tankdekor und Scheibenbremse, letzteres Merkmal der Sportvariante.

Die H2/Mach IV in »Candy Gold« war Höhe- und Endpunkt der Dreizylinder-Entwicklung. Sie stemmmte 74 PS auf die sechsfach gelagerte Kurbelwelle.

Beim Fahrwerk handelte es sich um eine leicht modifizierte und im Radstand verlängerte Ausgabe des Doppelschleifen-Rohrrahmens der Mach III. Im Bild eine 1974er H2B. Mutmaßlich hat Kawasaki in jenem Jahr 1700 Mach IV in Europa verkauft. (Tokumeigakarinoaoshima / cc-by-sa 4.0)

Diese wunderbar restaurierte Mach IV – von der Lackierung her ein Modell von 1972– parkte im Juni 2022 vor einem Kaffee in Paris. Nicht ganz original, aber eine sinnvolle Verbesserung ist die Aufrüstung in Sachen Bremsen; solche Doppelscheiben vorne hat es ab Werk nie gegeben. (Foto: Kh)

Diese Anzeige – Die kräftigste serienmäßige Supermaschine in der 750 Klasse ! – gab es 1973 auch in Deutsch, geschaltet von Detlev Louis.

Fahrleistungen und Fahrverhalten. Die Maschine blieb bis 1976 im Programm, zuletzt als KH 500 mit 50 PS und, seit 1972, Scheibenbremse im Vorderrad.

Höhe- und Endpunkt der Dreizylinder-Entwicklung von Kawasaki bildete aber die 750 H2 / Mach IV. Diese imponierende 750er von 1971 bot noch einmal deutlich mehr Schub als die Mach III, hatte einen Sound, der allen Bikern Freudentränen in die Augen trieb, und kam auf unglaubliche 74 PS. Mit einer Höchstgeschwindigkeit von über 200 km/h war sie das schnellste Serienmotorrad der frühen Siebziger.

Beim Fahrwerk handelte es sich um eine leicht modifizierte und im Radstand verlängerte Ausgabe des Doppelschleifen-Rohrrahmens der Mach III, der ja schon mit dem schwächeren Halbliter-Treibsatz überfordert gewesen war. Es ist nicht nachvollziehbar, warum man glaubte, dass es bei der noch stärkeren H2 anders sein würde: Kawasaki und schlechte Fahrwerke, das waren in den frühen Siebzigern Synonyme, auch nachdem die

KH 250, KH 400 und KH 500 waren voneinander kaum zu unterscheiden. Typenbezeichnungen und Bauteile waren 1971 vereinheitlicht worden. Prospekt von 1976.

Die letzten KH 500 hatten die Bremsen der Z 900. »KH« stand für »Kawasaki Highway«.

Jahr	1969–1977	1972–1975
Modell	**500 H 1 / KH 500**	**750 H 2 Mach IV**
Motor		
Hubraum (cm³)	499	748
Zylinder	R 3	R 3
Bohrung x Hub (mm)	60 x 58,8	71 x 63
Arbeitsweise	2-Takt	2-Takt
Steuerung	SL	SL
Gemischaufbereitung	3 x Mikuni Ø 28	3 x Mikuni Ø 30
Ventile/Zylinder	–	–
Verdichtung	6,8	7,1
Kühlung	L	L
Leistung (kW (PS) / bei U/min)	43 (58) / 7750, KH: 38 (52) / 7000	55 (74) / 6800
Max. Drehmoment (Nm / bei U/min)	55,8 / 7000, KH: 53 / 6500	77,5 / 6500
Batterie	12 V 9 Ah	12 V 5 Ah
Generator (Watt)	145	145
Kraftübertragung		
Anz. Gänge	5	5
Übersetzung	2,20 / 1,140 / 1,09 / 0,92 / 0,81	2,17 / 1,47 / 1,11 / 0,92 / 0,81
Hinterradantrieb	K	K
Endübersetzung	2,81	3,13
Starter	Kick	Kick
Fahrwerk		
Rahmen	SDR	SDR
Vorderradfederung	T Ø 34	T Ø 36
Hinterradfederung	S	S
Federweg vorne (mm)	120	140
Federweg hinten (mm)	70	80
Vorderradbremse	SB Ø 245	SB Ø 296
Hinterradbremse	TB Ø 180	TB Ø 200
Vorderradreifen	3.25-19	3.25-19
Hinterradreifen	4.00-18	4.00-16
Allgemeine Daten		
Radstand (mm)	1410	1410
Maße (Länge, mm)	2125	2175
Lenkkopfwinkel (Grad)	63	62
Nachlauf (mm)	108	114
Gewicht (kg)	210	208
Tankinhalt (l)	16	17
Beschleunigung (s)	5,4	4,2
Höchstgeschw. (km/h)	186, 182	203
Preis inkl. MwSt (DM)	4700–5314,–	5400–5603,–
	ab 1972: Gabel Ø 36 mm; ab 1976: Bezeichnung KH 500, CDI-Zündung	

H2B 1974 serienmäßig mit einem Lenkungsdämpfer, längerer Schwinge und verstärktem Rahmen ausgerüstet worden war. Stabilere Fahrwerke konnten zwar die anderen japanischen Hersteller auch nicht bauen, aber anscheinend fiel es bei denen nicht so auf. Laut Prospekt konsumierte die H2 einen Liter Sprit auf 30 Kilometer bei einer Geschwindigkeit von 50 km/h. Der Tank fasste 17 Liter, was der H2 in der Theorie (und bei konstant 50 Stundenkilometern) eine Reichweite von über 500 Kilometern beschert hätte. Alle weniger geduldigen Kawasaki-Fahrer taten gut daran, nach spätestens 150 Kilometern die nächste Zapfsäule anzusteuern. Die großen Dreizylinder verschwanden 1976 aus dem Kawasaki-Angebot.

2 Kawasaki Einzylinder

Kawasaki Z 200 (1976–1979)
Kawasaki Z 250 C (1980–1983)
Kawasaki Z 250 LTD / Belt Drive (1980–1984)

Weil es die Siebziger waren und goldene Zeiten für Motorradhersteller, stopften die Produzenten so ziemlich jedes Modell, das noch irgendeine Daseinsberechtigung zu haben schien, in Überseecontainer und schickten sie Richtung Europa. Das bescherte deutschen Käufern eine immense Fülle an Maschinen, deren Zielgruppe sich auch nach intensivem Nachdenken kaum erschloss. Die Z 200 war so ein Fall, denn die passte mit ihrem Hubraum kaum mehr in die Versicherungslandschaft: Wer in der 17-PS-Klasse kaufen wollte (wahrschein musste er eher), legte dann schon Wert auf einen vollen viertel Liter Hubraum, und solchen Ansprüchen wurde ein Sparmobil mit

Die Z 200 stand auf der IFMA 1976 in Deutschland.

Ausgeliefert wurde sie ab Frühjahr 1977, Tests lobten den elastischen Motor.

Die Z 250 C löste 1980 die Z 200 ab. Anders als diese hatte die neue Einsteiger-Maschine eine Trommelbremse im Vorderrad.

Die Z 250 LTD war noch seltener zu sehen als die Straßenmaschine.

mickrigen 200 Kubik und mechanisch betätigter Vorderradscheibenbremse nicht gerecht. Andererseits war sie nicht so schwer, handlich, günstig und daher öfter bei Fahrschulen anzutreffen. War allerdings nicht die zuverlässigste, denn häufiger Vollgasbetrieb – und man konnte sie kaum anders fahren – führte gerne einmal zu Motorschäden. Das spielte aber bei den Fahrschulen kaum eine Rolle.

Bereits im Nachfolgemodell Z 250 C (1980) sowie in den gleichzeitig beziehungsweise bereits vorher eingeführten Ablegern Z 250 LTD (Softchopper, 1980) und KL 250 (Enduro, 1977) waren daher leistungsfähigere Ölpumpen verbaut. Viel öfter hat man sie dennoch nicht gesehen, eine solche Basis-Motorisierung passte nicht zu einer Marke, welche sich ganz der Sportlichkeit verschrieben hatte.

Jahr	1976–1979	1980–1983	1981–1983	1983–1984
Modell	**Z 200**	**Z 250 C**	**Z 250 LTD**	**Z 250 LTD Belt Drive**
Motor				
Hubraum (cm³)	198	246	246	250
Zylinder	S 1	S 1	S 1	S 1
Bohrung x Hub (mm)	66 x 58	70 x 64	70 x 64	70 x 64
Arbeitsweise	4-Takt	4-Takt	4-Takt	4-Takt
Steuerung	OHC	OHC	OHC	OHC
Gemischaufbereitung	1 x Keihin Ø 26	1 x Keihin Ø 26	1 x Mikuni Ø 26	1 x Keihin Ø 26
Ventile/Zylinder	2	2	2	2
Verdichtung	9	8,9	8,9	9,3
Kühlung	L	L	L	L
Leistung (kW (PS) / bei U/min)	13 (17) / 8000	13 (17) / 7000	13 (17) / 7000	13 (17) / 7000
Max. Drehmoment (Nm / bei U/min)	15,3 / 7000	19 / 4000	19 / 4000	19 / 4000
Batterie	12 V 10 Ah	12 V 10 Ah	12 V 10 Ah	12 V 10 Ah
Generator (Watt)	132	132	132	132
Kraftübertragung				
Anz. Gänge	5	5	5	5
Übersetzung	2,64 / 1,73 / 1,30 / 1,05 / 0,90	2,64 / 1,73 / 1,30 / 1,05 / 0,90	2,64 / 1,73 / 1,30 / 1,05 / 0,90	2,64 / 1,73 / 1,30 / 1,05 / 0,90
Hinterradantrieb	K	K	K	ZR
Endübersetzung	2,67	2,47	2,48	2,48
Starter	Kick / Elektro	Elektro	Elektro	Elektro
Fahrwerk				
Rahmen	SER	SER	SER	SER
Vorderradfederung	T Ø 32	T Ø 32	T Ø 32	T Ø 32
Hinterradfederung	S	S	S	S
Federweg vorne (mm)	120	150	150	150
Federweg hinten (mm)	70	80	92	80
Vorderradbremse	SB Ø 210	TB Ø 180	TB Ø 180	TB Ø 180
Hinterradbremse	TB Ø 130	TB Ø 130	TB Ø 130	TB Ø 130
Vorderradreifen	2.75-18	2.75-18	2.75-18	3.00-19
Hinterradreifen	3.25-17	4.60-16 /120/90-16	4.60-16	120/90-16
Allgemeine Daten				
Radstand (mm)	1280	1310	1335	1345
Maße (Länge, mm)	1980	1860	2080	2075
Lenkkopfwinkel (Grad)	64	62,5	61	61
Nachlauf (mm)	88	98	106	98
Gewicht (kg)	154	138	143	144
Tankinhalt (l)	9,3	9,3	8	11,7
Beschleunigung (s)	16,5	11,3	11,3	17
Höchstgeschw. (km/h)	121	126	116	126
Preis inkl. MwSt (DM)	2957–3328,–	3620–3850,–	3920–4050,–	4210,–
		1981: Vergaser Keihin Ø 32		

Kawasaki Estrella 250 (1994–1999)

Die Retro-Welle, welche die Motorradindustrie Anfang der 1990er Jahre erfasste und bei Kawasaki etwa zur Zephyr-Reihe geführt hatte, spülte auch eine bildhübsche 250er nach Europa: »Estrella« hieß Kawasakis kleiner Augenstern, welcher zwei Jahre nach Beginn des Verkaufs in Japan 1994 auch an deutschen Gestaden anlandete. Die Technik – Einzylinder-Viertaktmotor mit Ausgleichswelle, Fünfgang-Getriebe, Scheibenbremsen – war weit weniger nostalgisch angehaucht als die 50er-Jahre-Optik, und anders als Klassiker wie die NSU Max mit ihrem Rahmen aus Blechpressteilen verfügte die Kawasaki über einen Stahlrohrrahmen mit zentralem Rückgrat und zentralem, sich unter dem Motor teilendem Unterzug. Dazu kamen solides Stahlblech allenthalben und Chrom an Schutzblechen, Scheinwerfer und Rücklichthalter: Wertig gemacht und liebevoll verarbeitet, aber nichts für traute Zweisamkeit: Wegen der geringen Zuladung von 104 kg durfte auf dem Schwingsattel nur der Fahrer Platz nehmen, anstelle des Soziussitzes war ein verchromter Gepäckträger montiert. Das änderte sich 1996, zu der Zeit wurde die Estrella aufgelastet und erhielt eine Soziussitzbank, eine Vergaser-Vorwärmung und neue Federbeine ohne Reservoir. Die 17-PS-Kawa fiel 1999 aus dem Programm für Deutschland, in Japan lief sie offen mit 21 PS bis 2017 weiter.

Die Estrella war bis 1996 lediglich für den Solobetrieb zugelassen.

Ab 1996 durfte auch ein Sozius mitgenommen werden. Für Japan wurde die Estrella (offiziell BJ 250) auch im neuen Jahrtausend weiterhin produziert.

Jahr	Estrella / Duo
Modell	**1994–1999**
Motor	
Hubraum (cm³)	249
Zylinder	S 1
Bohrung x Hub (mm)	66 x 73
Arbeitsweise	4-Takt
Steuerung	OHC
Gemischaufbereitung	1 x Keihin Ø 34
Ventile/Zylinder	2
Verdichtung	9
Kühlung	L
Leistung (kW (PS) / bei U/min)	13 (17) / 7500
Max. Drehmoment (Nm / bei U/min)	18,3 / 5000
Batterie	12 V 8 Ah
Generator (Watt)	224
Kraftübertragung	
Anz. Gänge	5
Übersetzung	2,636 / 1,733 / 1,300 / 1,050 / 0,833
Hinterradantrieb	K
Endübersetzung	2,533
Starter	Elektro
Fahrwerk	
Rahmen	SER
Vorderradfederung	T Ø 39
Hinterradfederung	S
Federweg vorne (mm)	120
Federweg hinten (mm)	75, Duo: 95
Vorderradbremse	SB Ø 300
Hinterradbremse	SB Ø 230
Vorderradreifen	90/90-18
Hinterradreifen	110/90-17
Allgemeine Daten	
Radstand (mm)	1400
Maße (Länge, mm)	2090
Lenkkopfwinkel (Grad)	63
Nachlauf (mm)	96
Gewicht (kg)	156
Tankinhalt (l)	14
Beschleunigung (s)	15,2
Höchstgeschw. (km/h)	115
Preis inkl. MwSt (DM)	7760 – 7990,–
	Ab 1996 auch mit Soziussitz, zul. GG steigt von 265 auf 316 kg

Kawasaki KL 250 (1977–1983)
Kawasaki KLR 250 (1984–1993)
Kawasaki KLX 250 (1980–1997)
Kawasaki KLX 300 (1997–2007)

Viertakt-Enduros bot Kawasaki bereits seit 1977, zunächst in Form der KL 250. Die war aber, zumindest in der deutschen Ausführung, zu brav, um als Enduro ernst genommen zu werden. Das änderte sich mit der 1984er KLR 250. Sie war mit 17 oder 27 PS (Spitze 125 oder 145 km/h) zu haben. Natürlich war das Drehzahlband schmaler als bei den größeren Modellen, daher gab es hier ein eng gestuftes Sechsgang-Getriebe. Wie alle kleinvolumigen Modelle dieser Tage war sie nur wenig gefragt, und das ließ sich auch von der KLX 250 behaupten, die kurzzeitig als Parallelmodell zur KLR für Wettbewerbszwecke im Angebot stand. Auf breiter Front verkauft wurde die KLX 250 dann erst in den Neunzigern. Der hochgezüchtete Viertaktsingle leistete offen 23 PS, meist wurden aber Modelle mit versicherungsgünstigen 17 PS verkauft. Im Gegensatz zur KLX 650 waren ihr Motorprobleme fremd, vor allem im harten Gelände wusste sie dank ihres niedrigen Gewichts zu gefallen. Was fehlte, war das Quäntchen an Drehmoment, das in ganz kniffligen Offroad-Passagen gefragt ist.

Nachdem Zweitakter in den Neunzigern immer häufiger an den Hürden des Umweltschutzes scheiterten, war klar, dass

KL 250, 1977: Die Viertakt-Enduro gilt als Kawasakis erster Versuch, ein Motorrad zu bauen, das auf- und abseits der Straße überzeugte.

Auch wenn die ersten Testberichte nicht euphorisch ausfielen, blieb die KLR 250, immer wieder modellgepflegt, bis 1993 im Importprogramm.

Die KLX 250 von 1980 war ein Fall für Spezialisten, für Fahrer, die mehr wollten, als gelegentlich über Schotter zu hoppeln.

Die KLX 300 R erschien 1997. In Deutschland blieb diese handliche Enduro für ambitionierte Geländesportler eine Randerscheinung.

Kawasakis Beitrag zur populären 400er-Enduroklasse mit einem hochmodernen, flüssiggekühltem Viertakt-Single vorrollte: Die KLX 300 R allerdings hatte zusätzlich mit einem Hubraummanko zu kämpfen, wiewohl das Fahrwerk mit Perimeter-Rahmen und Moto-Cross-tauglichen, langhubigen Federelementen sich Bestnoten verdiente. Die Optik erinnerte an die KLX 650 R. Wie alle Kawasaki-Enduros war sie aber im Straßenverkehr selten zu sehen, das änderte sich erst in den 2000ern mit der zweizylindrigen Kawasaki Versys 650.

Jahr	1977–1980 / 1981–1983	1984–1987	1980–1981	1988–1993	1994–1997	1997–2007
Modell	KL 250	KLR 250	KLX 250	KLR 250	KLX 250	KLX 300 R
Motor						
Hubraum (cm³)	246	247	246	249	249	292
Zylinder	S 1	S 1	S 1	S 1	S 1	S 1
Bohrung x Hub (mm)	70 x 64	74 x 58	70 x 64	74 x 58	72 x 61,2	78 x 61,2
Arbeitsweise	4-Takt	4-Takt	4-Takt	4-Takt	4-Takt	4-Takt
Steuerung	OHC	DOHC	OHC	DOHC	DOHC	DOHC
Gemischaufbereitung	1 x Keihin Ø 28	1 x Keihin Ø 34	1 x Keihin Ø 28	1 x Keihin Ø 34	1 x Keihin Ø 34	1 x Keihin Ø 34
Ventile/Zylinder	2	4	2	4	4	4
Verdichtung	8,9	8,9	8,9	11,0	11	11,0
Kühlung	L	W	L	W	W	W
Leistung (kW (PS) / bei U/min)	13 (17) / 7000	13 (17) / 9000	15,5 (21) / 8000	13 (17) / 7800	18 (25) / 8000	19 (26) / 7000
Max. Drehmoment (Nm / bei U/min)	18,6 / 6300	18,8 / 4000	18,6 / 6300	17,2 / 3500	22,5 / 7500	27,5 / 6500
Batterie	6 V 6 Ah	12 V 4 Ah	6 V 6 Ah	12 V 4 Ah	–	12 V 5 Ah
Generator (Watt)	76	180	76	180.	203	203
Kraftübertragung						
Anz. Gänge	5	6	5	6	6	6
Übersetzung	2,64 / 1,73 / 1,30 / 1,05 / 0,88	3,000 / 2,000 / 1,500 / 1,250 / 1,050 / 0,904	2,64 / 1,73 / 1,30 / 1,05 / 0,88	3,00 / 2,00 / 1,50 / 1,250 / 1,05 / 0,904	3,000 / 2,000 / 1,500 / 1,250 / 1,050 / 0,904	3,000 / 2,000 / 1,500 / 1,250 / 1,050 / 0,904
Hinterradantrieb	K	K	K	K	K	K
Endübersetzung	2,79 / 2,86	3,00	2,86	2,800	3,000	3,571
Starter	Kick	Kick	Kick	Kick	Kick	Elektro
Fahrwerk						
Rahmen	SER	SER	SER	SER	SER	SER
Vorderradfederung	T Ø 35 / T Ø 36	T Ø 36	T Ø 36	T Ø 36	USD Ø 43	USD Ø 43
Hinterradfederung	S	ZF	S	ZF	ZF	ZF
Federweg vorne (mm)	185 / 220	230	250	230	290	285
Federweg hinten (mm)	110 / 160	190	250	230	280	280
Vorderradbremse	TB Ø 140	SB Ø 240	TB Ø 120	SB Ø 240	SB Ø 250	SB Ø 224
Hinterradbremse	TB Ø 140	TB Ø 120	TB Ø 130	TB Ø 120	SB Ø 230	SB Ø 195
Vorderradreifen	3.00-21	3.00-21	3.00-21	3.00-21	3.00-21	80/100-21
Hinterradreifen	4.00-18 / 4.60-17	4.60-17	4.00-18	4.60-17	4.00-18	100/100-18
Allgemeine Daten						
Radstand (mm)	1400 / 1425	1415	1435	1415	1440	1435
Maße (Länge, mm)	2210 / 2230	2115	2115	2200	2220	2115
Lenkkopfwinkel (Grad)	61 / 60	61,5	62	61,5	63,5	63,5
Nachlauf (mm)	127	117	121	117	109	107
Gewicht (kg)	126 / 128	134	132	141	129	114
Tankinhalt (l)	9 / 11	11	9,8	11	8	9,8
Beschleunigung (s)	13,3 / 18,3	8,6	18,3	14,9.	k. A.	k. A.
Höchstgeschw. (km/h)	117 / 113	133	111	115	130	135
Preis inkl. MwSt (DM)	3914–4080,–	5490,–	5250,–	5890–6420,–	8760,–	10.990,–
		a.W mit 20 kW/9000 u. 22,6 Nm/6000	Wettbewerbs-Ausführung der KL 250, Händler-Import in 300 Ex.			

Kawasaki KLR 600 / E (1984–1986)
Kawasaki KLR 650 A / Tengai (1986–1992)
Kawasaki KLX 650 / R (1993–2001)
Kawasaki KLR 650 (1995–2003)

Während die Konkurrenz seit Jahren im Endurobereich die Kunden abholte, kam Kawasaki nicht so richtig in die Pötte. Erst zur IFMA 1984 brachte Kawasaki einen hochkarätigen Stoppelhopser in die Ladenlokale der Händler, sparte dann aber nicht an Aufwand: Zwei obenliegende Nockenwellen, vier Ventile, zwei Ausgleichswellen samt Flüssigkeitskühlung und ein Kickstarter mit Dekompressionsmechanismus sorgten für einen gelungenen Auftritt. Am Fahrwerk kam eine Aluschwinge mit Exzenterverstellung für die Kettenspannung zum Einsatz. Ab 1985 bot Kawasaki die KLR 600 E mit Elektrostarter an,

Auf der IFMA 1982 war eine KLR 500 gezeigt worden, doch verkauft wurde ab 1984 die KLR 600, die im Folgejahr einen Elektro-Starter erhielt.

Mit dem Alu-Rahmen war die KLR 600 die leichteste Groß-Enduro Mitte der Achtziger. Es gab sie in zwei Leistungsstufen, also auch mit 27 PS.

Die KLR 650 erschien zur Saison 1987. Zwei Jahre später folgte deren Ableitung, die Reise-Enduro »Tengai«. Im ersten Jahr hatte die noch 48 PS, im Jahr darauf waren es offiziell nur noch 42 PS.

Die KLX 650 gab 1993 ihr Debüt, sie hatte eine neue Upside-Down-Gabel. Sie galt als Pflegefall, außerdem erfüllte sie die verschärften Abgasbestimmungen nicht, daher hat man sie durch die KLR 650 – die Ex-Tengai – ersetzt.

im Folgejahr rückte die KLR 650A an. Die gab sich etwas zivilisierter, ermöglichte dank eines 23-Liter-Tanks ordentliche Reichweiten, brachte ihre Besatzung menschenwürdig unter und hatte wegen der serienmäßigen Gepäckbrücke auch noch Platz für allerlei Krimskrams, den man gerne so dabei hat. Alles in allem eine sehr alltagstaugliche Enduro und besser als jeder andere Springinsfeld, den die Grünen bisher auf die Stollen gestellt hatten. 1989 kam die nächste KLR-Baureihe namens »Tengai«. Im Grunde genommen aber handelte es sich dabei lediglich um eine optisch und technisch überarbeitete KLR 600. Mit Präsentation der Nachfolgerin – sie trug die Bezeichnung »KLX« und wies, entsprechend der Kawasaki-Nomenklatur, auf eine höhere Geländetauglichkeit hin – schickte Kawasaki die erste Generation seiner Viertakt-Enduros zur IFMA 1992 in Rente.

Von der Papierform hätte die KLX 650 eigentlich zum Selbstläufer werden müssen. Der sportlich-schlanke Allrounder war nämlich hochbeiniger (Federweg fast 250 mm), deutlich leichter (allein der neue Motor sparte vier Kilogramm ein) und auch um 4 PS stärker als die KLR. So weit die Theorie, und in der ersten vollen Verkaufssaison funktionierte der Ansatz auch richtig gut. Doch mit steigenden Verkaufszahlen zeigten sich diverse Unarten am neuen Viertaktsingle. Vor allem Kolbenkipper und übermäßiger Ölverbrauch entwickelten sich zu echten Ärgernissen. Außerdem waren die Federelemente zu weich, die Umrüstung auf ein Whitepower-Federbein geriet zur Pflicht. Die Garantieabteilung bekam tüchtig zu tun, und bevor der Schaden noch größer wurde, verschwand die Enduro Ende 1995 aus dem Produktionsprogramm. Offizieller Grund:

Als klassische Allround-Enduro rettete sich die KLR 650 hinüber ins neue Jahrtausend. Allerdings war die Nachfrage hierzulande stets verhalten.

Die KLR 650 wurde, mit kurzer Unterbrechung, von 1995 bis 2003 angeboten, blieb aber relativ selten: Rund 3000 Maschinen mit dem flüssiggekühlten Dohc-Single wurden hierzulande verkauft. Im Bild eine KLR von 2000.

Neue Abgas- und Lärmrestriktionen. Stattdessen holte man den Tengai-Single wieder aus der Versenkung und kombinierte ihn mit KLX-Versatzstücken. Die Enduro wurde bis ins neue Jahrtausend als KLR 650 verkauft.

Die KLX 650 R als Wettbewerbsmodell erschien 1993. Sie hatte weder eine Soziuszulassung noch einen Elektrostarter: Sie musste angetreten werden.

Jahr	1984–1986	1986–1988	1989–1992	1995–2003	1993–1995	1993–1995	1998–2001
Modell	**KLR 600 / E**	**KLR 650**	**Tengai**	**KLR 650**	**KLX 650**	**KLX 650 R**	**KLX 650 R**
Motor							
Hubraum (cm³)	564	652	652	652	652	652	652
Zylinder	S 1	S 1	S 1	S 1	S 1	S 1	S 1
Bohrung x Hub (mm)	96 x 78	100 x 83	100 x 83	100 x 83	100 x 83	100 x 83	100 x 83
Arbeitsweise	4-Takt	4-Takt	4-Takt	4-Takt	4-Takt	4-Takt	4-Takt
Steuerung	DOHC	DOHC	DOHC	DOHC	DOHC	DOHC	DOHC
Gemischaufbereitung	1 x Keihin Ø 40	1 x Keihin Ø 40	1 x Keihin Ø 40	1 x Keihin Ø 40	1 x Keihin Ø 40	1 x Keihin Ø 40	1 x Keihin Ø 40
Ventile/Zylinder	4	4	4	4	4	4	4
Verdichtung	9,5	9,5	9,5	9,5	9,5	10,5	10,5
Kühlung	W	W	W	W	W	W	W
Leistung (kW (PS) / bei U/min)	31 (42) / 7000, auch 20 (27) / 6000	33 (45) / 6500, auch 20 (27) /5800	35 (48) / 6500, auch 20 (27) / 5000	31 (42) / 7000, auch 25 (34) / 5800	33 (45) / 6500	36 (49) / 7600	19 (26) / 4000, auch 33 (45) / 6500
Max. Drehmoment (Nm / bei U/min)	48 / 5500, auch 40 / 3000	55 / 5500, auch 45 / 2500	55 / 5500, auch 45,1 / 2800	47 / 5000, auch 47 / 4200	53 / 5000	53 / 5000	41 / 3000
Batterie	12 V 4 Ah	12 V 14 Ah	12 V 14 Ah	12 V 14 Ah	12 V 8 Ah	12 V 8 Ah	12 V 8 Ah
Generator (Watt)	180	180	160	238	238	238	238
Kraftübertragung							
Anz. Gänge	5	5	5	5	5	5	5
Übersetzung	2,437 / 1,529 / 1,181 / 0,954 / 0,791	2,266 / 1,529 / 1,181 / 0,954 / 0,791	2,266 / 1,529 / 1,181 / 0,954 / 0,791	2,266 / 1,444 / 1,136 / 0,954 / 0,791	2,13 / 1,52 / 1,18 / 0,95 / 0,79	2,266 / 1,529 / 1,181 / 0,954 / 0,791	2,266 / 1,529 / 1,181 / 0,954 / 0,791
Hinterradantrieb	K	K	K	K	K	K	K
Endübersetzung	2,866	2,866	2,866	2,800	2,86	2,86	3,500
Starter	Kick	Elektro	Elektro	Elektro	Elektro	Kick	Kick
Fahrwerk							
Rahmen	SER	SER	SER	SER	SER	SER	SER
Vorderradfederung	T Ø 38	T Ø 38	T Ø 38	T Ø 41	USD Ø 43	USD Ø 43	USD Ø 43
Hinterradfederung	ZF	ZF	ZF	ZF	ZF	ZF	ZF
Federweg vorne (mm)	230	230	220	220	285	300	300
Federweg hinten (mm)	160	230	200	200	260	285	272
Vorderradbremse	SB Ø 250	SB Ø 260	SB Ø 280	SB Ø 280	SB Ø 280	SB Ø 250	SB Ø 250
Hinterradbremse	TB Ø 130	SB Ø 230	SB Ø 230	SB Ø 230	SB Ø 230	SB Ø 230	SB Ø 230
Vorderradreifen	3.00-21 / 90/90-21	90/90-21	90/90-21	90/90-21	90/90-21	80/80-21	80/100-21
Hinterradreifen	5.10-17 / 130/80-17	130/80-17	130/80-17	120/90-17	130/80-17	110/10-18	110/10-18
Allgemeine Daten							
Radstand (mm)	1470	1495	1480	1490	1510	1485	1490
Maße (Länge, mm)	2240	2205	2220	2280	2265	2225	2215
Lenkkopfwinkel (Grad)	60,5	62	62	61,5	61,5	61,5	61,5
Nachlauf (mm)	122	112	113	116	122	122	122
Gewicht (kg)	155 / 163	189	191	168	170	165	165
Tankinhalt (l)	11,5	23	23	14	12	11,6	11,6
Beschleunigung (s)	7,6	6,2	6,8	6,5	6,5	k. A.	k. A.
Höchstgeschw. (km/h)	159, auch 130	162, auch 131	155, auch 130	157, auch 149	157	k. A.	132
Preis inkl. MwSt (DM)	6550–7690,–	8540–8290,–	8590–9340,–	8990–9970,–	10.260,–	10.150–12.260,–	11.490,–
	E-Starter ab 1985			1996/1997 nicht angeboten		Wettbewerbsmodell	Wettbewerbsmodell

3 Kawasaki Reihen-Zweizylinder

Kawasaki Z 250 A (1978–1982)
Kawasaki GPZ 250 (1983–1984)
Kawasaki GPZ 305 Belt Drive (1984–1990)

Ende der Siebziger versuchte Kawasaki, seine schon etwas angestaubte Zweizylinder-Modellpalette aufzupolieren. Die neuen 180-Grad-Twins wirkten vielleicht moderner, waren aber, um der Wahrheit die Ehre zu geben, eher der Modellpolitik geschuldet denn einer echten Nachfrage: Mal abgesehen davon, dass in den Hubraumklassen unter 400 Kubik sowieso keine Stückzahlen zu machen waren, orientierte sich der typische Kawasaki-Kunde in der PS-Versicherungsklasse 50plus, war also vierzylindrig unterwegs. Daher war die neue (aber auch schwere) Z 250 in erster Linie nett anzusehen, handlich und vor allem günstig, aber kein echter Straßenfeger, auch nicht in der Sport-Optik der frühen Achtziger. Auch als Kawasaki 1983 die biedere Zwofuffziger in den typischen rot-schwarzen Trainingsanzug der GPz-Mannschaft steckte und sie, analog zu den größeren Maschinen, auf Unitrac und Belt-Drive umstellte, blieb sie, mit äußerstem Wohlwollen betrachtet, nicht mehr als ein unambitioniertes Anfängermaschinchen: Der seinerzeit einzige Zweizylinder in der 17-PS-Klasse war ein träger Geselle, für den Fahrfreude ein Fremdwort war. »Schreit kraftlos und gequält«, hieß es in einem Vergleichstest, dazu war das Sechsganggetriebe »anscheinend überhaupt nicht auf den Motor abgestimmt«. Ganz sicher war die Z 250 eine der am schlechtesten getesteten Kawas jener Jahre und mit fast 4700 Mark auch noch die teuerste Maschine in ihrer Klasse – und diejenige mit dem höchsten Wartungsaufwand wegen der kurzen Serviceintervalle: Alle 3000 Kilometer zur Werkstatt? Das ging doch arg ins Geld.

Obwohl in der 27-PS-Klasse die Konkurrenz mit 400ern antrat, wählte *Motorrad* für einen Vergleichstest 1979 die Z 250 aus.

Die Z 250 A war die kleinste Zweizylinder-Kawasaki. Um der Z 400 keine interne Konkurrenz zu machen, wurde sie auf 17 PS gedrosselt.

Der Importeur hatte rasch ein Einsehen und überließ der GPz 305 das Feld. Wenn's denn unbedingt sein musste, konnte man die über andere Gasschieber auf 17 PS drosseln (um dann, nach TÜV und so, wieder zu den passenderen 27 PS zurückzukehren). Die feine 300er – offen 34 PS – hatte, bis auf die ersten Importe, anstelle einer Antriebskette einen wartungsfreien Zahnriemen. Riemen wie auch Hubraum hingen mit den Entwicklungen auf dem US-Markt zusammen, dort hatte es den 305er-Motor schon zwei Jahre früher gegeben. Diese Einsteiger-GPZ kam in den Berichten wesentlich besser weg als die Konkurrenz, tat sich aber in den 27-PS-Vergleichstests schwer: In der Klasse fuhr die Konkurrenz mindestens 450 Kubik auf, und damals kam es nur auf die Größe an ... Insgesamt eine wesentlich erfreulichere Erscheinung als die Viertelliter-GPZ. Man sah sie relativ häufig im Fahrschulbetrieb, denn sie war leicht, gutmütig und lief gut 140 km/h. Außerdem sah sie nett aus und durfte darob, in Würde gealtert, noch den Anbruch des nächsten Jahrzehnts miterleben.

Den bekannten OHC-Twin der biederen Z 250 versetzte Kawasaki für 1983 in die Sportabteilung. Mit Uni-Trak und Belt-Drive rollte sie mit 17 PS vor – ein braves Allroundmotorrad ohne sportliche Ambitionen.

Die Zweizylinder im GPZ-Look erschien zum Modelljahr 1984. Original 34 PS stark, wurde die GPZ 305 über andere Gasschieber auf 27 PS gedrosselt.

Für 1985 ersetzte ein wartungsfreier Zahnriemen die Antriebskette.

Jahr	1978–1982	1983–1984	1984–1990
Modell	Z 250 A / J	GPZ 250 Belt Drive	GPZ 305 / Belt Drive
Motor			
Hubraum (cm³)	249	249	306
Zylinder	R 2	R 2	R 2
Bohrung x Hub (mm)	55 x 52,4	55 x 52,4	61 x 52,4
Arbeitsweise	4-Takt	4-Takt	4-Takt
Steuerung	OHC	OHC	OHC
Gemischaufbereitung	2 x Keihin Ø 32	2 x Keihin Ø 32	2 x Keihin Ø 32
Ventile/Zylinder	2	2	2
Verdichtung	9,5	10,1	9,7
Kühlung	L	L	L
Leistung (kW (PS) / bei U/min)	20 (27) / 10.000, ab 1982: 13 (17) / 8250	13 (17) / 8000	20 (27) / 10.000, auch 25 (34)
Max. Drehmoment (Nm / bei U/min)	20,4 / 8500, auch 17,4 / 7000	16 / 7500	23,5 / 7500
Batterie	12 V 10 Ah	12 V 9 Ah	12 V 9 Ah
Generator (Watt)	190	190	190
Kraftübertragung			
Anz. Gänge	6	6	6
Übersetzung	2,600 / 1,789 / 1,409 / 1,160 / 1,000 / 0,892	2,600 / 1,789 / 1,409 / 1,160 / 1,000 / 0,892	2,600 / 1,789 / 1,409 / 1,160 / 1,000 / 0,892
Hinterradantrieb	K	K	K / ZR
Endübersetzung	2,333	2,333	2,173
Starter	Elektro	Elektro	Elektro
Fahrwerk			
Rahmen	SER	SDR	SDR
Vorderradfederung	T Ø 33	T Ø 32	T Ø 32
Hinterradfederung	S	ZF	ZF
Federweg vorne (mm)	150	150	150
Federweg hinten (mm)	98	160	100
Vorderradbremse	SB Ø 226	DSB Ø 250	DSB Ø 250
Hinterradbremse	SB Ø 218	TB Ø 165	TB Ø 165
Vorderradreifen	3.00-18	90/90-18	90/90-18
Hinterradreifen	3.50-18	110/80-18	110/80-18
Allgemeine Daten			
Radstand (mm)	1340	1360	1360 / 1355
Maße (Länge, mm)	2060	2130	2130
Lenkkopfwinkel (Grad)	63	63,5	63,5
Nachlauf (mm)	100	95	95
Gewicht (kg)	167	165	164
Tankinhalt (l)	13,5	17	17
Beschleunigung (s)	9,6	14,8	8,4 / 8,8
Höchstgeschw. (km/h)	145, auch 116	128	150 / 140
Preis inkl. MwSt (DM)	4296–3620,–	4690–4720,–	4850–6060,–

Kawasaki EL 250 / E (1988–1995)
Kawasaki EL 252 (1996–2002)

Mal wieder eine Kawasaki, die in kein Schema passte und für die es im Grunde genommen außerhalb der Fahrschulen auch keine echte Nachfrage gab. Dafür aber war die EL 250 von 1988 wegen ihrer geringen Sitzhöhe prädestiniert, was auch die Popularität innerhalb dieses Kundenkreises erklärt. Und die Fahrschüler lernten schalten, denn der Twin hatte eine sehr spitze Leistungscharakteristik (Bohrung x Hub 62 x 41 mm).

Offen war die EL 250 satte 33 PS stark, die bei 12.500/min anstanden.

Die gleitgelagerte Kurbelwelle trieb per Zahnradsatz eine Ausgleichswelle an, die die Vibrationen auf ein Minimum reduzieren sollte. Eine Zahnkette war für die Betätigung von zwei obenliegenden Nockenwellen und Schlepphebeln verantwortlich. Bei der EL 250 E von 1991 handelte es sich um eine mit Cockpitverkleidung, Bugspoiler und Leichtmetall-Gussrädern aufgemöbelte Variante. Sie kostete 6280 Mark.

Der Hubraumzuwachs von gerade mal fünf Kubikzentimetern mag bei ihrer Nachfolgerin, der EL 252 von 1996, nicht die entscheidendste Änderung gewesen sein. Vielmehr gaben

Zusätzlich zur normalen EL 250 gab es zwischen 1992 und 1993 auch die »E«-Version mit Gussrädern (welche die Basis seit 1990 nicht mehr hatte), Cockpitverkleidung und Bugspoiler.

1996 folgte die leicht modifizierte EL 252. Kritik gab es nur an der störrischen Hinterradbremse, dem zu kleinen Soziusplatz und der unkomfortablen Federung hinten. Die EL war stets auch auf 27 PS gedrosselt erhältlich, ab 1990 sogar auf 17 PS, was jedoch das Temperament spürbar dämpfte.

immer strengere Geräusch- und Abgasvorschriften Anlass zu einer Modifizierung des kleinen Cruisers. Mit dazu zählen durfte man auch die geringfügig erhöhte Verdichtung, die zu einer besseren Verbrennung des Gemischs beitragen sollte. Hinzu kamen kleinere Hauptdüsen sowie eine längere Endübersetzung, die den Schadstoffausstoß (und Lärmpegel) senkten. Zudem gab's nun im Cockpit einen Drehzahlmesser. An der Zielgruppe – Fahrschulen und Einsteiger – änderte sich nichts.

Jahr	1988–1995	1996–2002
Modell	**EL 250 Eliminator**	**EL 252 / S**
Motor		
Hubraum (cm³)	248	253
Zylinder	R 2	R 2
Bohrung x Hub (mm)	62,0 x 41,2	62,5 x 41,2
Arbeitsweise	4-Takt	4-Takt
Steuerung	DOHC	DOHC
Gemischaufbereitung	2 x Keihin Ø 30	2 x Keihin Ø 30
Ventile/Zylinder	4	4
Verdichtung	12,0	12,2
Kühlung	W	W
Leistung (kW (PS) / bei U/min)	20 (27) / 11.800, auch 24 (33) / 12.000	22 (30) / 12.000
Max. Drehmoment (Nm / bei U/min)	17,5 / 9800	19,7 / 10.000
Batterie	12 V 8 Ah	12 V 8 Ah
Generator (Watt)	224 W	224 W
Kraftübertragung		
Anz. Gänge	6	6
Übersetzung	2,600 / 1,789 / 1,409 / 1,160 / 1,000 / 0,892	2,600 / 1,789 / 1,409 / 1,160 / 1,000 / 0,892
Hinterradantrieb	K	K
Endübersetzung	3,143	2,857
Starter	Elektro	Elektro
Fahrwerk		
Rahmen	SDR	SDR
Vorderradfederung	T Ø 36	T Ø 36
Hinterradfederung	S	S
Federweg vorne (mm)	140	140
Federweg hinten (mm)	100	100
Vorderradbremse	SB Ø 260	SB Ø 260
Hinterradbremse	TB Ø 160	TB Ø 160
Vorderradreifen	100/90-17	100/90-17
Hinterradreifen	140/90-15	140/90-15
Allgemeine Daten		
Radstand (mm)	1490	1490
Maße (Länge, mm)	2180	2180
Lenkkopfwinkel (Grad)	61	61
Nachlauf (mm)	112	112
Gewicht (kg)	158	162
Tankinhalt (l)	11	11
Beschleunigung (s)	10,6, auch 8,2	8,3
Höchstgeschw. (km/h)	139	145
Preis inkl. MwSt (DM)	5590–8160,–	8360–7990,–

Kawasaki Z 400 (1974–1979)
Kawasaki Z 440 / LTD (1980–1985)
Kawasaki Z 750 / LTD (1976–1979)

Seit 1974 hatte Kawasaki in Form der Z 400 eine Alternative zu den hektischen Zweitaktern im Angebot. Die viertaktenden Parallel-Zweizylinder nach alter britischer Tradition zogen keine Wurst vom Teller (was allerdings für die anderen Nippon-Twins in dieser Hubraumklasse ebenso galt). Die bullig wirkende Kawasaki hatte in der ersten Ausführung von 1974 bis 1977 die klassenüblichen 36 beziehungsweise 27 PS und Fünfgang-Getriebe. Die darauf folgenden B-Modelle verfügten über sechs Fahrstufen sowie, ab 1979, über Gussräder, was sie aber auch nicht schneller machte: In Vergleichstests mussten sich die Kawa-Twins meist hinten anstellen. Zum Modelljahr 1978 wurde die moppelige 27-PS-Kawasaki erheblich überarbeitet und lief unter der Bezeichnung Z 400 G weiter, um dann 1980 ihrerseits durch die Z 440 abgelöst zu werden. Das Quäntchen mehr an Hubraum tat ihr spürbar gut, allerdings hatte auch die Konkurrenz

Die Markteinführung der Z 400 erfolgte im Frühsommer 1974. Der Parallel-Zweizylinder sollte in erster Linie den in den USA erfolgreichen Honda-Twins CB 350/360 Konkurrenz machen.

aufgerüstet: Alles in allem waren die Kawasaki-Twins kreuzbrave 27-PS-Maschinen ohne große Stärken und noch weniger Schwächen. Es gab später auch den Softchopper 440 LTD, der sogar einen Zahnriemen zum Hinterrad hatte. Dieser »Belt Drive« war ein Alleinstellungsmerkmal des Herstellers – zumindest in Deutschland, in den USA sah das anders aus –, der nur zwischen 1982 und 1985 versuchte, diese Alternative zu Kette oder Kardan durchzusetzen. Die Zahnriemen-LTD blieb aber selten. Das lässt sich auch von der 750er Twin sagen. Optisch und technisch gehörte sie zur ersten Generation von

Die bullige 400er hatte in der ersten Ausführung, die zwischen 1974 und 1977 verkauft wurde, 36 beziehungsweise 27 PS und Fünfgang-Getriebe. Die darauf folgenden B-Modelle verfügten über sechs Fahrstufen sowie, ab 1979, über Gussräder.

Die Z 440 löste die Z 400 ab und wurde 1980 vorgestellt. Während die Modelle bis 1982 in der Optik an die erfolgreichen großen Vierzylinder-Typen erinnerten, wurden die H1/H2-Typen von 1982/83 deutlich klassischer gehalten. Größere technische Änderungen gab es während der gesamten Bauzeit nicht, sieht man einmal von der Einführung einer Transistorzündung ab.

»Dieses Motorrad kommt optisch den Vorstellungen deutscher Käufer vom „American way to ride“ sehr nahe«, schrieb *Motorrad* im Test der Z 440 LTD. Es gab sie auch mit Zahnriemen zum Hinterrad (»Belt Drive«).

Die Hubraumvergrößerung tat der 27-PS-Kawasaki richtig gut, die Z 440 bot bei gleicher Leistung jetzt einen fülligeren Drehmomentverlauf als die Z 400.

Die Z 750 B, 1976: Der größte Viertakt-Twin seit den Tagen der seligen W 650 verfügte über Scheibenbremsen vorn wie hinten, war billiger als die meisten anderen 750er aus Fernost – und deutlich erfolgloser: Von Kawasaki erwartete man einfach mehr als zwei Zylinder und magere 50 PS.

Kawasaki bot zwei Z 750 LTD, eine mit zwei und eine mit vier Zylindern. Der Zweizylinder passte klar besser zu einem Softchopper.

Kawasaki-Viertaktern. Mit diesem quadratisch ausgelegten Paralleltwin pflegte Kawasaki 1976 noch inniger den »Dampfhammer«-Mythos nach britischem Vorbild als beim ersten Versuch mit der W1 zehn Jahre zuvor. Der Motor war aber viel moderner als bei den Altvorderen, Kawasaki verwendete einen DOHC-Zylinderkopf. Trotz zweier Ausgleichswellen entwickelte der Gleichläufer vorbildgerecht heftige Vibrationen, man tat gut daran, die Verschraubungen im Auge zu behalten. Ein Bestseller war sie aber nicht, der Motor passte eigentlich viel besser zur Chopper-Ausführung LTD von 1982 – die aber ebenso selten verkauft wurde, wer zum Kawasaki-Händler pilgerte, suchte schnelle Fours, keine rumpeligen Twins.

Jahr	1974–1978	1979–1980	1980–1982	1981 / 1982–1984	1976–1979	1983–1984
Modell	**Z 400**	**Z 400 B / G**	**Z 440 C / H**	**Z 440 LTD / Belt Drive**	**Z 750 B**	**Z 750 LTD Twin / Belt Drive**
Motor						
Hubraum (cm³)	399	399	444	444	745	745
Zylinder	R 2	R 2	R 2	R 2	R 2	R 2
Bohrung x Hub (mm)	64 x 62	64 x 62	67,5 x 62	67,5 x 62	78 x 78	78 x 78
Arbeitsweise	4-Takt	4-Takt	4-Takt	4-Takt	4-Takt	4-Takt
Steuerung	OHC	OHC	OHC	OHC	DOHC	DOHC
Gemischaufbereitung	2 x Keihin Ø 36	2 x Keihin Ø 32	2 x Keihin Ø 32	2 x Keihin Ø 32	2 x Mikuni Ø 38	2 x Mikuni Ø 34
Ventile/Zylinder	2	2	2	2	2	2
Verdichtung	9,0 ab 1976: 9,4	9,5	9,2	9,2	8,5	8,5
Kühlung	L	L	L	L	L	L
Leistung (kW (PS) / bei U/min)	26 (36) / 8500, auch 20 (27) / 7000	20 (27) / 7000; 7200	20 (27) / 7000	20 (27) / 7000	37 (50) / 7000	36 (49) / 7000
Max. Drehmoment (Nm / bei U/min)	28,5 / 7500	28,4 / 6200 / 28 / 5500	32,1 / 3000	32,1 / 3000	60 / 3000	61/ 3000
Batterie	12 V 12 Ah	12 V 12 Ah	12 V 12 Ah	12 V 12 Ah	12 V 12 Ah	12 V 14 Ah
Generator (Watt)	180	180	180	180	180	180
Kraftübertragung						
Anz. Gänge	5	6	6	6	5	5
Übersetzung	2,571 / 1,684 / 1,237 / 1,040 / 0,889	2,538 / 1,750 / 1,315 / 1,095 / 0,956 / 0,875	2,538 / 1,750 / 1,315 / 1,095 / 0,956 / 0,875	2,538 / 1,750 / 1,315 / 1,095 / 0,956 / 0,875	2,333 / 1,631 / 1,272 / 1,040 / 0,890	2,333 / 1,631 / 1,272 / 1,040 / 0,875
Hinterradantrieb	K	K	K	K / ZR	K	K / ZR
Endübersetzung	3,000, ab 1976: 2,933	3,00	3,000	3,00 / 2,727 (2,708)	2,375	2,375
Starter	Kick / Elektro	Kick / Elektro	Elektro	Elektro	Kick / Elektro	Kick / Elektro
Fahrwerk						
Rahmen	SDR	SDR	SDR	SDR	SDR	SDR
Vorderradfederung	T Ø 33	T Ø 33	T Ø 33	T Ø 33	T Ø 36	T Ø 36
Hinterradfederung	S	S	S	S	S	S
Federweg vorne (mm)	110	150	150	150	140	180 / 160
Federweg hinten (mm)	75	95	95	115	80	96 / 85
Vorderradbremse	SB Ø 280	SB Ø 280	SB Ø 277	SB Ø 277	SB Ø 296	DSB Ø 260
Hinterradbremse	TB Ø 180	TB Ø 160	TB Ø 160	TB Ø 160	SB Ø 277	TB Ø 180
Vorderradreifen	3.25-18	3.00-18	3.00-18 / 3.25-19	3.25-19	3.25-19	3.25-19
Hinterradreifen	3.50-18	3.50-18	3.50-18 / 4.10-18	130/90-16	4.00-18	130/90-16
Allgemeine Daten						
Radstand (mm)	1370	1365	1370 / 1375	1385	1460	1475
Maße (Länge, mm)	2060	2045	2080 / 2155	2120	2180	2210 / 2235
Lenkkopfwinkel (Grad)	63	63	63	62,5	63,5	61,5 / 62
Nachlauf (mm)	102	100	100	112	105	112 / 113
Gewicht (kg)	187	187	180	184	235	222
Tankinhalt (l)	14	14	14 / 16,3	11,5	14,5	10,6
Beschleunigung (s)	7,9	10,4	9,7	10,7	5,8	6,1
Höchstgeschw. (km/h)	149	141	137	132	166	174
Preis inkl. MwSt (DM)	4134–4818,–	4808,–	4850–4920,–	5040,–	6600,–	7090–7450,–
	1975 auch 24 kW / 9000/min		Letzte Ausführung: H-Modell, 1982	ZR: Endübersetzung 60/22 oder 65/24		Belt Drive nur mit LM-Rädern

Kawasaki LTD 450 (1985–1989)
Kawasaki GPZ 500 S (1987–2003)
Kawasaki EN 500 (1990–2001)
Kawasaki KLE 500 (1991–1998)
Kawasaki ER-5 Twister (1997–2006)

Der Weg nach Milwaukee führte über die LTD 450 von 1985. Der kleine Softie gefiel durch seine saubere Verarbeitung und die klug durchdachten Details. Besonders aufwändig geriet, Kawasaki-typisch, der Motor, ein halbiertes GPZ-900-Aggregat. In der Originalversion 50 PS stark, war die Leistung auf 27 PS gedrosselt worden. Die alten Paralleltwins wirkten aber im Chopper-Trimm authentischer, weniger nach Dorf-Disko. Das hinderte die Grünen aber ebenso wenig wie die anderen Hersteller daran, seine Hightech-Sportmotoren in Softchoppern aller Hubraum- und Leistungsklassen zu verwerten, wobei Kawasaki lobens-

Beim Twin der GPZ 500 S handelte es sich um einen halbierten RX-Vierzylinder im neuen Vierkant-Stahlrohrrahmen. Ursprünglich war er in drei Leistungsstufen mit 27, 50 und 60 PS zu haben, die gut 145 km/h schnelle 27-PS-Version (später 34 PS) war die beliebteste.

Für Vortrieb bei der LTD 450 von 1985 sorgte das halbierte GPZ-900-Aggregat. Wie bei Harley-Davidson erledigte ein Zahnriemen die Kraftübertragung zum dicken 15-Zöller an der Hinterhand. In der 27-PS-Version lief die 196 kg schwere LTD laut Werk über 140 km/h.

Die EN 500 gab es, wie die GPZ 500 S auch, in zahlreichen Leistungsvarianten, mit 27, 34, 46 oder (bis 1995) 50 PS. 1996 wurde die Baureihe komplett überarbeitet, optisch den größeren VN-Choppern angepasst und von Zahnriemen auf O-Ring-Kette umgestellt.

werterweise sich etwas mehr Zurückhaltung auferlegte als die Konkurrenz: Die Fransenkutte passte nicht zum hochmodernen Halbliter-Twin, der zur IFMA 1986 präsentierte Sportanzug hingegen wirkte wie auf Maß gearbeitet: Die GPZ 500 S hatte den flüssigkeitsgekühlten und im Hubraum vergrößerten Zweizylinder aus der LTD 450 und eine sportliche Optik im damals angesagten Joghurtbecher-Design mit viel Plastik. Zeittypisch war auch das 16-Zoll-Fahrwerk. Es gab sie in drei Leistungsstufen, und sie war so gut gelungen, dass erst 1994 eine größere Modellpflege notwendig wurde, sieht man einmal von der zweiten Scheibenbremse im Vorderrad ab. Die kam nämlich schon 1988. Der sehr kompakte Twin kam als echtes Einsteiger-Bike auf eine längere Bauzeit als jede andere in Deutschland angebotene Kawa, passte aber, realistisch betrachtet, am besten zu eher zierlichen Figuren. Ab einer gewissen Größen- und Gewichtsklasse musste man sich doch arg zusammenfalten, ums bequem zu haben. Trotzdem: Ein tolles Motorrad, nicht wenige Biker-Karrieren haben mit der Halbliter-GPZ begonnen. Weil der Motor so gelungen war, folgten in den Neunzigern dann zahlreiche weitere Halbliter-Modelle wie etwa 1990 die cruisige EN 500, die 1996 eine Neuauflage mit neuem Chassis erhielt. Weil die Konkurrenz aber inzwischen auf V-Twins umgestellt hatte, stand der handliche, aber durchzugstarke 46-PS-Chopper auf verlorenem Posten – der alten LTD 450 war es nicht anders ergangen.

Natürlich steckte Kawasaki den Twin auch in eine Enduro-Montur und nannte die Straßen-Enduro »KLE 500«, seinerzeit von Testern abwechselnd als »Funbike« oder auch »Allrounder« bezeichnet. Der wassergekühlte GPZ-Zweizylinder wurde mit 27 und 50 PS angeboten, hatte aber andere Steuerzeiten und eine andere Zwei-in-Eins-Abgasanlage. Auch die 34-mm-Gleichdruckvergaser wurden im Prinzip unverändert

Nach 1996 hatte eine KLE 500 entweder 34 oder 48 PS sowie geänderte Getriebeabstufungen. Nachdem 2004 der Import eingestellt worden war, kam es 2005 zu einer Neuauflage mit nur noch 45 PS.

Die KLE 500 war Kawasakis Transalp-Alternative. Die günstige Reise-Enduro mit dem Paralleltwin der GPZ 500 war sehr laufruhig und unglaublich handlich. Immer kritisiert wurden die Sitzbank (zu weich, zu schmal) und der hohe Spritverbrauch, der nach spätestens 200 Kilometern einen Tankstopp erzwang.

übernommen. Im Grunde genommen änderte sich an diesem Paket bis zur Ablösung durch die Versys im neuen Jahrtausend nichts mehr, 1994 war das wichtigste Jahr in Sachen Modellpflege. Damals erhielt die KLE eine neue Optik mit breiterer und höherer Verkleidung sowie technische Änderungen in Form von neuen Nockenwellen und einer verbesserten Zündung, die gedrosselte Variante kam nun auf 34 PS. 1996 folgte die 48-PS-Ausführung.

1997 ging die ER-5 Twister an den Start, gedacht für all diejenigen Kunden, die ansonsten zu den Suzuki-Händlern

Jahr	**1985–1989**	**1987–1993**	**1994–2003**	**1990–1995**	**1996–2001**	**1991–1996**	**1997–2006**
Modell	**LTD 450**	**GPZ 500 S**	**GPZ 500 S**	**EN 500**	**EN 500**	**KLE 500**	**ER-5**
Motor							
Hubraum (cm³)	444	499	499	499	499	499	499
Zylinder	R 2	R 2	R 2	R 2	R 2	R 2	R 2
Bohrung x Hub (mm)	72,5 x 55	74 x 58	74 x 58	74 x 58	74 x 58	74 x 58	74 x 58
Arbeitsweise	4-Takt	4-Takt	4-Takt	4-Takt	4-Takt	4-Takt	4-Takt
Steuerung	DOHC	DOHC	DOHC	DOHC	DOHC	DOHC	DOHC
Gemischaufbereitung	2 x Keihin Ø 34	2 x Keihin Ø 34	2 x Keihin Ø 34	2 x Keihin Ø 34	2 x Keihin Ø 32	2 x Keihin Ø 34	2 x Keihin Ø 34
Ventile/Zylinder	4	4	4	4	4	4	4
Verdichtung	10,7	10,8	10,8	10,8	10,2	10,8	9,8
Kühlung	W	W	W	W	W	W	W
Leistung (kW (PS) / bei U/min)	20 (27) / 8500, auch 37 (50) / 9500	20 (27) / 8500, auch 37 (50) / 9300, auch 44 (60) / 9800	20, 25 (27, 34) / 8500, auch 37 (50) / 9300, auch 44 (60) / 9800	20 (27) / 8000, auch 37 (50) / 8500	25 (34) / 7000, auch 34 (46) / 8000	20 (27) / 8500, auch 37 (50) / 8500	25 (34) / 8000, auch 36 (48) / 8700
Max. Drehmoment (Nm / bei U/min)	32 / 4000 , auch 41,2 / 8000	29 / 4300, auch 41 / 7000, auch 46 / 8500	30, 33,5 / 4300, auch 41, 46 / 8000, 8500	39 / 2800, auch 44 / 7300	39 / 4200, auch 45 / 6000	30 / 4300, auch 44 / 7300	37 / 4500, auch 45 / 7200
Batterie	12 V 12 Ah	12 V 14 Ah	12 V 14 Ah	12 V 12 Ah	12 V 12 Ah	12 V 10 Ah	12 V 10 Ah
Generator (Watt)	238	238 W	238 W	238 W	238 W	238 W	238 W
Kraftübertragung							
Anz. Gänge	6	6	6	6	6	6	6
Übersetzung	2,571 / 1,777 / 1,380 / 1,125 / 0,961 / 0,851	2,57 / 1,78 / 1,38 / 1,13 / 0,96 / 0,85	2,57 / 1,78 / 1,38 / 1,13 / 0,96 / 0,85	2,571 / 1,777 / 1,380 / 1,125 / 0,961 / 0,851	2,571 / 1,722 / 1,333 / 1,125 / 0,961 / 0,851	2,571 / 1,777 / 1,380 / 1,125 / 0,961 / 0,851	2,571 / 1,722 / 1,333 / 1,125 / 0,961 / 0,851
Hinterradantrieb	ZR	K	K	ZR	K	K	K
Endübersetzung	2,720	2,652	2,652	2,720	2,625	2,750	2,470
Starter	Elektro	Elektro	Elektro	Elektro	Elektro	Elektro	Elektro
Fahrwerk							
Rahmen	SDR	SKR	SKR	SDR	SDR	SDR	SDR
Vorderradfederung	T Ø 35	T Ø 36	T Ø 37	T Ø 36	T Ø 41	T Ø 41	T Ø 37
Hinterradfederung	S	ZF	ZF	S	S	ZF	S
Federweg vorne (mm)	160	140	130	160	150	220	140
Federweg hinten (mm)	110	100	100	100	100	200	80
Vorderradbremse	SB Ø 270	SB Ø 280, ab 1988: DSB Ø 270	DSB Ø 270	SB Ø 270	SB Ø 300	SB Ø 300	SB Ø 280
Hinterradbremse	TB Ø 180	TB Ø 160	SB Ø 230	TB Ø 180	TB Ø 180	SB Ø 230	TB Ø 160
Vorderradreifen	100/90-19	100/90-16	110/70-17	100/90-19	100/90-19	90/90-21	110/70-17
Hinterradreifen	140/90-15	120/90-16	130/70-17	140/90-15	140/90-15	130/80-17	130/70-17
Allgemeine Daten							
Radstand (mm)	1485	1440	1435	1555	1595	1500	1430
Maße (Länge, mm)	2210	2125	2115, ab 1999: 2095	2290	2320	2280	2070
Lenkkopfwinkel (Grad)	58,5	62,5	63	58	57,2	63	63
Nachlauf (mm)	139	89	91	142	154	105	102
Gewicht (kg)	199	196	202	214	212	205	197
Tankinhalt (l)	11	18	18	11	15	15	15
Beschleunigung (s)	8,0	10,7; 5,6; 5,0	9,6; 5,9; 5,3	6,5	6,1	8,7; 6,5	7,8; 5,6
Höchstgeschw. (km/h)	132	154; 165; 195	140; 155; 173; 188	145	145; 158	147; 158	158, auch 180
Preis inkl. MwSt (DM)	6710,–	8190–9530,–	9990,–	9740,–	9990–9490,–	8960–10.720,–	10.820–9990,–
			1997: Sekundärluft-system	1994: mit Speichen-rädern		1996: 48 PS, Verd. 9,8:1, 0–100 km/h in 5,8 s	Sekundärluftsystem

gegangen wären, um dort eine GS 500 E zu kaufen. Wie der Organspender GPZ war die Twister ein außerordentlich zierliches Motorrad mit einer an Selbstverleugnung grenzenden Unauffälligkeit. Die ER-5 war nie auch nur ansatzweise in der Lage, die Suzuki-Flut zu stoppen. Technisch bot sie zwar Hausmannskost, die aber war fein abgeschmeckt: Sie bot die besten Durchzugswerte ihrer Klasse, punktete mit hoher Laufkultur, nahezu unmerklichen Lastwechselreaktionen und einem zart schaltenden Getriebe. Auch Sitzposition (bequem), Handling (gut) und Fahrwerk (komfortabel) passten zum Charakter der Halbliter-Kawa. Auch hier war nur eine behutsame Modellpflege erforderlich, die sich meist auf Kleinkram und Ausstattungsverbesserungen (Benzinuhr, verstellbare Kupplungs- und Handhebel) beschränkte. Abgelöst wurde sie durch die ER-6f von 2006.

Die Modellpflege an der ER-5 blieb überschaubar: 1998 gab's eine Benzinuhr, ein verstärktes Rahmenheck sowie einstellbare Lenkerhebel, 2001 einen größerer Tank und eine bequemere Sitzbank.

Ende 1996 präsentierte Kawasaki die ER-5 »Twister«. Zielgruppe waren Motorradeinsteiger und alle, die eine handliche, unkomplizierte Alltagsmaschine suchten. Sogar längere Touren mit Sozius waren möglich. Damit traten die »Grünen« in direkte Kokurrenz zur Suzuki GS 500/E. Den drehfreudigen Zweizylinder übernahm die ER-5 von der GPZ 500 S. Mit 50 PS kam sie auf beinahe 180 km/h.

Kawasaki W 650 (1999–2006)

Bekanntermaßen war die erste Kawasaki 650 die japanische Interpretation altenglischer Motorradtradition. Die BSA-Kopie namens W1 war international ein glatter Misserfolg gewesen, doch die W 650, drei Jahrzehnte später erschienen und nach demselben Muster gestrickt, machte ihre Sache wesentlich besser: Die Linien des Motorrads mit langhubigem Reihen-Twin und Luftkühlung wirkten very british, die Königswelle zum Antrieb der obenliegenden Nockenwelle, die wiederum die insgesamt acht Ventile zur Arbeit riefen, molto italiano – in Kombination war das einzigartig. Das Technik-Paket steckte in einer adretten Verpackung, war Kawasaki-typisch zuverlässig, haltbar und problemlos. Mit Kick- und E-Starter ausgerüstet, kam der Twin auf nicht gerade üppige, aber gerade ausreichende 48, maximal 50 PS. Viel mehr mochte man dem Neo-Klassiker nicht zumuten, denn dem Fahrwerk hatten die Kawasaki-Konstrukteure etwas arg viel Retro-Touch mitgegeben: Softe Gabel, lasche Federbeine, stumpfe Bremsen – um die Jahrtausendwende durfte man mehr erwarten. Auch mitunter rostende Schrauben, schnell nachlassender Chromglanz und beschlagene Instrumente mochten Perfektionisten irritieren, erhöhten aber andererseits die Glaubwürdigkeit der Vintage-Kawa. Insgesamt wurden hierzulande 4386 W 650 verkauft.

Vorbild BSA: Mit der 650 W1 erschien im Oktober 1965 ein kerniger Twin mit 50 SAE-PS bei 6500/min. Konzipiert war der Paralleltwin mit Blockmotor in erster Linie für die USA, wo Kawasaki zum Jahresanfang eine Niederlassung installiert hatte.

Die Steuerung der insgesamt acht Ventile erfolgte bei der W 650 über eine Nockenwelle, die von einer Königswelle angetrieben wurde.

Jahr	1999–2006
Modell	**W 650**
Motor	
Hubraum (cm³)	676
Zylinder	R 2
Bohrung x Hub (mm)	72 x 83
Arbeitsweise	4-Takt
Steuerung	OHC, Königswelle
Gemischaufbereitung	2 x Keihin Ø 34
Ventile/Zylinder	4
Verdichtung	8,6
Kühlung	L
Leistung (kW (PS) / bei U/min)	37 (50) / 7000
Max. Drehmoment (Nm / bei U/min)	56 / 5500
Batterie	12 V 12 Ah
Generator (Watt)	252
Kraftübertragung	
Anz. Gänge	5
Übersetzung	2,294 / 1,590 / 1,240 / 1,000 / 0,851
Hinterradantrieb	K
Endübersetzung	2,6
Starter	Kick / Elektro
Fahrwerk	
Rahmen	SDR
Vorderradfederung	T Ø 39
Hinterradfederung	S
Federweg vorne (mm)	130
Federweg hinten (mm)	85
Vorderradbremse	SB Ø 300
Hinterradbremse	TB Ø 160
Vorderradreifen	100/90-19
Hinterradreifen	130/80-18
Allgemeine Daten	
Radstand (mm)	1450
Maße (Länge, mm)	2190
Lenkkopfwinkel (Grad)	63,5
Nachlauf (mm)	105
Gewicht (kg)	215
Tankinhalt (l)	15
Beschleunigung (s)	5,6
Höchstgeschw. (km/h)	178
Preis inkl. MwSt (DM)	11.990,–

4 Kawasaki Reihen-Mehrzylinder

Kawasaki Z 400 J / F (1980–1983)
Kawasaki GPZ 400 (1983–1986)

Für den überaus wichtigen Heimmarkt boten alle japanischen Hersteller kleine Vierzylinder-Vierhunderter an, die zum Teil auch nach Deutschland exportiert wurden. Kawasakis Aufgebot für 1980 nannte sich Z 400 J, war – abgesehen vom Hubraum und der Trommel- statt der Scheibenbremse im Hinterrad – praktisch baugleich mit der schon bekannten Z 500 und hatte hierzulande 27 PS anstelle der originalen 43 PS. Die Four stand bis 1983 im Programm, danach erschien sie mit Uni-Trak-

Die Z 400 J war die kleinste Vierzylinder-Kawasaki. Auch in Optik und Linienführung war der Unterschied zu den Halbliter-Kawasaki-Modellen nicht groß. In Deutschland wurde sie mit 27 PS bei 8000/min ausgeliefert.

Kawasaki Z 400 F, 1982: Mit Fünfspeichen-Gussfelgen, schlauchlosen Reifen und Zentralfederbein mit Uni-Trak-Federung entsprach sie technisch der GP.

Kawasaki Z 400 GP, 1983: »Sportlich kultiviert, wie es nur eine GP in der 27 PS Klasse sein kann«, warb Kawasaki. Je nach Absatzmarkt gab es sie auch als GPZ 400 mit Verkleidung.

Fahrwerk und Rechteck-Scheinwerfer im aktuellen GPZ-Look. 1985 wertete Kawasaki die Z 400 ein letztes Mal auf. Nun mit 18-Zoll-Vorderrad, Halbschale und Anti-Dive-System ausgestattet, konnte sie wahlweise auch mit 50-PS-Umrüstkit versehen werden. In der Praxis dürfte kaum ein Fahrer eine offene gekauft haben. Dennoch: Von allen Vierzylinder-Vierhundertern jener Jahre war sie sicher die beste und nach Meinung vieler Fahrer auch die schönste. Trotzdem war sie vergleichsweise selten zu sehen, und auch vom Modellwechsel (neuer Motor) nahm kaum jemand Notiz – was nicht nur an der Motorradschwemme der Konkurrenz lag, sondern an der Z 550, die inzwischen auf dem zweiten Rang in der Kawasaki-internen Verkaufsstatistik stand.

Jahr	**1980–1983**	**1982–1984**	**1984–1986**	**1985–1986**
Modell	**Z 400 Four / J**	**Z 400 GP**	**Z 400 F**	**GPZ 400**
Motor				
Hubraum (cm³)	399	399	399	399
Zylinder	R 4	R 4	R 4	R 4
Bohrung x Hub (mm)	52 x 47	52 x 47	55 x 42	55 x 42
Arbeitsweise	4-Takt	4-Takt	4-Takt	4-Takt
Steuerung	DOHC	DOHC	DOHC	DOHC
Gemischaufbereitung	4 x Teikei Ø 21	4 x Teikei Ø 26	4 x Teikei Ø 26	4 x Keihin Ø 30
Ventile/Zylinder	2	2	2	2
Verdichtung	9,5	9,7	9,7	9,7
Kühlung	L	L	L	L
Leistung (kW (PS) / bei U/min)	20 (27) / 8000	20 (27) / 9000, auch 37 (50) / 10.500	30 (41) / 10.500, auch 20 (27) / 9000	20 (27) / 10.000, auch 37 (50) / 10.500
Max. Drehmoment (Nm / bei U/min)	28 / 6500	26 / 4000	28 / 6500, auch 26 /4000	26 / 4000
Batterie	12 V 12 Ah	12 V 12 Ah	12 V 10 Ah	12 V 10 Ah
Generator (Watt)	180 W	240	240	240
Kraftübertragung				
Anz. Gänge	6	6	6	6
Übersetzung	2,571 / 1,778 / 1,381 / 1,125 / 0,962 / 0,852	2,571 / 1,778 / 1,381 / 1,125 / 0,962 / 0,852	2,571 / 1,777 / 1,380 / 1,125 / 0,961 / 0,851	2,571 / 1,778 / 1,381 / 1,125 / 0,962 / 0,852
Hinterradantrieb	K	K	K	K
Endübersetzung	2,500	2,571	2,500	2,625
Starter	Elektro	Elektro	Elektro	Elektro
Fahrwerk				
Rahmen	SDR	SDR	SDR	SDR
Vorderradfederung	T Ø 35	T Ø 35	T Ø 35	T Ø 35
Hinterradfederung	S	ZF	ZF	ZF
Federweg vorne (mm)	180	175	175	160
Federweg hinten (mm)	100	140	140	120
Vorderradbremse	DSB Ø 277	DSB Ø 260	DSB Ø 270	DSB Ø 260
Hinterradbremse	TB Ø 180	SB Ø 260	TB Ø 160	SB Ø 260
Vorderradreifen	3.25-19	90/90-19	3.25-19 / 90/90-19	100/90-18
Hinterradreifen	3.75-18	110/90-18	3.75-18 / 110/90-18	110/90-18
Allgemeine Daten				
Radstand (mm)	1395	1440	1450	1445
Maße (Länge, mm)	2140	2250	2235	2205
Lenkkopfwinkel (Grad)	64	63	63	64,5
Nachlauf (mm)	98	105	105	93
Gewicht (kg)	210	202	210	209
Tankinhalt (l)	15	18,5	18,5	18
Beschleunigung (s)	9,3	10	9,3	9,8
Höchstgeschw. (km/h)	154	142	154; 142	151
Preis inkl. MwSt (DM)	5420,–	6030,–	5680–4720,– / 5940–5850,–	6690,–
				rahmenfeste Halbschale

Die Z 500 rundete 1979 Kawasakis Vierzylinderprogramm nach unten ab. Sie war sehr handlich und überzeugte in zahlreichen Tests.

Die handliche 500er wurde aber nur ein Jahr lang in Deutschland verkauft.

Kawasaki Z 500 (1979–1980)
Kawasaki Z 550 / LTD / GT / F (1981–1990)
Kawasaki GPZ 550 (1981–1986)

Die Z 500 war in Deutschland (es gab auch andere Märkte mit Hubraumbesteuerung, da bildete der halbe Liter Hubraum eine Hürde, oberhalb derer es richtig teuer wurde) eher ein Zwischentyp, denn die Ablösung mit 550 cm^3 scharrte bereits mit den Hufen. Die drehfreudige Konstruktion mit gleitgelagerter Kurbelwelle war modern, nur die Kontaktzündung veraltete. Offen leistete die 500er 52 PS, für Deutschland blieben wegen

Auf der IFMA 1980 wurden die neuen Z 550 Modelle vorgestellt. Die Telegabel war luftunterstützt.

Die Z 550 LTD war die erste Maschine, die den aufgebohrten Vierzylinder der Z 500 erhalten hatte. Sie kam 1980 nach Deutschland.

der Versicherungsstaffelung exakt 50 davon übrig. 5,7 Sekunden für den Sprint auf 100 km/h und 180 km/h Spitze erreichte die Halbliter-Kawasaki in Tests, so viel Temperament hatte die Konkurrenz nicht.

Der 550er-Motor debütierte noch vor der IFMA 1980 im Softchopper 550 LTD, die normale Z 550 sowie die sportliche Z 550 GP standen dann auf der Messe. Der von der Z 500 stammende Motor wies nun eine um drei Millimeter größere

Bei der GT 550 mit Kardan-Antrieb arbeiteten die hinteren Federbeine mit Luftunterstützung. Sie waren in der Zugstufe vierfach verstellbar.

Die Z 550 war in vielen Varianten zu haben. Mit Cockpitschale erhielt sie 1981 die Bezeichnung »Z 550 GP« und wurde Ende 1982 auf Zentralfederbein umgestellt (»GPZ«).

Bohrung auf (Hub 52,4 mm) und hatte zeitgemäß eine kontaktlose Zündanlage. So bot die Z 550 eindeutig bessere Fahrleistungen als die 500er, war ultrahandlich und hatte richtig bissige Stopper.

Das Baukastensystem von Kawasaki gab außerdem noch eine GP-Sportvariante mit 58 PS her (höhere Verdichtung, schärfere Nockenwellen, größere Vergaserquerschnitte), einen Kardan-Tourer mit Ölkühler (Z 550 GT, 1983–1990) sowie ein neues Basismodell mit Unitrac-Chassis (Z 550 F). Letzte Ausbaustufe war die GPZ 550 mit internem Kürzel ZX 550 A1 von 1984. Neu war nicht nur die Optik mit Halbschale, sondern auch die Fahrwerksgeometrie samt

Jahr	**1979–1980**	**1981–1982**	**1980–1983**	**1983–1985**	**1983–1990**	**1981–1982**	**1982–1983**	**1984–1989**
Modell	**Z 500**	**Z 550**	**Z 550 LTD**	**Z 550 F**	**Z 550 GT**	**Z 550 GP**	**GPZ 550**	**GPZ 550**
Motor								
Hubraum (cm³)	498	553	553	553	553	553	553	553
Zylinder	R 4	R 4	R 4	R 4	R 4	R 4	R 4	R 4
Bohrung x Hub (mm)	55 x 52,4	58 x 52,4	58 x 52,4	58 x 52,4	58 x 52,4	58 x 52,4	58 x 52,4	58 x 52,4
Arbeitsweise	4-Takt	4-Takt	4-Takt	4-Takt	4-Takt	4-Takt	4-Takt	4-Takt
Steuerung	DOHC	DOHC	DOHC	DOHC	DOHC	DOHC	DOHC	DOHC
Gemischaufbereitung	4 x Teikei Ø 22	4 x Teikei Ø 22	4 x Teikei Ø 22	4 x Teikei Ø 26	4 x Teikei Ø 26	4 x Teikei Ø 24	4 x Teikei Ø 26	4 x Teikei Ø 27
Ventile/Zylinder	2	2	2	2	2	2	2	2
Verdichtung	9,5	9,5	9,5	9,5	9,5	10	10	10
Kühlung	L	L	L	L	L	L	L	L
Leistung (kW (PS) / bei U/min)	37 (50) / 9000	37 (50) / 8500	37 (50) / 8500	37 (50) / 8500	37/50 8500, ab 1987 auch 20 (27) / 7300	43 (58) / 9000	45 (62) / 9500	48 (65) / 10.500; auch 37 (50) / 8500
Max. Drehmoment (Nm / bei U/min)	43 / 7500	46 / 7000	45 / 7000	46 / 7000	46 / 7000	48 / 8000	48 / 8000	50 / 8500
Batterie	12 V 12 Ah	12 V 12 Ah	12 V 12 Ah	12 V 12 Ah	12 V 12 Ah	12 V 12 Ah	12 V 12 Ah	12 V 12 Ah
Generator (Watt)	180	180	180	180	260	260	260	260
Kraftübertragung								
Anz. Gänge	6	6	6	6	6	6	6	6
Übersetzung	2,571 / 1,778 / 1,381 / 1,125 / 0,962 / 0,852	2,571 / 1,778 / 1,381 / 1,125 / 0,962 / 0,852	2,571 / 1,778 / 1,381 / 1,125 / 0,962 / 0,852	2,571 / 1,778 / 1,381 / 1,125 / 0,962 / 0,852	2,571 / 1,778 / 1,381 / 1,125 / 0,962 / 0,852	2,571 / 1,778 / 1,381 / 1,125 / 0,962 / 0,852	2,571 / 1,778 / 1,381 / 1,125 / 0,962 / 0,852	2,571 / 1,778 / 1,381 / 1,125 / 0,962 / 0,852
Hinterradantrieb	K	K	K	K	W	K	K	K
Endübersetzung	2,500	2,500	2,500	2,375	2,522	2,375	2,375	2,375
Starter	Elektro	Elektro	Elektro	Elektro	Elektro	Elektro	Elektro	Elektro
Fahrwerk								
Rahmen	SDR	SDR	SDR	SDR	SDR	SDR	SDR	SDR
Vorderradfederung	T Ø 36	T Ø 36	T Ø 36	T Ø 35	T Ø 36	T Ø 36	T Ø 35	T Ø 35
Hinterradfederung	S	S	S	ZF	S	S	ZF	ZF
Federweg vorne (mm)	180	180	180	180	160	180	180	160
Federweg hinten (mm)	100	120	95	140	105	120	140	120
Vorderradbremse	DSB Ø 280	DSB Ø 260	DSB Ø 260	DSB Ø 260	DSB Ø 270	DSB Ø 260	DSB Ø 260	DSB Ø 260
Hinterradbremse	SB Ø 280	SB Ø 260	TB Ø 180	TB Ø 180	TB Ø 180	SB Ø 260	SB Ø 260	SB Ø 260
Vorderradreifen	3.25-19	3.25-19	3.25-19	3.25-19	100/90-19	3.25-19	3.25-19	100/90-18
Hinterradreifen	3.75-18	3.75-18	130/90-16	4.00-18	120/90-18	3.75-18	4.00-18	120/80-18
Allgemeine Daten								
Radstand (mm)	1395	1395	1420	1450	1445	1395	1450	1445
Maße (Länge, mm)	2150	2150	2190	2290	2230	2210	2290	2210
Lenkkopfwinkel (Grad)	64	63	62,5	63	62	63	62,5	64
Nachlauf (mm)	98	98	110	105	107	98	110	95
Gewicht (kg)	210	216	211	208	226	216	2106	209
Tankinhalt (l)	15	15	13	18,5	21,5	14,5	14,5	18
Beschleunigung (s)	5,7	5,1	5,4	4,9	5,09 auch 6,2	5,3	4,5	4,6
Höchstgeschw. (km/h)	180	173	178	184	177, auch 132	194	194	209, auch 176
Preis inkl. MwSt (DM)	6218,–	6140,–	6460–6860,–	6590–6930,–	7240–8180,–	6460–6840,–	6660–6840,–	7280–7690,–
						Cockpitverkleidung	Zentralfederung Uni-Trak	Neue Tank-Sitzbank-Linie, rahmenfeste Halbverkleidung

18-Zoll-Vorderrad. Natürlich kam auch der Motor nicht ungeschoren davon: 27er-Vergaser und Nockenwellen mit längeren Öffnungszeiten sorgten für handfeste 65 PS bei 10.500/min. Damit war man gegen die Konkurrenz gewappnet. Der Basis-Motor überlebte in der Zephyr noch bis ins neue Jahrtausend hinein.

Die Z 550 F mit Rechteck-Scheinwerfer und Zentralfederbein war die letzte der unverkleideten Halbliter-Kawasakis.

Die GPZ 550 mit Halbschale kam 1984. Sie leistete 65 PS bei 10.500/min. Als erste Halbliter-Kawasaki überschritt sie die 200-km/h-Marke.

Kawasaki Z 650 / F (1976–1984)
Kawasaki Z 650 LTD / SR (1978–1982)

Nachdem das Vierzylinder-Konzept in der großen Klasse so gut funktionierte, lag es nahe, das Erfolgsrezept auch eine Nummer kleiner zu wiederholen. Daher kam zur IFMA 1976 mit der Z 650 die erste japanische Vierzylinder-650er der Nachkriegszeit.

Kawasaki Z 650, 1976: Die rundherum neue Maschine war die zweite Vierzylinder-Kawasaki überhaupt und hatte ein vorzügliches Fahrwerk.

Die ersten Z 650 hatten lediglich eine Bremsscheibe vorn. Mitte 1977 wurde bei allen bis dahin ausgelieferten 650ern eine zweiten Scheibe nachgerüstet.

Obwohl sie in ihren Grundzügen dem bewährten Vierzylinderkonzept folgte, gab es im Detail doch erhebliche Unterschiede, so zum Beispiel in der Kurbelwellen-Lagerung. Wie auch bei der zeitgleich enthüllten Z 1000 erfolgte die Kraftübertragung zum Hinterrad vermittels einer O-Ring-Kette. Bei einem Gewicht von 230 kg und einer Leistung von 66 PS avancierte die Neukonstruktion zu einer starken Konkurrenz für Hondas legendäre CB 750. Die ersten Z 650 wurden lediglich mit einer Bremsscheibe ausgeliefert, erst zur Jahresmitte 1977 erhielten alle bis dahin ausgelieferten 650er die bitter notwendige zweite Scheibe. Der ersten Serie (»B« mit Speichenrädern) folgte 1978 die C2-Reihe mit Enkei-Gussrädern und hinterer Scheibe.

In jenem Jahr bot der deutsche Importeur mit der Z 650 LTD Cup auch eine auf 200 Maschinen beschränkte Sonderserie an, die für einen Markencup gedacht war und von Toni Mang höchstpersönlich promotet wurde. Den Markencup gab

Die Z 650 erschien zur IFMA 1976. Wie auch bei der zeitgleich enthüllten Z 1000 erfolgte die Kraftübertragung zum Hinterrad per O-Ring-Kette.

Bei einem Gewicht von 230 kg und einer Leistung von 66 PS avancierte die Neukonstruktion zu einer starken Konkurrenz für Hondas legendäre CB 750.

Z 650 F, 1982
Der ersten Serie (»B« mit Speichenrädern) folgte 1978 die C-Reihe mit Enkei-Gussrädern und hinterer Scheibe. 1980/81 war nur noch die Softchopper-Variante SR 650 im Programm, danach folgte ein kurzes Wiedersehen mit der Z 650 F, die sich technisch vor allem durch die luftunterstützte Gabel von der C3-Serie unterschied.

Für den Kawasaki-Marken-Cup wurde 1977 eine Sonderserie der Z 650 aufgelegt, die Z 650 LTD. Für die Werbung wurde Toni Mag verpflichtet.

Die LTD war auf 200 Exemplare limitiert und ausschließlich für Deutschland bestimmt. Der Cup wurde nur 1978 veranstaltet.

Die Z 650 SR von 1979 unterschied sich von der Straßenmaschine durch Lenker, Telegabel, 16-Zoll-Hinterrad, Stufensitzbank und Tropfentank.

es nur in diesem einen Jahr, die Softchopper-Variante Z 650 SR hielt da deutlich länger durch. Die war zwar selbst nach den Maßstäben des Jahres 1979 ein eher halbherziger Vertreter der Softchopper-Zunft, aber sehr erfolgreich. Die technischen Unterschiede zum Basismodell beschränkten sich auf Lenker, Telegabel, 16-Zoll-Hinterrad, Stufensitzbank und 14,3-Liter-Tropfentank. Damit hatte Kawasaki einen »Marktrenner« gelandet, wie der Deutschland-Statthalter beim *Motorrad*-Interview verkündete, allerdings einen, der zwischen 4000 und 6500 Touren nur asthmatisch röchelte, statt ordentlichen Bums zu bieten. Hat die Kunden nicht gestört, die fanden's großartig und kauften sie bis 1981.

Jahr	1976–1979	1981–1984	1978	1978–1982
Modell	**Z 650 B / C**	**Z 650 F**	**Z 650 LTD**	**Z 650 SR**
Motor				
Hubraum (cm³)	652	652	652	652
Zylinder	R 4	R 4	R 4	R 4
Bohrung x Hub (mm)	62 x 54	62 x 54	62 x 54	62 x 54
Arbeitsweise	4-Takt	4-Takt	4-Takt	4-Takt
Steuerung	DOHC	DOHC	DOHC	DOHC
Gemischaufbereitung	4 x Mikuni Ø 24	4 x Mikuni Ø 28, ab 1982: Ø 32	4 x Mikuni Ø 24	4 x Mikuni Ø 24
Ventile/Zylinder	2	2	2	2
Verdichtung	9,5	9	9,5	9,5
Kühlung	L	L	L	L
Leistung (kW (PS) / bei U/min)	49 (66) / 8500	49 (66) / 9000	48 (65) / 8500	48 (65) / 8500
Max. Drehmoment (Nm / bei U/min)	56,8 / 7000	54 / 7500	57 / 7000	57 / 7000
Batterie	12 V 10 Ah	12 V 10 Ah	12 V 10 Ah	12 V 10 Ah
Generator (Watt)	180	180	190	190
Kraftübertragung				
Anz. Gänge	5	5	5	5
Übersetzung	2,33 / 1,632 / 1,273 / 1,040 / 0,889	2,33 / 1,632 / 1,273 / 1,040 / 0,889	2,33 / 1,632 / 1,273 / 1,040 / 0,889	2,33 / 1,632 / 1,273 / 1,040 / 0,889
Hinterradantrieb	K	K	K	K
Endübersetzung	2,625	2,615	2,50	2,50
Starter	Kick / Elektro	Elektro	Kick / Elektro	Kick / Elektro
Fahrwerk				
Rahmen	SDR	SDR	SDR	SDR
Vorderradfederung	T Ø 36	T Ø 36	T Ø 36	T Ø 36
Hinterradfederung	S	S	S	S
Federweg vorne (mm)	140	160	140	140
Federweg hinten (mm)	70 / C: 80	95	80	80
Vorderradbremse	SB / C: DSB Ø 277	DSB Ø 277	DSB Ø 277	DSB Ø 277
Hinterradbremse	TB Ø 180 / C: SB Ø 277	TB Ø 180	SB Ø 277	SB Ø 277
Vorderradreifen	3.25-19	3.25-19	3.50-19	3.50-19
Hinterradreifen	4.00-18	4.00-18	130/90-16	130/90-16
Allgemeine Daten				
Radstand (mm)	1420	1437	1435	1435
Maße (Länge, mm)	2220	2220	2200	2200
Lenkkopfwinkel (Grad)	64 / C: 63	63	63	63
Nachlauf (mm)	108	106	116	116
Gewicht (kg)	227 / C: 237	226	236	236
Tankinhalt (l)	16,5 / C: 17,5	16,5	26	14
Beschleunigung (s)	5,2	4,8	5,3	5,3
Höchstgeschw. (km/h)	192	195	178	178
Preis inkl. MwSt (DM)	6500–7268,–	7000–7190,–	8100-8300,–	8287–7348,–
	Z 650 B2 ab 1978: DSB v.; Z 650 C ab 1978: Gussräder, SB h., ab 1979: gelochte Bremsscheiben	1982: Gleichdruckvergaser Mikuni Ø 32 mm. 1984: Eckigeres Motorgehäuse	Verkleidung, 26-l-Tank, Gussräder	

Danach folgte noch ein kurzes Wiedersehen mit dem kleinen Four in Form der Straßen-650er Z 650 F. Mehr als alter Wein in neuen Schläuchen war das aber nicht, die weiteren Japaner hatten schon längst ganz andere Renner im Markt. Die letzten Exemplare, Kennung F4, wurden 1984 abverkauft: Die Zeit des japanischen Standard-Motorrads war endgültig abgelaufen.

Kawasaki Z 750 E / L / Sport / LTD / GT / GPZ (1980–1988)
Kawasaki Z 750 Turbo (1984–1987)

Als sich die Z 650 endgültig verabschiedete, wurde sie durch die Z 750 ersetzt. Ihrer Nachfolgerin vererbte die 650er aber das meiste, einschließlich des Vierzylinders, der um vier Millimeter auf 739 Kubik aufgebohrt worden war und außerhalb Europas schon lange angeboten worden war. Im Lauf der Jahre wurde die Dreiviertelliter-Kawa technisch und optisch mehrfach

Die auf der Z 650 basierende Z 750 E erschien 1980. Trotz guter Anlagen war sie kein sonderlich großer Erfolg, denn die ersten Exemplare waren defektanfällig. Kawasaki besserte mit der Z 750 L nach.

Die Z 750 L von 1981 gehörte zu den besten 750ern in der ersten Hälfte des Jahrzehnts. Gab`s bis 1986, zuletzt mit Rechteckscheinwerfer als Z 750 Sport.

Zu den Besonderheiten des L-Modells gehörten der eckigere und längere 22-Liter-Tank, die zurückgesetzte Sitzbank, breitere Niederquerschnittsreifen sowie Rechteckscheinwerfer. Die Leistung stieg auf 80 PS.

Die Leistung der Kawasaki Z 750 LTD von 1980 war wegen der geänderten Auspuffanlage geringer als die des Basismodells: Sie betrug 74 PS bei 9000/min.

Die GPz 750 bestach durch ihr Handling, hatte aber Schwächen im Geradeauslauf und neigte bei Höchstgeschwindigkeit zum Pendeln.

renoviert, zum Softchopper Z 750 LTD verunstaltet, als Kardan-Kumpel 750 GT für die lange Reise eingekleidet und als fescher Feger in GPz-Sportklamotten gesteckt. Besonders bemerkenswert war aber Kawasakis Antwort auf die CX-500/650-Turbo von Honda. Sie leistete offen 112 PS und galt als die beste unter den japanischen Turbos (auch Yamaha hatte eine im Angebot, während Suzuki seine XN 85 allenfalls auf dem Papier in Deutschland feilbot), denn den »heimtückische[n] Kraftschub«, der »das Haftvermögen des Hinterrads aufs höchste beansprucht und auch die Konzentration des Piloten über-

Die Z 750 GT, ab 1982 in Deutschland, gehörte für Tourenfahrer mit zu den interessantesten Angeboten auf dem Markt, denn sie verfügte über einen Kardanantrieb. Der in Silentblöcken aufgehängte Motor war sehr kultiviert und erreichte immens hohe Laufleistungen.

Die 87 PS starke GPz erschien 1983 und war mit 216 km/h für kurze Zeit schneller als jede andere Großserien-750er jener Jahre. Es gab sie, wenn auch nicht in Deutschland, auch mit Einspritzung.

Jahr	1980	1980–1983	1981–1982 / 1983–1985	1982–1989	1981–1982	1983–1988	1984–1987
Modell	**Z 750 E**	**Z 750 LTD**	**Z 750 L / S**	**Z 750 GT**	**GPZ 750**	**GPZ 750**	**Z 750 Turbo**
Motor							
Hubraum (cm³)	739	739	739	739	739	739	739
Zylinder	R 4	R 4	R 4	R 4	R 4	R 4	R 4
Bohrung x Hub (mm)	66 x 54	66 x 54	66 x 54	66 x 54	66 x 54	66 x 54	66 x 54
Arbeitsweise	4-Takt	4-Takt	4-Takt	4-Takt	4-Takt	4-Takt	4-Takt/Turbo
Steuerung	DOHC	DOHC	DOHC	DOHC	DOHC	DOHC	DOHC
Gemischaufbereitung	4 x Keihin Ø 34	4 x Keihin Ø 34	4 x Keihin Ø 34	4 x Mikuni Ø 34	4 x Mikuni Ø 34	4 x Mikuni Ø 34	DFI
Ventile/Zylinder	2	2	2	2	2	2	2
Verdichtung	9,5	9	9,5	9,5	9,5	9,6	7,8
Kühlung	L	L	L	L	L	L	L
Leistung (kW (PS) / bei U/min)	57 (77) / 9500	56 (76) / 9500	57 (77) / 9500; S: 59 (80) / 9500	57 (78) / 9500	59 (80) / 9500	64 (87) / 9500	74 (100) / 9000
Max. Drehmoment (Nm / bei U/min)	63 / 7500	61,4 /8000	63 / 7500, S: 66 / 7500	63 / 7500	64 / 7500	70 / 7500	93 / 6500
Batterie	12 V 14 Ah	12 V 14 Ah	12 V 14 Ah	12 V 14 Ah	12 V 12 Ah	12 V 14 Ah	12 V 14 Ah
Generator (Watt)	190	190	190	240	240	240	240
Kraftübertragung							
Anz. Gänge	5	5	5	5	5	5	5
Übersetzung	2,333 / 1,631 / 1,272 / 1,040 / 0,875	2,333 / 1,631 / 1,272 / 1,040 / 0,875	2,333 / 1,631 / 1,272 / 1,040 / 0,875	2,333 / 1,631 / 1,272 / 1,040 / 0,875	2,333 / 1,631 / 1,272 / 1,040 / 0,875	2,333 / 1,631 / 1,272 / 1,040 / 0,875	2,285 / 1,647 / 1,272 / 1,045 / 0,833
Hinterradantrieb	K	K	K	W	K	K	K
Endübersetzung	2,538	2,461	2,538	2,522	2,538	2,533	3,066
Starter	Elektro	Elektro	Elektro	Elektro	Elektro	Elektro	Elektro
Fahrwerk							
Rahmen	SDR	SDR	SDR	SDR	SDR	SDR	SDR
Vorderradfederung	T Ø 36	T Ø 36	T Ø 36	T Ø 37	T Ø 37	T Ø 37	T Ø 37
Hinterradfederung	S	S	S	S	S	ZF	ZF
Federweg vorne (mm)	160	180	160	160	150	160	130
Federweg hinten (mm)	90	85	90	100	111	130	120
Vorderradbremse	DSB Ø 260	DSB Ø 260	DSB Ø 260	DSB Ø 265	DSB Ø 260	DSB Ø 270	DSB Ø 280
Hinterradbremse	SB Ø 260	SB Ø 260	SB Ø 260	SB Ø 265	SB Ø 260	SB Ø 270	SB Ø 270
Vorderradreifen	3.25-19	3.25-19	3.25-19; S: 100/90-19	100/90-19	100/90-19	110/90-18	110/90-18
Hinterradreifen	4.00-18	130/90-16	4.00-18; S: 120/90-18	120/90-18	120/90-18	130/80-18	130/80-18
Allgemeine Daten							
Radstand (mm)	1425	1450	1425	1480	1460	1490	1490
Maße (Länge, mm)	2215	2210	2160; S: 2195	2255	2230	2220	2220
Lenkkopfwinkel (Grad)	63	60	63	62,5	63	63,5	62
Nachlauf (mm)	107	121	107	104	107	103	117
Gewicht (kg)	228	226	232; S: 234,	243	2370	238	254
Tankinhalt (l)	17,3	13	22	24,5	22	18	17
Beschleunigung (s)	4,4	5,2	4,8; S: 4,1	4,6	4,0	4,3	3,7
Höchstgeschw. (km/h)	201	187	195; S: 204	198	204	208	225
Preis inkl. MwSt (DM)	7460,–	7860–8280,–	7660–8740,	8300–9190,–	8180,–	9150–10.290,–	11.890–10.290,—
		Auch 56 kW / 9500	Rechteck-Scheinwerfer		Lenkerverkleidung	rahmenfeste Halbschale	

Die Z 750 Turbo war zuerst auf der IFMA 1982 in Köln zu sehen und kam Ende 1983 nach Europa. Sie galt als die beste der japanischen Turbos und kostete rund 2500 Mark mehr als die GPz 750 ohne Aufladung.

fordert«, hatte die turbo (bei Kawasaki mit kleinem »T« geschrieben) nämlich nicht. Die 225 km/h schnelle 750er kostete mit 11.000 Mark rund 2500 Mark mehr als die 87 PS starke GPz ohne Zwangsbeatmung. Ob es für Turbos überhaupt einen Markt gab, war eine Frage, die sich eher die Käufer stellten (und verneinten), weniger die Hersteller: Sie meinten aus Imagegründen, einen entsprechenden Technologieträger im Programm haben zu müssen.

Die 900 Z1 wurde in Deutschland ab 1973 ausgeliefert. Der Vierzylinder war das erste komplett eigenständig konzipierte Motorrad der Marke.

Kawasaki 900 Z1 Super 4 (1972–1976) Kawasaki Z 900 (1976–1977)

Motorrad-Journalist Franz-Josef Schermer gab ihr im Testbericht den wenig schmeichelhaften Spitznamen »Frankensteins Tochter«. Und der bürgerte sich ein. Doch eigentlich war damit gar nicht die 900 Z1 gemeint und charakterisiert, sondern deren Nachfolgerin von 1976. Die Ur-Z1 war dagegen einfach »Bombe« bezeichnet worden, und die sorgte zur IFMA 1972 für Furore. »Schiere Gewalt« lautete das Fazit des Nürburgringtests, bei dem Tester FJS – Franz-Josef Schermer – die Lichtschranke mit sensationellen 227 km/h durcheilte: Die 900 Z1 brachte den kleinsten Hersteller unter den Big Four ganz groß heraus. Seit 1967 hatten die Techniker in Akashi am Vierzylinder gearbeitet, den geplanten Serienanlauf nach der CB-750-Premiere aber noch einmal verschoben und die Hubraum-Latte für den internationalen und weniger reglementierten Markt höher gelegt – in Japan durften Motorräder maximal 750 Kubik haben. Rund ein Liter Hubraum und 85 PS lautete nun die neue Marschrichtung, und im Mai 1972 konnten die ersten Z1 einer handverlesenen Schar von internationalen Motorrad-Journalisten vorgeführt werden. Die offizielle Präsentation der »Z1 Super Four« erfolgte im September auf der IFMA in Köln, für Japan gab es eine nahezu baugleiche Vierzylinder-750er. Herzstück des neuen Überfliegers war der quadratisch ausgelegte luftgekühlte Reihen-Vierzylinder, der aus seinen 903 cm^3 Hubraum zunächst 82 PS bei 8500 Umdrehungen pro Minute schöpfte. Für Deutschland wurde die homologierte DIN-Leistung schließlich mit 79 PS bei gleicher Drehzahl angegeben. Damit war die Kawasaki um 12 PS stärker als die Honda, und mit zwei obenliegenden, kettengetriebenen Nockenwellen und einer Ventil-

Mit dieser Super Four fuhr die Zeitschrift *Motorrad* 1973 ihre Nürburgringtests und erreichte in der Spitze 227 km/h. Magura-Lenker, andere Reifen und Koni-Stoßdämpfer machten den Unterschied.

Wieder Nürburgring, wieder 1973, aber diesmal serienmäßig: Im Fahrerlager war Nicki Lauda auf der 900er unterwegs. (Foto: Lothar Spurzem)

Trotz intensiver Fahrversuche zeigte sich das labile Fahrwerk der Z1 von der Motorleistung überfordert. Die Z 900 von 1976 hatte einen steiferen Rahmen.

Zum Modelljahr 1976 wurde die Z1 wesentlich überarbeitet und erhielt die Verkaufsbezeichnung Z 900. Die ersten Exemplare hatten lediglich eine Scheibenbremse vorne. Seit 1975 wurden O-Ring-Ketten verwendet, was eine wesentliche Verbesserung darstellte.

Ursprünglich sollte die Z 900 LTD 1976 nur in limitierter Stückzahl gebaut werden, aber dann wurde LTD (= Limited) zur Bezeichnug für die gesamte Chopperpalette. Hauptabsatzmarkt waren natürlich die USA, wo die LTD auch vom Band lief. (Foto: Fortepan Iowa)

Die letzten für Europa bestimmten Ausführungen – Z 900 A4 – verfügten über eine vordere Doppelscheibenbremse.

betätigung über Tassenstößel auch aufwändiger. Außerdem war der Kurbeltrieb rollen- und nicht gleitgelagert und die Kurbelwelle aus einzelnen miteinander verpressten Segmenten gefertigt.

Die 900 Z1 begründete Kawasakis Ruf als Hersteller von sportlichen, leistungsstarken Vierzylindern – und unterstrich den von den schlechten Nippon-Fahrwerken. Mehr denn je waren die Kawa-Motoren schneller als ihr Fahrwerk, was Kawasaki allerdings nicht daran hinderte, mit den Langstrecken-Erfolgen von Godier/Genoud zu werben. Was nicht im Prospekt stand: Weder Motor noch Fahrwerk der Endurance-Kawa waren serienmäßig, die Bremsen stammten von Lockheed und die Schwinge von Egli ...

Zum Modelljahr 1976 wurde die 900er wesentlich überarbeitet, in »21 Punkten verbessert«, wie der Prospekt betonte. Zum neuen Jahr kam dann, passend dazu, auch eine geänderte Verkaufsbezeichnung: »Z 900«. Die letzte Baureihe, Kennung A4, hatte stärke Rahmenrohre und eine Doppelscheibenbremse im Vorderrad. Im Jahr darauf, 1977, erfolgte die Ablösung in Gestalt der Z 1000.

Kawasaki Z 1000 (1976–1978)
Kawasaki Z 1000 Z1-R / FI (1978–1980)
Kawasaki Z 1000 Mk II / ST (1979–1980)

Die Nachfolgerin der Z 900 verfügte über ein Quäntchen mehr Hubraum, aber nur wenig mehr Leistung als das Vormodell. Und die Sache mit dem schlechten Fahrwerk hatte sich wesentlich gebessert, Fahrwerk und Handling profitierten vom Modellwechsel. Die Hinterradschwinge war jetzt nadelgelagert, die Dreischeiben-Bremsanlage sorgte nun endlich für angemessene Verzögerungswerte. Im Gegensatz zur legendären Vorgängerin verfügte die Z 1000 nun über eine 4-in-2-Auspuffanlage.

Jahr	1972–1975	1976
Modell	**900 Z 1 Super 4**	**Z 900**
Motor		
Hubraum (cm³)	903	903
Zylinder	R 4	R 4
Bohrung x Hub (mm)	66 x 66	66 x 66
Arbeitsweise	4-Takt	4-Takt
Steuerung	DOHC	DOHC
Gemischaufbereitung	4 x Mikuni Ø 28	4 x Mikuni Ø 26
Ventile/Zylinder	2	2
Verdichtung	8,5	8,5
Kühlung	L	L
Leistung (kW (PS) / bei U/min)	58 (79) / 8500	60 (81) / 8000
Max. Drehmoment (Nm / bei U/min)	74 / 7000	73 / 7500
Batterie	12 V 14 Ah	12 V 14 Ah
Generator (Watt)	180	180
Kraftübertragung		
Anz. Gänge	5	5
Übersetzung	3,167 / 2,188 / 1,667 / 1,381 / 1,217	3,167 / 2,188 / 1,667 / 1,381 / 1,217
Hinterradantrieb	K	K
Endübersetzung	2,33	2,333
Starter	Kick / Elektro	Kick / Elektro
Fahrwerk		
Rahmen	SDR	SDR
Vorderradfederung	T Ø 36	T Ø 36
Hinterradfederung	S	S
Federweg vorne (mm)	140	140
Federweg hinten (mm)	80	80
Vorderradbremse	SB Ø 296	DSB Ø 296
Hinterradbremse	TB Ø 200	TB Ø 200
Vorderradreifen	3.25-19	3.25-19
Hinterradreifen	4.00-18	4.00-18
Allgemeine Daten		
Radstand (mm)	1490	1505
Maße (Länge, mm)	2250	2250
Lenkkopfwinkel (Grad)	64	64
Nachlauf (mm)	90	90
Gewicht (kg)	249	256
Tankinhalt (l)	18	16,5
Beschleunigung (s)	3,7	3,5
Höchstgeschw. (km/h)	211	217
Preis inkl. MwSt (DM)	7200–8500,–	8500,–

Zur Kölner IFMA 1976 präsentierte Kawasaki die Z 1000 mit 85 PS. Eine dritte Bremsscheibe sowie eine Vier-in-Zwei-Auspuffanlage waren ihre Merkmale.

Auf die neuen Einliter-Superbikes der Konkurrenz antwortete Kawasaki 1978 mit der Z1-R. Zumindest optisch überzeugte die neue Einliter-Kawa: Die Maschine war noch nicht erschienen, da wurde sie bei der Leserwahl der Zeitschrift *Motorrad* zum »Motorrad des Jahres« 1977 gewählt. Im Design nahm sie den späteren Kawasaki-Stil vorweg.

So groß war der Unterschied zur normalen Z 1000 übrigens gar nicht, Cockpitverkleidung, 4-in-1-Anlage und neu bestückte Vergaser sowie eine Leistung von 90 PS stellten die eigentlichen Neuheiten dar. Der Motor der Z1-R war mattschwarz lackiert. Dennoch: Die Vorschusslorbeeren welkten schnell; das Fahrwerk mit dem 18-Zoll-Vorderrad, verbunden mit dem reduzierten Nachlauf des gut 215 km/h schnellen Big Bikes war nicht so gut, wie es hätte sein sollen, wobei auch die Verkleidung und die Bereifung ihren Teil zum Rühren um die Hochachse beitrugen. Auf jeden Fall war das Chassis nicht gut genug, um dem Klassenprimus, der Suzuki GS 1000, nahe zu kommen. Im großen Einliter-Vergleichstest geriet das Kawasaki-Flaggschiff deutlich ins Hintertreffen: Die Cockpitverkleidung produzierte ab 160 km/h zu viel Auftrieb, was zu

Zum Mehr an Hubraum kamen zahlreiche Verbesserungen am Fahrwerk. Davon erzählt dieses Werkstattposter der Z 1000 A1 von 1977 aber nichts.

Z1-R, 1978
Die technischen Unterschiede zur Basis-Z 1000 A2 beschränkten sich in erster Linie auf die 4-in-1-Anlage und andere Vergaser. Doch diese kosteten Leistung, auf dem Motorrad-Prüfstand hatte sie nur 70 PS. Um die versprochenen 90 PS liefern zu können, erhielten die letzten Exemplare eine andere Auspuffanlage, außerdem änderte Kawasaki Bereifung und Schriftzüge: Die Bezeichnung lautete nun »Z 1000 S«.

Mit der 97 PS starken Z 1000 FI präsentierte der japanische Hersteller 1980 das erste Serienmotorrad mit Einspritzanlage. Auch die Kardan-ST wies diesen Motor auf.

Die zuerst als CH bezeichnete, später als Mk (sprich »Mark«) II vermarktete Z 1000 stand auf der IFMA 1978. Sie hatte 90 PS und stellte in jeder Beziehung eine Verbesserung gegenüber der ersten Generation dar.

Das Schwestermodell der MK II hieß ST, hatte längere Federwege und einen Kardanantrieb. Damit standen nun vier 1000er im Kawasaki-Angebot.

Für die Saison 1980 bot Kawasaki eine ST-Sonderserie an, die mit Koffern, Trägern und Sturzbügeln komplettiert worden war. Die Komponenten stammten von Fehling, die Umrüstung nahm der Importeur vor. In den USA hingegen gab es die ST als Tourer mit Windjammer-Verkleidung von Vetter und passenden Koffern. Hierzulande wurde sie nicht verkauft, aber immerhin getestet.

einer gnadenlosen Wackelei führte. Zum Glück dauerte die nie lange, denn der Originaltank war mit dreizehn Litern Inhalt viel zu klein. Es dauerte Monate, bis der Importeur einen 22-Liter-Behälter liefern konnte, der zur Optik passte. Als Verschlimmbesserung stellten sich auch die nunmehr gelochten Bremsscheiben dar – prima bei Nässe, aber die damit einhergehende Umrüstung auf einen per Seilzug betätigten Hauptbremszylinder verwässerte Druckpunkt und Dosierbarkeit.

Zur IFMA 1978 überarbeitete Kawasaki die Basis-1000er und fächerte die Modellpalette auf: es gab die kantige Mk (sprich Mark) II als neue Basis mit 94 PS, die tourige ST mit längerem Federweg und Kardanantrieb sowie ab 1980 die 1000 FI mit Einspritzung und höherer Leistung.

Jahr	**1976–1980**	**1978–1980**	**1980**	**1979–1980**	**1979–1980**
Modell	**Z 1000**	**Z 1000 Z 1-R / Z 1000 S**	**Z 1000 Fuel Injection**	**Z 1000 Mk II**	**Z 1000 ST**
Motor					
Hubraum (cm³)	1016	1016	1016	1016	1016
Zylinder	R 4	R 4	R 4	R 4	R 4
Bohrung x Hub (mm)	70 x 66	70 x 66	70 x 66	70 x 66	70 x 66
Arbeitsweise	4-Takt	4-Takt	4-Takt	4-Takt	4-Takt
Steuerung	DOHC	DOHC	DOHC	DOHC	DOHC
Gemischaufbereitung	4 x Mikuni Ø 26	4 x Mikuni Ø 28	L-Jetronic	4 x Mikuni Ø 28	4 x Mikuni Ø 28
Ventile/Zylinder	2	2	2	2	2
Verdichtung	8,7	8,7	8,7	8,7	8,7
Kühlung	L	L	L	L	L
Leistung (kW (PS) / bei U/min)	63 (85) / 8000	66 (90) / 8000	71 (97) / 8000	69 (94) / 8000	71 (97) / 8000
Max. Drehmoment (Nm / bei U/min)	81 / 6500	81,4 / 7000	89 / 7000	86 / 7000	90 / 7000
Batterie	12 V 14 Ah	12 V 14 Ah	12 V 14 Ah	12 V 14 Ah	12 V 16 Ah
Generator (Watt)	180	180	215	220	220
Kraftübertragung					
Anz. Gänge	5	5	5	5	5
Übersetzung	3,167 / 2,188 / 1,667 / 1,381 / 1,217	3,167 / 2,188 / 1,667 / 1,381 / 1,217	3,17/ 2,19 / 1,67 / 1,38 / 1,22	3,167 / 2,188 / 1,667 / 1,381 / 1,217	3,125 / 2,159 / 1,653 / 1,362 / 1,200
Hinterradantrieb	K	K	K	K	W
Endübersetzung	2,200	2,200	2,293	2,333	2,293
Starter	Kick / Elektro	Kick / Elektro	Kick / Elektro	Kick / Elektro	Elektro
Fahrwerk					
Rahmen	SDR	SDR	SDR	SDR	SDR
Vorderradfederung	T Ø 36	T Ø 36	T Ø 38	T Ø 36	T Ø 40
Hinterradfederung	S	S	S	S	S
Federweg vorne (mm)	140	140	140	140	200
Federweg hinten (mm)	80	80	80	80	100
Vorderradbremse	DSB Ø 296	DSB Ø 296	DSB Ø 296	DSB Ø 296	DSB Ø 280
Hinterradbremse	TB / SB Ø 285	SB Ø 296	SB Ø 290	SB Ø 290	SB Ø 280
Vorderradreifen	3.25-19	3.50-18	3.25-19	3.25-19	3.50-19
Hinterradreifen	4.00-18	4.00-18	4.00-18	4.00-18	4.50-17
Allgemeine Daten					
Radstand (mm)	1505	1505	1485	1485	1535
Maße (Länge, mm)	2250	2332	2290	2240	2280
Lenkkopfwinkel (Grad)	64	64	64	64	63
Nachlauf (mm)	90	90	86	86	94
Gewicht (kg)	256	260	264	264	276
Tankinhalt (l)	16,5	13	18,3	17,5	18,3
Beschleunigung (s)	3,5	5,4	4	4,3	4,7
Höchstgeschw. (km/h)	210	207	210	211	214
Preis inkl. MwSt (DM)	9000–9237,–	9937–8404,–	9960,–	9568–9808,–	10.218,–
	1977: SB hinten	Gewicht mit Austauschtank: 272 kg			

Kawasaki Z 1000 J / R / LTD (1981–1983)

Die Big-Bike-Palette war ja bei Kawasaki breiter aufgefächert als bei den anderen Herstellern. Sie basierte bis in die 1980er Jahre hinein auf den wohlbekannten Zweiventil-Konstruktionen, obwohl die Konkurrenz inzwischen längst schon auf Vierventil-Technik umgestellt hatte. Daher handelte es sich bei den neuen Einliter-Modellen nicht um komplette Neukonstruktionen, sondern um tiefgreifend revidierte Spielarten des 1100er Motors. Neues Grundmodell war die Z 1000 J, die nach einer Regeländerung für die Teilnahme an der amerikanischen Superbike-Klasse auf 999 cm³ heruntergebuchst werden musste. Der zivilen Ausführung wurde 1983, nachdem Eddie Lawson zwei Mal die amerikanische Superbike-Meisterschaft gewonnen hatte, ein Sondermodell mit dem Zusatz »R« zur Seite gestellt. Die giftgrün lackierte 1000er kombinierte die Technik der Basis-Z-1000 J mit der Lenkerverkleidung der ersten GPz. Dazu kamen eine sportliche Stufen-Sitzbank und Gasdruck-Stoßdämpfer mit Ausgleichsbehälter. Die Motorleistung wurde, der freiwilligen Selbstbeschränkung entsprechend, von 120 auf 100 PS zurückgenommen, mit Werks-Kit kamen 136 PS zusammen. Der Werks-Kit beinhaltete sowohl für den Motor wie auch das Fahrwerk zahlreiche Spezialteile, auch die AP Lockheed-Doppelscheibenbremse am Vorderrad mit geschlitzten Bremsscheiben war nur bei den Werksrennmaschinen zu finden. Während Kawasaki nur 30 Werks-Rennmaschinen aufbaute, entstand die Replica deutlich häufiger: Allein der deutsche Importeur konnte sich ein Kontingent von 500 Maschinen sichern und zum Stückpreis von rund 11.000 Mark verkaufen. 15 Jahre später griff die ZRX 1100 das Design der Lawson-Replika wieder auf. Diese entwickelte

Ursprünglich sollte die Z-1000 LTD 1977 nur in limitierter Stückzahl gebaut werden, die Bezeichnung LTD erhielten dann aber alle Chopper. Im Bild eine LTD 1981.

Die Nachfolgerin der Mk II hieß Z 1000 J, erschien Ende 1980 und war mit 98 PS stärker als die Vorgängerin. Nach wie vor handelte es sich dabei um die in den Grundzügen wohlbekannte Zweiventil-Konstruktion, obwohl die Konkurrenz inzwischen längst auf Vierventil-Technik umgestellt hatte.

Eine Replica jener Kawasaki, mit der Eddie Lawson zweimal die amerikanische Superbike-Meisterschaft gewann, erschien 1983. Die giftgrün lackierte 1000er kombinierte die Technik der Basis-Z-1000 J mit der Lenkerverkleidung der ersten GPz. Dazu kamen eine sportliche Stufen-Sitzbank sowie Gasdruck-Stoßdämpfer mit Reservoir.

Von diesem rund 11.000 Mark teuren Sondermodell gelangten 500 Stück nach Deutschland.

sich, insbesondere in der nächsten Generation als ZXR 1200 R (2001–2007), zu einem Bestseller auf dem Gebrauchtmarkt.

Kawasaki darf übrigens mit Fug und Recht auch als Pionier der Softchopper-Welle bezeichnet werden: Es gab einen nicht in Europa verkauften Softchopper mit dem Z-900-Motor, das Folgemodell tauchte dann auch hier auf. Ursprünglich sollte diese Z-1000-Variante nur in limitierter Stückzahl gebaut werden (Limited = LTD), ihr Kürzel wurde dann aber zur Bezeichnung für die gesamte Chopperpalette.

Jahr	1981–1983	1983	1981–1983
Modell	**Z 1000 J**	**Z 1000 R**	**Z 1000 LTD**
Motor			
Hubraum (cm³)	999	999	999
Zylinder	R 4	R 4	R 4
Bohrung x Hub (mm)	69,4 x 66	69,4 x 66	69,4 x 66
Arbeitsweise	4-Takt	4-Takt	4-Takt
Steuerung	DOHC	DOHC	DOHC
Gemischaufbereitung	4 x Mikuni Ø 32	4 x Mikuni Ø 34	4 x Mikuni Ø 34
Ventile/Zylinder	2	2	2
Verdichtung	9,2	9,2	9,2
Kühlung	L	L	L
Leistung (kW (PS) / bei U/min)	72 (98) / 8500	72 (98) / 8500	70 (95) / 8500
Max. Drehmoment (Nm / bei U/min)	86 / 7500	85 / 7000	81 / 7500
Batterie	12 V 18 Ah	12 V 18 Ah	12 V 18 Ah
Generator (Watt)	280	280	280
Kraftübertragung			
Anz. Gänge	5	5	5
Übersetzung	2,643 / 1,833 / 1,429 / 1,174 / 1,040	2,643 / 1,833 / 1,429 / 1,174 / 1,040	2,643 / 1,833 / 1,429 / 1,174 / 1,040
Hinterradantrieb	K	K	K
Endübersetzung	2,733	2,733	2,733
Starter	Elektro	Elektro	Elektro
Fahrwerk			
Rahmen	SDR	SDR	SDR
Vorderradfederung	T Ø 38	T Ø 38	T Ø 38
Hinterradfederung	S	S	S
Federweg vorne (mm)	140	145	180
Federweg hinten (mm)	80	80	120
Vorderradbremse	DSB Ø 270	DSB Ø 280	DSB Ø 270
Hinterradbremse	SB Ø 270	SB Ø 280	SB Ø 270
Vorderradreifen	3.25-19	3.25-19	3.25-19
Hinterradreifen	4.25-18	4.25-18	130/90-16
Allgemeine Daten			
Radstand (mm)	1520	1520	1535
Maße (Länge, mm)	2300	2230	2250
Lenkkopfwinkel (Grad)	62,5	62,5	62
Nachlauf (mm)	99	98	107
Gewicht (kg)	254	260	254
Tankinhalt (l)	21	21	15,3
Beschleunigung (s)	3,7	3,8	3,9
Höchstgeschw. (km/h)	219	223	211
Preis inkl. MwSt (DM)	9650–10.350,-	10.810,	10.060–10.390,–

Kawasaki GPz 1100 FI / DFI (1980–1985)
Kawasaki Z 1100 ST (1981–1983)

Sportliches Aushängeschild der zur IFMA 1980 präsentierten GPz-Reihe (die später dann GPZ geschrieben wurde) war die Elfhunderter. Bei der handelte es sich laut Werbung um den »King of Supersport«. Die technische Basis bildete der aufgebohrte Einspritzmotor aus der Z 1000 FI. Mit 1089 Kubik leistete die 1100er FI volle 100 PS. Entsprechend sportlich geriet auch die Verpackung, zunächst noch mit konventionellen Stereo-Federbeinen. In zweiter Generation zur Saison 1983 wurde sie dann mit dem Zentralfedersystem Uni-Trak ausgestattet und erhielt die elegante Tank-Sitzbank-Seitenlinie sowie die rahmenfeste Halbschale, die alle Sport-Kawasakis auszeichnete. Damit gehörte sie zu den besten Big Bikes Mitte der Achtziger – und zu den schnellsten: Die 260 kg schwere

Sportliches Aushängeschild der zur IFMA 1980 präsentierten GPz-Reihe war die 1100er, laut Werbung der »King of Supersport«. Die technische Basis bildete der aufgebohrte Einspritzmotor aus der Z 1000 FI.

Zur IFMA 1980 wurde Z 1000 ST durch die Z 1100 ST ersetzt. Während die anderen 1100er eine Einspritzanlage erhielten, kam die ST mit Vergasern.

Die Kardan-Maschine erhielt luftunterstützte Federelemente und einen in Silentblöcken gelagerten Motor. Das erhöhte den Komfort des Tourers.

Die GPZ 1100, anfangs vom deutschen Importeur als »Z 1100 GP« bezeichnet, war zunächst ausschließlich unverkleidet zu haben.

1982 erhielt die GPZ 1100 eine Cockpitverkleidung und eine digitale Einspritzung. Im nächsten Schritt folgte dann die Monoshock-Schwinge.

Vierzylinder-Kawa kam auf über 220 km/h. Die Fahrwerksgeometrie hatte sich erheblich geändert, außerdem wurde die bis dahin schnellste Kawasaki überhaupt mit Niederquerschnittsreifen besohlt. Im Ausland wurde sie mit 120 PS ausgeliefert, die Reduzierung auf die hier zulässigen 100 PS erfolgte über den Drosselklappenanschlag.

Jahr	1981–1983	1980–1982	1982	1983–1985
Modell	**Z 1100 ST**	**Z 1100 GP**	**GPZ 1100 FI**	**GPZ 1100**
Motor				
Hubraum (cm³)	1089	1089	1089	1089
Zylinder	R 4	R 4	R 4	R 4
Bohrung x Hub (mm)	72,5 x 66	72,5 x 66	72,5 x 66	72,5 x 66
Arbeitsweise	4-Takt	4-Takt	4-Takt	4-Takt
Steuerung	DOHC	DOHC	DOHC	DOHC
Gemischaufbereitung	4 x Mikuni Ø 34	L-Jetronic	DFI	DFI
Ventile/Zylinder	2	2	2	2
Verdichtung	8,9	9,5	9,5	9,5
Kühlung	L	L	L	L
Leistung (kW (PS) / bei U/min)	71 (97) / 8000	74 (100) / 8000	74 (100) / 8500	74 (100) / 8750
Max. Drehmoment (Nm / bei U/min)	93/ 6500	92 / 7000	86 / 7000	87 / 7500
Batterie	12 V 16 Ah	12 V 16 Ah	12 V 16 Ah	12 V 16 Ah
Generator (Watt)	280	280	280	280
Kraftübertragung				
Anz. Gänge	5	5	5	5
Übersetzung	2,642 / 1,833 / 1,428 / 1,179 / 1,040	2,643 / 1,833 / 1,429 / 1,174 / 1,040	2,643 / 1,833 / 1,429 / 1,174 / 1,040	2,643 / 1,833 / 1,421 / 1,179 / 1,040
Hinterradantrieb	W	K	K	K
Endübersetzung	2,46	2,733	2,666	2,733
Starter	Elektro	Elektro	Elektro	Elektro
Fahrwerk				
Rahmen	SDR	SDR	SDR	SDR
Vorderradfederung	T Ø 38	T Ø 38	T Ø 38	T Ø 37
Hinterradfederung	S	S	S	ZF
Federweg vorne (mm)	180	140	145	150
Federweg hinten (mm)	95	80	104	130
Vorderradbremse	DSB Ø 270	DSB Ø 270	DSB Ø 270	DSB Ø 270
Hinterradbremse	SB Ø 270	SB Ø 270	SB Ø 270	SB Ø 270
Vorderradreifen	3.50-19	3.25-19	3.25-19	110/90-18
Hinterradreifen	130/90-16	4.25-18	4.25-18	130/90-17
Allgemeine Daten				
Radstand (mm)	1545	1540	1540	1565
Maße (Länge, mm)	2300	2265	2265	2320
Lenkkopfwinkel (Grad)	63	61	61	62,5
Nachlauf (mm)	94	120	120	116
Gewicht (kg)	271	266	260	266
Tankinhalt (l)	21,4	21	21	20
Beschleunigung (s)	4,2	3,7	3,7	3,6
Höchstgeschw. (km/h)	212	214	221	228
Preis inkl. MwSt (DM)	10.060–10.750,–	10.340,–	10.700,–	11.990–10.480,–

Kawasaki Z 1300 / DFI (1978–1989)

Kawasakis Z 1300 erschien zur IFMA 1978 und war eine klare Kampfansage an CBX und Goldwing. Zu den Pluspunkten dieses ersten Supertourers, mit dem die Grünen bewiesen, dass sie auch mehr konnten als Sport, gehörten das ausgesprochen spurstabile Fahrwerk und die hohe Laufkultur. Besonders in den USA mit schmalerem 21-Liter-Tank und Vetter-Verkleidung galt sie als hervorragender Reiseexpress. In Deutschland waren diese Voyager- oder Touring-Varianten – der Unterschied bemaß sich an der Ausstattung (üppig oder

Die Sechzylinder-Kawasaki Z 1300 erschien zur IFMA 1978 und war eine klare Kampfansage an CBX und Goldwing. Zu den Pluspunkten der Honda-Kontrahentin gehörten das ausgesprochen spurstabile Fahrwerk und die hohe Laufkultur. Offen leistete sie 120 PS, wurde aber für Deutschland gedrosselt. In den USA verkaufte Kawasaki die Z 1300 mit Vetter-Verkleidung als »Voyager« und löste diese erst nach Erscheinen der 1000 GTR ab.

Die Wasserkühlung der Z 1300 verringerte die Baubreite und erhöhte die thermische Gesundheit. Neben der Gold Wing GL 1000 und der nicht mehr gebauten Suzuki GT 750 war die Sechszylinder-Z das einzige japanische Motorrad mit Wasserkühlung. Den 50.000-km-Dauertest der Zeitschrift *Motorrad* absolvierte die Sechszylinder-Kawasaki mit Bravour. Nur einige kleine Elektronik-Macken traten auf.

noch üppiger) – nicht zu bekommen, offiziell wurden die Sechszylinder immer nur ohne Verkleidung angeboten.

Kawasakis Sixpack erschien in einer Zeit, als die Diskussion um Sinn und Unsinn immer schwererer und größerer Motorräder auch in der Presse hohe Wellen schlug. Die Motorrad-Konjunktur stand vor dem Siedepunkt, da half es wenig, dass Kawasaki versicherte, die Z 1300 werde »nicht mehr als 100 PS Motorleistung haben« – eine Folge der »freiwilligen« Selbstbeschränkung der deutschen Hersteller und Importeure, eine Kompromissformel, gefunden nach langen Diskussionen mit Bundesverkehrsministerium und TÜV, um einer gesetzlichen Regelung zuvorzukommen. 1983 gelangte die »luxuriöse Reisemaschine« in den Genuss einer Einspritzanlage, erhielt einen 27-l-Tank und firmierte fortan mit dem Zusatz DFI. Das Dickerchen mit einem Leergewicht von zuletzt 326 Kilogramm blieb bis 1989 im Programm des japanischen Herstellers, ohne durch große Verkaufserfolge aufgefallen zu sein: Die DFI wurde 570 Mal verkauft, inklusive der 200 Exemplare umfassenden Final-Edition »Legendary Six«.

Die Z 1300 gelangte erst 1983 als DFI in den Genuss einer Einspritzanlage. Zu den weiteren Modifikationen gehörten luftunterstützte Federbeine, eine neue Kurbelwelle und weitere kleinere Änderungen. Sie blieb bis 1989 im Programm des japanischen Herstellers.

Jahr	1978–1983	1984–1989
Modell	Z 1300	Z 1300 DFI
Motor		
Hubraum (cm³)	1286	1286
Zylinder	R 6	R 6
Bohrung x Hub (mm)	62 x 71	62 x 71
Arbeitsweise	4-Takt	4-Takt
Steuerung	DOHC	DOHC
Gemischaufbereitung	3 x Doppelvergaser Ø 32	DFI-Einspritzung, Schubabschaltung
Ventile/Zylinder	2	2
Verdichtung	9,9	9,3
Kühlung	W	W
Leistung (kW (PS) / bei U/min)	73 (99) / 8000	74 (100) / 7750
Max. Drehmoment (Nm / bei U/min)	102 / 6000	103 / 4000
Batterie	12 V 20 Ah	12 V 28 Ah
Generator (Watt)	224	390
Kraftübertragung		
Anz. Gänge	5	5
Übersetzung	2,294 / 1,667 / 1,280 / 1,074 / 0,931	2,294 / 1,667 / 1,280 / 1,074 / 0,931
Hinterradantrieb	W	W
Endübersetzung	2,652	2,652
Starter	Elektro	Elektro
Fahrwerk		
Rahmen	SDR	SDR
Vorderradfederung	T Ø 41	T Ø 41
Hinterradfederung	S	S
Federweg vorne (mm)	200	200
Federweg hinten (mm)	105	105
Vorderradbremse	DSB Ø 260	DSB Ø 300
Hinterradbremse	SB Ø 250	SB Ø 290
Vorderradreifen	4.10-18	110/90-18
Hinterradreifen	5.10-17	130/90-17
Allgemeine Daten		
Radstand (mm)	1580	1580
Maße (Länge, mm)	2335	2310
Lenkkopfwinkel (Grad)	62	62,5
Nachlauf (mm)	100	98
Gewicht (kg)	322	330
Tankinhalt (l)	22	27
Beschleunigung (s)	4,9	4,6
Höchstgeschw. (km/h)	217	208
Preis inkl. MwSt (DM)	12.228–16.390,–	13.970,–16.290,–

Kawasaki Zephyr (1991–1998)
Kawasaki Zephyr 750 (1991–1999)
Kawasaki ZR-7 (1999–2004)
Kawasaki Zephyr 1100 (1992–1997)

Die Neo-Klassiker kombinierten nach 1990 die damals aktuellen Vierzylinder-Motoren mit der Z-900-Optik: Stahlrohr-Doppelrahmen, Stereo-Federbeine mit Ausgleichsbehälter, Alu-Kastenschwinge und Vier-in-eins-Auspuff waren die Zutaten, die den altbekannten Reihen-Vierzylinder in ein völlig neues – altes – Licht rückten. Weniger formschön hingegen die Entscheidung, die Maschinen bis 1996 mit den stilwidrigen Leichtmetallrädern auszurüsten. Erst danach gab's Drahtspeichenfelgen, die dann mit einer Zweifarblackierung garniert wurden.

Zurück zu den Wurzeln: Mit den Zephyr-Modellen (die technisch auf den luftgekühlten DOHC-Zweiventilern der späten 70er basierten) weckte Kawasaki Erinnerungen an die legendäre Z1. Die Zephyr-Reihe wurde im Laufe der Jahre den klassischen Vorbildern immer mehr angenähert, was sich vor allem auch in Tanklackierung und Design widerspiegelte.

Die erste Zephyr war die 550er, was am Motorrad selbst aber nicht zu erkennen war. Da stand nur »Zephyr«, was zu nicht geringer Verwirrung führte. Es gab sie mit 27 (ab 1993 dann 34) oder 50 PS.

Das motortechnische Grundkonzept der Zephyr 750 basierte auf den Z 750E/L. Dank kleinerer Vergaser (nun 32 statt 34 mm Durchlass) war die Beschleunigung aber besser.

Drahtspeichenfelgen plus Zweifarblackierung ersetzten bei der 750er wie auch der 1100er 1996 die bisherigen Gussräder.

Die Zephyr 1100 wurde zwischen 1992 und 1997 in Deutschland verkauft. Der Motor aber blieb stets außerordentlich durstig.

Luftgekühlte Reihen-Vierer in der Optik der alten Zetts lieferte Kawasaki mit 550, 750 und 1100 Kubik, wobei die größte Zephyr die kurzlebigste war und nach fünf Jahren 1997 wieder aus dem Programm fiel. Die kleine Zephyr hatte den modifizierten 550er-Motor und die Motorbasis der 750er bildete das alte Z-650-Aggregat, natürlich mit zwei Ventilen pro Brennraum. Beim Motor der 1100er indes handelte es sich um die heruntergebuchste Variante eines nicht in Deutschland verkauften 1,2-Liter-Tourers namens »Voyager«.

Herzstück der großen Zephyr war ein luftgekühlter Zweiventil-Vierzylinder. Um die thermische Gesundheit sorgten sich zwei Pumpen, eine im Ölkühler und eine zweite, welche den Schmierstoff im Motorinneren umwälzte und über eine eigene Ölleitung die mittleren Lager der Nockenwellen schmierte.

Die ZR-7 erschien 1999 und nutzte den nur leicht überarbeiteten Zephyr-750-Motor.

Die Tourentauglichkeit der ZR-7 erhöhte Kawasaki für 2001 durch Einführung der ZR-7 S. Dafür erhielt die Gabel progressivere Federn.

Zum Ende des Jahrtausends verschwanden die Zephyr-Modelle allmählich aus dem deutschen Importprogramm. Der Zweiventil-Vierzylinder indes lebte, modifiziert an Zylinderkopf, Zylindern und Motordeckel, in der ZR-7 weiter, verfeinert um ein Sekundärluftsystem. Die 32er-Keihin-Gleichdruckvergaser verfügten nun über einen Drosselklappensensor, außerdem entsorgte die auch mit 34 PS lieferbare ZR-7 die Abgase über eine neue Vier-in-eins-Auspuffanlage. Die hintere Stahlschwinge verfügte über das Uni-Trak-Federungssystem.

Jahr	1991–1998	1991–1995	1996–1999	1999–2004	1992–1997
Modell	**Zephyr 550**	**Zephyr 750**	**Zephyr 750**	**ZR-7**	**Zephyr 1100**
Motor					
Hubraum (cm³)	553	739	739	739	1062
Zylinder	R 4	R 4	R 4	R 4	R 4
Bohrung x Hub (mm)	58 x 52,4	66 x 54	66 x 54	66 x 54	73,5 x 62,6
Arbeitsweise	4-Takt	4-Takt	4-Takt	4-Takt	4-Takt
Steuerung	DOHC	DOHC	DOHC	DOHC	DOHC
Gemischaufbereitung	4 x Keihin Ø 30	4 x Keihin Ø 32	4 x Keihin Ø 32	4 x Keihin Ø 32	4 x Keihin Ø 34
Ventile/Zylinder	2	2	2	2	2
Verdichtung	9,5	9,5	9,5	9,4	9,1
Kühlung	L	L	L	L	L
Leistung (kW (PS) / bei U/min)	37 (50) / 10.000	52 (72) / 9500	56 (76) / 9500	56 (76) / 9500	68 (93) / 8300
Max. Drehmoment (Nm / bei U/min)	35 / 3500	59 / 7300	63 / 7300	63 / 7300	88 / 7000
Batterie	12 V 12 Ah	12 V 12 Ah	12 V 10 Ah	12 V 14 Ah	12 V 14 Ah
Generator (Watt)	190 W	300 W	300 W	300	472
Kraftübertragung					
Anz. Gänge	6	5	5	5	5
Übersetzung	2,571 / 1,777 / 1,380 / 1,125 / 0,961 / 0,851	2,333 / 1,631 / 1,272 / 1,040 / 0,875	2,333 / 1,631 / 1,272 / 1,040 / 0,875	2,333 / 1,631 / 1,272 / 1,040 / 0,875	2,500 / 1,667 / 1,292 / 1,074 / 0,931
Hinterradantrieb	K	K	K	K	K
Endübersetzung	2,375	2,600	2,600	2,375	3,000
Starter	Elektro	Elektro	Elektro	Elektro	Elektro
Fahrwerk					
Rahmen	SDR	SDR	SDR	SDR	SDR
Vorderradfederung	T Ø 39	T Ø 41	T Ø 41	T Ø 41	T Ø 43
Hinterradfederung	S	S	S	ZF	S
Federweg vorne (mm)	140	140	140	130	130
Federweg hinten (mm)	100 / 115	88	115	130	115
Vorderradbremse	DSB Ø 300	DSB Ø 300	DSB Ø 300	DSB Ø 300	DSB Ø 310
Hinterradbremse	SB Ø 240	SB Ø 230	SB Ø 230	SB Ø 240	SB Ø 240
Vorderradreifen	110/80-17	120/70-17	120/70-17	120/70-17	120/70-18
Hinterradreifen	140/70-18	150/70-17	150/70-17	160/60-17	160/70-17
Allgemeine Daten					
Radstand (mm)	1435	1455	1455	1455	1500
Maße (Länge, mm)	2140	2135	2135	2105	2200
Lenkkopfwinkel (Grad)	63	62	62	63	63
Nachlauf (mm)	104	107	107	93	110
Gewicht (kg)	202	220	228	229	272
Tankinhalt (l)	15	17	17	22	19
Beschleunigung (s)	9,2, auch 5,7	4,6	4,3	3,4	4,0
Höchstgeschw. (km/h)	137, auch 173	201	198	202	211
Preis inkl. MwSt (DM)	8490–10.970,–	9990–10.790,–	12.990,–	11.990,–	14.150–16.775,–
	Auch 20 kW, ab 1995 25 kW	Auch 20 / 25 (1995) / 37 kW	Drahtspeichen-Räder		1996: Drahtspeichen-Räder

5 Kawasaki 16V-Vierzylinder

Kawasaki GPZ 600 R (1985–1990)
Kawasaki ZL 600 / Eliminator (1986–1997)

GPZ: Die drei Buchstaben standen Ende der Achtziger nicht mehr für Sportmotorräder, sondern für vernünftige Allrounder mit 16-Zoll-Fahrwerk. Diese Radgröße war zwar bei anderen Herstellern Garant für kippeliges Fahrverhalten, bei Kawasaki dagegen nicht. Kein bisschen. Die 16-Zoll-Kawas lagen wie ein Brett.

Den Anfang hatte 1985 die GPZ 600 R gemacht. Trotz aller Ähnlichkeiten zur 900er: Die Unterschiede waren beträchtlich. Die 600er zum Beispiel hatte einen klassischen Doppelschleifenrahmen mit verschraubten Unterzügen, allerdings aus Stahl-Rechteckprofilen. Hinten kam eine Leichtmetallschwinge mit einfachen Kettenspannern zum Einsatz. Wie die GPZ 900 R besaß die 600er Gabelschlepphebel zur Ventilspieleinstellung.

Zur IFMA 1984 hatte Kawasaki die Mittelklasse-Maschine erstmals gezeigt. Sie war in enger Anlehnung an die 900 R entstanden. Offen 75 PS stark, galt die GPZ 600 R mit ihrem 16-Zoll-Fahrwerk als »bester Viertakt-Sportler dieser Klasse«.

Angeboten wurde die GPZ 600 R (die in den USA den Beinamen »Ninja« trug) in drei Leistungsstufen. Nachdem 1989 die GPZ den Motor der GPX 600 erhielt, kam eine vierte mit 82 PS hinzu. Oft waren diese einfarbig schwarz lackiert. (Foto: Klaus Nahr, cc-by-sa 2.0)

Als Kawasaki 1986 die ZL 600 präsentierte, passte sie in keines der gängigen Schemata. Ihr wassergekühlter Vierzylinder stammte aus der GPZ 600 R, verfügte aber über Vergaser mit kleineren Ansaugquerschnitten. Die Kraftübertragung zum Hinterrad erfolgte über eine Kardanwelle.

Weder Tourer noch Sportler, kein Naked-Bike, aber vielleicht ein Chopper? Als Kawasaki 1986 ein neues Krad mit dem Kürzel »ZL« einführte, passte sie in keines der gängigen Schemata. Ihr wassergekühlter Vierzylinder stammte aus der GPZ 600 R, verfügte aber über Vergaser mit kleineren Ansaugquerschnitten und Nockenwellen mit etwas zahmeren Steuerzeiten. Die Leistungskurve geriet dennoch recht spitz. 1995 kehrte die ZL noch einmal ins deutsche Verkaufsprogramm zurück, Ampelsprinter waren damals mächtig angesagt. Die Neuauflage hieß Eliminator 600, hatte schöne neue Farben, Chromspeichenräder und einen Drehmomentbegrenzer, der im Schiebebetrieb ein Hinterrad-Stempeln verhindern sollte. Die Kraftübertragung erfolgte, wie schon bei der Erstauflage, per Kardanwelle. Allerdings galt sie als ziemlich teuer und war eher eine Sache für das Schaulaufen in der Innerstadt, nicht für Urlaubstouren.

Die ZL 600 gehörte zu den großen Unbekannten im Straßenbild. »Showbike« urteilte die Zeitschrift *Motorrad*, und das beschrieb sie ziemlich gut.

Jahr	1985–1990	1986–1987	1995–1997
Modell	**GPZ 600 R**	**ZL 600**	**Eliminator 600**
Motor			
Hubraum (cm³)	593	593	593
Zylinder	R 4	R 4	R 4
Bohrung x Hub (mm)	60 x 52,4	60 x 52,4	60 x 52,4
Arbeitsweise	4-Takt	4-Takt	4-Takt
Steuerung	DOHC	DOHC	DOHC
Gemischaufbereitung	4 x Keihin Ø 32	4 x Keihin Ø 30	4 x Keihin Ø 30
Ventile/Zylinder	4	4	4
Verdichtung	11	11	11
Kühlung	W	W	W
Leistung (kW (PS) / bei U/min)	55 (75) / 10.500, auch 20 (27) / 8500 und 37 (50) / 10.000	54,4 (74) / 10.500	45 (61) / 10.500, auch 25 (34) / 8600
Max. Drehmoment (Nm / bei U/min)	52 / 9000, auch 37 / 4100	53,9 / 8500	46 / 7800
Batterie	12 V 12 Ah	12 V 10 Ah	12 V 10 Ah
Generator (Watt)	240	280 W	280 W
Kraftübertragung			
Anz. Gänge	6	6	6
Übersetzung	2,571 / 1,777 / 1,380 / 1,125 / 0,961 / 0,851	2,571 / 1,777 / 1,380 / 1,125 / 0,961 / 0,851	2,571 / 1,777 / 1,380 / 1,125 / 0,961 / 0,851
Hinterradantrieb	K	W	W
Endübersetzung	2,600	2,69	2,69
Starter	Elektro	Elektro	Elektro
Fahrwerk			
Rahmen	SKR	SDR	SDR
Vorderradfederung	T Ø 37	T Ø 37	T Ø 37
Hinterradfederung	ZF	S	S
Federweg vorne (mm)	140	145	150
Federweg hinten (mm)	130	108	99
Vorderradbremse	DSB Ø 270	SB Ø 280	SB Ø 300
Hinterradbremse	SB Ø 250	TB Ø 180	TB Ø 180
Vorderradreifen	110/90-16	100/90-18	100/90-18
Hinterradreifen	130/90-16	150/80-15	150/80-15
Allgemeine Daten			
Radstand (mm)	1430	1550	1550
Maße (Länge, mm)	2140	2240	2230
Lenkkopfwinkel (Grad)	63	61	61
Nachlauf (mm)	97	107	105
Gewicht (kg)	219	215	217
Tankinhalt (l)	18	12,3	13
Beschleunigung (s)	4,6, auch 9,3	3,8	3,8
Höchstgeschw. (km/h)	192, auch 161 und 178	185	185, auch 162
Preis inkl. MwSt (DM)	9680–10.590,–	9790,–	12.750,–
	1989: 60 kW		

Kawasaki GPX 600 / 750 R (1985–1999)

Die GPX-Familie – GPX 600 R, GPX 750 R – der späten Achtziger durfte als konsequente Weiterentwicklung der entsprechenden GPZ-Modell gelten und sollte diese allmählich ersetzen. Von den GPZ stammte eigentlich nur noch der (überarbeitete) Motor, der Rest war neu.

Die 1987 erstmals gezeigte GPX 750 R wollten die Ingenieure und Marketing-Verantwortlichen als sportlichen Allrounder verstanden wissen. Daher fehlten einige der Features, welche damals einen Spitzensportler auszeichneten. So wurde zum Beispiel ein schlichtes Doppelschleifen-Fahrwerk als ausreichend erachtet. Andererseits war der neue Vierzylinder

Die GPX-Reihe löste in der zweiten Hälfte der 80er-Jahre die GPz-Familie ab. Die Technik stammte in der Regel von den GPZ-Modellen. Der Motor fand sich 1989 in der GPZ 600 R.

Die GPX 750 R galt spätestens seit Erscheinen der ZXR 750 als Tourensportler. Für größere Beifahrer war der Kniewinkel aber zu spitz, um auf lange Strecken bequem zu sein.

Im Vierer-Vergleichstest der Zeitschrift *Motorrad* belegte die Kawasaki 1989 den dritten Platz, zusammen mit der FZ 750. Zweiter wurde die GSX 750 F, ganz vorne lag die VFR 750 F.

ein echtes Drehzahlwunder. Offen 106 PS stark, bereitete ein Begrenzer erst bei 12.000 U/min dem fröhlichen Drehzahltreiben ein Ende.

Die GPX 600 kam dank höherer Verdichtung und geänderten Steuerzeiten auf 85 PS und lag damit auf dem Niveau von Hondas CBR 600, dem Maß aller Dinge in diesem Hubraumsegment. Mit ihrer Leistung lagen sie weit vor der eher tourensportlichen GPZ 600, die ebenfalls noch angeboten wurde, aber etwas leistungsschwächer und einige Hundertmarkscheine günstiger angeboten wurde. Außerdem verfügte die GPX 600 über 16-Zoll-Räder. Ihr Import wurde 1992 eingestellt, doch in modifizierter Form kehrte sie 1994 ins Modellprogramm zurück. Sie leistete dann 77,5 PS, damit passte sie in die entsprechende neue Versicherungsklasse. Größere Modellpflegemaßnahmen unterblieben. 1996 kam sie nach Anpassung an neue Emissionsstandards mit nur noch 73 PS, und für Einsteiger dann auch noch in einer 34-PS-Drosselversion. Die GPX-Ära endete endgültig 1999, bis zuletzt rollte sie auf Sechzehnzöllern. Auch wenn sie zuletzt kaum mehr gefragt war, gab es doch wesentlich schlechtere und unbequemere Motorräder, mit denen man in sein Zweiradleben starten konnte.

Die ZZ-R 600 – ZX 600 D – wurde ab 1990 verkauft. Sie war die erste 600er mit Aluminiumrahmen und mit 98 PS anfangs auch die stärkste Maschine dieser Klasse.

Kawasaki ZZ-R 600 (1990–2005)

Die ZZ-R 600 von Ende 1989 verkörperte Kawasakis Vorstellung eines neuen Mittelklasse-Supersportlers. Der Motor, wiederum modifiziert, stammte aus der GPX, leistete hier aber 98 PS. Kawasaki hatte für die Saison 1990 die stärkste 600er im Programm und die erste 600er mit Aluminiumrahmen – und mit knapp 230 km/h Spitze auch die damals schnellste. Wer mochte, konnte sie auch mit 34 oder 50 PS erhalten. Honda konterte Kawasakis Angriff 1991 mit der 100 PS starken CBR 600 F. Daraufhin rüsteten die Grünen für 1993 nach und schickten eine neue ZZ-R ins Rennen. Die hatte, logisch, nun auch 100 PS, eine Verkleidung mit Ram-Air-Nüstern und ein verbessertes Fahrwerk in Form eines stabileren Rahmens, einem verkürzten Radstand, stärkerer Bremsscheiben vorn und breiterer Felgen. Wiederum zwei Jahre später hatte sie

Bereits 1993 erschien eine 100 PS starke ZZ-R 600. Sie erhielt ein Doppel-Ram-Air-System mit Lufteinlässen unter dem Scheinwerfer.

1996 sank die Motorleistung der ZZ-R 600 wieder auf 98 PS ab, um sich in das Versicherungsscherma einzupassen.

98 PS, eine geänderte Auspuffanlage und eine einstellbare Gabel, das war's aber dann im Prinzip mit größeren Änderungen bis zum Auslaufen der Modellreihe 2005. Zu dem Zeitpunkt galt sie längst schon als Sporttourer, denn für einen Supersportler war sie nun nicht mehr extrem genug. Für touristisch orientierte Sportfahrer galt sie aber als erstklassige Wahl, und wer sie gebraucht kaufte, traf damit meist auch auch eine sehr günstige.

Jahr	1985–1987	1988–1990	1995–1999	1987–1990	1990–1993	1993–2005
Modell	**GPX 600 R**	**GPX 600 R**	**GPX 600 R**	**GPX 750 R**	**ZZ-R 600**	**ZZ-R 600**
Motor						
Hubraum (cm³)	593	593	593	742	600	600
Zylinder	R 4	R 4	R 4	R 4	R 4	R 4
Bohrung x Hub (mm)	60 x 52,4	60 x 52,4	60 x 52,4	68 x 51,5	64 x 46,6	64 x 46,6
Arbeitsweise	4-Takt	4-Takt	4-Takt	4-Takt	4-Takt	4-Takt
Steuerung	DOHC	DOHC	DOHC	DOHC	DOHC	DOHC
Gemischaufbereitung	4 x Keihin Ø 32	4 x Keihin Ø 32	4 x Keihin Ø 32	4 x Keihin Ø 34	4 x Keihin Ø 36	4 x Keihin Ø 36
Ventile/Zylinder	4	4	4	4	4	4
Verdichtung	11	11,7	11	11,2	11,5	12,0
Kühlung	W	W	W	W	W	W
Leistung (kW (PS) / bei U/min)	55 (75) / 10.500	63 (85) / 11.000	54 (73) / 10.500	74 (100) / 10.500	72 (98) / 11.500	72 (98) / 11.000
Max. Drehmoment (Nm / bei U/min)	51 / 9000	55 / 8000	53 / 8000	70,6 / 8500	64 / 9500	67 / 9000
Batterie	12 V 12 Ah	12 V 12 Ah	12 V 12 Ah	12 V 14 Ah	12 V 10 Ah	12 V 10 Ah
Generator (Watt)	280	280	280	390	336	336
Kraftübertragung						
Anz. Gänge	6	6	6	6	6	6
Übersetzung	2,571 / 1,777 / 1,380 / 1,125 / 0,961 / 0,851	2,571 / 1,777 / 1,380 / 1,125 / 0,961 / 0,851	2,571 / 1,777 / 1,380 / 1,125 / 0,961 / 0,851	2,923 / 2,125 / 1,666 / 1,380 / 1,217 / 1,083	3,166 / 2,125 / 1,666 / 1,380 / 1,217 / 1,083	3,166 / 2,125 / 1,666 / 1,380 / 1,217 / 1,083
Hinterradantrieb	K	K	K	K	K	K
Endübersetzung	2,6	2,6	2,6	2,937	3,000	3,000
Starter	Elektro	Elektro	Elektro	Elektro	Elektro	Elektro
Fahrwerk						
Rahmen	SDR	SDR	SDR	SDR	LKR	LKR
Vorderradfederung	T Ø 37	T Ø 38	T Ø 38	T Ø 38	T Ø 41	T Ø 41
Hinterradfederung	ZF	ZF	ZF	ZF	ZF	ZF
Federweg vorne (mm)	140	140	140	140	130	120
Federweg hinten (mm)	130	130	130	120	130	130
Vorderradbremse	DSB Ø 270	DSB Ø 270	DSB Ø 260, ab 1997: 270	DSB Ø 270	DSB Ø 300	DSB Ø 300
Hinterradbremse	SB Ø 250	SB Ø 250	SB Ø 240, ab 1997: 250	SB Ø 230	SB Ø 230	SB Ø 240
Vorderradreifen	110/90-16	110/90-16	110/80-16	110/90-16	120/60-17	120/60-17
Hinterradreifen	130/90-16	130/90-16	130/90-16	140/70-18	160/60-17	160/60-17
Allgemeine Daten						
Radstand (mm)	1430	1440	1425	1460	1440	1430
Maße (Länge, mm)	2140	2140	2130	2170	2150	2140
Lenkkopfwinkel (Grad)	63	63	63	63	65,5	65,5
Nachlauf (mm)	98	91	91	97	95	96
Gewicht (kg)	215	206	208	222	221	221
Tankinhalt (l)	18	19,5	18	21	18	18
Beschleunigung (s)	4,3	3,7	3,9	3,6	3,7	3,7
Höchstgeschw. (km/h)	210	206	209	235	230	240
Preis inkl. MwSt (DM)	11.440,–	10.890,–	10.490,–	12.890,–	12.950–13.186,–	13.490–15.690,–
	Lateral-Chassis	Doppelschleifen-Chassis	Ab 1997 mit Sekundärluftsystem			bis 1995: 74 kW

Kawasaki GPZ 900 R (1983–1993)
Kawasaki GPZ 750 R (1984–1986)

Ende 1983 vorgestellt, wurde die GPz 900 R rasch zum Inbegriff des Superbikes. Der hochmoderne, wassergekühlte Vierventiler war eine komplette Neukonstruktion und in jeder Beziehung wegweisend für alle künftigen Vierzylinder-Konstruktionen bis heute. Offen leistete er 115 PS, der typische deutsche Sonderweg führte zur Drosselung über längere Gasschieber auf 100 PS. Das neue Fahrwerk mit 16-Zoll-Vorderrad, Stahlrohr-Rückgratrahmen, angeschraubtem Alu-Rahmenheck, steilem Lenkkopfwinkel und langem Radstand geriet ebenso handlich wie spurstabil. »Das Motorrad des Jahrzehnts«,

Ende 1983 vorgestellt, wurde die GPz 900 R rasch zum Inbegriff des Superbikes. Über längere Gasschieber war sie von 115 auf 100 PS bei 9500/min gedrosselt worden.

»Das Motorrad des Jahrzehnts«, urteilte F.J. Schermer, seinerzeit Chefredakteur des Motorrad-Magazins *Mo*. Das 16-Zoll-Vorderrad behielt die GPZ 900 R bis 1990.

Die letzten GPz 900 wurden 1994 ausverkauft. Die Modellpflege hatte härtere Ventile, modifizierte Vergaser, neue Steuerkettenspanner sowie (1990) bessere Bremsen und neue Dreispeichenräder gebracht.

Zur IFMA 1984 erschien mit der 92 PS starken GPz 750 R die hubraumschwächere Ausgabe der GPz 900 R. Die Beliebtheit ihrer großen Schwester erreichte sie nie und wurde zum Modelljahr 1987 durch die GPX 750 R abgelöst.

92 PS bei 10.000/min,
0–100 km/h in 4,5 s, 214 km/h,
DM 10,990,–.

urteilte F. J. Schermer, seinerzeit Chefredakteur des Motorrad-Magazins *Mo*, und bat: »Baut dieses Motorrad noch einige Jahre weiter!« Was man in Japan ja auch tat ... Die 900er – unbestritten eines der besten Motorräder ihrer Zeit – wurde erst 1994 restlos abverkauft, und bis zuletzt bescheinigten ihr die Medien: »…nach wie vor erstklassige Fahrleistungen … Bremsen auf der Höhe der Zeit«.

Weniger hoch gelobt und ausdauernd dagegen erwies sich die zur IFMA 1984 gezeigte GPz 750 R, die hubraumschwächere Japan-Ausgabe der 900er. Dem Motor fehlte der rechte Biss und dem Handling das letzte Quäntchen Spritzigkeit, außerdem hatte sie einige Pfunde zu viel, um im Dreiviertelliter-Sektor den Ton angeben zu können. Da markierten Yamahas FZ 750 und die GSX-R von Suzuki das Maß aller Dinge.

Jahr	**1984–1986**	**1984–1989**	**1990–1993**
Modell	**GPZ 750 R**	**GPZ 900 R**	**GPZ 900 R**
Motor			
Hubraum (cm³)	748	908	908
Zylinder	R 4	R 4	R 4
Bohrung x Hub (mm)	70 x 48,6	72,5 x 55	72,5 x 55
Arbeitsweise	4-Takt	4-Takt	4-Takt
Steuerung	DOHC	DOHC	DOHC
Gemischaufbereitung	4 x Keihin Ø 32	4 x Keihin Ø 34	4 x Keihin Ø 34
Ventile/Zylinder	4	4	4
Verdichtung	10,5	11	11
Kühlung	W	W	W
Leistung (kW (PS) / bei U/min)	68 (92) / 10.000	74 (100) / 9500	74 (100) / 9500
Max. Drehmoment (Nm / bei U/min)	71 / 8500	79 / 8500	78,5 / 8500
Batterie (V/Ah)	12 V 12 Ah	12 V 14 Ah	12 V 14 Ah
Lichtmaschine (Watt)	260	300	360
Kraftübertragung			
Anz. Gänge	6	6	6
Übersetzung	2,800 / 2,000 / 1,590 / 1,333 / 1,153 / 1,035	2,800 / 2,000 / 1,590 / 1,333 / 1,153 / 1,035	2,800 / 2,000 / 1,590 / 1,333 / 1,153 / 1,035
Hinterradantrieb	K	K	K
Endübersetzung	3,062	2,882	2,823
Starter	Elektro	Elektro	Elektro
Fahrwerk			
Rahmen	SKR	SKR	SKR
Vorderradfederung	T Ø 38	T Ø 38	T Ø 41
Hinterradfederung	ZF	ZF	ZF
Federweg vorne (mm)	140	140	140
Federweg hinten (mm)	115	115	115
Vorderradbremse	DSB Ø 280	DSB Ø 280	DSB Ø 300
Hinterradbremse	SB Ø 270	SB Ø 270	SB Ø 250
Vorderradreifen	120/80-16	120/80-16	120/70-17
Hinterradreifen	130/80-18	130/80-18	150/70-18
Allgemeine Daten			
Radstand (mm)	1495	1495	1500
Maße (Länge, mm)	2200	2200	2220
Lenkkopfwinkel (Grad)	61	61	61
Nachlauf (mm)	114	114	118
Gewicht (kg)	256	257	255
Tankinhalt (l)	22	22	22
Beschleunigung (s)	4,0	3,6	3,9
Höchstgeschw. (km/h)	224	241	231
Preis inkl. MwSt (DM)	10.990,–	11.700–12.790,–	14.140–15.215,–

Kawasaki GPZ 1000 RX (1985–1988)
Kawasaki ZL 1000 (1987–1989)
Kawasaki ZX-10 (1988–1990)
Kawasaki 1000 GTR (1989–2004)

Im Herbst 1985 als Nachfolgerin der GPz 900 R präsentiert, leistete die GPZ 1000 RX offen 125 PS bei 9500/min. Damit reichte man an die Schallmauer von 250 km/h heran. Wegen der deutschen Selbstbeschränkung ging's hierzulande nicht ganz so flott voran, und weil man bei der Drosselvariante auch die lange Endübersetzung beibehielt, beschleunigte die Kawa doch einen Tacken zäher als die Konkurrenz. Beim Rahmenkonzept wechselte man wieder vom Zentralrohr- zum Doppelschleifenrahmen aus Stahl in Kombination mit einem Rahmenheck aus Leichtmetall. Ihren Motor vermachte die RX 1988 einer neuen Tausender, die den Namen ZX-10 erhielt.

Hier war der Reihen-Vierer tiefgreifend überarbeitet worden, hatte neue Vergaser, Feinschliff am Zylinderkopf und leichtere Innereien erhalten. Das sparte Gewicht, erhöhte die Drehfreude und die Leistung, die offen auf 137 PS stieg. Das ganze Technikpaket steckte Kawasaki in ein Alu-Chassis mit verschraubten Unterzügen anstelle des GPX-Doppelschleifenrahmens und schuf so einen superstabil liegenden Tourensportler, der auch bei 230 km/h »keine Schweißausbrüche beim Piloten« (so die Zeitschrift *Motorrad*) auslöste.

Das schnellste Serienmotorrad der Welt sollte sie sein: die GPZ 1000 RX, die 1986 die 900 R als Flaggschiff der Modellpalette ablöste. Hier in Deutschland wies die offen 125 starke Kawa reglementskonforme 100 PS auf. In Sachen Fahrverhalten und Motorleistung war sie »absolute Spitzenklasse«, wie die Tester begeistert vermerkten.

Der Motor der ZL 1000 stammte von der GPZ 1000 RX. Neue Nockenkonturen, neue 34-mm-Keihinvergaser und die Auspuffanlage sorgten für ein besseres Drehmoment in der Mittellage. 100 PS bei 9000/min, 0–100 km/h in 3,2 s, 210 km/h, DM 13.990,–.

Kawasaki ZX-10, 1988: 100 PS bei 8800/min, 0–100 km/h in 3,7 s, 231 km/h, DM 14.790,–.

Ein Jahr nach ihrer kleineren Schwester ZL 600 erschien die nach dem gleichen Muster gestrickte ZL 1000. Herzstück des Dragsters war der Reihen-Vierzylinder aus der GPZ 1000 RX, der in der Leistung auf 100 PS reduziert worden war, um mehr Drehmoment bei niedrigerer Drehzahl zu bieten. Und mit einer Urgewalt katapultierte das immerhin 271 Kilogramm schwere Show-Bike seinen Piloten nach vorne, der Durchzug war unglaublich: 7,2 Sekunden für den Sprint von 60 auf 140 km/h im sechsten Gang – das Ding war ein Jet auf zwei Rädern. Als Alltags- und Landstraßengefährt zwar eher sinnfrei, aber faszinierend.

Ein weiterer Verwendungszweck für den bärenstarken Reihen-Vierer fand sich in Gestalt eines großen Tourers, der die Z 1300 ersetzte. Diese 1000 GTR sollte sich tatsächlich als noch langlebiger erweisen als der Sechszylinder. In dem Fall bedeuteten weniger Zylinder tatsächlich ein Mehr an Fahrspaß, denn der

Nippon-BMW: Mit der 1000 GTR, die 1986 erschien, bediente Kawasaki auch die sträflich vernachlässigte Fraktion der Tourenfahrer. Der Motor stammte aus der GPZ 1000 RX und leistete im Touren-Trimm 100 PS. Vorbildlich komplett war die Ausstattung mit Koffern, wirkungsvoller Vollverkleidung und kleinem Gepäckträger.

Die komplett ausgestattete 1000 GTR stand bis zum neuen Jahrtausend im Lieferprogramm. Ab 1990 leistete sie 92 PS, ab 1996 dann 98 PS.

Fulldresser mit RX-Motor war dank anderer Nockenwellen und Vergaser sanfter und tourenfreundlicher als die GPZ abgestimmt. Das Chassis steuerte die GPZ 900 R bei, den Kardan kannte man schon aus der GT-Reihe. Fahrwerk und Bremsanlage waren über alle Zweifel erhaben, auf der Minus-Seite stand das nicht unerhebliche Gewicht von 296 Kilo bei lediglich 100 PS. Vorbildlich komplett war die Ausstattung der Nippon-BMW mit Koffern, wirkungsvoller Vollverkleidung und kleinem Gepäckträger. Größere Fahrer hätten sich allerdings einen etwas besseren Wetterschutz gewünscht. 1994 noch einmal frisch aufgebügelt, galt die große Kawasaki auch zur Jahrtausendwende noch als ausgesprochen empfehlenswertes Langstreckenmöbel. Sie verließ erst 2004 den Ring, zu dem Zeitpunkt war die Konkurrenz bereits zwei Fahrzeuggenerationen weiter.

Jahr	**1985–1988**	**1987–1989**	**1988–1990**	**1989–2004**
Modell	**GPZ 1000 RX**	**ZL 1000**	**ZX-10**	**1000 GTR**
Motor				
Hubraum (cm³)	997	997	997	997
Zylinder	R 4	R 4	R 4	R 4
Bohrung x Hub (mm)	74 x 58	74 x 58	74 x 58	74 x 58
Arbeitsweise	4-Takt	4-Takt	4-Takt	4-Takt
Steuerung	DOHC	DOHC	DOHC	DOHC
Gemischaufbereitung	4 x Keihin Ø 36	4 x Keihin Ø 34	4 x Keihin Ø 36	4 x Keihin Ø 32
Ventile/Zylinder	4	4	4	4
Verdichtung	10,2	10,2	11	10,2
Kühlung	W	W	W	W
Leistung (kW (PS) / bei U/min)	74 (100)/ 9500	74 (100) / 9000	74 (100) / 8800	74 (100) / 9000, ab 1992: 68 (92), ab 1994: 72 (98)
Max. Drehmoment (Nm / bei U/min)	83 / 6200	85,3 / 7500	89 / 6800	91 / 6500
Batterie (V/Ah)	12 V 15 Ah	12 V 14 Ah	12 V 14 Ah	12 V 18 Ah
Lichtmaschine (Watt)	350	350	336	400
Kraftübertragung				
Anz. Gänge	6	6	6	6
Übersetzung	2,800 / 2,000 / 1,590 / 1,333 / 1,153 / 1,035 /	2,800 / 2,000 / 1,590 / 1,333 / 1,153 / 1,035	2,800 / 2,000 / 1,590 / 1,333 / 1,153 / 1,035	3,071 / 2,055 / 1,590 / 1,333 / 1,153 / 0,965
Hinterradantrieb	K	W	K	W
Endübersetzung	2,666	2,994	2,708	2,708
Starter	Elektro	Elektro	Elektro	Elektro
Fahrwerk				
Rahmen	SDR	SDR	LKR	SKR
Vorderradfederung	T Ø 40	T Ø 38	T Ø 41	T Ø 41
Hinterradfederung	ZF	S	ZF	ZF
Federweg vorne (mm)	130	150	135	140
Federweg hinten (mm)	130	110	120	140
Vorderradbremse	DSB Ø 280	DSB Ø 280	DSB Ø 300	DSB Ø 270, ab 1994: 300
Hinterradbremse	SB Ø 260	SB Ø 270	SB Ø 250	SB Ø 280
Vorderradreifen	120/80-16	100/90-18	120/70-17	110/80-18, ab 1994: 120/70-18
Hinterradreifen	150/80-16	160/80-15	160/60-18	150/80-16
Allgemeine Daten				
Radstand (mm)	1505	1615	1490	1555
Maße (Länge, mm)	2230	2330	2170	2290
Lenkkopfwinkel (Grad)	62	61	63,5	61,5
Nachlauf (mm)	108	102	101	123
Gewicht (kg)	267	271	255	307
Tankinhalt (l)	21	18,5	22	28,5
Beschleunigung (s)	3,7	4,1	3,7	3,9
Höchstgeschw. (km/h)	237	206	231	194
Preis inkl. MwSt (DM)	14.790–14.490,–	13.990,–	14.790–15.650,–	15.950–17.490,–

Kawasaki ZZ-R 1100 (1990–2001)
Kawasaki GPZ 1100 (1995–1998)
Kawasaki ZRX 1100 (1997–2001)

Motortechnisch auf den neuesten Stand gebracht – begradigte Einlasskanäle, leichtere Tassenstößel, digitale Zündanlagen –, stieß die ZZ-R 1100 (es gab hierzulande ja auch eine 600er) mit dem Beinamen »Gran Turismo« in neue Leistungsdimensionen vor. Mit einem wunderbar stabilen Leichtmetall-Rahmen gesegnet, erschien sie 1990 und sollte alsbald den tourensportlichen Part im Kawasaki-Programm übernehmen. Den Motor der großen ZZ-R kannte man schon aus der 1988er ZX-10; die ZZ-R 1100 indes galt als das schnellste, beste und gelungenste Bigbike der frühen Neunziger und hatte mit ihren 147 PS bis 1997 (dann kam die Honda CBR 1100 XX) das »Blaue Band« für den schnellsten und leistungsstärksten Sporttourer inne.

Die GPZ 1100 des Jahres 1995 verfügte ebenfalls über den ZZ-R-Treibsatz, aber Flachstromvergaser anstelle der Fallstromvergaser. Nach 1996 war sie – ebenfalls als Sporttourer konzipiert – auch mit ABS lieferbar. Das allerdings regelte arg grob, hier fehlte der Feinschliff.

Dritte im Bunde der großen 1100er war die ZXR 1100 mit dem ZZ-R-Vierling. Der Optik wegen hatte man den flüssig-

Die ZZ-R 1100 entstand zwischen 1990 und 2001 und verfügte ab 1993 über das Doppel-Ram-Air-System. Im Bild eine 100-PS-ZZ-R von 1992.

Das zeitweise schnellste Serienmotorrad der Welt musste anfangs gedrosselt werden. Im Bild ein offenes Modell des letzten Baujahres.

Die GPZ 1100 von 1995 nutzte den Vierzylinder der ZZ-R 1100, verfügte jedoch über zahmere Steuerzeiten und reduzierte Vergaserquerschnitte.

Die GPZ 1100 übernahm die Rolle des Sporttourers im Kawasaki-Programm. Das Sondermodell »Horizon« verfügte ab Importeur über ein Gepäcksystem. Eine ABS-Variante stand ab 1996 zur Verfügung.

Ab Importeur nur mit 98 PS lieferbar, lag die offene Leistung bei 106 PS. Die Drosselung erfolgte lediglich über andere Vergaserdeckel ohne Anschlag.

Die ZXR 1100 von 1997 war die Neuinterpretation von Eddie Lawsons Superbike-Replica Z 1000 R von 1983. Sie fuhr sich weit weniger schwerfällig als sie aussah – und war weniger bequem als erwartet.

Die letzten 500 Exemplare der ZXR 1100 wurden 2001 abverkauft. nachdem der Preis auf 16.720 Mark reduziert worden war.

gekühlten Reihenmotor aber mit feinen Kühlrippen versehen, was zu einem solchen Big Bike einfach besser passte. Außerdem erhielt die Maschine ein Fünfganggetriebe, das entsprechend neu abgestuft werden musste, Vergaser mit 36 Millimetern Ansaugdurchmesser und Drosselklappen-Sensor. Dazu kam eine massive Alu-Schwinge. Der klassische Look mit der charakteristischen Cockpitverkleidung und den Stereo-Federbeinen erinnerte an die Eddie-Lawson-Replica Z 1000 R von 1983. Die Modellreihe wurde 2001 durch die nahezu identische ZRX 1200 abgelöst.

Jahr	1990–1992	1993–1994	1995–1998	1999–2001	1995–1998	1997–2001
Modell	ZZ-R 1100	ZZ-R 1100	ZZ-R 1100	ZZ-R 1100	GPZ 1100	ZRX 1100
Motor						
Hubraum (cm³)	1052	1052	1052	1052	1052	1052
Zylinder	R 4	R 4	R 4	R 4	R 4	R 4
Bohrung x Hub (mm)	76 x 58	76 x 58	76 x 58	76 x 58	76 x 58	76 x 58
Arbeitsweise	4-Takt	4-Takt	4-Takt	4-Takt	4-Takt	4-Takt
Steuerung	DOHC	DOHC	DOHC	DOHC	DOHC	DOHC
Gemischaufbereitung	4 x Keihin Ø 40	4 x Keihin Ø 40	4 x Keihin Ø 40	4 x Keihin Ø 40	4 x Keihin Ø 36	4 x Keihin Ø 36
Ventile/Zylinder	4	4	4	4	4	4
Verdichtung	11	11	11	11	11,0	10,1
Kühlung	W	W	W	W	W	W
Leistung (kW (PS) / bei U/min)	74 (100) / 9000	74 (100) / 9000, auch 107 (145) / 10.600	72 (98) / 9300	107 (146) / 10.500	72 (98) / 9000, auch 94 (129) / 9500	72 (98) / 8500, auch 78 (106) / 8700
Max. Drehmoment (Nm / bei U/min)	88 / 4800	90 / 7000, auch 110 / 8500	93 / 5000	108 / 8500	89 / 4500, auch 100 / 7000	95 / 6000, auch 98 / 7000
Batterie	12 V 12 Ah	12 V 12 Ah	12 V 12 Ah	12 V 12 Ah	12 V 12 Ah	12 V 12 Ah
Generator (Watt)	400	400	400	400	400	400
Kraftübertragung						
Anz. Gänge	6	6	6	6	6	5
Übersetzung	2,800 / 2,055 / 1,590 / 1,333 / 1,153 / 1,035	2,800 / 2,055 / 1,590 / 1,333 / 1,153 / 1,035	2,800 / 2,055 / 1,590 / 1,333 / 1,153 / 1,035	2,800 / 2,055 / 1,590 / 1,333 / 1,153 / 1,035	2,800 / 2,055 / 1,590 / 1,333 / 1,153 / 1,035	2,733 / 1,947 / 1,478 / 1,192 / 1,035
Hinterradantrieb	K	K	K	K	K	K
Endübersetzung	2,647	2,647	2,588	2,588	2,647	2,647
Starter	Elektro	Elektro	Elektro	Elektro	Elektro	Elektro
Fahrwerk						
Rahmen	LKR	LKR	LKR	LKR	SDR	SDR
Vorderradfederung	T Ø 43	T Ø 43	T Ø 43	T Ø 43	T Ø 41	T Ø 43
Hinterradfederung	ZF	ZF	ZF	ZF	ZF	ZF
Federweg vorne (mm)	125	120	120	120	120	125
Federweg hinten (mm)	120	117	117	112	125	87,5
Vorderradbremse	DSB Ø 310	DSB Ø 320	DSB Ø 320	DSB Ø 320	DSB Ø 300	DSB Ø 310
Hinterradbremse	SB Ø 250	SB Ø 250	SB Ø 250	SB Ø 250	SB Ø 250	SB Ø 250
Vorderradreifen	120/70-17	120/70-17	120/70-17	120/70-17	120/70-17	120/70-17
Hinterradreifen	170/60-17	180/55-17	180/55-17	180/55-17	170/60-17	170/60-17
Allgemeine Daten						
Radstand (mm)	1480	1495	1500	1500	1510	1450
Maße (Länge, mm)	2175	2165	2180	2180	2230	2200
Lenkkopfwinkel (Grad)	64	63,5	63,5	63,5	63	65
Nachlauf (mm)	103	107	107	107	110	104
Gewicht (kg)	255	264	269	278	266	245
Tankinhalt (l)	21	24	24	24	22	20
Beschleunigung (s)	3,3	3	3,2	2,8	3,4	3,4
Höchstgeschw. (km/h)	234	244	233	283	232, auch 254	217
Preis inkl. MwSt (DM)	18.190,–	19.135–20.950,–	21.400,–	21.400,–	17.490,–	16.490,–
		Neuer Rahmen, Doppel-Ram-Air	ab 1997 neue Vergaser	Mit Katalysator	1996: ABS optional, 276 kg, DM 18.990,–. 1997: ungedrosselt.	Mit Sekundärluftsystem

Kawasaki ZXR 750 / R (1989–1995)
Kawasaki ZXR 400 R (1991–1999)

Das ZX-Kürzel, ergänzt um ein »R«, wanderte dann ab in die Dreiviertelliter-Klasse, erstmals bei der ZXR 750 R von 1989: Ganz massiv beeinflusst von der Langstrecken-Rennmaschine ZXR 7, war diese Kawasaki mit dem 16,5 Kilo schweren Alu-Chassis und dem um acht auf 100 PS gedrosselten Reihen-Vierzylinder der kompromissloseste Sportler im Kawa-Programm. Das Zusammenspiel von neutralem Fahrverhalten, satter Fahrwerksabstimmung und druckfreudigem

Motorrad scheuchte die supersportliche ZXR 750 R über die lange Dauertest-Distanz. Für Langstrecken war sie aber wirklich nicht geeignet, zumindest nicht für Menschen, die gerne zu zweit auf große Reise gingen: Die Kawasaki war, trotz abnehmbarer Soziusabdeckung, ein Fall für Solisten.

Motor brachte die ZXR auf Augenhöhe mit der Konkurrenz, und im Preis hatte sie sowieso den 17-Zöller vorn: Mit 15.150 D-Mark war sie ein echtes Schnäppchen und kostete nur halb so viel wie Hondas RC 30 oder Yamahas FZR 750 R. Die Maschine wurde nahezu im Jahresturnus überarbeitet: Das Modell 1990 hatte 38er-Vergaser und ein vier Kilogramm leichteres Fahrwerk, 1991 kam ein Kurzhub-Motor mit Tassenstößeln, neuem Rahmen, Upside-down-Gabel und breiterem 180er-Hinterradreifen. Gab's auch ohne nachgestelltes »R« als Volksausgabe des Superbike-Basisrenners.1993 brachten die Grünen mit dem Modellcode L1 eine komplette Neuentwicklung mit neuem Motor, 39-mm-Flachschiebervergasern, eng gestuftem Sechsganggetriebe und allseits einstellbaren Federelementen; die charakteristischen Luft-

Typisch für die Jahre 1990 bis 1993 war die (technisch wirkungslose) »Staudruckbelüftung« der Motoroberseite mit den großen »Staubsaugerschläuchen« zum Tank. Viel wirkungsvoller war da das Ram-Air-System, das Kawasaki erstmal in den Motorradbau gebracht hatte. Die ZXR 750 (L1) nach dem Modellwechsel 1993 war wesentlich alltagstauglicher.

Die Kunden bereiteten der 1990 auf der IFMA gezeigten Kawasaki ZXR 400 R einen begeisterten Empfang. 65 PS bei 13.000/min, 0–100 km/h in 4,9 s, 207 km/h, DM 11.990,–.

Im Rahmen der Modellpflege wurde 1992 das Federbein neu abgestimmt und 1997 ein Sekundär-Luftsystem installiert. Die hier zu sehende ZXR 400 ist allerdings die Ur-Version von 1989, die in Japan blieb.

schläuche fehlten nun. Sie kostete mit rund 25.000 Mark gut 6000 Mark mehr. Scott Russell gewann in dem Jahr mit einer Doppel-R die Superbike-WM für die Grünen.

Das ZXR-Rezept funktionierte auch ein Hubraumklasse tiefer: Die 400er ZXR, ursprünglich für Japan entwickelt, gelangte 1991 nach Deutschland und entpuppte sich als Big-Bike-Schreck auf kurvigem Geläuf: Tests bescheinigten ihr eine »fahrradähnliche Handlichkeit«, sie sei »technisch wie optisch eine Schau«, resümierte das Fachblatt *Motorrad* kurz und bündig. Um der Wahrheit die Ehre zu geben: Im Grunde genommen passte die ZXR nicht in den Alltag, dazu war sie zu kompromisslos und zu unkomfortabel. Doch auf ebenen Pisten und im fünfstelligen Drehzahlbereich machte die kleine Four von Kawasaki Spaß wie kaum ein anderes Sportmotorrad jener Jahre.

Jahr	1991–1999	1989–1990	1991–1995	1991–1995
Modell	**ZXR 400 R**	**ZXR 750**	**ZXR 750**	**ZXR 750 R**
Motor				
Hubraum (cm³)	398	748	749	749
Zylinder	R 4	R 4	R 4	R 4
Bohrung x Hub (mm)	57 x 39	68 x 51,5	71 x 47,3	71 x 47,3
Arbeitsweise	4-Takt	4-Takt	4-Takt	4-Takt
Steuerung	DOHC	DOHC	DOHC	DOHC
Gemischaufbereitung	4 x Keihin Ø 32	4 x Keihin Ø 36	4 x Keihin Ø 38	4 x Keihin Ø 39
Ventile/Zylinder	4	4	4	4
Verdichtung	12,1	11,3	20,8, ab 1993: 11	11,5
Kühlung	W	W	W	W
Leistung (kW (PS) / bei U/min)	48 (65) / 13.000	74 (100) / 10.000	74 (100) / 10.500, ab 1993: 11.000	74 (100) / 11.000
Max. Drehmoment (Nm / bei U/min)	36,3 / 12.000	72 / 9500	77 / 9000, ab 1993: 72 / 8800	72 / 8800
Batterie	12 V 8 Ah	12 V 10 Ah	12 V 12 Ah	12 V 12 Ah
Generator (Watt)	322	380	420	420
Kraftübertragung				
Anz. Gänge	6	6	6	6
Übersetzung	2,195 / 2,000 / 1,578 / 1,318 / 1,200 / 1,111	2,923 / 2,125 / 1,667 / 1,380 / 1,271 / 1,083	2,857 / 2,055 / 1,650 / 1,391 / 1,222 / 1,103	2,375 / 1,894 / 1,619 / 1,409 / 1,291 / 1,200
Hinterradantrieb	K	K	K	K
Endübersetzung	3,000	2,875	2,812	2,625
Starter	Elektro	Elektro	Elektro	Elektro
Fahrwerk				
Rahmen	LKR	LKR	LKR	LKR
Vorderradfederung	USD Ø 41	T Ø 43	USD Ø 41	USD Ø 41
Hinterradfederung	ZF	ZF	ZF	ZF
Federweg vorne (mm)	120	120	120	120
Federweg hinten (mm)	120	140	75	85
Vorderradbremse	DSB Ø 310	DSB Ø 310	DSB Ø 320	DSB Ø 320
Hinterradbremse	SB Ø 240	SB Ø 230	SB Ø 230	SB Ø 230
Vorderradreifen	120/60-17	120/70-17	120/70-17	120/70-17
Hinterradreifen	160/60-17	170/70-17	180/55-17	180/55-17
Allgemeine Daten				
Radstand (mm)	1385	1455; ab 1990: 1445	1420; ab 1993: 1430	1430
Maße (Länge, mm)	2090	2180	2180, ab 1993: 2200	2200
Lenkkopfwinkel (Grad)	66,5	65,5	65,5	65
Nachlauf (mm)	82	100	95	99
Gewicht (kg)	186	234	231	236
Tankinhalt (l)	16	18	18	18
Beschleunigung (s)	4,9	3,6	4,2	4,2
Höchstgeschw. (km/h)	210	235	225 / 237	245
Preis inkl. MwSt (DM)	12.120–14.960,–	15.150,–	15.790–18.790,–	25.290,–
	auch mit 19 kW / 10.800/min sowie 25 kW / 12.500/min lieferbar. Ab 1997 mit Abgas-Reinigungssystem KCAS	H-Modelle; Vergaser H2 v. 1990: Ø 38 mm		mit Ram-Air

Kawasaki Ninja ZX-9R (1994–2004)
Kawasaki Ninja ZX-6R (1995–2000)
Kawasaki Ninja ZX-7R/RR (1996–2003)

In der zweiten Hälfte des Jahrzehnts setzte sich das fröhliche Kommen und Gehen in der Modellpalette unvermindert fort, wobei allmählich die Bezeichnung »Ninja« (die in den USA schon längst eingebürgert war) dem Abkürzungs-Wirrwarr ein Ende setzte. Die Supersport-Fraktion bediente Kawasaki mit den ZX-Ninjas ZX-6R, -7R und -9R in den Hubraum-Klassen 600, 750 und 900 Kubik, die überlebenden GPZ, GPX und ZZ-R galten als Sporttourer, während Traditionalisten beim Anblick der Zephyr-Reihe alte Lagerfeuer-Geschichten aufwärmten.

Die ZX-9R debütierte 1994. Dieser B-Typ wog stattliche 243 kg und war offen 139 PS stark. In Deutschland galt noch offiziell das 100-PS-Limit.

Die B-Ninja erhielt 1996 größerere Änderungen an Schwinge, Federbein samt Umlenkung sowie Bremsen. Dazu kamen Sozius-Haltegriffe und 98 PS.

Die zweite ZX-9R Generation von 1998 – Typ C – war leichter, stärker und handlicher als zuvor. Überdies verfügte sie über eine USD-Gabel. Zwei weitere Generationen folgten 2000 und 2002, bevor die Produktion 2004 auslief. Die Höchstgeschwindigkeit der offenen 9er lag bei 281 km/h.

Präsentiert zur IFMA 1994, dominierte die Ninja ZX-6R zwei Jahre lang das Feld der sportlichen 600er. Erst 1997 holte die Konkurrenz allmählich auf.

Von 1995 bis 2002 wurde knapp 20.000 ZX-6R abgesetzt. Größere Modellpflegemaßnahmen gab es ab 1998.

Die zweite Auflage der ZX-6R von 1998 erhielt einen komplett neuen Rahmen, eine verwindungssteifere Gabel, Sechskolben-Bremszangen sowie Mikuni- statt Keihin-Vergaser. Einen Katalysator gab's wahlweise. Offen leistete sie nun 108 PS.

Die erste Kawasaki, die hierzulande die Bezeichnung der Schattenkrieger trug, war die 900er. Die Supersportlerin (Kawasaki sprach vom »Sprint-Tourer«) basierte motortechnisch auf der ZXR 750, hatte aber zwei Millimeter größere Kolben und sechs Millimeter mehr Hub. Das ergab 899 cm^3 und satte 139 PS Leistung, die in Deutschland auf 98 PS gedrosselt waren. Typisch war das Staudruck-System, das der Airbox kühlende Frischluft zuführt. Offen rannte die Neuner 270 km/h, die Sechskolbenzangen vorn (kamen aber erst 1996, vorher vier Kolben) waren also angebracht. Auch hier setzte eine jährliche Modellpflege ein, schon im Folgejahr kamen modifizierte Vergaser und eine weniger krawallige Optik. Der Modellwechsel folgte 1998, hier hatte Kawasaki jede Schraube angefasst und, vor allem, um fette 30 Kilo abgespeckt – die bisherige Neuner war mit gut 240 Kilo doch ein wenig moppelig und eher ein Sporttourer denn ein Supersportler gewesen. Die komplett neue Ninja ZX-9R wog nur noch 209 ohne und 211 Kilogramm mit Kat (minus 34 Kilo) und kam offen auf 143 PS bzw. 141 PS mit Kat (plus 4 PS). Im Milleniumsjahr erschien dann die dritte Ausbaustufe mit modifiziertem Rahmen und einem Quäntchen höherer Leistung. Allerdings machte hier die Gabel mitunter Probleme. Die Reihe lief bis 2004.

Nach dem Erfolgsrezept der ersten 9R gestrickt erschien 1995 eine kleinere Ninja. Ihre Mission: Sie sollte unter den damals angesagten 600er Supersportlern aufräumen. Die Ninja ZX-6R punktete vor allem mit ihrem flammneuen Leichtmetallrahmen, keine andere 600er jener Jahre hatte ein solches Chassis. Die Ninja war ein Kurvenfeger erster Güte, hatte eine hervorragende Leistungsausbeute, sah sehr gut aus und klang noch besser. Klar, es gab einige Macken, aber die nach 1996 einsetzende Modellpflege sorgte rasch für Abhilfe. 1998 meldete sich die nächste Generation zum Dienst. Sie hatte mit der Vorgängerin eigentlich nur noch die Auslegung von Bohrung und Hub gemeinsam.

Die Dritte im Bunde, rund um den Motor der ZXR 750 aufgebaut, hieß Ninja ZX-7R. Sie erschien 1996, hatte das

Die ZX-7R erschien 1996 mit zunächst 98, ab 1999 dann 122 PS. Wer öfter auf Rennstrecken unterwegs war, bevorzugte allerdings die kleinere Ninja.

Die ZX-7RR bildete die Basis für Kawasakis Einsatz in der Superbike-WM, Scott Russell gewann 1993 den Titel. Für rund 7000 Mark bot die Doppel-R 41er-Flachschieber anstelle der 38-mm-Gleichdruckvergaser, ein enger gestuftes Getriebe und dergleichen mehr. Die Leistung lag bei 122 PS.

Staudruck-System und kam offen auf 122 PS. Dass sie schon ein Jahr später gegen die Konkurrenz eigentlich keinen Stich mehr machte, lag aber am im Vergleich trägen Handling im Kurvengeschlängel, da bogen Suzuki und Co. deutlich zackiger um's Eck. Um einer gefühlten Untermotorisierung zu begegnen, schickte Kawasaki Ende 1997 auch noch eine Doppel-R ins Rennen. Die hatte 124 PS, 41-mm-Flachschiebervergaser statt der 38er-Gleichdruckvergaser, ein enger gestuftes Getriebe, eine variable Schwingenlagerung und Rahmenversteifungen – eine prima Basis für motorsportliche Umtriebe, und die bei der Basis kritisierten Handlingschwächen waren hier kein Thema mehr.

Jahr	**1995–1997**	**1998–1999**	**1996–2003**	**1997**	**1994–1997**	**1998–2001**
Modell	**Ninja ZX-6R**	**Ninja ZX-6R**	**Ninja ZX-7R**	**Ninja ZX-7RR**	**Ninja ZX-9R**	**Ninja ZX-9R**
Motor						
Hubraum (cm³)	599	599	748	748	899	899
Zylinder	R 4	R 4	R 4	R 4	R 4	R 4
Bohrung x Hub (mm)	66 x 43,8	66 x 43,8	73 x 44,7	73 x 44,7	73 x 53,7	75 x 50,9
Arbeitsweise	4-Takt	4-Takt	4-Takt	4-Takt	4-Takt	4-Takt
Steuerung	DOHC	DOHC	DOHC	DOHC	DOHC	DOHC
Gemischaufbereitung	4 x Keihin Ø 36	4 x Mikuni Ø 36	4 x Keihin Ø 38	4 x Keihin Ø 41	4 x Keihin Ø 40	4 x Keihin Ø 40
Ventile/Zylinder	4	4	4	4	4	4
Verdichtung	11,8	11,8	11,5	11,5	11,5	11,5
Kühlung	W	W	W	W	W	W
Leistung (kW (PS) / bei U/min)	72 (98) / 12.5000	78,6 (107) / 12.000	72 (98) / 11.5000	91 (124) / 12.000	72 (98) 10.000	105 (143) / 11.000
Max. Drehmoment (Nm / bei U/min)	64 / 10.000	65 / 10.000	74 / 6800	73 / 7000	77 / 7000	100 / 9000
Batterie	12 V 10 Ah	12 V 8 Ah	12 V 10 Ah	12 V 8 Ah	12 V 10 Ah	12 V 8 Ah
Generator (Watt)	336	336	430	430	430	430
Kraftübertragung						
Anz. Gänge	6	6	6	6	6	6
Übersetzung	2,923 / 2,062 / 1,631 / 1,380 / 1,217 / 1,083	2,923 / 2,062 / 1,631 / 1,380 / 1,217 / 1,083	2,857 / 2,000 / 1,619 / 1,391 / 1,222 / 1,103	2,375 / 1,894 / 1,619 / 1,409 / 1,219 / 1,200	2,857 / 2,000 / 1,619 / 1,391 / 1,222 / 1,103	2,857 / 2,000 / 1,619 / 1,391 / 1,222 / 1,103
Hinterradantrieb	K	K	K	K	K	K
Endübersetzung	2,666	2,666	2,687	2,625	2,75	2,75
Starter	Elektro	Elektro	Elektro	Elektro	Elektro	Elektro
Fahrwerk						
Rahmen	LKR	LKR	LKR	LKR	LKR	LKR
Vorderradfederung	T Ø 41	T Ø 46	USD Ø 43	USD Ø 43	USD Ø 41	T Ø 46
Hinterradfederung	ZF	ZF	ZF	ZF	ZF	ZF
Federweg vorne (mm)	120	120	120	120	110	120
Federweg hinten (mm)	137	135	130	130	145	130
Vorderradbremse	DSB Ø 300	DSB Ø 300	SBD Ø 320	SBD Ø 320	DSB Ø 320	DSB Ø 310
Hinterradbremse	SB Ø 230	SB Ø 220	SB Ø 230	SB Ø 230	SB Ø 230	SB Ø 220
Vorderradreifen	120/60-17	120/60-17	120/70-17	120/70-17	120/70-17	120/70-17
Hinterradreifen	160/60-17	170/60-17	190/50-17	190/50-17	180/55-17	180/50-17
Allgemeine Daten						
Radstand (mm)	1415	1400	1435	1420	1440	1415
Maße (Länge, mm)	2115	2025	2190	2190	2195	2050
Lenkkopfwinkel (Grad)	66	66,5	65	65	66	66
Nachlauf (mm)	87	91	99	99	93	98,5
Gewicht (kg)	206	200	232	229	243	211
Tankinhalt (l)	18	18	18	18	20	19
Beschleunigung (s)	3,6	3,1	3,4	3,2	3,6	2,9
Höchstgeschw. (km/h)	245	245	246	266	242	270
Preis inkl. MwSt (DM)	16.260,–	16490,–	18.990,–	25.990,–	19.990–20.490,–	20.990,–
	1995: 74 kw bei 12.500/ min. Auch mit 25 kW bei 7700/min, Vmax 154 km/h		Ab 1997 mit Abgas-Reinigungssystem KCAS	Flachschiebervergaser. Schwingenlagerung, Nachlaufwinkel und Nachlauf verstellbar		Sekundärluftsystem; Leistung mit Katalysator 104 kW / 141 PS

6 Kawasaki Vs

Kawasaki VN 750 Twin (1985–1994)
Kawasaki VN-15 (1987–1995)

Mit den Vulcan-Choppern nahm Kawasaki ab der zweiten Hälfte der Achtziger wunderbar gelungene Harley-Davidson-Kopien ins Programm. Die beiden Konzepte trennten technisch allerdings Welten. Wassergekühlter Zweizylinder-Viertakter, 55-Grad-Zylinderwinkel und Hydrostößel, Doppelzündung und Kardanwelle: Der technische Aufwand, den Kawasaki bei den neuen Highway-Kreuzern betrieb, war beträchtlich. Die Verkaufserfolge waren dennoch nur mittelprächtig, der Vulkan sprühte nur verhalten: Zwischen 1985 und 1995 wurden in Deutschland – wobei der Import Anfang der Neunziger zeitweise unterbrochen worden war – rund 5000 VN 750 verkauft. Auf so viele kam die größere Ausgabe der Vulcan, die VN-15 von 1987, aber nicht. Sie war mit einem Hubraum von 1470 Kubik das bis dahin hubraumstärkste Serienmotorrad und entstand im amerikanischen Kawasaki-Werk. Trotz der Harley-mäßigen Optik handelte es sich bei ihr wie bei der kleineren Schwester um ein hochmodernes Stück Maschinenbau, sie hatte aber, anders als die 750er-Vulcan, nur eine obenliegende Nockenwelle in den Vierventil-Köpfen und ein Viergang-getriebe. Zudem sah der Motor klassischer aus, da die Zylinder trotz Flüssigkeitskühlung verrippt waren. Das Fahrwerk zeigte sich ganz auf Geradeauslauf getrimmt und steckte auch größere Bodenwellen klaglos weg – erst recht

Die VN 15 Vulcan erschien 1987, zunächst mit wenig stilechten Gussrädern. 1988 folgte, als Luxusversion, die SE-Variante. Zu den Unterschieden gehörten die Drahtspeichenräder.

Mit der VN 750 Vulcan (oben deutsche Ausführung 1988, links 1992, USA), hatte sich Kawasaki an Harley-Davidson orientiert. Technisch trennten sie allerdings Welten.

Kawasaki präsentierte auf der IFMA 1994 die VN 800 als Nachfolgerin der ersten Vulcan. Mit ihrem 55-Grad-V-Twin galt sie als die bis dahin gelungenste Softtail-Interpretation.

Zwei Jahre nach der VN 800 mit 21-Zoll-Vorderrad schob Kawasaki die VN 800 Classic hinterher, mit einem dickeren vordereren Sechzehnzöller und zusätzlichem Material an Gabel und Federn. Hier könnte die Fat Boy Pate gestanden haben. 1999 folgte auf Classic-Basis die Drifter, eine Indian-Kopie.

nach 1994, als die VN 15 eine neue Gabel erhielt. Alles in allem die bis dato stimmigste Harley-Kopie eines japanischen Herstellers mit einer imponierenden Drehmoment-Woge von 113 Nm, aber dennoch nur etwas für eine ganz besondere Klientel.

Kawasaki VN 800 / Classic / Drifter (1995–2003) Kawasaki VN 1500 / Drifter (1996–2001)

Die zweite Cruiser-Generation von 1995 war nicht mehr ganz so aufwändig aufgebaut wie die erste, aber wesentlich stimmiger. Motor und Fahrwerk waren komplett neu. Dafür fuhr und verzögerte (dank Doppelkolben-Bremszange) die Chose aber wesentlich besser. Im Unterschied zur parallel vorgestellten 1500er-Classic hatte die 800er eine Starrahmen-Optik, eine Kette zum Hinterrad und musste ohne Tankanzeige auskommen, und anders als die Vorgängerin reichte die VN 800 ihre 64 Nm Drehmoment bei 3300/min per O-Ring-Kette an das nun mit Drahtspeichen bewehrte Hinterrad weiter.

Bei der großen Schwester kam eine konventionelle Schwinge mit Stereo-Federbeinen und Kardanwelle zum Einsatz. Die Kotflügel bestanden aus echtem Blech und

1999 erschien, als weitere Chopper-Spielart, die VN 1500 Drifter. Der Cruiser brachte 323 kg auf die Waage. Das Fahrwerk aber war überdurchschnittlich gut.

Die VN 1500 als Classic Tourer FI für das Modelljahr 2000 rollte mit höhenverstellbarem Windschild und Gepäcksystem vor. Das Gewicht erhöhte sich auf 360 kg.

hinten mühte sich eine Scheibenbremse, die mindestens 250 Kilos in Zaum zu halten. Zum Ende des Jahrtausends waren die Kawa-Twins in vielfältiger Verpackung zu haben. Stets aber war diese auf den US-Markt zugeschnitten – viel amerikanischer als die Drifter-Varianten mit dicken Schlappen und fetten Schutzblechen (aber stilwidrigem Plastik statt schwerem Blech) im Indian-Style ging's nun wirklich nicht –, und das war mit Sicherheit auch der Grund, warum sie auf der Straße kaum zu entdecken waren: Deutschland stand auf Kniepads, nicht auf Fransenjacken.

Jahr	1985–1994	1995–2003	1987–1995	1996–1999	1999–2001
Modell	VN-750 Twin	VN 800 / Classic / Drifter	VN-15 Vulcan / SE	VN 1500 Classic	VN 1500 Drifter
Motor					
Hubraum (cm³)	749	805	1471	1471	1471
Zylinder	55° V 2	55° V 2	50° V 2	50° V 2	50° V 2
Bohrung x Hub (mm)	84 x 66,2	88 x 66,2	102 x 90	102 x 90	102 x 90
Arbeitsweise	4-Takt	4-Takt	4-Takt	4-Takt	4-Takt
Steuerung	OHC	OHC	OHC	OHC	OHC
Gemischaufbereitung	2 x Keihin Ø 34	1 x Keihin Ø 36	2 x Keihin Ø 36	1 x Keihin Ø 40	Einspritzung DFI
Ventile/Zylinder	4	4	4	4	4
Verdichtung	10,3	9,5	9,0	8,6	9
Kühlung	W	W	W	W	W
Leistung (kW (PS) / bei U/min)	44 (60) auch 37 (50) / 7500	41 (55) / 7000; 42 (57) / 7500	52 (70) / 4500, SE: 5000 ab 1990: 45 (61) / 4300, SE: 47 (64) / 5000	47 (64) / 4700	47 (64) / 4700
Max. Drehmoment (Nm / bei U/min)	61, auch 58 / 5500	64 / 3300; 61 / 5500	124 / 4500, SE: 128 / 3000 ab 1990: 113, SE 118 / 3300	112 / 3000	113 / 2800
Batterie	12 V 12 Ah	12 V 12 Ah	12 V 20 Ah	12 V 14 Ah	12 V 18 Ah
Generator (Watt)	340	329	350	350 / 588	322
Kraftübertragung					
Anz. Gänge	5	5	4	4	5
Übersetzung	2,250 / 1,600 / 1,230 / 1,000 / 0,857	2,250 (2,533) / 1,600 (1,650) / 1,230 / 1,000 / 0,857	2,500 / 1,590 / 1,192 / 0,965	2,500 (ab 1997: 2,294) / 1,375 / 1,035 / 0,781	2,500 / 1,590 / 1,192 / 0,965 / 0,781
Hinterradantrieb	W	K	W	W	W
Endübersetzung	2,454	2,470 / 2,875 / 2,352	2,619	2,619	2,619
Starter	Elektro	Elektro	Elektro	Elektro	Elektro
Fahrwerk					
Rahmen	SDR	SDR	SDR	SDR	SDR
Vorderradfederung	T Ø 38	T Ø 41	T Ø 41	T Ø 41	T Ø 41
Hinterradfederung	S	ZF	S	S	S
Federweg vorne (mm)	150	150	150	150	150
Federweg hinten (mm)	90	100 / 105	100	87	100
Vorderradbremse	DSB Ø 260	SB Ø 300	SB Ø 300 / DSB Ø 280	SB Ø 300	SB Ø 300
Hinterradbremse	TB Ø 180	TB Ø 180 / SB Ø 270	SB Ø 270 / SB Ø 320	SB Ø 270	SB Ø 270
Vorderradreifen	100/90-19	80/90-21 / 130/90-16	100/90-19	130/90-16	130/90-16
Hinterradreifen	150/90-15	140/90-16	150/90-15	150/80-16	150/80-16
Allgemeine Daten					
Radstand (mm)	1585	1625 / 1600 / 1615	1605 / 1630	1660 / 1665	1660
Maße (Länge, mm)	2310	2370 / 2390 / 2490	2375	2500	2545
Lenkkopfwinkel (Grad)	58	56 / 58 / 58,5	59 / 57,5	58	58
Nachlauf (mm)	127	122 / 158	128 / 132	123 / 189	165
Gewicht (kg)	244	244 / 254 / 267	278 / 281	310 / 349	360
Tankinhalt (l)	13,5	15	16 / 12	16	16
Beschleunigung (s)	6,2	6,5	5,4 / 6,5	6,5	k. A.
Höchstgeschw. (km/h)	174	150 / 167	179 / 157	175	182
Preis inkl. MwSt (DM)	10.990–12.990,–	14.490,–	13.790–17.850,–	20.490,– / 24.700,–	21.490,–
			1994: auch 20, 25, 37 kW.	ab 2000: Umstellung auf DFI	

SUZUKI
GP 125

SUZUKI

SUZUKI
250

SUZUKI

SUZUKI
GN250

SUZUKI

DR

SUZUKI

SUZUKI

SUZUKI

Außenbordmotoren und Fertighäuser, Wassermotorräder (Wetbikes) und Kleinwagen gehören zum Suzuki-Produktionsprogramm, vor allem aber sind es die Motorräder, die Suzuki weltberühmt gemacht haben. Michio Suzuki, Jahrgang 1887, hätte sich das sicher nicht träumen lassen, als er 1909 die Webstuhl-Produktion aufnahm. Bis zum Zweiten Weltkrieg ist die Geschichte von Suzuki mehr oder minder diejenige seiner ständig verbesserten Webstühle, mit einer bemerkenswerten Ausnahme: Zwischen 1936 und 1939 entstanden verschiedene Fahrzeug-Prototypen, darunter auch ein Motorrad-Triebwerk mit 30 cm^3. Auf Basis dieser Vorkriegs-Konstruktion begann das Unternehmen 1952 mit dem Bau von motorisierten Antrieben. Das ein PS starke Zweitaktmotörchen hieß »Power Free« und war ein Fahrrad-Hilfsmotor. Gleichwohl landete die Firma, wie Konkurrent Honda in Hamamatsu beheimatet, damit einen beachtlichen Erfolg und konnte sich rasch als Motorradproduzent etablieren. 1954 wurden aus den »Suzuki Loom Works«, den Webstuhl-Fabriken, die »Suzuki Motor Co«. Die Webstuhl-Fertigung wurde 1955 aufgegeben, in Sachen Zweiräder ging es nun so richtig los: »Colleda CO«, eine Viertakt-90er vom Mai 1954, darf als erstes richtiges Motorrad der Marke gelten; mit der Colleda beginnt auch die Rennsport-Geschichte der Marke. Im Juli 1956 folgte mit der Colleda TT die erste Zweizylinder-Suzuki, eine 16 PS starke Zweitakt-250er, und Zweitakter waren es auch, die der Firma zahllose Rennsport- und Motocross-Erfolge bescherten. wobei der Wechsel des ostdeutschen MZ-Werksfahrers Ernst Degner der Zweitakt-Entwicklung einen zusätzlich Schub gab. Gerade mit den kleinvolumigen Zweitaktern verzeichnete man im Rennsport große Erfolge: Hugh Anderson (1964) und Hans-Georg Anscheid (1966, 1967, 1968) dominierten die 50er WM, Anderson (1965) und Dieter Braun (1970) waren bei den 125ern eine Macht.

Der Export im großen Stil begann 1962, als Suzuki in den USA Fuß fasste, nach Deutschland kamen die ersten Suzuki 1965. »Capri Agrati« und »Beckmann« waren die ersten Importeure, sie boten die T 20, die A 100 und später auch die T 500 an. 1971 nahm Zweirad Röth den Import auf, die Modellpalette bestand zunächst aus den Straßenmaschinen T 250 und T 500, den Scrambler-Typen TS 125 und 250 sowie den Funbikes RV 50/90. Anfangs boten die gut 100 Moto-Guzzi-Händler die Suzuki-Modelle an, und das mit viel Erfolg. Im Mai 1976 wurden in Heppenheim an der Bergstraße neue Gebäude bezogen, Suzuki belegte zu diesem Zeitpunkt den vierten Platz in der bundesdeutschen Zulassungsstatistik und kam auf 6240 verkaufte Maschinen. Viertakt-Modelle hatte Suzuki zu jener Zeit noch nicht im Angebot, wohl aber ließ man sich vom grassierenden Wankel-Fieber anstecken und ergänzte sein Programm mit der RE-5 um eine entsprechende Maschine. Zur IFMA 1976 erschienen mit den GS-Modellen die ersten Viertakter der Marke, Röth war maßgeblich in die Entwicklung involviert gewesen. Kurz danach war Röth aus dem Rennen, Suzuki hatte in München eine neue Firma mit dem Import betraut, hinter der der finanzstarke niederländische Suzuki-Importeur steckte. Für die nächsten acht Jahre wurden die inzwischen 250 Suzuki-Händler von München aus betreut. Was sich nicht änderte, war der Einfluss der deutschen Dependance, die Kardan-Suzukis sind ebenso wie die Katanas oder die Bimota-Suzuki ein Beleg dafür.

Die frühen Achtziger führten zu einer gewaltigen Ausweitung des Importprogramms als Folge des Honda-Yamaha-Kriegs, also der rapide anschwellenden Modellflut – und den entsprechend fallenden Preisen. Wohl oder übel blies Suzuki dann ebenfalls seine Modellpalette auf. Gleichzeitig verlor der damalige Importeur den Überblick, denn der schien jedes auch nur halbwegs geeignet erscheinende Modell ohne nähere Marktanalyse nach Deutschland zu holen: Ende 1981 umfasste das Suzuki-Modellprogramm 68 (!) Maschinen. Erschwerend hinzu kam noch die Tatsache, dass bei der Importgesellschaft Unregelmäßigkeiten auftraten. 1982 begann das Großreinemachen, Suzuki senkte die Listenpreise um zehn Prozent und begann mit dem Ausverkauf von 47 Typen. Das half nicht viel weiter, Suzuki in Japan zog die Notbremse und gründete 1984 eine eigene Importgesellschaft mit Sitz in Heppenheim. In diesem Jahr war auch der Marktanteil am geringsten: Mit 5652 verkauften Einheiten hielt Suzuki einen Marktanteil von gerade noch 5,7 Prozent – Honda als Marktführer kam auf 32,5 Prozent. Dem neuen Management gelang es, das Ruder herumzureißen und die Marke neu zu positionieren. Mit attraktiven Modellen wie den GSX-R-Typen oder den konsequent gemachten Choppern der VS-Intruder-Baureihe traf das Unternehmen den Nerv der Zeit, fand wieder zurück in die Erfolgsspur und agierte am Ende des Jahrzehnts erfolgreicher denn je: Bis zu diesem Zeitpunkt hatten sich die Verkäufe vervierfacht, Suzuki war in den Neunzigern zeitweise die meistverkaufte Motorradmarke in Deutschland – im Wesentlichen mit ein Verdienst von Deutschland-Manager Bert Poensgen, der großen Einfluss hatte.

1 Suzuki Zweitakter

Die Einzylinder

Suzuki RV 90 / 125 (1977–1981)
Suzuki GP 125 (1978–1981)

Die RV 125 war Teil einer vier Modelle umfassenden Minibike-Familie, die Suzukis Antwort auf die ähnlich konzipierten Modelle Dax und Monkey von Marktführer Honda darstellten. 1973 in den USA lanciert, erfolgte der Start in Deutschland von drei der vier RV-Typen erst vier Jahre später. Im Gegensatz zu den kleineren Typen RV 50, RV 75 und RV 90 verfügte die RV 125 über größere Räder, einen Zentralrohrrahmen und Einzylinder-Zweitaktmotor mit Schlitz- und nicht Drehschiebersteuerung. Die Leistung lag bei 8 PS, die Höchstgeschwindigkeit betrug 80 km/h. Dank der sehr kurzen Übersetzung vermochten unerschrockene Eigner sogar Wheelies zu produzieren. Der Umgang mit dem niedrigen Funbike (Sitzhöhe 700 mm) gestaltete sich sehr unproblematisch, wegen der üppigen Ballonreifen war das Kurvenverhalten allerdings nicht sonderlich gut. Die RV 90 war noch seltener zu sehen als die 125er, und die RV 50 als Mokick war öfter auf den Schulhöhen und vor den Jugendtreffs der Republik zu finden.

Suzuki führte die knapp 8 PS starke RV 125 1973 in den USA ein; Importeur Röth brachte sie 1977 auch nach Deutschland. Das Flaggschiff der RV-Familie – zu der gehörten noch eine 50er, eine 75er sowie eine 90er – verfügte über den stark gedrosselten, schlitzgesteuerten Einzylinder aus der Moto-Cross-Maschine RM 125, die im Geländesport 23 PS leistete.

Unterhalb der RV 125 angesiedelt war die RV 90. Anders als die RV 125 war sie membrangesteuert, und der den Zentralrohrahmen versteifende Unterzug fehlte. Außerdem rollte sie auf breiten Zehn-Zoll-Walzen anstelle von 14- und 12-Zoll-Rädern.

Die Drehschieber-gesteuerte GP 125 war sehr temperamentvoll. Starke Vibrationen und ein hoher Verbrauch bildeten die Kehrseite der Medaille.

Wesentlich konventioneller war die GP 125. Warum aber der deutsche Importeur diese Straßenmaschine erst (oder noch) einführte, als die Zweitakt-Ära schon zu Ende ging, wird ein Geheimnis bleiben. Im April 1978 gestartet, ersetzte sie die Zweizylinder-GT 125. Suzukis Einsteigermodell in der 10-PS-Klasse galt als sehr sportlich und temperamentvoll: Der 103 kg schwere Single beschleunigte in 14,5 Sekunden auf 100 km/h. Die Motorauslegung (50 x 56 mm) erinnerte an die GP-Rennmaschinen von 1976/77, ebenso der Mikuni-Drehschiebervergaser. Sportlich-straff die Abstimmung des Fahrwerks mit 100-mm-Telegabel vorn und 70 mm Federweg hinten, die GP agierte überraschend handlich und erlaubte, ordentlich bereift, erstaunliche Schräglagen. Erstaunlich auch die Wirksamkeit der vorderen Scheibenbremse, denn sie erforderte nur geringe Handkräfte und war sehr bissig. Die mit einem Fünfgang-Getriebe ausgestattete GP wurde zur Saison 1981 aus dem Programm genommen.

Suzuki TS 250 / ER (1972–1981)
Suzuki TS 125 / ER (1974–1982)
Suzuki TS 250 X (1985–1989)

Bis Anfang der Siebziger waren Enduros in Deutschland nahezu unbekannt, wer unbedingt ins Gelände wollte, kaufte sich eine Scrambler. Enduros waren nur etwas für Motorsportler. Um aber ein möglichst breites Motorradspektrum anbieten zu können, hübschte jeder japanische Anbieter sein Angebot mit Enduros als Alternative auf. Suzuki brachte zunächst die Viertelliter-Enduro TS 250. Diese war 1969 in den USA

Die TS 250 (hier von 1975) wurde 1977 durch die ER abgelöst. In den ersten Jahren musste sie per Einzelabnahme zugelassen werden.

Die erste TS 250 erschien 1969 und war für die USA bestimmt. Doch schon die nächste Auflage von 1971 (Bild) gelangte auch nach Deutschland.

vorgestellt worden und kam 1972 nach Deutschland. Sie basierte auf der TM 250, einem Wettbewerbs-Crosser, von der sie den luftgekühlten Einzylinder-Zweitaktmotor in der Auslegung von 70 mm Bohrung zu 64 mm Hub erbte. Mit 6,7:1 verdichtet, leistete sie 23 PS bei 6500 Touren; die TM war rund 10 PS stärker. Natürlich verfügte auch diese Suzuki über das Getrenntschmierungssystem Posi-Force. »Sie ist die beste japanische Straßen- und Geländemaschine in der Viertelliter-Kategorie, die wir je im Test hatten«, urteilte die amerikanische Zeitschrift *Cycle World* im Oktober 1969 beim TS-Test. Die TS wurde zehn Jahre lang gebaut, wichtige Stationen der Modellpflege waren die desmodromische Vergasersteuerung (1976), Zweirohrrahmen und Membransteuerung (1977) und ein überarbeiteter Motor (1978). In Deutschland gesehen hat man sie aber kaum.

Die 9,5 PS starke TS 125 (1974–1978) war bis auf den Motor praktisch baugleich mit der TS 250, aber 23 kg leichter, noch nicht einmal halb so stark, doch mit 105 km/h nicht viel langsamer als die 250er. Starke Vibrationen, Kolbenschäden und Elektrikprobleme trübten die Freude am Umgang mit den Zweitakt-Enduros, die 1979 im Stil der viertaktenden DR-Modelle überarbeitet wurden. Kennzeichen der ER-Modelle waren längere Federwege, verwindungssteifere Kastenschwinge, Niederquerschnittsreifen und eine komplett neue Optik.

Die kurze Zweitakt-Renaissance der Achtziger führte 1984 zum Import der TS 250 X. Sie war, weit mehr als ihre Vorgänger,

Starke Vibrationen, Kolbenschäden und schlechte Elektrik: Die TS 125 (rechts, 1978) verlangte ihren Besitzern viel Verständnis ab.

1976 wurde die TS ein erstes Mal komplett überarbeitet. Offen leistete der neu konstruierte 125er-Motor maximal 14 PS. Auch Rahmen und Fahrwerk waren neu, ebenso die Gabel-Konstruktion nach Ceriani-Vorlage.

Mit der nach 1978 lieferbaren ER-Generation orientierte sich Suzuki deutlich an den Wettbewerbs-Crossern. Die Aufschrift auf der Sitzbank variierte je nach Baujahr.

Die technische Modellpflege bescherte der TS desmodromische Vergaser (1976), einen neuen Rahmen und Membransteuerung (1977, Bild) sowie einen überarbeiteten Motor (1978). Ein Zentralfederbein war Merkmal der ab 1980 gebauten ER-Modelle.

Reinrassige Geländemaschine mit dem auf 27 PS gedrosselten Einzylinder-Zweitaktmotor der RM 250: Die TS 250 X stand zwischen 1985 und 1989 im Angebot.

ein straßenzugelassenes Motocross-Gerät mit üppigen Federwegen und aggressivem Zweitaktmotor. Der neuentwickelte Einzylinder verfügte über Wasserkühlung und ein Reed-Ventil samt Auslasssteuersystem, das im unteren Drehzahlbereich für mehr Drehmoment sorgen sollte. Zwar kam die 127 kg leichte 27-PS-Enduro erst jenseits der 4500 Touren zur Sache, dann aber richtig. Die Fahrkultur blieb dabei natürlich auf der Strecke. Viel wohler fühlte sich die TS im Gelände, das Fahrwerk aus konventionellem Rohrrahmen und Full-Floater-Schwinge hielt, was die Off-Road-Optik versprach.

Jahr	1978–1981	1977–1981	1974–1978	1979–1982	1974–1976 1977–1978	1979–1981	1985–1989
Modell	**GP 125**	**RV 125**	**TS 125**	**TS 125 ER**	**TS 250**	**TS 250 ER**	**TS 250 X**
Motor							
Hubraum (cm³)	125	125	123	123	246	246	249
Zylinder	S 1	S 1	S 1	S 1	S 1	S 1	S 1
Bohrung x Hub (mm)	56 x 50	56 x 50	56 x 50	56 x 50	70 x 64	70 x 64	70 x 64,8
Arbeitsweise	2-Takt	2-Takt	2-Takt	2-Takt	2-Takt	2-Takt	2-Takt
Steuerung	SL	SL	SL	MB	SL, ab 1977: MB	MB	MB
Gemischaufbereitung	1 x Mikuni Ø 24	1 x Mikuni Ø 22	1 x Mikuni Ø 24	1 x Mikuni Ø 24	1 x Mikuni Ø 28	1 x Mikuni Ø 29	1 x Mikuni Ø 32
Ventile/Zylinder	–	–	–	–	–	–	–
Verdichtung	6,9	6,3	6,7	6,7	6,7; ab 1977: 6,5	6,5	7,4
Kühlung	L	L	L	L	L	L	W
Leistung (kW (PS) / bei U/min)	7,1 (9,7) / 8000	5,7 (7,8) / 6000	7 (9,6) / 7000	7 (10) / 6400	15 (19) / 6500, ab 1977: 12 (16,8) / 5500	13 (17) / 5500	20 (27) / 8200
Max. Drehmoment (Nm / bei U/min)	9,61 / 7000	9,61 / 5500	9,4 / 6500	11 / 5900	22,7 / 5500, ab 1977: 21 / 5000	24 / 5000	26,5 / 6500
Batterie	6 V 4 Ah	6 V 4 Ah	6 V 7 Ah	6 V 2 Ah	6 V 8 Ah, ab 1977: 4 Ah	6 V 4 Ah	12 V 4 Ah
Generator (Watt)	180	65	k. A.	k. A.	k. A.	k. A.	150
Kraftübertragung							
Anz. Gänge	5	5	5	6	5	5	5
Übersetzung	3,09 / 1,813 / 1,250 / 0,957 / 0,800	2,75 / 1,81 / 1,250 / 1,00 / 0,80	2,75 / 1,81 / 1,25 / 1,0 / 0,8	3,09 / 2,01 / 1,36 / 1,09 / 0,95 / 0,84	2,416 / 1,80 / 1,277 / 1,00 / 0,826	2,72 / 1,80 / 1,27 / 1,00 / 0,82	2,38 / 1,50 / 1,10 / 0,86 / 0,70
Hinterradantrieb	K	K	K	K	K	K	K
Endübersetzung	2,733	3,40	3,33	2,93	2,6, ab 1977: 2,5	2,5	3,69
Starter	Kick	Kick	Kick	Kick	Kick	Kick	Kick
Fahrwerk							
Rahmen	SER	SER	SER	SER	SER	SER	SER
Vorderradfederung	T Ø 27	T Ø 30	T Ø 30	T Ø 32	T Ø 32, ab 1977: Ø 35	T	T Ø 38
Hinterradfederung	S	S	S	S	S	S	ZF
Federweg vorne (mm)	100	140	120	180	175, ab 1977: 165	195	250
Federweg hinten (mm)	70	70	100	130	100, ab 1977: 140	140	266
Vorderradbremse	SB Ø 220	TB Ø 130	TB Ø 130	TB Ø 130	TB Ø 125, ab 1977: 150	TB Ø 150	SB Ø 240
Hinterradbremse	TB Ø 130	TB Ø 130	TB Ø 130	TB Ø 130	TB Ø 125, ab 1977: 150	TB Ø 150	TB Ø 120
Vorderradreifen	2.75-18	5.40-14	2.75-21	2.75-21	3.00-21	3.00-21	3.00-21
Hinterradreifen	3.00-18	6.70-12	3.25-18	4.10-18	4.00-18	4.60-18	130/80-17
Allgemeine Daten							
Radstand (mm)	1230	1305	1310	1350	1415, ab 1977: 1400	1410	1430
Maße (Länge, mm)	1895	1960	2070	2120	2210, ab 1977: 2160	2220	2230
Lenkkopfwinkel (Grad)	63	61	60	60	59, ab 1977: 61	61	60
Nachlauf (mm)	93	96	125	125	143, ab 1977: 142	124	112
Gewicht (kg)	103	110	105	106	128, ab 1977: 133	133	123
Tankinhalt (l)	10	4,7	7	7,5	9,0, ab 1977: 10	10	12
Beschleunigung (s)	14,5	k. A.	24,8	27,8	16,2	k. A.	11,2
Höchstgeschw. (km/h)	117	92	109	100	115, ab 1977: 111	107	111
Preis inkl. MwSt (DM)	2815,–	3093,–	2740–3115,–	3331–3339,–	3723–4450,–	4461,–	5389–5770,–
			Leichtmetall-TB je nach Baujahr auch mit Ø 110 mm und 120 mm angegeben.		Geringe Unterschiede in den Leistungsangaben innerhalb der Bauzeit.		

Die Zwei- und Dreizylinder

Suzuki GT 125 (1974–1978)
Suzuki GT 185 (1976–1978)

Zweizylinder-Modelle gab es in nahezu allen Hubraumklassen, wobei Hubraum und Leistung von den jeweiligen Importmärkten und deren Zulassungsbestimmungen abhingen: Nicht jedes Modell, insbesondere mit kleineren Hubräumen, wurde auch in Europa angeboten. Nach Deutschland gelangten Twins mit 125, 185 und 200 Kubik. Technisch waren sie weitgehend gleich aufgebaut, vom horizontal teilbaren Gehäuse und der vierfach rollengelagerten Kurbelwelle bis hin zur Getrenntschmierung und Ram-Air. Nach 1977 gingen die Verkaufszahlen in den kleinen Klassen, die sowieso nie sonderlich hoch gewesen waren, vollends zurück. Zu der Zeit nämlich erfolgte hierzulande die Versicherungseinstufung nicht mehr nach

Die zwischen 1974 und 1978 verkaufte GT 125 kam auf 14,3 PS bei 9500/min. 0–100 km/h in 12 s, 127 km/h. DM 3290,–.

Die GT 185 mit ihrer Dynastartanlage lief oft bei Fahrschulen. Damals existierten noch keine Vorschriften bezüglich Gewicht und Mindestleistung zur Erlangung des Klasse-1-Führerscheins, daher konnte man mit einem solchen 17-PS-Leichtgewicht den Schein machen und dann auf eine 1000er umsteigen.

Hubraum, sondern nach Leistung. In der 17-PS-Klasse ging Suzuki dann mit der GT 185 an den Start. Die fügte sich mit 16,6 PS exakt in die 17-PS-Klasse ein (nach der Homologation standen in den deutschen Papieren allerdings wieder nur 15 PS). Fahrfertig brachte die GT 131 kg auf die Waage, die Fahrleistungen waren mit knapp 130 km/h sehr gut. Nicht wenige Motorradfahrer machten ihren Führerschein auf einer solchen GT. Wie bei allen Japanern jener Zeit fuhr aber jeder auf Dauer besser, der die miese Erstbereifung wechselte und die Stereo-Federbeine schnellstmöglich gegen ein ordentliches Paar Konis austauschte. Den Aufwand betrieb in der Klasse aber kaum jemand.

Jahr	1974–1978	1976–1978	1979–1981
Modell	**GT 125**	**GT 185**	**GT 200 / X5 E**
Motor			
Hubraum (cm³)	125	185	196
Zylinder	R 2	R 2	R 2
Bohrung x Hub (mm)	43 x 43	49 x 49	50 x 50
Arbeitsweise	2-Takt	2-Takt	2-Takt
Steuerung	SL	SL	SL
Gemischaufbereitung	2 x Mikuni Ø 18	2 x Mikuni Ø 20	2 x Mikuni Ø 22
Ventile/Zylinder	–	–	–
Verdichtung	6,8	7	6,9
Kühlung	L	L	L
Leistung (kW (PS) / bei U/min)	10 (14,2) / 9500	12 (16) / 7500	13 (17) / 8000
Max. Drehmoment (Nm / bei U/min)	10,9 / 9000	16,6 / 6500	16,5 / 7000
Batterie	12 V 5 Ah	12 V 11 Ah	12 V 8 Ah
Generator (Watt)	72	k. A.	84
Kraftübertragung			
Anz. Gänge	5	5	5
Übersetzung	3,09 / 1,813 / 1,250 / 0,957 / 0,800	2,75 / 1,181 / 1,25 / 1,0 / 0,8	2,750 / 1,750 / 1,250 / 1,000 / 0,875
Hinterradantrieb	K	K	K
Endübersetzung	3,57	2,714	2,916
Starter	Kick	Kick / Elektro	Kick / Elektro
Fahrwerk			
Rahmen	SER	SER	SER
Vorderradfederung	T Ø 30	T Ø 30	T Ø 30
Hinterradfederung	S	S	S
Federweg vorne (mm)	100	100	110
Federweg hinten (mm)	70	60	90
Vorderradbremse	SB Ø 250	SB Ø 250	SB Ø 250
Hinterradbremse	TB Ø 130	TB Ø 130	TB Ø 130
Vorderradreifen	2.75-18	2.75-18	2.75-18
Hinterradreifen	3.00-18	3.00-18	3.00-18
Allgemeine Daten			
Radstand (mm)	1235	1305	1310
Maße (Länge, mm)	1940	1960	1985
Lenkkopfwinkel (Grad)	63	63	63
Nachlauf (mm)	87	98	97
Gewicht (kg)	122	131	137
Tankinhalt (l)	10	10	9
Beschleunigung (s)	12	8,9	11,2
Höchstgeschw. (km/h)	127	131	125
Preis inkl. MwSt (DM)	2770–3290,–	3388–3510,–	3739–3330,–
	1977 ohne Ram Air		

Suzuki T 20 / T 250 (1968–1972)
Suzuki GT 250 (1973–1977)

Viertelliter-Zweitakter waren lange die bei weitem populärsten Suzukis der Siebziger. Sie standen auch nach Einführung der Viertakter noch im Programm, und was sich über die Jahre vor allem änderte, waren die Spezifikationen im Detail, die Optik und die Bezeichnungen. Den Auftakt bildete die T 250, die 1972 nach Deutschland kam und in ihren Grundzügen schon 1965 für den US-Markt entstanden war. Dort hieß sie X 6 Hustler (»Hetzer«) und fuhr die hubraumgrößere Konkurrenz in Grund und Boden. Die quadratisch ausgelegten Twins besaßen Luftkühlung und eine Dreikanal-Schlitzsteuerung, tief verrippte Leichtmetall-Zylinder und Laufbuchsen aus Grauguss. Die Aufbereitung des Gemischs war die Aufgabe zweier Mikuni-Vergaser, geschmiert wurde auf patentierte Suzuki-Art: »Posi-Force« hieß jenes System, das Frischöl lastabhängig auf die äußeren Hauptlager und Zylinderwände verteilte. Die T 20/250 verfügte über ein klauengeschaltetes Sechsgang-getriebe und war zugleich auch die erste der Marke mit einem Doppelschleifen-Rohrrahmen anstelle eines Pressstahl-Chassis. Die Motorleistung schwankte je nach Ausführung und Mess-methode, denn bis Anfang der Siebziger musste eine Suzuki in

Mit »Klacks« auf dem Nürburgring: Die T 20 begeisterte auf der ganzen Linie.

Deutschland per Einzelabnahme über den TÜV gehievt werden. Das änderte sich erst 1972. Auf die T 250 folgte 1973 die GT 250, die je nach Baujahr noch die Zusatzbezeichnungen J, K, L oder M erhielt. In den meisten Fällen beschränkte sich der Unterschied auf Design-Retuschen und kaum zu erkennende Detailarbeit. Wichtigste Innovation innerhalb der mit bis zu 32 PS angegebenen Baureihe war die Ram-Air-Lufthutze, welche die beiden getrennten Zylinderköpfe überdeckelte. Mit dem A-Modell (1976) und Änderungen an den Spülkanälen kam ein neues Design mit gemeinsamen Kopf, die Ram-Air-Haube entfiel. Gewicht (155 kg), Leistung (145 km/h) und der überraschend elastische Motor sprachen für diese 250er, doch beim 27-PS-Vergleichstest des Jahres 1977 belegte die GT unter zehn Teilnehmern nur den vorletzten Platz: Der nervöse Motor und das harte Fahrwerk passten nicht mehr in die Zeit. Auf der IFMA 1978 stand dann eine neue GT 250. Sie trug den Zusatz »X7«.

Die T 250 (hier 1970) mit dem famosen Sechsganggetriebe wurde in den USA als »Super Six« verkauft und brillierte durch ihre Doppelnocken-Vollnabenbremse im Vorderrad.

Das GT-Fahrwerk erntete in jedem Testbericht nur beste Noten. Im Bild eine GT 250 M (mit Ram Air) von 1975, wie sie im Test lief.

Geringes Gewicht, hohe Leistung und ein überraschend elastischer Motor: Suzukis GT 250 A von 1976. überzeugte im Test.

Suzuki GT 250 / X7 (1978–1981)
Suzuki GT 200 X5 (1979–1981)

Mit der neuen GT 250 brachte Suzuki das leichteste und schnellste Großserienmotorrad seiner Hubraumklasse. Mit 141 Kilogramm Leergewicht wog sie 33 Kilo weniger als der bisherige Klassenprimus Yamaha RD 250 und nur neun Kilo mehr als das Super-Fliegengewicht Maico MD 250. Der markanteste Unterschied zur Konkurrenz – und zum Vorgänger – bestand in der Einlasssteuerung. Diese neue Generation von Zweitaktern regulierte den Gasdurchsatz über ein Reed-Ventil, was für eine kultiviertere und gleichmäßigere Kraftentfaltung sorgte. Verwertbare Leistung stand schon ab 3000/min zur Verfügung. Ein E-Starter fehlte. Als GT-typische Schwachstelle galten die hinteren Federbeine, die schwächliche Elektrik und die unterdimensionierte Kette. Bei einzelnen Exemplaren kam es überdies zu Kolbenklemmern und Pleuellager-Schäden. Sehr großzügig erwies sich dagegen der Tachometer, Voreilungen von zehn bis 15 km/h bei Topspeed waren eher die Regel, was zur Folge hatte, dass die 250er auch am Stammtisch zu dem wurde, was sie auf der Straße war: zum feurigsten Motorrad der 27-PS-Klasse.

Die für Japan bestimmten X7 hießen offiziell »RG 250 E«.

Die GT 200 X5 trat die Nachfolge der GT 185 an. Technik und Linienführung entsprachen weitgehend der GT 250/X7. Daten s. S. 220.

»Brüder der Zweiradzunft! Das ist ein besonders flotter Vertreter seiner Gattung!« – Suzuki-Prospekttext 1980 zur X 7. Da sich trotzdem der Erfolg nicht einstellte, wurde eine weiße X-7-Serie auf Kiel gelegt. Jeder Händler musste drei Stück davon nehmen.

Als letzte neue GT erschien 1979 die X5, eine 200er, welche die veraltete GT 185 ersetzte, die seit 1977 nur noch mit 15 PS lieferbar war. Das vollkommen neu entwickelte 17-PS-Motorrad sah der größeren Viertellitermaschine X 7 zum Verwechseln ähnlich, bestes Unterscheidungsmerkmal war der Blick zur rechten Lenkerhälfte: Bei der X5 saß dort das Knöpfchen für den elektrischen Anlasser, den es bei der 250er nicht gab.
Im Gegensatz zur größeren 250er erfolgte die Frischgasfüllung über kolbengesteuerte Einlassschlitze in den Zylindern, während der Gaswechsel bei der X 7 über einen membrangesteuerten Einlass ins Kurbelgehäuse erfolgte. Der quicklebendige Twin war im Gegensatz zum kontaktgesteuerten Vormodell mit einer kontaktlosen Zündung ausgerüstet, seine Fahrleistungen lagen auf dem Niveau der höheren Klasse. Bremsen und Ausstattung boten guten japanischen Standard, und die bislang vernachlässigten Soziusrasten hatte man an rahmenfesten Auslegern platziert – ein faires Angebot, für das sich aber fast nur Fahrschulen interessierten.

Jahr	**1971–1972**	**1973–1975**	**1976–1977**	**1978–1981**
Modell	**T 250**	**GT 250 J**	**GT 250 A**	**GT 250 X7 / X7 E**
Motor				
Hubraum (cm³)	247	247	247	247
Zylinder	R 2	R 2	R 2	R 2
Bohrung x Hub (mm)	54 x 54	54 x 54	54 x 54	54 x 54
Arbeitsweise	2-Takt	2-Takt	2-Takt	2-Takt
Steuerung	SL	SL	SL	MB
Gemischaufbereitung	2 x Mikuni Ø 26	2 x Mikuni Ø 26	2 x Mikuni Ø 28	2 x Mikuni Ø 26
Ventile/Zylinder	–	–	–	–
Verdichtung	7,5	7,3	6,8	6,7
Kühlung	L	L, Ram-Air	L	L
Leistung (kW (PS) / bei U/min)	26 (33) / 8000	28 (25,5) / 7000	19 (26,4) / 7500	20 (27) / 8000
Max. Drehmoment (Nm / bei U/min)	28 / 6750	31 / 6500	26,7 / 6500	24 / 7700
Batterie	12 V 5 Ah	12 V 5 Ah	12 V 5 Ah	12 V 5 Ah
Generator (Watt)	80	80	80	80
Kraftübertragung				
Anz. Gänge	6	6	6	6
Übersetzung	2,333 / 1,500 / 1,160 / 0,904 / 0,782 / 0,708	2,333 / 1,500 / 1,105 / 0,904 / 0,782 / 0,708	2,333 / 1,352 / 1,050 / 0,904 / 0,782 / 0,708	2,500 / 1,625 / 1,210 / 1,000 / 0,863 / 0,782
Hinterradantrieb	K	K	K	K
Endübersetzung	2,928	2,928	3,07	2,867
Starter	Kick	Kick	Kick	Kick
Fahrwerk				
Rahmen	SDR	SDR	SDR	SER
Vorderradfederung	T Ø 32	T Ø 32	T Ø 32	T Ø 32
Hinterradfederung	S	S	S	S
Federweg vorne (mm)	130	100	100	120
Federweg hinten (mm)	100	75	75	70
Vorderradbremse	TB Ø 200	SB Ø 280	SB Ø 280	SB Ø 250
Hinterradbremse	TB Ø 160	TB Ø 180	TB Ø 180	TB Ø 160
Vorderradreifen	2.75-18	3.00-18	3.00-18	3.00-18
Hinterradreifen	3.25-18	3.25-18	3.50-18	3.50-18
Allgemeine Daten				
Radstand (mm)	1280	1310	1310	1310
Maße (Länge, mm)	1990	2045	2005	2016
Lenkkopfwinkel (Grad)	64	62	62	62
Nachlauf (mm)	90	102	102	107
Gewicht (kg)	148	165	155	145
Tankinhalt (l)	12	15	14	15,5
Beschleunigung (s)	8,5	7,6	6,7	7,5
Höchstgeschw. (km/h)	150	154	150	149
Preis inkl. MwSt (DM)	3100–3180,–	3299–3725,–	3725–3945,–	3990–4140,–
	Einzelabnahme, ab 1972 ABE			

Suzuki T 500 (1967–1974)
Suzuki GT 500 (1976–1977)

Die größte Zweitakt-Suzuki der frühen Jahre war eine Halbliter-Twin, vorgestellt unter der Bezeichnung »T 500« auf der britischen Earls Court Motorshow im Oktober 1967. Der luftgekühlte Zweizylinder Zweitakt-Motor war als Paralleltwin ausgelegt und leistete zunächst 47 PS bei 7000/min, das maximale Drehmoment von 5,3 mkg wurde bei 6000/min auf die Kurbelwelle gewuchtet. Daraus errechnete sich eine imposante Literleistung von 96 PS/Liter, die in den USA als »Titan« bezeichnete T 500 ging wirklich gigantisch. »Klacks« Ernst Leverkus war in *Das Motorrad* Feuer und Flamme: »Damit gehört der Motor sozusagen zu den ›angewärmten Öfen‹, die sportliche Fahrleistungen versprechen.« Sein Fazit: »Die T 500 von Suzuki macht mechanisch einen sehr soliden Eindruck, ihre Fahreigenschaften scheinen überragend zu sein.« Deutsche Käufer kamen nur selten in den Genuss des hubraumstarken Nippon-Klassikers, erst das Nachfolgemodell wurde etwas bekannter, wenn auch nicht populärer.

Diese letzte der großen GT-Suzukis war eine interessante, wenn auch erfolglose Kreuzung aus alten GT- und neuen

Deutsche Käufer, die unbedingt eine T-500 Titan haben mochten, mussten diese in den Niederlanden oder der Schweiz kaufen. Mit der Titan III (rechts, unten ein Modell von 1973) kam 1969 eine erheblich verbesserte Ausführung. Die Testmaschine gehörte dem Schweizer Importeur Frankonia.

GS-Komponenten: T-500-Motor, GT-750er-Tank und die Gabel der GT 250 entstammten der Zweitakt-Ära, Scheibenbremse und Zündanlage den neuen Viertaktern. Obwohl die Leistung mit 38,4 PS deutlich unter der der T 500 lag, bot die GT einen bärenstarken Antritt und ein unglaubliches Spurtvermögen, das Zweifel an der in den Papieren eingetragenen Motorleistung aufkommen ließ. Dennoch stand der 195 kg schwere Zweitakter kaum zwei Jahre im Programm und wurde nur selten verkauft.

Warum die GT 500 überhaupt nach Deutschland kam, blieb ein Rätsel. Die letzte Ausführung von 1977 wurde mittels neuer Düsen und zweier Ansaug-Gummistutzen von 35 auf 27 PS gedrosselt.

Jahr	1970–1974	1976–1978
Modell	**T 500**	**GT 500**
Motor		
Hubraum (cm³)	492	492
Zylinder	R 2	R 2
Bohrung x Hub (mm)	70 x 64	70 x 64
Arbeitsweise	2-Takt	2-Takt
Steuerung	SL	SL
Gemischaufbereitung	2 x Mikuni Ø 34, auch 2 x Mikuni Ø 32	2 x Mikuni Ø 32
Ventile/Zylinder	–	–
Verdichtung	6,6	8,5
Kühlung	L	L
Leistung (kW (PS) / bei U/min)	35 (47) / 7000, 1974: 44 / 6000	28 (38) / 6000
Max. Drehmoment (Nm / bei U/min)	51 / 6000, 53 / 5500	46 / 5500
Batterie	12 V 7 Ah	12 V 8 Ah
Generator (Watt)		
Kraftübertragung		
Anz. Gänge	5	5
Übersetzung	2,500 / 1,562 / 1,157 / 0,954 / 0,869	2,500 / 1,562 / 1,157 / 0,954 / 0,869
Hinterradantrieb	K	K
Endübersetzung	2,200	2,200
Starter	Kick	Kick
Fahrwerk		
Rahmen	SDR	SDR
Vorderradfederung	T Ø 34	T Ø 35
Hinterradfederung	S	S
Federweg vorne (mm)	130	110
Federweg hinten (mm)	100	70
Vorderradbremse	TB Ø 200	SB Ø 275
Hinterradbremse	TB Ø 180	TB Ø 180
Vorderradreifen	3.25-19	3.25-19
Hinterradreifen	4.00-18	4.00-18
Allgemeine Daten		
Radstand (mm)	1452	1470
Maße (Länge, mm)	2195	2205
Lenkkopfwinkel (Grad)	61	61
Nachlauf (mm)	130	130
Gewicht (kg)	187	195
Tankinhalt (l)	14,5	17
Beschleunigung (s)	6	5,8
Höchstgeschw. (km/h)	165	169
Preis inkl. MwSt (DM)	4500–5100,–	4870–4840,–
	Leistung abhängig vom Baujahr	Dosselung über Vergaser und Ansaugstutzen

Suzuki GT 380 (1972–1980)
Suzuki GT 550 (1972–1977)
Suzuki GT 750 (1972–1977)

Auf der 17. Tokio Motor Show im November 1970 stellte Suzuki den Prototyp eines neuen, großvolumigen Zweitaktmotorrads vor, das 1972 zur Auslieferung gelangte. Das flüssigkeitsgekühlte Dreizylinder-Aggregat krönte mit einem Hubraum von 738 Kubik die Modellpalette. Der 52 PS starke Drilling bot viel Laufkultur und noch mehr Drehmoment (was ihm den Spitznamen »Wasserbüffel« eintrug). Wichtige technische Änderungen erfolgten 1973 (Doppelscheibe statt Doppel-Duplex vorn) und 1975 (Zylinderkopf). Der deutsche Suzuki-Tuner Böhme verkaufte Wasserbüffel-Exemplare mit 70 PS. Mit Erscheinen der GS 750 avancierte die GT 750 zum Auslaufmodell. Heute sind diese gesucht, unverbastelte Exemplare werden inzwischen teuer gehandelt.

Parallel dazu hat Suzuki zwei weitere Dreizylinder-Zweitakter angeboten, die GT 380 und die GT 550. Im Gegensatz

Suzukis GT 380 stand zwischen 1972 und 1980 im Programm, so lange wie kein anderes GT-Modell.

Die deutschen Angaben für frühe GT schwanken von 34 bis 38 PS. Ab 1977 werden für die GT einheitlich 27 PS bei 6500/min genannt.

Der schlitzgesteuerte Dreizylindermotor der GT 380 basierte auf dem der T 250. Der technische Nutzen der Lufthutze war umstritten.

GT 380 und GT 550 waren praktisch baugleich und ließen sich auf den ersten Blick kaum voneinander unterscheiden.

zur GT 750 verzichteten die kleineren Dreizylinder auf die schwere Wasserkühlung. Das Motorkonzept mit dem horizontal geteilten Kurbelgehäuse, den Einzelzylindern mit gemeinsamem Zylinderkopf und Lufthutze war bei beiden gleich, wie sich auch in der Optik kaum Unterschiede fanden. Die Halblitermaschine hatte aber einen Elektroanlasser, die 12-Volt-Batterie fand unter dem linken Seitendeckel Platz. Den Chokehebel platzierten die Techniker unten links am Vergaser (bei J- und G-Modellen am Lenker), der separate Öltank kauerte rechts unter der abklappbaren Sitzbank. Das Fünfgang-Getriebe ließ sich leicht und exakt schalten und bot guten Drehzahlanschluss, wollte aber flink sortiert werden. Vom großen Bums, der die zehn PS stärkere Kawasaki auszeichnete, war nichts zu spüren: Insgesamt war die GT 550 mehr als Touren- und Allroundmotorrad denn als Sportmaschine konzipiert. Wie nahezu alle Suzuki-Zweitakter war auch die GT 550 mit der bewährten Getrenntschmierung ausgerüstet.

Die GT 550 galt als ausgewogenster Suzuki-Dreizylinder: »Ein kultivierter Zweitakter, handlich verpackt und leistungsstark«, hieß es in einem Testbericht zur GT 550 J 1972.

Flaggschiff der Modellpalette war die GT 750 mit Wasserkühlung. Der groß dimensionierte Kühler, umrahmt vom verchromten Schutzbügel, dominierte.

Alle Dreizylinder-GT wurden nahezu die gesamten Siebziger hindurch im Prinzip unverändert in Deutschland verkauft. Die Modellpflege, hier exemplarisch dargestellt am Beispiel der GT 380, verlief sehr unspektakulär:
1972: Einführung (J-Modell), Telegabel mit Faltenbälgen, Trommelbremse vorn, Leistung 34 PS.
1973: K-Modell mit Einscheiben-Bremse vorn.
1974: L-Modell mit desmodromisch betätigten Vergaserschiebern, neue Instrumente mit digitaler Ganganzeige; Motorleistung 31,5 PS, DM 4590,–.
1975: M-Modell, Zündzeitpunkt von 24 auf 21 Grad vor OT versetzt, Wegfall des SIRS-Schmiersystems. Modifizierter Auslass, Änderungen an Zündeinstellung und Vergaserbedüsung, Kolben und Kolbenringen. Die Leistung der GT 550 wurde nun mit 48,5 PS bei 7500/min angegeben.

Mit den laut japanischen Angaben 67 PS (von denen in Tests kaum mehr als 52 PS blieben) war die GT keine Konkurrenz für die CB 750.

Eine der letzten Suzuki GT 750, das sogenannte B-Modell von 1977. Hier waren bereits zahlreiche Komponenten aus dem GS-Modell zu finden, wie etwa das Schutzblech. Die Leistung war mit 63 PS bei 6500/min angegeben.

1976 A-Modell: verbesserte Lichtmaschine, niedrigere Lufthutze, kürzerer Vorderradkotflügel.
1977 B-Modell: Umrüstsatz auf 27 PS lieferbar, für 1977er-Modelle kostenlos (kenntlich am Code E 22 in den Auspufftöpfen). Vorderradkotflügel nur noch einfach abgestrebt. Um den Abverkauf zu beschleunigen, wurden GT 380 und 550 im Rahmen einer Sonderaktion als »Motorrad zum Zusammenbauen« in der Transportkiste verkauft, die Montage musste der Kunde selbst durchführen.
1980: N-Modell, Kennzeichen: versenkter Tankverschluss. Auslaufen der Modellreihe, die allerletzten Exemplare wurden über Großhändler Hein Gericke für DM 3998,– verramscht.

Jahr	1972–1976	1977–1980	1972–1975	1976–1977	1972–1975	1976–1977
Modell	**GT 380**	**GT 380**	**GT 550**	**GT 550 A**	**GT 750**	**GT 750**
Motor						
Hubraum (cm³)	371	371	543	543	739	739
Zylinder	R 3	R 3	R 3	R 3	R 3	R 3
Bohrung x Hub (mm)	54 x 54	54 x 54	61 x 62	61 x 62	70 x 64	70 x 64
Arbeitsweise	2-Takt	2-Takt	2-Takt	2-Takt	2-Takt	2-Takt
Steuerung	SL	SL	SL	SL	SL	SL
Gemischaufbereitung	3 x Mikuni Ø 24	3 x Mikuni Ø 24	3 x Mikuni Ø 28	3 x Mikuni Ø 28	3 x Mikuni Ø 28	3 x Mikuni Ø 32
Ventile/Zylinder	–	–	–	–	–	–
Verdichtung	6,7	7	6,8	6,8	6,7	6,7
Kühlung	L	L	L	L	W	W
Leistung (kW (PS) / bei U/min)	25 (34) / 8000, auch 24 (31,5) / 7500	20 (27) / 6500	35 (48) / 6500	35 (48) / 7500	36 (52) / 6500	46 (63) / 6500
Max. Drehmoment (Nm / bei U/min)	29,7 / 7000	31,2 / 5500	57 / 7000	49 / 6000	65 / 5250	75 / 5500
Batterie	12 V 7 Ah	12 V 7 Ah	12 V 11 Ah	12 V 11 Ah	12 V 14 Ah	12 V 14 Ah
Generator (Watt)	135	135	280	280	280	280
Kraftübertragung						
Anz. Gänge	6	6	5	5	5	5
Übersetzung	2,333 / 1,50 / 1,157 / 0,894 / 0,782 / 0,708	2,333 / 1,50 / 1,157 / 0,894 / 0,782 / 0,708	2,846 / 1,737 / 1,364 / 1,125 / 0,923	2,846 / 1,737 / 1,363 / 1,125 / 0,923	2,846 / 1,736 / 1,363 / 1,125 / 0,923	2,846 / 1,778 / 1,381 / 1,125 / 0,962
Hinterradantrieb	K	K	K	K	K	K
Endübersetzung	3,00	3,00	2,5	2,4	3,133 / 2,688	2,667
Starter	Kick	Kick	Kick / Elektro	Kick / Elektro	Kick / Elektro	Kick / Elektro
Fahrwerk						
Rahmen	SDR	SDR	SDR	SDR	SDR	SDR
Vorderradfederung	T Ø 33	T Ø 33	T Ø 35	T Ø 35	T Ø 35	T Ø 35
Hinterradfederung	S	S	S	S	S	S
Federweg vorne (mm)	100	100	95	95	110	110
Federweg hinten (mm)	70	70	65	65	70	60
Vorderradbremse	TB, ab 1973: SB Ø 275	SB Ø 275	TB Ø 220	SB Ø 295	TB Ø 220; DSB Ø 295	DSB Ø 295
Hinterradbremse	TB Ø 180	TB Ø 180	TB Ø 180	TB Ø 180	TB Ø 180	TB Ø 180
Vorderradreifen	3.00-19	3.00-19	3.25-19	3.25-19	3.25-19	3.25-19
Hinterradreifen	3.50-18	3.50-18	4.00-18	4.00-18	4.00-18	4.00-18
Allgemeine Daten						
Radstand (mm)	1410	1380	1405	1465	1470	1455
Maße (Länge, mm)	2050	2050	2195	2250	2215	2205
Lenkkopfwinkel (Grad)	61	61	60	60	63	63
Nachlauf (mm)	109	118	118	118	95	106
Gewicht (kg)	182, ab 1973: 190	190	174	214	251	251
Tankinhalt (l)	15	15	15	15	17	17
Beschleunigung (s)	6,6	9,1	6,7	5,4	6	4,9
Höchstgeschw. (km/h)	168	145	168	177	171	192
Preis inkl. MwSt (DM)	3890–4590,–	4690–5161,–	5200,–	5640,–	6250–6900,–	6900–7165,–
						1977 mit Baugruppen GS 750, B-Modell: Nachlauf 106 mm

Suzuki RG 250 Gamma (1984–1988)
Suzuki RGV 250 (1988–1993)
Suzuki RG 500 (1984–1989)

Im Zuge der weltweiten Zweitakt-Renaissance bog auch Suzuki mit einigen sehr frischen und interessanten Entwürfen ums Eck. Natürlich konnte das – ohne Anleihen an den Motorradsport ging es damals nicht – nur in Form eines Sportflitzers geschehen, und der hieß anno '84 RG 250 Gamma.

Dieser Zweitakt-Sportler war die erste Serienmaschine der Welt mit Alurahmen. Die Leichtmetall-Doppelschleife war erstaunlich verwindungssteif und hielt das Viertelliter-Rennerle sowohl bei Höchstgeschwindigkeit – immerhin knapp 170 km/h – als auch in schnell gefahrenen Kurven tadellos auf Kurs. Üppige 45 PS bei 8500/min quetschte der halbierte Rennmotor aus dem Viertelliter Hubraum, nur 500 Touren früher lag das maximale Drehmoment von 37 Nm an. Unter 5000/min ging so gut wie gar nichts, ab 6500/min zog es dem Fahrer die Arme lang. Oberhalb der 10.000er Marke lief wiederum nur wenig. Wie bei der später erscheinenden RG 500 Gamma waren die beiden Mikuni-VM-28 SS-Flachschiebervergaser über einen Unterdruckschlauch verbunden. Ebenfalls unter Patentschutz: das EACS-System, bei dem ein Mikrochip den Zündzeitpunkt abhängig von der Drehzahl regulierte. Zur Markteinführung der RG 500 im Juni 1985 stellte Suzuki die überarbeitete RG 250 vor, mit Vollverkleidung, Auspuff-Walzensteuerung und nunmehr 48 PS.

Die Neuauflage von 1989 hatte dann einen Zweizylinder-V-Motor und hieß RGV 250. Die Domäne dieser GP-Replica war eindeutig die Rennstrecke, 58 PS bei einer Nenndrehzahl von

Suzukis RG 250 Gamma verfügte 1984 als erste Großserien-Maschine überhaupt über einen Vierkant-Alurahmen.

Bei der zur IFMA 1988 gezeigten RGV 250 Gamma handelte es sich wie beim Vormodell im Prinzip um eine halbierte 500er-Rennmaschine.

Im Rahmen der Modellpflege wurde die Gamma 1985 mit einer Vollverkleidung im Stil der RG 500 versehen.

Die RGV verschwand 1993 vom Markt. Wer aber eine Zweitakt-250er fahren wollte, griff ab 1995 zur Aprilia RS 250 mit modifiziertem RGV-Motor.

11.000/min und das Fahrzeugleergewicht von unter 150 kg sorgten für fulminante Fahrleistungen. Daran änderte sich auch 1991 nichts, als sie nach kurzzeitigem Importstopp wieder auftauchte, dann aber mit den neuen Abgasvorschriften entsprechenden 52 PS. Dafür wurden die Motor-Innereien kräftig überarbeitet und außerdem die 41er Teleskopgabel durch eine Upside-down-Gabel mit verstellbarer Federvorspannung abgelöst. An der Hinterradaufhängung installierte Suzuki eine asymmetrische Schwinge. Auf der rechten Seite in Bananenform ausgeführt, konnte die Auspuffanlage weitgehend gerade und schräglagenfreundlich verlegt werden. Nach Bauzeitende 1993 hat sie ihren Motor der italienischen Aprilia RS 250 vermacht.

Die Halbliter-Gamma kam etwas später als die 250er. Lieferbar ab Mitte 1985, bot der potenteste Serienzweitakter aller Zeiten bei einem Einstandspreis von rund 12.000 Mark einen halben Liter Hubraum und 95 PS – genug für eine Höchstgeschwindigkeit von knapp 230 km/h. Der bärenstarke Vierzylinder-Zweitakter verfügte über quadratisch angeordnete Zylinder. Das Chassis wurde mit Computerunterstützung erdacht, in der Alu-Kastenschwinge lief ein 17-Zoll-Gussrad. Seine Abstützung übernahm das weiterentwickelte Full-Floater-Hebelsystem mit zentralem DeCarbon-Federbein, per Handrad stufenlos verstellbar. Den vorderen 16-Zöller führte eine luftunterstützte Telegabel mit 38 Millimeter starken Standrohren; in der Federbasis regulierbar und mit PDF-System (Positive Damping Frontfork) versehen. Dahinter verbarg sich ein nahezu wirkungsloses Anti-Dive-System. Wenig überzeugend war auch die Wirkung der Dreischeiben-Bremsanlage mit Doppelkolben-Bremssätteln.

Renntechnik pur: Die RG 500 Gamma verfügte, wie die Werksrennmaschinen, über vier im Quadrat stehende Zylinder mit jeweils 125 Kubik. Der 95 PS starke Hochleistungs-Zweitakter stand bis 1989 im Angebot.

Die Halbliter-RG rollte auf Dreispeichen-Alu-Gussrädern. Fahrfertig brachte es die Zweitaktrakete auf 181 Kilogramm, rund elf Kilogramm weniger als Hondas NR 400, 35 weniger als die RD 500 von Yamaha: Letztlich war die RG ein reinrassiger Racer, mühsam gezähmt für den Straßenbetrieb, und nur etwas für Technik-Feinschmecker. Die anderen haben sie verschmäht. Heute ziemlich gesucht und nicht billig.

Jahr	1984–1985	1986–1988	1989–1990	1991–1993	1985–1989
Modell	**RG 250 Gamma**	**RG 250 Gamma**	**RGV 250**	**RGV 250**	**RG 500 Gamma**
Motor					
Hubraum (cm³)	247	247	249	249	498
Zylinder	R 2	R 2	90° V 2	90° V 2	Square Four
Bohrung x Hub (mm)	54 x 54	54 x 54	56 x 50,6	56 x 50,6	56 x 50,6
Arbeitsweise	2-Takt	2-Takt	2-Takt	2-Takt	2-Takt
Steuerung	MB	MB/VA	MB / VA	MB/VA	DS/VA
Gemischaufbereitung	2 x Mikuni Ø 28	2 x Mikuni Ø 28	2 x Mikuni Ø 32	2 x Mikuni Ø 34	4 x Mikuni Ø 28
Ventile/Zylinder	–	–	–	–	–
Verdichtung	7,1	7,4	7,5	7,3	7,0
Kühlung	W	W	W	W	W
Leistung (kW (PS) / bei U/min)	33 (45) / 8500	33 (45) / 10.000	43 (58) / 11.000	41 (56) / 11.000	70 (95) / 9500
Max. Drehmoment (Nm / bei U/min)	39 / 8000	32 / 10.000	38 / 10.800	35,2 / 11.000	71,3 / 9000
Batterie	12 V 5 Ah	12 V 5 Ah	12 V 3 Ah	12 V 3 Ah	12 V 4 Ah
Generator (Watt)	200	200	180	200	200
Kraftübertragung					
Anz. Gänge	6	6	6	6	6
Übersetzung	2,23 / 1,56 / 1,21 / 1,04 / 0,92 / 0,84	2,23 / 1,56 / 1,21 / 1,04 / 0,92 / 0,84	2,454 / 1,625 / 1,235 / 1,045 / 0,916 / 0,840	2,454 / 1,625 / 1,235 / 1,045 / 0,916 / 0,840	2,63 / 1,75 / 1,38 / 1,17 / 1,04 / 0,95
Hinterradantrieb	K	K	K	K	K
Endübersetzung	2,64	2,79	3,066	3,071	2,500
Starter	Kick	Kick	Kick	Kick	Kick
Fahrwerk					
Rahmen	LKR	LKR	LKR	LKR	LKR
Vorderradfederung	T Ø 36	T Ø 38	T Ø 41	USD Ø 41	T Ø 38
Hinterradfederung	ZF	ZF	ZF	ES	ZF
Federweg vorne (mm)	130	130	120	120	130
Federweg hinten (mm)	123	110	140	130	115
Vorderradbremse	DSB Ø 260	DSB Ø 260	DSB Ø 290	DSB Ø 300	DSB Ø 260
Hinterradbremse	SB Ø 210	SB Ø 210	SB Ø 210	SB Ø 210	SB Ø 210
Vorderradreifen	100/90-16	100/90-16, 1987: 110/80-16	110/70-17	110/70-17	110/90-16
Hinterradreifen	110/80-18	110/80-18, 1987: 120/80-17	140/60-18	150/60-17	120/90-17
Allgemeine Daten					
Radstand (mm)	1385	1355	1375	1385	1425
Maße (Länge, mm)	2055	2010	2015	2080	2165
Lenkkopfwinkel (Grad)	65,15	64,5	64,7	65	64,30
Nachlauf (mm)	102	103	98	94	111
Gewicht (kg)	153	155	159	166	181
Tankinhalt (l)	17	17	17	14	22
Beschleunigung (s)	6,1	5,9	5,3	4,9	4,7
Höchstgeschw. (km/h)	167	185	194	197	223
Preis inkl. MwSt (DM)	7699,–	7699,–	9570–10.990,–	9990–11.100,–	11.999–12.184,–
				Mit U-Kat Leistung 38 kW	

Suzuki RE 5 (1974–1977)

Suzukis RE 5, das erste japanische Wankelmotorrad, wurde zur IFMA 1974 vorgestellt und hatte einen eigens entwickelten Einscheiben-Kreiskolbenmotor. Sein Kammervolumen wurde auf 497 cm³ beziffert, einige Länder wie Italien stuften die RE dagegen in die Kategorie der 900er BMW und Kawasaki ein, was der Wankel schon vor Exportbeginn alle Chancen nahm. Abgesehen vom ventillosen Motor geriet der Rest der Maschine ziemlich konventionell. Fahrfertig wog sie 260 Kilo, die Motorleistung lag bei 63 PS bei 6500/min. Das war schon damals kein ausgesprochener Spitzenwert, sowohl die CB 750 als auch die GT 750 waren stärker, zumindest auf dem Papier. Dafür begeisterten Vibrationsarmut, Durchzug in unteren Drehzahlen und Laufkultur. Negativ zu Buche schlug allerdings der hohe Kerzenverschleiß. Im Schnitt genehmigte sich die Maschine alle 5000 Kilometer eine der speziell entwickelten NGK-Kerzen mit extrem hohen Wärmewerten – bei einem Stückpreis von damals 26,50 Mark kein billiges Vergnügen. Versöhnlich stimmte dagegen die damals absolut unüblich lange Garantiezeit: ein Jahr oder 15.000 Kilometer gewährte Importeur Röth auf den Suzuki-Wankel. Dennoch fanden nicht mehr als 60 Maschinen den Weg nach Deutschland.

Die Geschichte der RE 5 ist eine Geschichte des Misserfolgs. Die mit zahlreichen Versatzstücken aus der GT 750 ausgestattete Wankel-Suzuki blieb ein Exote.

Jahr	RE 5 Rotary
Modell	1974–1977
Motor	
Hubraum (cm³)	497
Zylinder	Einzelkammer
Bohrung x Hub (mm)	–
Arbeitsweise	Wankel
Steuerung	Kreiskolben
Gemischaufbereitung	1 x Mikuni Ø 18 / 32
Ventile/Zylinder	–
Verdichtung	8,6
Kühlung	W
Leistung (kW (PS) / bei U/min)	46 (63) / 6500
Max. Drehmoment (Nm / bei U/min)	75,5 / 3500
Batterie	12 V 30 Ah
Generator (Watt)	280
Kraftübertragung	
Anz. Gänge	5
Übersetzung	2,846 / 1,736 / 1,363 / 1,125 / 0,923
Hinterradantrieb	K
Endübersetzung	3,071
Starter	Kick / Elektro
Fahrwerk	
Rahmen	SDR
Vorderradfederung	T Ø 35
Hinterradfederung	S
Federweg vorne (mm)	112
Federweg hinten (mm)	70
Vorderradbremse	DSB Ø 295
Hinterradbremse	TB Ø 190
Vorderradreifen	3.25-19
Hinterradreifen	4.00-18
Allgemeine Daten	
Radstand (mm)	1500
Maße (Länge, mm)	2290
Lenkkopfwinkel (Grad)	63
Nachlauf (mm)	108
Gewicht (kg)	260
Tankinhalt (l)	17
Beschleunigung (s)	5,6
Höchstgeschw. (km/h)	172
Preis inkl. MwSt (DM)	8890,–

2 Suzuki Einzylinder

Straßenmotorräder

Suzuki GN / GS / TU 125 (1995–2001) Suzuki GZ 125 Marauder (1998–2000)

In der zweiten Hälfte der Neunziger, als infolge der neuen Führerscheinregelungen, gemäß derer auch Autofahrer ohne Motorrad-Schein unter bestimmten Voraussetzungen Motorräder bis 125 Kubik fahren durften, explodierte der Markt für 125er. Das bescherte dieser Klasse einen zweiten Frühling, auch ganz ohne High-Tech: Suzuki bot zeitweise neben der GN 125 (1995–2001) noch eine ganze Menge Einzylinder-Maschinen mit dem alten DR-Zweiventil-Motor aus den frühen Achtzigern an, darunter die GS 125 S, die nur 1999 und 2000 importiert worden war und unter dem Label »Hyosung« bereits seit den frühen Neunzigern als Low-Budget-Bike in Hyundai-Autohäusern verkauft wurde; die schmucke TU 125 X

Die GN 125 wurde im Prinzip schon seit 1982 gebaut. Sie war leicht und handlich, aber schwach und unterdämpft.

(1999–2000) im Stil eines 50er-Jahre-Motorrads als adrett kostümierte Alternative zur GN 125 mit allen Stärken (Handling, Verbrauch, Laufkultur) und Schwächen (schwacher Motor, schwammige Bremsen) der kleinen Suzuki-Viertakt-Singles. Der Motor selbst und einige Modelle wie etwa die GN 125 werden für bestimmte Märkte bis heute weiter gebaut, wenn auch Suzuki die Produktion an lokale Produzenten abgegeben hat. Bei der GZ 125 »Marauder« im Cruiser-Style versuchten die Suzuki-Techniker, dem luftgekühlten Einzylinder der GN 125 durch eine andere Abstimmung zu etwas mehr Durchzug zu verhelfen, was allerdings die Motorleistung noch weiter reduzierte: Keine 125er Suzuki jener Jahre war phlegmatischer als jene GZ.

Die Retro-Bikes TU 125 X / TU 250 Volty standen lediglich zwei Jahre im Programm. Die Technik stammte von den GN-Baureihen.

Als die GS 125 S 1999 nach Deutschland importiert wurde, war der Entwurf bereits 20 Jahre alt und in Asien ein Bestseller. Hierzulande blieb der Technik-Zwilling der GN 125 ein Außenseiter. 10 PS bei 9000/min, DM 4490,–.

Jahr	1995–2001	1999–2001	1999–2001
Modell	**GN 125**	**GS 125 S**	**TU 125 X**
Motor			
Hubraum (cm³)	124	124	124
Zylinder	S 1	S 1	S 1
Bohrung x Hub (mm)	57 x 48,8	57 x 48,8	57 x 48,8
Arbeitsweise	4-Takt	4-Takt	4-Takt
Steuerung	OHC	OHC	OHC
Gemischaufbereitung	1 x Mikuni Ø 26	1 x Mikuni Ø 26	1 x Mikuni Ø 26
Ventile/Zylinder	2	2	2
Verdichtung	9,5	9,5	9,5
Kühlung	L	L	L
Leistung (kW (PS) / bei U/min)	7,9 (11) / 9600, auch 6,7 (9) / 9400	7,5 (10) / 9000	8 (11) / 9000, auch 6 (8) / 7500
Max. Drehmoment (Nm / bei U/min)	8,3 / 8600, auch 7,7 / 3600	10 / 7000	8,3 / 7500
Batterie	12 V 8 Ah	12 V 9 Ah	12 V 8 Ah
Generator (Watt)	175	150	150
Kraftübertragung			
Anz. Gänge	5	5	5
Übersetzung	3,000 / 1,857 / 1,368 / 1,095 / 0,913	2,750 / 1,785 / 1,368 / 1,045 / 0,913	3,000 / 1,857 / 1,368 / 1,095 / 0,913
Hinterradantrieb	K	K	K
Endübersetzung	2,928	3,357	2,928
Starter	Elektro	Kick / Elektro	Elektro
Fahrwerk			
Rahmen	SER	SER	SER
Vorderradfederung	T Ø 32	T Ø 30	T Ø 32
Hinterradfederung	S	S	S
Federweg vorne (mm)	130	110	130
Federweg hinten (mm)	75	91	90
Vorderradbremse	SB Ø 220	SB Ø 220	SB Ø 220
Hinterradbremse	TB Ø 130	TB Ø 130	TB Ø 130
Vorderradreifen	90/90-18	2,75-18	2,75-18
Hinterradreifen	100/80-16	3,00-18	3,00-16
Allgemeine Daten			
Radstand (mm)	1280	1270	1280
Maße (Länge, mm)	1945	1945	1985
Lenkkopfwinkel (Grad)	61,7	64,7	61,9
Nachlauf (mm)	107	93	106
Gewicht (kg)	112	117	119
Tankinhalt (l)	10	12	12
Beschleunigung (s)	–	–	–
Höchstgeschw. (km/h)	105, auch 80	101	96
Preis inkl. MwSt (DM)	4420,–	4490,–	5190,–
		Als Leichtkraftrad, dann 4,8 kW / 6600, Vmax 80 km/h. 6. Gang gesperrt	

Suzuki GN (X) 250 / T (1982–1999)
Suzuki TU 250 X (1999–2001)
Suzuki GZ 250 Marauder (1999–2000)
Suzuki GN 400 T / L (1980–1983)

Unter dem Kürzel »GN« verkaufte Suzuki in den frühen Achtzigern Straßenmotorräder mit Einzylinder-Motor. Aufgrund ihrer Aufmachung wurden diese T-Modelle gerne auch als Softchopper missverstanden, vereinten aber nach Suzuki-Lesart ein klassisches Erscheinungsbild mit moderner Technik, wobei es traditionell angehauchte Maschinen auch mit GS-Motoren gab. Es gab verschiedene dieser Pseudoklassiker, wobei das »T« mutmaßlich für »Traditional« stand. Doch typisch für den damaligen Importeur: Die Importpolitik war nicht nachvollziehbar, eine klare Strategie war noch weniger zu erkennen als bei den anderen Herstellern in diesen Jahren.

Die erste »T« erschien 1980, hieß GN 400 mit Vornamen und war die straßentaugliche Variante der SP/DR 400. Technisch war sie weitgehend mit der Enduro baugleich und mit ihren 155 kg ebenso handlich. Dass die GN aber auch deren schwächliche 6-Volt-Elektrik erbte, war dann doch des Schlechten zu viel. Zumindest in Deutschland gelang es Suzuki nicht, Yamahas SR 500 Paroli zu bieten: Das Motorrad hatte zu wenig Hubraum, zu mieses Licht und sah einfach nach nichts aus. Und dass es, zumindest in den Prospekten, die 400er auch noch als Chopper – »L« – geben sollte, vermochte an der fehlenden Akzeptanz nichts zu ändern.

Die GN 250 galt wegen ihrer niedrigen Sitzhöhe – 73 cm – und des Gewichts von nur 140 kg als ideales Einsteiger-Motorrad.

Die GN 250 im gemäßigten Softchopper-Look des Jahres 1982 – Suzuki versah Motorräder mit diesem Styling eigentlich mit dem Zusatz »T« – wurde bis 1999 gebaut.

Bei der GN 250 hingegen, die 1982 erschien und nur zu Beginn auch als »GNX 250 T« verkauft wurde, funktionierte das Traditional-Konzept bestens. Hier fügten sich Auftritt und Optik einfach gut zusammen, zumal weder Honda noch Yamaha vernünftige 17-PS-Alternativen bieten konnten: Die GN stand zwei Jahrzehnte lang im Angebot und markierte lange Zeit die günstigste Möglichkeit, Suzuki zu fahren. Der kleine Softchopper mit zierlichen 16-Zoll-Rädern, Stufensitzbank und Tropfentank war zwar am Ende optisch längst nicht mehr auf der Höhe der Zeit, überzeugte aber durch solide und bewährte

Die Retro-Bikes TU 125 X / TU 250 Volty standen lediglich zwei Jahre im Programm. Die Technik stammte von den GN-Baureihen.

Die GN 400 L – Kennzeichen waren die Gussräder – erschien in Japan als GN 400 E 1980. Sie hatte den Motor der DR 400 und verfügte daher über einen Kickstarter mit Dekompressionshebel.

Jahr	1982–1999	1980–1982	1999–2001
Modell	**GN (X) 250 E**	**GN 400 L / TD (1980)**	**TU 250 X**
Motor			
Hubraum (cm³)	249	396	249
Zylinder	S 1	S 1	S 1
Bohrung x Hub (mm)	72 x 61,2	88 x 65,2	72, 61,2
Arbeitsweise	4-Takt	4-Takt	4-Takt
Steuerung	OHC	OHC	OHC
Gemischaufbereitung	1 x Mikuni Ø 34	1 x Mikuni Ø 36	1 x Mikuni Ø 34
Ventile/Zylinder	4	2	4
Verdichtung	8n9	9,3	9,2
Kühlung	L	L	L
Leistung (kW (PS) / bei U/min)	13 (17) / 7800	20 (27) / 7400	14,7 (20) / 8000
Max. Drehmoment (Nm / bei U/min)	16,5 / 6000	27 / 4000	21 / 5500
Batterie	12 V 12 Ah	6 V 4 Ah	12 V 6 Ah
Generator (Watt)	205	100	205
Kraftübertragung			
Anz. Gänge	5	5	5
Übersetzung	2,636 / 1,687 / 1,263 / 1,000 / 0,818	2,33 / 1,69 / 1,29 / 1,05 / 0,82	2.636 / 1.687 / 1.200 / 0.952 / 0.818
Hinterradantrieb	K	K	K
Endübersetzung	2,733	2,313	2,867
Starter	Elektro	Kick	Elektro
Fahrwerk			
Rahmen	SER	SER	SER
Vorderradfederung	T Ø 34	T Ø 35	T Ø 37
Hinterradfederung	S	S	S
Federweg vorne (mm)	140	160	120
Federweg hinten (mm)	80	115	95
Vorderradbremse	SB Ø 275	SB Ø 275	SB Ø 275
Hinterradbremse	TB Ø 160	TB Ø 160	TB Ø 130
Vorderradreifen	3.00-18	3.60-18	90/90-18
Hinterradreifen	120/90-16	4.60-16	110/90-18
Allgemeine Daten			
Radstand (mm)	1360	1410	1325
Maße (Länge, mm)	2040	2145	2070
Lenkkopfwinkel (Grad)	59,8	60,5	64,9
Nachlauf (mm)	105	103	92
Gewicht (kg)	140	155	149
Tankinhalt (l)	10	11,5	12
Beschleunigung (s)	11,9	8,8	k. A.
Höchstgeschw. (km/h)	122	129	120
Preis inkl. MwSt (DM)	4199–4850,–	5165–2999,–	5990,–

Technik zu günstigem Tarif. Die Nachfolge der GN 250 trat die TU 250 X an, die in Japan seit 1994 unter der Bezeichnung »Volty« verkauft wurde. Ihre Technik teilte sie sich mit der identisch motorisierten GZ Marauder. Die Retro-Optik aber ging völlig am Kundengeschmack vorbei, die Volty gehört zu den unbekanntesten Suzuki-Modellen in Deutschland.

Unter überbordender Popularität litt auch die Marauder mit dem Viertelliter-Motor der GN nicht. Der Cruiser mit dem Vierventil-Einzylinder der GN 250 brachte es auf 20 PS bei 8000 Touren und erforderte hohe Drehzahlen, um flott zu beschleunigen. Das Rückgrat der dennoch erstaunlich agilen kleinen Marauder bildete der aus der GN 250 bekannte Einschleifen-Stahlrohrrahmen, dessen flacher angeschweißter Lenkkopf die standesgemäße Long-and-Low-Optik erst ermöglichte. Als überdurchschnittlich gut galt die Bremsanlage mit

Die Marauder-Zwillinge GZ 125 (oben) und GZ 250 (unten) entsprachen technisch den GN-Modellen. Die galten ohnehin nicht als besonders kräftig, und die neue Optik erhöhte das Gewicht zusätzlich.

Scheibenbremse vorn und Trommelbremse hinten. Auch in Sachen Ausstattung musste die GZ keinen Vergleich scheuen. In dieser Klasse waren weder der einstellbare Handbremshebel noch der an den Lenker verlegte Choke Standard, auch nicht die abschließbare Sitzbank. Dazu kam der für Suzuki typische Sonderpreis.

Jahr	1998–2000	1999–2000
Modell	**GZ 125 Marauder**	**GZ 250 Marauder**
Motor		
Hubraum (cm³)	124	249
Zylinder	S 1	S 1
Bohrung x Hub (mm)	57 x 48,8	72 x 61,2
Arbeitsweise	4-Takt	4-Takt
Steuerung	OHC	OHC
Gemischaufbereitung	1 x Mikuni Ø 26	1 x Mikuni Ø 32
Ventile/Zylinder	2	4
Verdichtung	9,5	9
Kühlung	L	L
Leistung (kW (PS) / bei U/min)	7,5 (10) / 9000	13 (17) / 8200
Max. Drehmoment (Nm / bei U/min)	8,3 / 7500	16,5 / 4000
Batterie	12 V 8 Ah	12 V 6 Ah
Generator (Watt)	150	225
Kraftübertragung		
Anz. Gänge	5	5
Übersetzung	3,000 / 1,857 / 1,368 / 1,095 / 0,913	2,636 / 1,687 / 1,263 / 1,000 / 0,818
Hinterradantrieb	K	K
Endübersetzung	3,000	2,733
Starter	Elektro	Elektro
Fahrwerk		
Rahmen	SER	SER
Vorderradfederung	T Ø 37	T Ø 37
Hinterradfederung	S	S
Federweg vorne (mm)	120	120
Federweg hinten (mm)	90	90
Vorderradbremse	SB Ø 275	SB Ø 275
Hinterradbremse	TB Ø 130	TB Ø 130
Vorderradreifen	110/90-16	110/90-16
Hinterradreifen	130/90-15	130/90-15
Allgemeine Daten		
Radstand (mm)	1450	1450
Maße (Länge, mm)	2160	2160
Lenkkopfwinkel (Grad)	57,5	57,7
Nachlauf (mm)	140	140
Gewicht (kg)	137	153
Tankinhalt (l)	14	14
Beschleunigung (s)	38,6	k.A
Höchstgeschw. (km/h)	100	115
Preis inkl. MwSt (DM)	5530–5990,–	6690,–

Suzuki DR 125 S / SE (1982–1999)

Zumindest optisch konnte die DR 125 ihre Verwandtschaft zu den erfolgreichen RM-Crossmaschinen nicht verleugnen, technisch allerdings trennten sie Welten: Während die RM 125 mit einem 31 PS starken Zweitakter ausgerüstet war, verfügte die 10 PS starke DR über einen luftgekühlten Einzylinder-Viertakter. Der mit 57 x 48,8 mm ausgelegte Zweiventiler gierte nach Drehzahlen, nur wer fleißig im gut zu schaltenden Sechsganggetriebe rührte (fünf Fahrstufen hätten vollauf genügt), kam mit der leichten DR 125 einigermaßen flott voran. Die Höchstgeschwindigkeit lag bei unter 100 km/h, was den

Die DR 125 S wurde 1982 zusammen mit der DR 250 S vorgestellt. Rahmen, Fahrwerk und Motor waren neu.

Die DR 125 SE von 1995 wies, neben einer neuen Optik, einen Elektrostarter auf. Die Motorleistung von 12 PS lag bei 9800/min an.

Jahr	1982–1985	1990–1999
Modell	DR 125 S	DR 125 S / SE
Motor		
Hubraum (cm³)	124	124
Zylinder	S 1	S 1
Bohrung x Hub (mm)	57 x 48,8	57 x 48,8
Arbeitsweise	4-Takt	4-Takt
Steuerung	OHC	OHC
Gemischaufbereitung	1 x Teikei Ø 22	1 x Mikuni Ø 24, SE: Ø 31
Ventile/Zylinder	2	2
Verdichtung	9,5	9,5
Kühlung	L	L
Leistung (kW (PS) / bei U/min)	7 (10) / 9500	9 (12,5) / 9600; SE: 9 (12,5) / 9800
Max. Drehmoment (Nm / bei U/min)	10 / 8000	10 / 7500; 8,7 / 9500
Batterie	12 V 6 Ah	12 V 4 AH, ab 1997: 6 Ah
Generator (Watt)	110	195, ab 1997: 175
Kraftübertragung		
Anz. Gänge	6	6
Übersetzung	3,00 / 1,85 / 1,63 / 1,09 / 2,91 / 0,80	3,00 / 1,85 / 1,36 / 1,06 / 0,92 / 0,83
Hinterradantrieb	K	K
Endübersetzung	3,35	3,31
Starter	Kick	Kick, SE: Elektro
Fahrwerk		
Rahmen	SER	SER
Vorderradfederung	T Ø 32	T Ø 35
Hinterradfederung	S	ZF
Federweg vorne (mm)	180	205
Federweg hinten (mm)	110	200
Vorderradbremse	TB Ø 130	SB Ø 230
Hinterradbremse	TB Ø 130	TB Ø 130
Vorderradreifen	2.75-21	80/80-21, SE: 70/100-21
Hinterradreifen	3.50-18	100/80-18, SE: 90/90-18
Allgemeine Daten		
Radstand (mm)	1345	1390 / SE: 1385
Maße (Länge, mm)	2112	2135
Lenkkopfwinkel (Grad)	60	60
Nachlauf (mm)	124	119
Gewicht (kg)	112	125, SE: 127
Tankinhalt (l)	8,5	13
Beschleunigung (s)	–	15,1
Höchstgeschw. (km/h)	95	103
Preis inkl. MwSt (DM)	3799–2499,–	4099–5890,–
		DDR-Modell mit leicht abweichenden Daten; 1995: Einführung SE

Verzicht auf Autobahn-Passagen nahelegte. Dafür war der Motor absolut vollgasfest und sehr zuverlässig. Die schwache Leistung stand auch härteren Geländeeinsätzen im Wege, obwohl das Chassis mit Zentralrohrrahmen und gegabelten Unterzügen sowie Full-Floater-System das durchaus verkraftet hätte. Im Stadtverkehr dagegen verdiente die DR Bestnoten, die 130 mm messenden Halbnaben-Trommelbremsen waren sehr wirkungsvoll, und die Sitzhöhe von 800 mm für eine Enduro ausgesprochen niedrig. Bei der 1990 erneut angebotenen DR 125 S handelte es sich um einen nahen Verwandten der ersten 125er-Generation von 1982. Wesentlicher Unterschied: Inzwischen wurde der kleine Single, dank geänderter gesetzlicher Bestimmungen, mit den originalen 12,5 PS ausgeliefert. Der Offroader hatte außerdem an Gewicht zugelegt, agierte aber in der offenen Version überzeugender als zuvor. Doch so etwas wie Schub wollte sich erst bei hohen Drehzahlen einstellen. Das Fahrwerk stammte ebenfalls vom Vormodell, steckte aber mit Federwegen von 205 mm vorn beziehungsweise 200 mm hinten auch gröbere Unebenheiten weg. Die SE-Version von 1995 wies, neben einer neuen Optik, einen Elektrostarter auf. Die Motorleistung von 12 PS lag nun bei 9800/min an, das Leergewicht stieg auf 127 kg.

Suzuki DR 250 S (1982–1989)
Suzuki DR 350 S/SE/SHC (1990–1997)

Die neue Vierventil-Technik und -Optik der Halbliter-Enduro DR 500 zeichnete auch Suzukis erste Viertakt-Enduro in der Viertelliter-Klasse aus. Die Nachfolgerin der Zweitakt-TS 250 hatte allerdings nur eine Ausgleichswelle und war in der deutschen Version für 17 PS gut. Das Fahrwerk entsprach mit einem Zentralrohrrahmen und der Hinterradfederung per Hebelumlenkung – Full Floater – dem der größeren DR-Modelle, ebenso die luftunterstützte Telegabel mit 195 mm Federweg. Unterschiede fanden sich in der Lenkgeometrie, die 250er wies einen kürzeren Radstand, einen steileren Lenkkopfwinkel und eine niedrigere Sitzhöhe auf. Vorne kam ein 21-Zoll-Rad zum Einsatz, hinten ein 18-Zöller. Verzögert wurde zunächst über Trommelbremsen. Beim Facelift für 1984, als die DR eine komplett neue Optik im Stil der DR 600 erhielt, wurde eine 260 mm messende Einscheibenbremse vorn eingesetzt, außerdem wich der bislang verwendete 28er Mikuni-Gleichdruckvergaser einem Exemplar mit 34 mm Durchlass.

In dieser Hubraum -und Leistungsklasse gab es zwar mit Hondas XL 350 wie auch mit der Yamaha XT 350 bereits

Herzstück der DR 250 S war der neu entwickelte Vierventil-Motor mit TSCC-Zylinderkopf und einer Leistung von 22 PS offen. Deutschland erhielt natürlich die Drossel-Variante.

Die DR 350 S kam 1990 nach Deutschland. Die Prospekte folgten dem typischen Stil jener Jahre, die Werbeagentur hatte ihren Sitz in Karlsruhe.

Die 27-PS-Enduro galt als hervorragendes Geländemotorrad. In Deutschland bis 1997 verkauft, wurde sie für andere Märkte bis 2000 weitergebaut.

entsprechende Konkurrenz, die Suzuki stellte diese allerdings weit in den Schatten: »Mit Sicherheit die beste kleine Enduro«, urteilte ein Test. Der drehfreudige Einzylinder-Viertaktmotor, ein Vierventiler mit SACS-Öl-/Luftkühlung, leistete zunächst 27 PS, später 30 PS, und galt als schier unverwüstliches Crossgerät, was Patricia Schek bei der 1994er Auflage der Rallye Paris–Dakar mit einem dritten Platz eindrucksvoll unter Beweis stellte. Die 350 S gab es zwischen 1992 und 1994 auch als SH-Variante mit regulierbarer Sitzhöhe: Diese neue Variante verfügte über einen links am Lenkler platzierten Drehknopf, mit dem die Sitzhöhe um vierzig auf 845 Millimeter abgesenkt werden konnte. Außerdem trug die SHC eine Upside-down-Telegabel. 1994 folgte dann die SE mit 30 PS und Elektrostarter. Nach 1996 bestand die Auspuffanlage aus Edelstahl.

Suzuki DR-Z 400 (1999–2003)

Nach ihrem Verschwinden klaffte im Modellprogramm zunächst eine Lücke, die Suzuki im Oktober 1999 mit der in verschiedenen Versionen vorrollenden DR-Z 400 schloss: Zwei Hard-Enduros (davon eine mit E-Starter) sowie eine zivilere Variante mit Straßenreifen, Blinkern und geringeren Federwegen. Herzstück war ein DOHC-Motor mit 398 cm³, zwei Nockenwellen,

Zur Saison 2000 überraschte Suzuki mit einer neu konstruierten Mittelgewichts-Enduro, die den Spagat zwischen Straße und Gelände perfekt beherrschte.

Flüssigkeitskühlung und Trockensumpfschmierung. Die Kraftübertragung erfolgte über ein Fünfganggetriebe. Das Chassis bestand aus einem feinen Doppelschleifen-Rohrrahmen aus Chrom-Molybdänstahl, kombiniert mit einem Aluminium-Heck. Die Federelemente stammten von Showa und hatten 260 mm Arbeitsweg vorn wie hinten. Sie ließen sich in Vorspannung wie Druckstufe entsprechend verstellen. 144 Kilogramm wog das fahrfertige Spaßmobil, das eine optimale Synthese aus Gelände- und Alltagstauglichkeit darstellte. Neben Suzukis S-Type gab es noch eine zulassungsfähige Sportversion, die 49 PS bei 9000/min leistete. Die technischen Unterschiede bestanden in einer von 11,3 auf 12,2 angehobenen Verdichtung, einem 39er Flachschieber-Vergaser anstelle des 36er Gleichdruck-Vergasers und einem anderen Auspuff.

Jahr	1982–1989	1990–1994	1994–1997	1999–2003
Modell	**DR 250 S**	**DR 350 S / SH**	**DR 350 SE**	**DR-Z 400 SE**
Motor				
Hubraum (cm³)	249	349	349	398
Zylinder	S 1	S 1	S 1	S 1
Bohrung x Hub (mm)	72 x 61,2	79 x 71,2	79 x 71,2	90.0 × 62.6
Arbeitsweise	4-Takt	4-Takt	4-Takt	4-Takt
Steuerung	OHC	OHC	OHC	DOHC
Gemischaufbereitung	1 x Mikuni Ø 34	1 x Mikuni Ø 33	1 x Mikuni Ø 33	1 x Mikuni Ø 36
Ventile/Zylinder	4	4	4	4
Verdichtung	9	9,5	9,5	11,3
Kühlung	L	L	L	W
Leistung (kW (PS) / bei U/min)	13 (17) / 7800	20 (27) / 7600	22 (30) / 7600	29 (39,4) / 7600
Max. Drehmoment (Nm / bei U/min)	17,4 / 4000	26,5 / 6200	29,4 / 6200	36 / 5800
Batterie	12 V 4 Ah	12 V 3 Ah	12 V 6 Ah	12 V 6 Ah
Generator (Watt)	130	195	195	175
Kraftübertragung				
Anz. Gänge	5	6	6	5
Übersetzung	2,63 / 1,68 / 1,26 / 1,00 / 0,81	2,41 / 1,73 / 1,33 / 1,11 / 0,95 / 0,82	2,41 / 1,73 / 1,33 / 1,11 / 0,95 / 0,82	2,285 / 1,733 / 1,375 / 1,090 / 0,863
Hinterradantrieb	K	K	K	K
Endübersetzung	3,00	3,07	2,73	2,933
Starter	Kick	Kick	Elektro	Elektro
Fahrwerk				
Rahmen	SER	SER	SER	SER
Vorderradfederung	T Ø 35	T Ø 43, SH: USD Ø 41	T Ø 43	T Ø 49
Hinterradfederung	ZF	ZF	ZF	ZF
Federweg vorne (mm)	195	280	270	250
Federweg hinten (mm)	190	280	270	250
Vorderradbremse	TB Ø 140, ab 1987: SB Ø 260	SB Ø 250	SB Ø 250	SB Ø 250
Hinterradbremse	TB Ø 130	SB Ø 220	SB Ø 220	SB Ø 220
Vorderradreifen	3.00-21	80/100-21	80/100-21, optional 90/90-21	80/100-21
Hinterradreifen	4.00-18	110/90-18	110/90-18, optional 120/90-18	120/90-18
Allgemeine Daten				
Radstand (mm)	1410	1440	1440	1485
Maße (Länge, mm)	2160	2335	2335	2310
Lenkkopfwinkel (Grad)	62	62,5	62,5	62,6
Nachlauf (mm)	113	115	115	107
Gewicht (kg)	129, 131	141, SH: 144	144	145
Tankinhalt (l)	10	9	9	10
Beschleunigung (s)	10,6, auch 12,3	8,8	9,5	5,7
Höchstgeschw. (km/h)	117	135	139	153
Preis inkl. MwSt (DM)	4099–4739,–	6890–7250,–	7950,–	6345,–
		1992–1994: SH(C) mit 40 mm reduzierter Sitzhöhe		

Suzuki SP/SR 370 (1978–1981)

Die SP 370, Suzukis erster Viertakt-Single, wurde im April 1978 vorgestellt und war, zumindest von der Papierform her, durchaus vielversprechend: Sie hatte zwar nur 369 cm³ Hubraum, sollte aber 27 PS bei nur 135 Kilogramm (fahrbereit) leisten. Das allerdings war übertrieben, der Einzylinder-OHC-Viertaktmotor brachte nie mehr als 24 PS. Kommerziell ein Fehlschlag, wurden die letzten SP-Modelle als SR 370 vermarktet. Suzuki Deutschland ersetzte für diese letzte Runde den 32-mm-Mikuni-Vergaser durch 22er Bing-Vergaser, reduzierte den Preis und nahm die Leistung auf gut im Futter stehende 17 PS zurück, die jetzt bei 5950/min anlagen.

Suzuki DR 400 S (1980–1981)

Die DR 400 S im Stil der RM-Crosser löste auf einigen Märkten die SP/SR 370 ab; Motor und Fahrwerk wiesen viele Gemeinsamkeiten auf. Durch Aufbohren von 85 auf 88 mm ergab sich ein Hubraum von 396 cm³, die Leistung betrug 27 PS bei 7500/min. Das maximale Drehmoment von 27 Nm lag bei 4000/min an. Neu war der Dekompressionshebel am linken Lenkerende. Aus Gewichtsgründen verzichtete man auf eine Ausgleichswelle; Primär- und Sekundärübersetzung entsprachen dem Vormodell. Der geschlossene Rahmen erhielt einen flacheren Lenkkopfwinkel sowie einen kegelrollengelagerten Steuerkopf und verlief im Bereich von Schwingen- und oberer Federbeinaufnahme anders.

In Sachen Hubraum und Leistung war die SP 370 vielleicht etwas unter Klassennorm, Die auf anderen Märkten angebotenen Nachfolger SP 400 und SP 500 gelangten nicht nach Deutschland.

Die SR 370 war eine rein deutsche Angelegenheit: Um die Restbestände an SP 370 abzubauen, wurde die Enduro auf 17 PS gedrosselt und umbenannt.

Die DR 400 S wies deutlich verbesserte Geländeeigenschaften auf. Die noch geländegängigere DR 400 Z (eckiger Scheinwerfer) wurde nicht eingeführt.

Suzuki DR 500 S (1981–1984)

Zur Jahresmitte 1981 wurde die 400er durch die DR 500 abgelöst. Zu den Neuerungen gehörten neben dem Hubraumplus vor allem die Vierventil-Technik sowie die beiden kettengetriebenen Ausgleichswellen. Das Getriebe stammte unverändert aus der DR 400, ebenso der Einrohrrahmen; der Radstand war allerdings um 30 mm länger. Schwachpunkte waren der kleine, nur 9 l fassende Tank, die schwache 6-Volt-Elektrik sowie der miserable Sozius-Komfort mit kurzer Bank und an der Schwinge befestigten Rasten. 1984 erfolgte die Ablösung durch die DR 600.

Voll eingeschenkt: die DR 500 S von 1982 verfügte nun endlich über den vollen halben Liter Hubraum.

Jahr	1978–1979 / 1980–1981	1980–1981	1981–1984
Modell	**SP / SR 370**	**DR 400 S**	**DR 500 S**
Motor			
Hubraum (cm³)	370	396	499
Zylinder	S 1	S 1	S 1
Bohrung x Hub (mm)	85 x 65,2	88 x 65,2	88 x 82
Arbeitsweise	4-Takt	4-Takt	4-Takt
Steuerung	OHC	OHC	OHC
Gemischaufbereitung	1 x Mikuni Ø 32	1 x Mikuni Ø 33	1 x Mikuni Ø 34
Ventile/Zylinder	2	2	4
Verdichtung	8,9	9,3	8,5
Kühlung	L	L	L
Leistung (kW (PS) / bei U/min)	20 (27) / 7500; SR: 13 (17) / 5950	20 (27) / 7500	20 (27) / 6500
Max. Drehmoment (Nm / bei U/min)	28 / 4000	28 / 4000	33 / 3000
Batterie	6 V 4 Ah	6 V 4 Ah	6 V 4 Ah
Generator (Watt)	70	100	100
Kraftübertragung			
Anz. Gänge	5	5	5
Übersetzung	2,636 / 1,750 / 1,294 / 1,0 / 0,8	2,333 / 1,687 / 1,294 / 1,052 / 0,818	2,50 / 1,69 / 1,26 / 1,00 / 0,83
Hinterradantrieb	K	K	K
Endübersetzung	2,80	2,750	3,36
Starter	Kick	Kick	Kick
Fahrwerk			
Rahmen	SER	SER	SER
Vorderradfederung	T Ø 36	T Ø 36	T Ø 36
Hinterradfederung	S	S	S
Federweg vorne (mm)	195	195	197
Federweg hinten (mm)	131	194	196
Vorderradbremse	TB Ø 160	TB Ø 150	TB Ø 175
Hinterradbremse	TB Ø 160	TB Ø 150	TB Ø 170
Vorderradreifen	3.00-21	3.00-21	3.00-21
Hinterradreifen	4.00-18	4.60-18	4.60-18
Allgemeine Daten			
Radstand (mm)	1420	1425	1455
Maße (Länge, mm)	k. A.	2210	2290
Lenkkopfwinkel (Grad)	58	59,25	60,5
Nachlauf (mm)	146	137	119
Gewicht (kg)	135	141	146
Tankinhalt (l)	8,5	9	9
Beschleunigung (s)	10,2	9,2	7,5
Höchstgeschw. (km/h)	129	128	136
Preis inkl. MwSt (DM)	4640–5061,–	5112–5125,–	6165,–

Suzuki DR 600 S / Dakar (1984–1989)
Suzuki DR 650 R / RE / RSE / Dakar (1990–1996)

Die neue DR 600 von 1984 hatte mit ihren wenig erfolgreichen Vorgängern nichts mehr zu tun, bei Motor und Chassis handelte es sich um Neukonstruktionen. Der magnesiumgrau lackierte Vierventil-Single besaß die schon von den GSX-Modellen bekannte Doppelwirbel-Brennraumform TSCC, wobei jeder Dom eine eigene Zündkerze erhielt. Die Gemischaufbereitung regelte ein Flachschiebervergaser mit Beschleunigerpumpe. Im Gegensatz zur Enduro-Konkurrenz verfügte die Suzuki über eine Nasssumpfschmierung und einen großen Ölkühler. Das 2,3 Liter fassende Reservoir saß unter dem Motor, vielleicht mit ein Grund für die enorme Sitzhöhe von 925 Millimetern. Der Kamelbuckeltank fasste üppige 20 Liter. Hinten dämpfte das Zentralfederbein-System Full Floater, vorn konnte die Federvorspannung in der Telegabel über Druckluft verstellt werden. Die DR 600 Dakar von 1986 war eine mit Features wie Windschild, Lampengitter und Bremsscheibenabdeckung versehene 600 S.

Die DR 600 hatte mit den bisherigen DR-Enduros nichts mehr gemeinsam. Eine tolle Maschine, aber mit 925 mm Sitzhöhe nichts für Kurzbeinige. Offen leistete sie 32 kW (44 PS) bei 6500/min, das maximale Drehmoment von 49,5 Newtonmeter lag bei 5000 Umdrehungen an.

Merkmale der Dakar-Ausführung waren der 21 Liter-Tank, der Drehzahlmesser, die Handprotektoren und die Werkzeugtasche.

Mit großem Tank und wirkungsvoller Verkleidung bildete die Suzuki DR 650 RS (hier von 1990) eine gute Alternative zur Honda NX 650 Dominator.

Das Triebwerk der 1990er DR 650 R entsprach bis auf den Hubraum dem der DR 600; dem höheren Gemischbedarf trug ein größerer Vergaser Rechnung. Um die thermische Gesundheit sorgte sich die Luft-/Ölkühlung SACS. Aus 95 mm Bohrung und 90,4 mm Hub holte der mit 9,7 verdichtete Vierventilmotor 45 PS bei 6800/min, Einsteiger konnten ihre DR auch mit 27 (später 34 PS) ordern. Eventuellen Startschwierigkeiten begegnete man mit einem Ventilausheber.

1992 optisch überarbeitet, konnte die R-Enduro bis zum Modelljahr 1994 ausschließlich per Kickstarter zum Leben erweckt werden, erst danach erschien die RE Dakar mit kräfteschonendem Elektrostarter. Nach konventionellem Muster

Die 650 RSE von 1992 unterschied sich durch die Verkleidung sowie den Elektrostarter von der nur mit Kickstarter anzulassenden DR 650 R.

Die vergleichsweise leichte DR 650 R der Jahre 1990 bis 1994 verkraftete auch härtere Geländeeinsätze. Zur Ausstattung gehörten Motorschutzplatte, klappbare Schalt- und Bremshebel, gezackte Fußrasten und üppige Federwege. Die Daker-Variante ab 1994 hatte dann einen Elektro-Starter.

aufgebaut zeigte sich das DR-Chassis mit Einschleifen-Rohrrahmen und gegabelten Unterzügen. Bei der DR 650 RS handelte es sich um eine technisch identische, aber optisch modifizierte DR-Variante ohne E-Starter, die Reiseenduro RSE hatte ihn und diverse Anbauteile, die als typische Attribute einer Reiseenduro gelten mochten.

Suzuki DR 650 SE (1996–2000)
Suzuki XF 650 (1997–2002)

Die DR 650 SE folgte der DR 650 R/RE. Um künftigen Abgas- und Lärmvorschriften gewappnet zu sein, entwickelte man einen neuen Motor mit 100 mm Bohrung und 82 mm Hub, behielt aber die Luft-/Ölkühlung und die Vierventiltechnik der Vorgänger-

Jahr	1984–1988 / 1985–1989	1990–1992	1993–1996	1990–1992 / 1991–1996
Modell	DR 600 S / DR 600 Dakar	DR 650 S / R Dakar	DR 650 R / RE Dakar	DR 650 RS / RSE
Motor				
Hubraum (cm³)	590	641	641	641
Zylinder	S 1	S 1	S 1	S 1
Bohrung x Hub (mm)	94 x 85	95 x 90,4	95 x 90,4	95 x 90,4
Arbeitsweise	4-Takt	4-Takt	4-Takt	4-Takt
Steuerung	OHC	OHC	OHC	OHC
Gemischaufbereitung	1 x Mikuni Ø 38	1 x Mikuni Ø 40	1 x Mikuni Ø 40	1 x Mikuni Ø 40
Ventile/Zylinder	4	4	4	4
Verdichtung	8,5	9,7	9,7	9,7
Kühlung	Luft / Öl	Luft / Öl	Luft / Öl	Luft / Öl
Leistung (kW (PS) / bei U/min)	20 (27) / 6200	33 (45) / 6800, auch 20 (27) / 6400	33 (45) / 6800, auch 25 (34) / 6400	34 (46) / 6800, auch 20 (27) / 6400 bzw. 5800
Max. Drehmoment (Nm / bei U/min)	36,3 / 4000	53,6 / 5000, auch 44 / 2400	53,6 / 5000, auch 49,5 / 2600	56,6 / 5000, auch 47,5 / 2800,
Batterie	12 V 18 Ah	12 V 5 Ah / 14 Ah	12 V 5 Ah, RE: 10 Ah	12 V 14 Ah
Generator (Watt)	195	195	195	195
Kraftübertragung				
Anz. Gänge	5	5	5	5
Übersetzung	2,41 / 1,62 / 1,23 / 1,00 / 0,82	2,41 / 1,62 / 1,26 / 1,00 / 0,82	2,41 / 1,62 / 1,26 / 1,00 / 0,82	2,41 / 1,62 / 1,26 / 1,00 / 0,82
Hinterradantrieb	K	K	K	K
Endübersetzung	2,62	2,62	2,62	2,62
Starter	Kick	Kick	Kick, RE: Elektro	Kick, RSE: Elektro
Fahrwerk				
Rahmen	SER	SER	SER	SER
Vorderradfederung	T Ø 39	T Ø 39 / Ø 41	T Ø 41	T Ø 41
Hinterradfederung	ZF	ZF	ZF	ZF
Federweg vorne (mm)	240	240	240	240, RSE: 230
Federweg hinten (mm)	222	222	222	220, RSE: 210
Vorderradbremse	SB Ø 240	SB Ø 300	SB Ø 300	SB Ø 280, RSE: Ø 300
Hinterradbremse	TB Ø 130, ab 1989: Dakar SB Ø 250	SB Ø 250	SB Ø 250	SB Ø 250
Vorderradreifen	100/80-21, Dakar 1989: 90/90-21	90/90-21	90/90-21	90/90-21
Hinterradreifen	130/80-17	120/90-17	120/90-17	120/90-17
Allgemeine Daten				
Radstand (mm)	1465	1510	1515	1510
Maße (Länge, mm)	2215	2285	2395	2385
Lenkkopfwinkel (Grad)	60	61	61	61,5
Nachlauf (mm)	125	120	120	115
Gewicht (kg)	166	176	177, RE: 187	181, 184; RSE: 193
Tankinhalt (l)	21, ab 1986: 19 (20)	21	17	20
Beschleunigung (s)	8,5	6,5 ; 10,2	6,4	5,9; 6,3
Höchstgeschw. (km/h)	121	135; 120	155; 145	145; 151
Preis inkl. MwSt (DM)	6699,– / 7790,–	7990–8350,–	8560–9390,–	7990–8650,–
	Dakar: technisch identische Ausstattungsvariante, nur 33 kW. Gewicht 167 kg.			RSE ab 1993: Radstand 1505; ab 1994: 25 kW / 5800; 50 Nm / 3000

Reihe bei. Statt der erwarteten 50 PS leistete die SE lediglich 43 PS. Dennoch setzte die neue DR in Durchzug und Beschleunigung Maßstäbe in ihrer Klasse, zumal sie mit geringem Gewicht (166 kg) und üppigen Federwegen (260 mm vorn und hinten) auch anspruchsvolles Gelände meisterte. Sie sei »ein Wolf im Schafspelz«, urteilte ein Tester – ein Wolf, dessen Sitzhöhe sich sogar um 40 auf 850 mm reduzieren ließ. Während der Import der SE nach Deutschland ab 2000 eingestellt wurde, lief der Verkauf in anderen Ländern noch bis 2008 weiter.

Die zivilere Schwester der SE hieß XF 650 Freewind, es gab sie wahlweise mit 48 oder 34 PS. Wie kein anderer Eintopf überzeugte der neue Motor durch Laufkultur und Spritzigkeit, selten waren sich die Tester quer durch die Presselandschaft so einig. Gute Noten heimste auch das Fahrwerk ein. Der Einschleifen-Stahlrohrrahmen hatte nichts mit dem DR-650-Teil zu tun, er war neu und verwindungssteif, weil großzügig verstärkt. Leider trübten die laschen Federelemente den guten Eindruck, viele Freewind-Fahrer rüsteten auf härtere Gabel-

Die DR 650 SE löste die DR 650 RE ab. Zum neuen Motor kamen eine neue Gabel, eine neue Kastenschwinge aus Leichtmetall sowie neue Federelemente. Die Motorleistung lag nun bei 44 PS.

Suzukis XF 650 Freewind bereicherte ab 1997 mit großem Erfolg den Markt der kleinen Reiseenduros. Es gab sie wahlweise mit 48 oder 34 PS.

Die XF 650 Freewind als »Funduro« verfügte über den für die DR 650 SE entwickelte Einzylinder, war aber neu abgestimmt worden.

federn und ein anderes Federbein, etwa von White Power, um. Überdurchschnittlich gut war die Bremsleistung der schwimmend gelagerten 300-mm-Scheibenbremse mit Doppelkolbenzange vorn, eher gewöhnungsbedürftig dagegen der Digitaltacho (der aber präzise anzeigte) auf der Gabelbrücke. Die Ausstattung mit serienmäßiger Gepäckbrücke war komplett, die Sitzhöhe ließ sich um 30 mm absenken:

Jahr	1996–2000	1997–2002
Modell	**DR 650 SE**	**XF 650 Freewind**
Motor		
Hubraum (cm³)	644	644
Zylinder	S 1	S 1
Bohrung x Hub (mm)	100 x 82	100 x 82
Arbeitsweise	4-Takt	4-Takt
Steuerung	OHC	OHC
Gemischaufbereitung	1 x Mikuni Ø 40	2 x Mikuni Ø 32
Ventile/Zylinder	4	4
Verdichtung	9,5	9,5
Kühlung	L	Luft-/Öl
Leistung (kW (PS) / bei U/min)	32 (44) / 6400, auch 25 (34) / 6000	35 (48) / 7000, auch 25 (34) / 6000
Max. Drehmoment (Nm / bei U/min)	53,9 / 4600, auch 46,3 / 4000	52 / 5500, auch 42 / 4000
Batterie	12 V 8 Ah	12 V 8 Ah
Generator (Watt)	175	175
Kraftübertragung		
Anz. Gänge	5	5
Übersetzung	2,416 / 1,625 / 1,238 / 1,00 / 0,826	2,416 / 1,625 / 1,238 / 1,00 / 0,826
Hinterradantrieb	K	K
Endübersetzung	2,2733	2,866
Starter	Elektro	Elektro
Fahrwerk		
Rahmen	SER	SER
Vorderradfederung	T Ø 43	T Ø 43
Hinterradfederung	ZF	ZF
Federweg vorne (mm)	260 (220)	170
Federweg hinten (mm)	260 (240)	167
Vorderradbremse	SB Ø 290	SB Ø 300
Hinterradbremse	SB Ø 240	SB Ø 240
Vorderradreifen	90/90-21	100/90-19
Hinterradreifen	120/90-17	130/80-17
Allgemeine Daten		
Radstand (mm)	1490 (1475)	1465
Maße (Länge, mm)	2345 (2325)	2190
Lenkkopfwinkel (Grad)	61,3	62
Nachlauf (mm)	111	105
Gewicht (kg)	165	189
Tankinhalt (l)	17, ab 1998: 13	18,5
Beschleunigung (s)	5,7	4,9
Höchstgeschw. (km/h)	155	161
Preis inkl. MwSt (DM)	9990–10.990,–	10.490,–
	Werte in Klammern bei Tieferlegung	bei Tieferlegung: 167/132 mm, Radstand 1455 mm, L: 2190 mm

Es gab nur wenig, was man der XF ankreiden konnte. Auf der Minusseite standen die zu weiche Vorderradgabel, der fehlende Hauptständer sowie der überlange Seitenständer, der erst zum Modelljahr 2000 durch ein kürzeres und damit praxistauglicheres Exemplar ersetzt wurde. Der neue Jahrgang unterschied sich außerdem durch die neu geformte Front mit Freiflächenscheinwerfer von der Erstauflage.

Suzuki LS 650 / Savage (1986–2000)

Eine Sonderstellung innerhalb der Modellpalette nahm die LS 650 ein. Zuerst mit dem Zusatz »Savage« verkauft, war deren Einzylinder-Vierventiler mit doppelter Ausgleichswelle eine Weiterentwicklung des DR-600-Motors, fand sich aber so in keiner Enduro. Der quadratisch ausgelegte Single war zunächst mit 27, ab 1994 offen mit 31 PS und 5-Gang-Getriebe lieferbar. Die Startprozedur erleichterte ein Elektrostarter, die Weitergabe des üppigen Drehmoments an das 15-Zoll-Hinterrad erledigte ein wartungsarmer Zahnriemen. Choppertypisch das Fahrverhalten: Gut auf der Geraden, nicht so vorbildlich in schnellen Kurven und in jedem Fall eine Qual auf schlechten Straßen. Von Fahrkomfort konnte bei Feder-

Viel Chrom, und Kotflügel wie auch Seitendeckel bestanden aus Stahl, um eine hochwertige Haptik zu erzeugen: Die LS 650 war ein Schmuckstück.

wegen von 140 mm vorn und 80 mm hinten keine Rede sein. Noch schlechter allerdings war der Sozius dran, das schmale Sitzkissen und die an der Schwinge angebrachten Fußrasten stempelten die Savage zum Fall für Solisten mit Großgepäck: Die Zuladung lag bei satten 192 kg. Der unglücklich gekröpfte Lenker mit tiefen, dicken Lenkerenden, die mager gepolsterte Sitzbank und die nicht weit genug nach vorn verlegten Fußrasten waren für größere Fahrer auf Dauer allerdings ganz schön unbequem, für Langstrecken gab es wesentlich komfortablere Maschinen.

Jahr	1986–1992	1995–2000
Modell	**LS 650 Savage**	**LS 650**
Motor		
Hubraum (cm³)	652	652
Zylinder	S 1	S 1
Bohrung x Hub (mm)	94 x 94	94 x 94
Arbeitsweise	4-Takt	4-Takt
Steuerung	OHC	OHC
Gemischaufbereitung	1 x Mikuni Ø 40	1 x Mikuni Ø 40
Ventile/Zylinder	4	4
Verdichtung	8,5	8,5
Kühlung	L	L
Leistung (kW (PS) / bei U/min)	20 (27) / 5200	23 (31) / 5400
Max. Drehmoment (Nm / bei U/min)	45,8 / 3000	45,5 / 3400
Batterie	12 V 14 Ah	12 V 14 Ah
Generator (Watt)	195	230
Kraftübertragung		
Anz. Gänge	4	5
Übersetzung	2,214 / 1,500 / 1,095 / 0,875	2,333 / 1,578 / 1,142 / 0,956 / 0,884
Hinterradantrieb	ZR	ZR
Endübersetzung	2,956	2,956
Starter	Elektro	Elektro
Fahrwerk		
Rahmen	SER	SER
Vorderradfederung	T Ø 38	T Ø 38
Hinterradfederung	S	S
Federweg vorne (mm)	140	140
Federweg hinten (mm)	80	80
Vorderradbremse	SB Ø 260	SB Ø 260
Hinterradbremse	TB Ø 160	TB Ø 160
Vorderradreifen	100/90-19	100/90-19
Hinterradreifen	140/80-15	140/80-15
Allgemeine Daten		
Radstand (mm)	1480	1480
Maße (Länge, mm)	2190	2180
Lenkkopfwinkel (Grad)	55	55
Nachlauf (mm)	147	147
Gewicht (kg)	171	171
Tankinhalt (l)	11	11
Beschleunigung (s)	9,3	8.1
Höchstgeschw. (km/h)	127	136
Preis inkl. MwSt (DM)	7299–7960,–	8990,–
	Ab 1992: 5-Gang-Getriebe	

Suzuki DR Big 750 S (1987–1990)
Suzuki DR Big 800 S / 800 S (1990–1999)

Die 1987 vorgestellte DR 750 S war nicht nur der weltgrößte Serien-Einzylinder, sondern auch der ungewöhnlichste. Ihr Markenzeichen war der Entenschnabel, die Schutzblechverlängerung in Höhe des Scheinwerfers. Der Motor des Reise-Riesen basierte auf dem der DR 600. Der Zylinderkopf war von einem kühlenden Ölmantel umgeben, der Ölkühler

Suzukis DR Big war die größte Einzylinder-Enduro der Welt.

Im Bild die ab Importeur lieferbar Touring-Variante mit Givi-Koffersatz, Sturzbügel und Hauptständer. 50 PS bei 6800/min, 0–100 km/h in 6,0 s, 165 km/h, DM 9290,–.

saß wie bei den weiterhin angebotenen DR/Dakar-Modellen links im Luftstrom.

Der enorm drehfreudige und durchzugskräftige Motor leistete 50 PS bei 6800/min, das maximale Drehmoment von 55 Nm zerrte bei 5500 Touren an der etwas zu dürftig dimensionierten O-Ring-Kette. Den Sprint zur 100-km/h-Marke absolvierte Suzukis erste Reiseenduro in 5,5 Sekunden, die Spitze betrug 160 km/h. Eine Big war aber mit einer Sitzhöhe von fast 90 Zentimetern nichts für Kurzbeinige, und auch das Handling des über 220 Kilo schweren Riesenvogels konnte zum Erlebnis werden, zumindest, wenn die 29 Liter im Tank schwappten und der Schwerpunkt entsprechend hoch lag. Andererseits hatte die DR Big als erste Suzuki-Enduro überhaupt einen Elektrostarter, kombiniert mit einer Dekompressionshilfe, serienmäßig mit an Bord. In leicht überarbeiteter Form stand sie dann, mit einem Schnapsgläschen mehr Hubraum und neuer Primärübersetzung, als DR Big 800 S zwischen 1990 und 1999 im Programm. Die Zusatzbezeichnung »Big« war 1994 entfallen, seit dieser Zeit hieß sie nur noch »DR 800 S«.

Die DR Big 800 S erschien 1990, erhielt aber für 1991 einen 24-l-Tank und zwei getrennte Endtöpfe. 1992 kam eine stärkere Gabel, 1994 folgte der Wechsel zur DR 800 S. Im Bild ein 1997er Modell.

Jahr	1987–1989	1990–1999
Modell	DR Big 750 S	DR Big 800 S / DR 800 S
Motor		
Hubraum (cm³)	727	779
Zylinder	S 1	S 1
Bohrung x Hub (mm)	105 x 84	105 x 90
Arbeitsweise	4-Takt	4-Takt
Steuerung	OHC	OHC
Gemischaufbereitung	2 x Mikuni Ø 33	2 x Mikuni Ø 33
Ventile/Zylinder	4	4
Verdichtung	9,5	9,5
Kühlung	Luft / Öl	Luft / Öl
Leistung (kW (PS) / bei U/min)	37 (50) / 6800, auch 20 (27) / 6000	37 (50) / 6400, auch 20 (27) / 5800
Max. Drehmoment (Nm / bei U/min)	55 / 5500, auch 45 / 2500	59 /5400, auch 52 / 2500
Batterie	12 V 14 Ah	12 V 14 Ah
Generator (Watt)	195	195
Kraftübertragung		
Anz. Gänge	5	5
Übersetzung	2,46 / 1,57 / 1,20 / 0,95 / 0,80	2,46 / 1,57 / 1,20 / 0,95 / 0,80
Hinterradantrieb	K	K
Endübersetzung	3,20	3,20
Starter	Elektro	Elektro
Fahrwerk		
Rahmen	SER	SER
Vorderradfederung	T Ø 41	T Ø 43
Hinterradfederung	ZF	ZF
Federweg vorne (mm)	240	240
Federweg hinten (mm)	220	220
Vorderradbremse	SB Ø 280	SB Ø 300
Hinterradbremse	SB Ø 250	SB Ø 250
Vorderradreifen	90/90-21	90/90-21
Hinterradreifen	130/80-17	130/80-17
Allgemeine Daten		
Radstand (mm)	1510	1520
Maße (Länge, mm)	2290	2365
Lenkkopfwinkel (Grad)	61,4	61
Nachlauf (mm)	136	135
Gewicht (kg)	222	225
Tankinhalt (l)	29	24
Beschleunigung (s)	5,8; 11,8	5,8
Höchstgeschw. (km/h)	153; 120	167; 125
Preis inkl. MwSt (DM)	8990–9290,–	9690–11.290,–
	ab 1989: TB hinten (Ø 160) mm, als Touring DM 9352,–	ab 1994: DR 800 S; 25 kW

3 Suzuki Reihen-Zweizylinder

Suzuki GS 400 / E / L / T (1976–1983)

Angeblich hatten die Suzuki-Techniker sich sehr genau die Vierzylinder von MV Agusta angesehen, bevor sie zur Tat schritten – was den normalen Motorradfahrer in den Siebzigern allerdings nicht weiter interessierte. Eine MV nämlich war kapriziös, empfindlich und sündhaft teuer, ganz anders dagegen das, was Suzuki auf Stand B 14/C 15 in Halle 14 bei der Internationalen Motorradausstellung IFMA 1976 zeigte: Diese Maschinen versprachen zuverlässig, alltagstauglich und erfreulich günstig zu sein – was sich dann auch prompt bestätigte. Die Vorarbeiten an der ersten Viertakt-Reihe hatten 1969 begonnen, waren dann eingestellt, 1972 fortgeführt und

Die neue Viertakt-Generation von Suzuki erschien zur IFMA 1976. Rechts ein Modell im Design 1977/78. Silber war beliebt, es gab sie auch in Rot und Blau. (Foto: Michael Graner, Suzuki-Classic)

Die zweizylindrige GS 400 entwickelte sich rasch zu einem beliebten Einsteigerbike und überzeugte durch ein hohes Maß an Fahrkultur.

1979 rüstete Suzuki seine Viertakt-Modelle auf Gussräder um und versah sie mit der Zusatzbezeichnung E. Dazu kam ein Design mit Blockstreifen.

Das Sondermodell »Black Suzi« wurde auf 500 Exemplare limitiert und nur 1980 angeboten. Technisch bestanden keine Unterschiede zum Basis-Modell.

1976 schließlich vollendet worden und zum Jahresende dann in die Serienfertigung überführt: Suzuki legte mit den Zwei- und Vierzylindern den Grundstock für das wirtschaftliche Überleben.

Der DOHC-Twin hieß GS 400 – Ventilbetätigung über Tassenstößel – und verfügte über ein Sechsgang-Getriebe, einen Leichtmetall-Zylinderblock und ein dreiteiliges, horizontal geteiltes Kurbelgehäuse plus Ausgleichswelle. Die ersten in Deutschland ausgelieferten Maschinen hatten noch Speichenräder und 34 PS, ab Mai 1977 gab es sie dann versicherungsgünstiger. Im großen 27-PS-Vergleichstest jenes Jahres kam die unglaublich kultivierte Suzuki auf einen zweiten Platz, nur knapp geschlagen von der Yamaha XS 360. Die einzige wesentliche Modellpflege erfolgte zur Saison 1979, als die Suzuki ein neues Design und Gussspeichenräder erhielt. Außerdem gab es eine auf 500 Exemplare limitierte Sonderserie namens »Black Suzi«. Wer sich für eine GS entschied, erhielt einen spritzigen, drehfreudigen Zweiventiler, der als schier unverwüstlich galt. Einigermaßen schonende Behandlung vorausgesetzt, brachte es der kleine Twin auf Laufleistungen von 100.000 Kilometern ohne größere Probleme. Nicht ganz so gut gefielen die hinteren Federbeine. Spätestens nach 20.000 Kilometern waren sie reif für den Wechsel. Konis waren die beste Alternative. Zurückhaltend bewegt, genehmigte sich der Zweiventiler selten mehr als fünf Liter auf 100 Kilometern.

1980 wurde die Modellreihe durch die GSX 400/GS 450 ersetzt, doch zwischen 1981 und 1983 wurde ein Kontingent von US-Modellen nach Europa umgeleitet. Diese »GS 400 ET« wiesen demzufolge den halbhohen US-Lenker auf. In identischer Aufmachung, aber aufgebohrt und 40 PS stark, gab es die hierzulande nicht verkaufte GS-400-Nachfolgerin GS 425.

Jahr	**1976–1977 / 1978–1981 / 1981–1983**
Modell	**GS 400 / E / T**
Motor	
Hubraum (cm³)	398
Zylinder	R 2
Bohrung x Hub (mm)	65 x 60
Arbeitsweise	4-Takt
Steuerung	DOHC
Gemischaufbereitung	2 x Mikuni Ø 34
Ventile/Zylinder	2
Verdichtung	8,5
Kühlung	L
Leistung (kW (PS) / bei U/min)	20 (27) / 7400
Max. Drehmoment (Nm / bei U/min)	26,9 / 6600
Batterie	12 V 12 Ah
Generator (Watt)	200 W
Kraftübertragung	
Anz. Gänge	6
Übersetzung	2,462 / 1,778 / 1,380 / 1,125 / 0,962 / 0,852
Hinterradantrieb	K
Endübersetzung	2,813
Starter	Kick / Elektro
Fahrwerk	
Rahmen	SDR
Vorderradfederung	T Ø 33
Hinterradfederung	S
Federweg vorne (mm)	140
Federweg hinten (mm)	85
Vorderradbremse	SB Ø 270
Hinterradbremse	TB Ø 160
Vorderradreifen	3.00-18
Hinterradreifen	3.50-18
Allgemeine Daten	
Radstand (mm)	1385
Maße (Länge, mm)	2090
Lenkkopfwinkel (Grad)	62
Nachlauf (mm)	94
Gewicht (kg)	185
Tankinhalt (l)	14
Beschleunigung (s)	8,9
Höchstgeschw. (km/h)	137
Preis inkl. MwSt (DM)	4290–5165,–
	ab 1978: E-Modell mit Gussrädern. T: tecchnisch identisch, höherer Lenker. Letzter Preis DM 3999,–

Suzuki GS 450 E / L / T / S (1980–1989)

Basismodell der Nachfolge-Baureihe war die GS 450, wobei das nachgestellte »E« in der Modellbezeichnung auf die hier verbauten Gussräder hinwies. Die S erhielt eine Cockpitverkleidung , die GS 450 L verkleidete sich als Chopper. Die Leistung aller drei Modelle lag bei 27 PS; 39-PS-Nockenwellen waren optional lieferbar. Der Hubraumzuwachs auf 450 cm³ ging auf das Konto der auf 41 mm vergrößerten Bohrung, gleichzeitig wurde der Hub von 60 auf 56,6 mm reduziert. Die einteilige Kurbelwelle lief nun in Gleitlagern, der Primärtrieb wurde schrägverzahnt: dieser Motorunterbau fand auch bei der GSX 400 Verwendung. Während der neue Motor wegen seines Durchzugs allenthalben gelobt wurde, galt das Design gemeinhin als Fehlgriff. Vom Lenkkopf bis zum eckigen Bürzel zog sich eine neue Linie, die mit ihren Ecken und Kanten eine Familienähnlichkeit zu den neuen, großen GSX-Modellen herstellen sollte. Dazu kam eine neue Auspuffanlage, voluminöser, dafür kürzer und immer noch verchromt. Die von Enkei produzierten Gussfelgen waren Standard, Drahtspeichenräder gab es für Deutschland nicht mehr.

Sehr zum Leidwesen der Suzuki-Manager eckte das neue GS-Design überall an. Deshalb erschien im folgenden Jahr als vierte Variante die GS 450 T, wobei das T für Traditional stand: ein grundsolider, hübscher Softchopper, mit dem niemand so recht etwas anzufangen wusste. Auch die Suzuki-Werber kamen ins Grübeln, ihre Anzeige überschrieben sie mit dem Slogan »Für Leute, die wissen, was sie nicht wollen«.

Das T-Modell hatte 42 PS, und auf dieses Niveau rüstete man auch das L-Modell, den etwas stilgerechteren Chopper, hoch. Die beiden Maschinen sollten die Lücke zwischen der 27- und der 50-PS-Klasse abdecken, zeichneten sich aber, trotz ihrer zweifellos vorhandenen Qualitäten, durch eine bemerkenswerte Erfolglosigkeit aus, was dazu führte, dass die gesamte Modellreihe 1983 auslief.

Im Modelljahr 1984 gab es keinen Zweiventil-Twin mehr im Programm, doch 1985 erschien dann eine runderneuerte und wesentlich gefälligere GS 450 L. Sie hielt sich als 27-PS-Angebot im Windschatten der supersportlichen Modelle. Mit geschwungen geformten Seitendeckeln, den Suzuki-Schwingen auf dem Tank, schwarzen Zylindern und einer kontaktlosen Zündung gab es sie in Schwarz oder einem warmen Dunkelrot (candy maron), und sie entwickelte sich zu einem Bestseller. Die Umrüstung auf 42 PS war problemlos möglich, kostete aber rund 400 Mark.

Drei Jahre später kam es darüber hinaus zu einem kurzfristigen Wiedersehen mit den GS 450 E und S mit 27 oder 42 PS in der Optik der nicht mehr verkauften GSX 400 E.

Die GS 450 – in S-Version mit Verkleidung – stand im Kontrast zur bisherigen GS-Linie und stieß auf wenig Gegenliebe. Sie fiel 1983 aus dem Programm.

Mit der GSX-400-Reihe hatte Suzuki eine optisch identische Modellfamilie mit lediglich 27 PS im Angebot. Obwohl sich die Mehrleistung der GS 450 in der Praxis durchaus bemerkbar machte: Die wenigsten wollten die höheren Prämien zahlen.

Natürlich entstand auch eine Softchopper-Ausführung. Die GS 450 L aber war weitaus seltener als etwa Hondas CM 400 T oder Yamahas XS 400 SE.

Grund dafür war die ab 1. April 1988 gültige Führerscheinregelung, die Anfängern zwei Lehrjahre auf 27-PS-Maschinen verordnete. Im Gegensatz zu den Vormodellen erfolgte die Anpassung an bundesrepublikanische PS-Bestimmungen nicht mehr aufwändig über Nockenwellen, Düsen und Dichtungen, diesmal genügten längere Gasschieber. Die Beschleunigung – 12,8 Sekunden von 0 auf 100 km/h – fiel wesentlich schlechter aus als etwa beim Chopper, der über andere Nockenwellen gedrosselt worden war. Lieferbar in den Farben Schwarz und Weiß, hielt der kleine Tourensportler für 5319 beziehungsweise 5509 Mark (als S-Version) die Zweiventil-Fahne hoch, bis zur IFMA 1988 die GS 500 E erschien.

Die GS 450 T (hier mit Krauser-Starlet-Koffern und GS-550-Lenker) wurde lediglich 1982 und 1983 importiert. Es gab sie ab Importeur ausschließlich offen, wer 27 PS fahren wollte, musste sie beim Händler umrüsten lassen.

Bis zur Ablösung durch die GS 500 E bildete die GS 450 (hier in S-Version) in der zweiten Hälfte der Achtziger das Einsteiger-Motorrad der japanischen Marke. Theoretisch auch offen verfügbar, wurde sie nur mit 27 PS verkauft.

Die GS 450 L erlebte 1985 eine Neuauflage. Der 27-PS-Chopper wurde noch ein Jahr parallel zur neuen LS 650 verkauft.

Jahr	1980–1982 1988–1989	1980–1982 1985–1989	1982–1983
Modell	**GS 450 E / S**	**GS 450 L**	**GS 450 T**
Motor			
Hubraum (cm³)	448	448	448
Zylinder	R 2	R 2	R 2
Bohrung x Hub (mm)	71 x 56,6	71 x 56,6	71 x 56,6
Arbeitsweise	4-Takt	4-Takt	4-Takt
Steuerung	DOHC	DOHC	DOHC
Gemischaufbereitung	2 x Mikuni Ø 34	2 x Mikuni Ø 34	2 x Mikuni Ø 34
Ventile/Zylinder	2	2	2
Verdichtung	9	9	9
Kühlung	L	L	L
Leistung (kW (PS) / bei U/min)	20 (27) / 7600	20 (27) / 7600	31 (42) / 9000
Max. Drehmoment (Nm / bei U/min)	29,5 / 5500	29,5 / 5500	35 / 7500
Batterie	12 V 12 Ah	12 V 12 Ah	12 V 12 Ah
Generator (Watt)	225	200	200
Kraftübertragung			
Anz. Gänge	6	6	6
Übersetzung	2,462 / 1,778 / 1,380 / 1,125 / 0,962 / 0,852	2,462 / 1,778 / 1,380 / 1,125 / 0,962 / 0,852	2,462 / 1,778 / 1,380 / 1,125 / 0,962 / 0,852
Hinterradantrieb	K	K	K
Endübersetzung	2,813	2,562	2,81
Starter	Elektro	Elektro	Elektro
Fahrwerk			
Rahmen	SDR	SDR	SDR
Vorderradfederung	T Ø 33	T Ø 33	T Ø 33
Hinterradfederung	S	S	S
Federweg vorne (mm)	140	140	140
Federweg hinten (mm)	100	85 / 100	95
Vorderradbremse	SB Ø 275	SB Ø 275	SB Ø 275
Hinterradbremse	TB Ø 160	TB Ø 160	TB Ø 160
Vorderradreifen	3.00-18	3.60-19 / 90/90-19	3.25-19, 90/90-19
Hinterradreifen	3.75-18	4.60-16 / 120/90-16	110/90-17
Allgemeine Daten			
Radstand (mm)	1420	1385 / 1425	1385
Maße (Länge, mm)	2105	2140 / 2125	2070
Lenkkopfwinkel (Grad)	62,1	60	62
Nachlauf (mm)	102	119 / 124	105
Gewicht (kg)	186	189	184
Tankinhalt (l)	16	11 / 13	12
Beschleunigung (s)	12,8	9,2	6,5
Höchstgeschw. (km/h)	158	145	164
Preis inkl. MwSt (DM)	5319–5509,–	5452–6165,–	5765–3999,–

Suzuki GS 500 E (1989–2000)

Als preisgünstiges Einsteiger-Motorrad konzipiert, ging die GS 500 maßgeblich auf das Betreiben von Suzuki Deutschland zurück und löste die GS 450/GSX 400-Typen ab. Angetrieben wurde die Halbliter-Maschine vom luftgekühlten Zweizylinder-Reihenmotor nach dem Konzept der ersten GS 400 anno 1976. Der 487 Kubik große Twin mit zwei Ventilen pro Zylinder und obenliegenden Nockenwellen rollte in zwei Leistungsstufen vor, mit 27 PS bei 8000/min oder 46 PS bei 9200/min. Schon ab niedrigen Drehzahlen bot der Motor Durchzug, und das Mikuni-Slingshot-Duett sorgte für eine gute Gasannahme. Der Doppelschleifen-Rohrrahmen der Halbliter-Maschine bestand aus Vierkant-Stahlrohr. Im Kniebereich waren die Rohre leicht nach innen gebogen, um besseren Knieschluss zu ermöglichen, der rechte Unterzug war abschraubbar.

Die GS 500 trat die Nachfolge der GS 400/450 an. Der Twin ging maßgeblich auf das Betreiben von Suzuki Deutschland zurück, das vehement ein preisgünstiges Einsteigermodell gefordert hatte.

Exklusiv für Deutschland gab es Mitte der 90er die GS 500 »Limited Sport Edition« mit Vollverkleidung, nachdem bereits eine Variante mit Lenkerverkleidung und Doppelscheinwerfern angeboten worden war.

Die für über ein Dutzend Jahre meistverkaufte Suzuki in Deutschland entwickelte sich zu einem weltweiten Bestseller. Es gab ihn in verschiedenen Leistungsstufen, hierzulande vor allem mit 27 PS beziehungsweise 34 PS.

Knapp 150 Stundenkilometer schaffte die GS in der Spar-Ausführung mit 27 PS, offen schwang sich die Zuverlässige zu einer Spitze von rund 170 km/h auf. Mehr als sechs Liter Normalbenzin zog der Twin auch bei Volllast kaum durch die Düsen. Der Tankinhalt von 17 Litern ermöglichte damit ordentliche Reichweiten. Langstrecken legte man übrigens am besten solo zurück, denn die Sitzbank war schmal und nur knapp gepolstert. Außerdem nervten die sportlich hoch angebrachten Beifahrer-Fußrasten. Der Fahrer dagegen war recht kommod untergebracht, saß sportlich nach vorne gebeugt, litt allerdings unter der zwar verwindungssteifen, aber nicht einstellbaren Telegabel mit 37er Standrohren. Sie war zu weich abgestimmt und ging bei heftigen Bremsmanövern öfters leicht auf Block. Auch das hintere Zentralfederbein zeigte sich unterdämpft. Viel mehr Schwachstellen gab es allerdings nicht, und dem gegenüber standen ausgezeichnete Bremsen, gute Handlichkeit und die Möglichkeit, einen Tankrucksack aufzuschnallen.

Jahr	1989–2000
Modell	**GS 500 E**
Motor	
Hubraum (cm³)	487
Zylinder	R 2
Bohrung x Hub (mm)	74 x 56,6
Arbeitsweise	4-Takt
Steuerung	DOHC
Gemischaufbereitung	2 x Mikuni Ø 33
Ventile/Zylinder	2
Verdichtung	9
Kühlung	L
Leistung (kW (PS) / bei U/min)	34 (46) / 9200, auch 20 (27) / 8000
Max. Drehmoment (Nm / bei U/min)	39 / 7800, auch 29 / 4500
Batterie	12 V 11 Ah
Generator (Watt)	230
Kraftübertragung	
Anz. Gänge	6
Übersetzung	2,461 / 1,777 / 1,380 / 1,125 / 0,961 / 0,851
Hinterradantrieb	K
Endübersetzung	2,437
Starter	Elektro
Fahrwerk	
Rahmen	SKR
Vorderradfederung	T Ø 37
Hinterradfederung	ZF
Federweg vorne (mm)	120
Federweg hinten (mm)	115
Vorderradbremse	SB Ø 310
Hinterradbremse	SB Ø 250
Vorderradreifen	110/70-17
Hinterradreifen	130/70-17
Allgemeine Daten	
Radstand (mm)	1410
Maße (Länge, mm)	2090; 2180
Lenkkopfwinkel (Grad)	64,5
Nachlauf (mm)	95
Gewicht (kg)	187
Tankinhalt (l)	17
Beschleunigung (s)	6,2, auch 10,5
Höchstgeschw. (km/h)	172, auch 142
Preis inkl. MwSt (DM)	6540–7090,–
	ab 1994: auch 25 kW / 8000, 34,5 Nm / 4400

Gemäß den neuen Führerschein- und Versicherungsklassenregelungen vom April 1993 bot Suzuki die 94er Modelle mit 25 kW (34 PS) statt der bisherigen 20 kW an. Ältere Modelle konnten umgerüstet werden. Modellpflegemaßnahmen an Suzukis Bestseller beschränkten sich zumeist auf jährlich wechselnde Designs, sieht man einmal vom Jahrgang 1991 ab. Damals gab es ein überarbeitetes Zentralfederbein hinten mit härterer Feder sowie einen um 20 mm breiteren Lenker, 1992 kam zudem eine Vorderradgabel mit verstellbarer Federvorspannung dazu. Um den Mitte der 90er Jahre bröckelnden Absatzzahlen zu begegnen, lancierte der deutsche Importeur, in limitierter Auflage, ein Sondermodell mit JF-Vollverkleidung.

Suzuki GSX 250 E (1980–1983)
Suzuki GSX 400 E / S / L (1980–1988)

Die GSX-Twins erschienen zum April 1980. Ihr Herzstück waren die neuen Vierventil-TSCC-Motoren. Die Konstruktion mit zwei halbkugeligen, nebeneinander liegenden Brennräumen mit Quetschkante pro Zylinder und zentral angeordneter Zündkerze sollte das Benzin-/Luftgemisch in zwei Gaswirbel aufteilen, damit besser verwirbeln und für eine bessere Verbrennung sorgen. Die Ventilbetätigung übernahmen gegabelte Schlepphebel (daher die rechteckig-breiten Nockenwellendeckel statt der bisherigen runden), die Korrektur des Ventilspiels erfolgte über Einstellschrauben, nicht mehr über Shims. Gleichzeitig erhielten die Motoren eine gleitgelagerte Kurbel- und Ausgleichswelle, dazu kam eine Ölkühlung der Kolbenböden. Im Alltagsbetrieb fiel der technische Mehraufwand allerdings kaum ins Gewicht. Die Kraftstoffversorgung erfolgte statt über Rundschieber- über Gleichdruckvergaser. Das klauengeschaltete Sechsganggetriebe und die Telegabel wurden vom Vorgänger übernommen. Gravierende Unterschiede zwischen den Maschinen fanden sich im Fahrwerk, die GSX 250 hatte einen Einschleifen-Rahmen mit Knotenblech am Lenkkopf, die 400er einen Doppelschleifen-Rohrrahmen. Die 400er war offen 43 PS stark, sie wurde mittels neuer

Nockenwellen auf 27 PS gedrosselt. Die GSX 250 indessen durfte vorerst ihre Original-Leistung von 27 PS behalten, denn es galt zunächst eine Übergangsregelung, nach der alle 250er generell mit 17 PS zu versichern waren, ungeachtet ihrer tatsächlichen Leistung. Ab 1982 wurden die Viertelliter-GSX dann auf 17 PS gedrosselt. Während der angekündigte GSX-250-Chopper nie in Deutschland erschien, kam 1981 mit der GSX 250 E Black Hawk ein auf 500 Stück limitiertes Sondermodell mit weißer Sitzbank und weißen Gussfelgen. An den miserablen Verkaufszahlen änderte sich dadurch aber

GSX 250 im Kanten-Look der frühen 80er. Zunächst 27 PS stark, verkaufte sich die Maschine nur 1980 gut. Ab 1981 gab es sie nur noch mit 17 PS.

Das Sondermodell »Black Hawk« sollte weitere Käufer in den Sattel einer GSX 250 locken. Allerdings konnten 250er nur in 1980 günstig versichert werden.

Die mit den GS 450 optisch baugleichen, aber hubraumschwächeren Vierventiler (als E- und S-Version), bereits als Jahrgang 1981 deklariert, erschienen hierzulande im Juli 1980.

Der GSX 400 S (Juli 1984) hatte das Facelifting sichtlich gut getan. Zur neuen Optik passten auch die Dreispeichen-Gussräder der zweiten Generation.

nichts, auch nicht nach der Modellpflege, welche der Baureihe eine neue Tank-Sitzbank-Linie bescherte. Das elegante Katana-Design ließ außerdem die Sitzhöhe um 60 auf 760 mm sinken. 1983 verschwand die 250er vom deutschen Markt, ihr letzter Preis betrug DM 3299,–, rund 1000 Mark weniger als zu Beginn.

Die Vierventiler-400er (als E und S-Version) waren deutlich langlebiger. Im kantigen Styling im Juli 1980 gezeigt und damals bereits als Jahrgang 1981 deklariert, sorgten sie für erhebliche Verwirrung: In diesem Design gab es ja nicht nur die Vierventil-Motorräder, sondern auch die 450er-Zweiventil-Twins. 1982 folgte, bei unveränderter Technik, die Umstellung der Vierventiler auf das neue Katana-Design. Erst 1983 wurde die Modellpalette übersichtlicher, die 250er verschwand,

Die GSX 400 L kombinierte die Vierventil-Technik mit typischen Chopperattributen. In Deutschland sah man sie praktisch nie, und wenn, dann hieß sie GS 400 L – trotz des Vierventilmotors, denn unlogischerweise hatte Suzuki entschieden, hier alle Chopper als »GS« zu bezeichnen, nicht als »GSX«.

ebenso die 450er. Die verbliebenen 27-PS-400er erhielten eine Telegabel mit hydraulischem Anti-Dive, einen längeren Radstand und, längst überfällig, H4-Licht. In wechselnden Designs hielt sich die Vierventil-400er (die es weiterhin als S mit Lenkerverkleidung gab, aber stets nur in Drosselausführung) noch bis 1988, dann wurde zur IFMA der Nachfolger gezeigt: die GS 500 E.

Suzuki GR 650 (1982–1989)

Die für die USA konzipierte GR 650 erschien nach der IFMA 1982, wahlweise mit Guss- oder Speichenrädern. Der Achtventil-Twin in klassischem Styling und moderner Technik, eine Mischung aus Tourer, Sportmaschine und Chopper, kombinierte Konstruktionselemente der GSX-Reihe mit anderen, völlig neuen Detaillösungen. Dazu gehörten, neben den hohl-

Jahr	1980–1983	1980–1983	1981–1982	1983–1988
Modell	**GSX 250 E**	**GSX 400 E / S**	**GSX 400 L**	**GSX 400 E / S**
Motor				
Hubraum (cm³)	250	399	399	399
Zylinder	R 2	R 2	R 2	R 2
Bohrung x Hub (mm)	60 x 44,2	67 x 56,6	67 x 56,6	67 x 56,6
Arbeitsweise	4-Takt	4-Takt	4-Takt	4-Takt
Steuerung	DOHC	DOHC	DOHC	DOHC
Gemischaufbereitung	2 x Mikuni Ø 30	2 x Mikuni Ø 34	2 x Mikuni Ø 34	2 x Mikuni Ø 34
Ventile/Zylinder	4	4	4	4
Verdichtung	10,5	9	9	10
Kühlung	L	L	L	L
Leistung (kW (PS) / bei U/min)	20 (27) / 10.000, ab 1982: 13 (17) / 8200	20 (27) / 8000	20 (27) / 8000	20 (27) / 7800
Max. Drehmoment (Nm / bei U/min)	20 / 8000	26,4 / 6000	26,4 / 6000	28 / 6000
Batterie	12 V 12 Ah	12 V 12 Ah	12 V 12 Ah	12 V 14 Ah
Generator (Watt)	200	200	200	200
Kraftübertragung				
Anz. Gänge	6	6	6	6
Übersetzung	2,50 / 1,625 / 1,211 / 1,0 / 0,864 / 0,783	2,461 / 1,778 / 1,380 / 1,125 / 0,961 / 0,851	2,461 / 1,778 / 1,380 / 1,125 / 0,961 / 0,851	2,461 / 1,778 / 1,380 / 1,125 / 0,961 / 0,851
Hinterradantrieb	K	K	K	K
Endübersetzung	3,357	2,933	2,687	2,81
Starter	Elektro	Kick / Elektro	Elektro	Elektro
Fahrwerk				
Rahmen	SER	SDR	SDR	SDR
Vorderradfederung	T Ø 33	T Ø 33	T Ø 33	T Ø 33
Hinterradfederung	S	S	S	S
Federweg vorne (mm)	140	140	140	140
Federweg hinten (mm)	100	100	100	100
Vorderradbremse	SB Ø 275	SB Ø 275	SB Ø 275	SB Ø 275
Hinterradbremse	TB Ø 160	TB Ø 160	TB Ø 160	TB Ø 160
Vorderradreifen	3.00-18	3.00-18	3.60-19	3.00-18
Hinterradreifen	3.75-18	3.75-18	4.60-16	3.75-18
Allgemeine Daten				
Radstand (mm)	1385	1385	1410	1420
Maße (Länge, mm)	2065	2090	2130	2105
Lenkkopfwinkel (Grad)	62,5	62	60,5	62
Nachlauf (mm)	107	105	123	102
Gewicht (kg)	175	189, S: 194	186	190
Tankinhalt (l)	14,5	14,5	11,5	16
Beschleunigung (s)	8,8	8, S: 8,7	8,5	8,4
Höchstgeschw. (km/h)	148, 134	154, S: 151	141	151
Preis inkl. MwSt (DM)	4565–3299,–	5249–5765,–	5965–3999,–	4750–5449,–
	1981: Sondermodell »Black Hawk«: DM 5174,–		Endübersetzung ab 6/82: 2,562	

gebohrten Nockenwellen, die Monoblock-Kurbelwelle mit variabler Masse, ein neuartiges Luftansaugsystem und die Full-Floater-Schwinge, die allerdings in klassischer Optik. Das Trockengewicht lag mit Gussspeichen bei 175 kg, nicht nur eine Folge der neugestrickten Motortechnik: Allein die Rahmenkombination aus geschlossenen Doppelschleifenrahmen mit zentralem, obenliegendem Rundrohr wog, so Suzuki, im Vergleich zu konventionellen Konstruktionen rund 30 kg weniger. Fahrfertig brachte die GR keine 200 kg auf die Waage. Dazu gesellte sich, trotz des üppigen Nachlaufs von 111 Millimetern, enorme Handlichkeit. Landstraßen-Sightseeing wurde so zur GR-Domäne: Schon ab 40 km/h im höchsten Gang zog der Twin ruckfrei hoch. Vom An- und Abkuppeln der Schwungscheibe war nichts zu spüren, und trotz eines vergleichsweise bescheidenen Federwegs von 140 Millimetern vorn und 110 Millimetern hinten vermittelte die GR beachtlichen Komfort. Nicht minder beachtlich: der günstige Einstandspreis. 5999 Mark waren für eine ausgewachsene 50-PS-Maschine 1983 ein faires Angebot. Trotz adretter Zweifarblackierung vermochte sich die GR hierzulande aber nicht so recht durchzusetzen, bis 1989 waren lediglich 1600 Twins verkauft worden.

Die GR 650 galt als klassischer Tourer, bei dem nicht die Spitzenleistung, sondern der Fahrkomfort und das Drehmoment zählten.

Die GR 650 X als zweite Ausführung des Suzuki-Twins war einfarbig und hatte Speichenräder.

Jahr	1982–1989
Modell	GR 650 / X
Motor	
Hubraum (cm³)	652
Zylinder	R 2
Bohrung x Hub (mm)	77 x 70
Arbeitsweise	4-Takt
Steuerung	DOHC
Gemischaufbereitung	2 x Mikuni Ø 36
Ventile/Zylinder	2
Verdichtung	8,7
Kühlung	L
Leistung (kW (PS) / bei U/min)	37 (50) / 7200
Max. Drehmoment (Nm / bei U/min)	51 / 6000
Batterie	12 V 12 Ah
Generator (Watt)	200
Kraftübertragung	
Anz. Gänge	5
Übersetzung	2,84 / 1,81 / 1,36 / 1,14 / 1,00
Hinterradantrieb	K
Endübersetzung	2,53
Starter	Elektro
Fahrwerk	
Rahmen	SDR
Vorderradfederung	T Ø 35
Hinterradfederung	ZF
Federweg vorne (mm)	140
Federweg hinten (mm)	110
Vorderradbremse	SB Ø 280
Hinterradbremse	TB Ø 180
Vorderradreifen	100/90-19
Hinterradreifen	130/90-16
Allgemeine Daten	
Radstand (mm)	1430
Maße (Länge, mm)	2150
Lenkkopfwinkel (Grad)	62,5
Nachlauf (mm)	111
Gewicht (kg)	200
Tankinhalt (l)	12
Beschleunigung (s)	6,2
Höchstgeschw. (km/h)	167
Preis inkl. MwSt (DM)	5999–6799,–
	GR 650: Alu-Gussräder, GR 650 X: Stahlpeichen

4 Suzuki Reihen-Mehrzylinder

Suzuki GS 750 / E / L (1976–1980)
Suzuki GS 550 E / L / T (1977–1982)
Suzuki GS 500 E (1979–1981)

Zeitgleich mit der zweizylindrigen GS 400 erschien auch die GS 750. Zwei- und Vierzylinder wiesen die gleichen konstruktiven Grundzüge auf, nämlich die doppelten Nockenwellen und die Ventilsteuerung über Tassenstößel. Die fahrtwindgekühlte Zweiventil-Four leistete 63 PS bei 8800/min und galt als ganz großer Wurf: Die schlanke GS brillierte in Handling, Fahrleistungen und Spurtkraft und war mit einer Beschleunigung von 4,5 Sekunden bis zur 100-km/h-Marke schneller als jede andere 750er jener Zeit. Auch das Fahrwerk – ein Doppelschleifenrohr-

Die 1976 vorgestellte GS 750 besaß eine nadelgelagerte Schwinge und Kegelrollenlager im Lenkkopf – eine »rare Kostbarkeit«, urteilte die Motorradpresse damals. Die ersten GS 750 hatten nur eine Scheibe im Vorderrad; in Deutschland ausgeliefert und getestet wurde die neue Vierzylinder-Suzi mit Doppelscheibe.

In den deutschen Preislisten tauchte zwar eine GS 750 L auf, doch zur Auslieferung gelangte lediglich die GSX 750 L mit Vierventil-Triebwerk. Die GS-L, wie sie hier gezeigt wurde, kam offiziell nicht nach Deutschland.

rahmen mit dreifach verstärktem Oberzug – war besser als bei jedem anderen japanischen Motorrad: richtungsstabil, kurvenwillig und überaus handlich. Die übersichtlich gezeichneten Bedienungselemente hatte man von der zweitaktenden Hubraumschwester übernommen. Die neue GS-Baureihe ging im März 1977 in den Verkauf, dann aber vorn mit serienmäßiger Doppel-Scheibenbremse. Bis zur Ablösung 1980 wurde der GS nur wenig und minimale Modellpflege zuteil, Beweis für den hohen Reifegrad, mit dem die Suzuki auf den Markt kam. Lediglich die Umrüstung von Speichen- auf Gussräder (= E-Modelle) ist als wesentliche Änderung in den Annalen vermerkt. Mit der Markteinführung der GSX 750 endete die Ära der ersten Suzuki-Vierzylinder.

»Suzuki GS 550, der perfekte Vierzylinder«, stellte ein damaliger Test fest. 49 PS bei 9000/min, 0–100 km/h in 5,8 s, 166 km/h, DM 5890,–.

Um die Lücke zwischen der 400er und der 750er zu schließen, lancierte Suzuki im März 1977 eine verkleinerte Ausgabe der 750er. Die nunmehrige GS 550 unterschied sich in Triebwerkskonfiguration, Vergaserbestückung und Lenkgeometrie von der großen Four; Gabel, Instrumente und Elektrik entsprachen wiederum dem größeren Modell. Die 550er stemmte 49 PS auf die sechsfach wälzgelagerte Kurbelwelle. Nach Deutschland gelangten die ersten Modelle im Juni 1977 mit Speichenrädern und Doppelscheibe. 1979, mit Einführung der Gussfelgen, wurde bei der 800 Mark teureren E-Serie die gestängebetätigte Simplex-Trommel- gegen eine Scheibenbremse ersetzt. Außerdem kam als weitere Variante die L-Version ins Programm, mit Stufensitzbank, 13-Liter-Tropfentank und anderer Fahrwerksgeometrie. Sie wog 223 Kilogramm, hatte Transistorzündung, gelochte Bremsscheiben und einen in Kegelrollen gelagerten Lenkkopf. Im Juli 1980 erschien das Sondermodell »Red Suzi«, eine auf 500 Exemplare limitierte GS 550 E, technisch mit der regulären GS identisch. Die Unterschiede lagen im Dekor, das optische Dressing tauchte die Maschine ganz in Rot und Schwarz. Die letzte GS 550 war das T-Modell von 1981: Unterschiede gab es im Design und in der Motortechnik. Im Prinzip unverändert, erhielt die T das Triebwerk der 550 Katana mit Mikuni-BS-32-SS-Gleichdruck- statt der Mikuni-VM-22-SS-Rundschieber-Vergaser und eine kontaktlose Transistorzündung. Für diese Pseudo-Klassiker (es gab auch eine Zweizylinder-T) schien es so gar keine Zielgruppe zu geben, denn die Händler plagten sich damit bis 1984 ab. Raritäten waren diese Varianten schon damals; unverbastelte Exemplare sind heute extrem selten, aber nicht wirklich wertvoll.

Die Bezeichnung »Red Suzi« stand für ein exklusiv in Deutschland ausgeliefertes Sondermodell. Die Technik entsprach der normalen E-Type.

Tropfentank, Stufensitzbank, hoher Lenker und dicker Hinterreifen waren Kennzeichen nicht nur der Ende 1979 gezeigten GS 550 L.

Die vierzylindrige GS 500 E machte sich rar auf unseren Straßen. Ihr größter Konkurrent war die ebenfalls 27 PS starke GS 400. Die hatte aber lediglich zwei Zylinder und war wesentlich leichter.

Das T-Modell war nach Lesart von Suzuki ein echter Tourensportler. Technisch gab es kaum Unterschiede zur Basis, sie beschränkten sich auf Transistorzündung, Gleichdruckvergaser und Kegelrollenlager im Lenkkopf. Auch von der GS 450 entstand eine T-Ausführung.

Die Frage nach der Zielgruppe stellte sich auch bei der kleinsten Suzuki-Vierzylinder, der GS 500. Sie wurde zeitgleich mit der 550er vorgestellt, kam aber erst 1979 nach Deutschland; in Märkten wie Österreich, wo nicht die Leistung, sondern der Hubraum die für die Versicherung relevante Grenze markierte, machte sie durchaus Sinn. In Deutschland weniger. Nur der Schriftzug auf dem Seitendeckel (und das Kolbenmaß) unterschieden die beiden Halbliter-Suzis voneinander. In der Originalversion 45 PS stark, wurde die GS mit aller Gewalt in die 27-PS-Klasse gestopft. Ein im Grunde genommen für den hiesigen Markt komplett überflüssiges Motorrad. Entsprechend waren auch die Absätze.

Jahr	**1979–1981**	**1977–1981**	**1979–1981**	**1981**	**1976–1979**	**1979–1980**
Modell	**GS 500 E**	**GS 550 / E**	**GS 550 L**	**GS 550 T**	**GS 750 / E**	**GS 750 L**
Motor						
Hubraum (cm³)	492	549	543	549	748	748
Zylinder	R 4	R 4	R 4	R 4	R 4	R 4
Bohrung x Hub (mm)	53 x 55,8	56 x 55,8	56 x 55,8	56 x 55,8	65 x 56,4	65 x 56,4
Arbeitsweise	4-Takt	4-Takt	4-Takt	4-Takt	4-Takt	4-Takt
Steuerung	DOHC	DOHC	DOHC	DOHC	DOHC	DOHC
Gemischaufbereitung	4 x Mikuni Ø 22	4 x Mikuni Ø 22	4 x Mikuni Ø 22	4 x Mikuni Ø 32	4 x Mikuni Ø 26	4 x Mikuni Ø 26
Ventile/Zylinder	2	2	2	2	2	2
Verdichtung	8,5	8,6	8,6	8,6	8,7	8,7
Kühlung	L	L	L	L	L	L
Leistung (kW (PS) / bei U/min)	20 (27) / 7600	36 (49) / 9000	37 (50) / 9400	37 (50) / 9400	46 (63) / 8800	40 (68) / 9000
Max. Drehmoment (Nm / bei U/min)	30 / 4100	40 / 7500	39 / 8400	39 / 8400	52 / 8100	55 / 7000
Batterie	12 V 10 Ah	12 V 10 / 12 Ah	12 V 14 Ah	12 V 14 Ah	12 V 14 Ah	12 V 14 Ah
Generator (Watt)	200	200	200	200	200	200
Kraftübertragung						
Anz. Gänge	6	6	6	6	5	5
Übersetzung	2,667 / 1,778 / 1,381 / 1,174 / 1,045 / 0,957	2,666 / 1,777 / 1,380 / 1,173 / 1,045 / 0,956	2,666 / 1,777 / 1,380 / 1,173 / 1,045 / 0,956	2,666 / 1,777 / 1,380 / 1,173 / 1,045 / 0,956	2,571 / 1,77 / 1,38 / 1,125 / 0,961	2,571 / 1,77 / 1,38 / 1,125 / 0,961
Hinterradantrieb	6	K	K	K	K	K
Endübersetzung	3,429	3,333	3,333	3,333	2,733	2,733
Starter	Kick / Elektro	Kick / Elektro	Kick / Elektro	Kick / Elektro	Kick / Elektro	Kick / Elektro
Fahrwerk						
Rahmen	SDR	SDR	SDR	SDR	SDR	SDR
Vorderradfederung	T Ø 35	T Ø 35	T Ø 35	T Ø 35	T Ø 35	T Ø 35
Hinterradfederung	S	S	S	S	S	S
Federweg vorne (mm)	150	120	150	150	140	160
Federweg hinten (mm)	85	80	85	100	80	85
Vorderradbremse	DSB Ø 275	DSB Ø 275	DSB Ø 275	DSB Ø 275	DSB Ø 275	DSB Ø 275
Hinterradbremse	SB Ø 275	TB Ø 170	SB Ø 275	SB Ø 275	SB Ø 300	SB Ø 300
Vorderradreifen	3.25-19	3.25-19	3.25-19	3.25-19	3.25-19	3.25-19
Hinterradreifen	3.75-18	3.75-18	3.75-18	4.25-18	4.00-17	4.50-17
Allgemeine Daten						
Radstand (mm)	1435	1465	1475	1435	1490	1510
Maße (Länge, mm)	2210	2190	2220	2150	2250	2230
Lenkkopfwinkel (Grad)	61	61	61	61	63	62,5
Nachlauf (mm)	120	120	120	120	107	100
Gewicht (kg)	225	220	223	218	253	253
Tankinhalt (l)	17	17	13	16	18	13
Beschleunigung (s)	10	5,8	6,2	5,7	4,5	4,5
Höchstgeschw. (km/h)	148	177	163	177	195	190
Preis inkl. MwSt (DM)	6211–6224,–	5890–7024,–	7211–5550,–	7224,–	6990–8211,–	8211,–
		1978: E-Modell mit Gussrädern und SB Ø 275 mm hinten			1978: E-Modell mit Gussrädern	

Suzuki GS 850 G / L (1979–1981)
Suzuki GS 850 G (1984–1988)

Die GS 850 G war die erste Kardan-Suzuki überhaupt. Sie entstand auf Drängen des damaligen deutschen Importeurs. Zwei Millionen Mark kostete die Entwicklung dieser Vierzylinder »Made for Germany«, und anscheinend war jede Mark gut angelegt. Trotz des üppigen Gewichts von 273 Kilo umrundete das Dickschiff winklige Strecken wie auf Schienen, und der Wellenantrieb war so gut gelungen, dass jeder BMW-Fahrer vor Neid ganz grün werden musste. Beim Motor handelte es sich um einen aufgebohrten 750er, der Primärantrieb (schrägverzahnt, um die Laufgeräusche zu reduzieren) stammte von der GS 1000, ebenso wie die im Ölbad laufende Mehrscheibenkupplung und die beiden obenliegenden Nockenwellen. Ventile und Mikuni-Vergaseranlage entsprachen wiederum denen

Speziell für den deutschen Markt entwickelt wurde die GS 850 G mit Kardanwelle zum Hinterrad. Damit trat Suzuki gegen Yamahas XS 850 an. International spielte diese Hubraumgröße aber keine Rolle.

Die Softchoppermode zog sich quer durchs ganze Modellprogramm. 13-Liter-Tropfentank, Stufensitzbank, hoher Lenker und der dicke 17-Zoll-Hinterreifen waren Kennzeichen des großen Kardan-Choppers GS 850 L.

Zwischen 1984 und 1988 gab es ein Wiedersehen mit der GS 850 G. Nach wie vor überzeugten die geschmeidige Kraftentfaltung und der Wellenantrieb: Weil das Kardankreuzgelenk direkt im Schwingendrehpunkt saß, traten praktisch keine Lastwechselreaktionen auf. Die Neue hatte etwas an Gewicht verloren.

Suzuki baute den aufwändigen Kardan-Antrieb in Vierzylinder-Modelle ab 650 Kubik ein. Diese GS 750 G blieb in Japan.

Mit einem Gewicht von über 260 Kilogramm war die GS 850 G sehr schwer. (Foto: Suzuki Classic / Martin Graner)

der 750er. Leider erwies sich das Doppelschleifen-Fahrwerk, zumindest soweit es die erste Serie betraf, als Schwachstelle. Bei leichteren Fahrern oder bei halb abgefahrenen Reifen fing die 78 PS starke GS im Topspeed-Bereich an zu pendeln.

Die Auslieferung der ersten Kardan-Serie erfolgte im Frühjahr 1979, gefolgt von der GS 850 L als Softchopper: 13-Liter-Tank, andere Vergaserbatterie, geänderte Fahrwerksgeometrie samt luftunterstützter Gabel mit vorgesetzter Radachse und genuteten Bremsscheiben. Ein Jahr darauf wurden die beiden Kardan-Dickerchen zum Jahresende aus dem Programm genommen. Die wesentlichste motorseitige Änderung jener Jahre betraf die Umstellung der Mikuni-Schiebervergaser mit 26er-Querschnitt auf 32-mm-Gleichdruckvergaser. Drei Jahre später gab es ein Wiedersehen mit der GS-G, technisch nahezu unverändert, aber auf kontaktlose Zündung umgestellt. Der Nachlauf wuchs und das Gewicht sank, allein der Rahmen wurde um neun Kilogramm leichter. Außerdem entfiel die Luftunterstützung für die Telegabel, der Chokezug auf der linken Seite war griffgünstiger platziert und der Kickstarter entfiel. Andererseits ersetzte man endlich die schwache Bilux-Leuchte durch einen ordentlichen H4-Scheinwerfer. Geblieben waren die Vibrationen, der gesunde Durst – über zehn Liter bei Vollgas waren kein Kunststück – sowie das behäbige Fahrverhalten.

Jahr	1979–1980	1980–1981	1984–1988
Modell	**GS 850 G**	**GS 850 GL**	**GS 850 G**
Motor			
Hubraum (cm³)	843	843	843
Zylinder	R 4	R 4	R 4
Bohrung x Hub (mm)	69 x 56,4	69 x 56,4	69 x 56,4
Arbeitsweise	4-Takt	4-Takt	4-Takt
Steuerung	DOHC	DOHC	DOHC
Gemischaufbereitung	4 x Mikuni Ø 26	4 x Mikuni Ø 32	4 x Mikuni Ø 32
Ventile/Zylinder	2	2	2
Verdichtung	8,8	8,8	8,8
Kühlung	L	L	L
Leistung (kW (PS) / bei U/min)	57 (78) / 9000	58 (79) / 8500	59 (80) / 8500
Max. Drehmoment (Nm / bei U/min)	63 / 8000	68 / 7500	69 / 7500
Batterie	12 V 14 Ah	12 V 14 Ah	12 V 14 Ah
Generator (Watt)	250	250	250
Kraftübertragung			
Anz. Gänge	5	5	5
Übersetzung	2,571 / 1,777 / 1,380 / 1,125 / 0,961	2,571 / 1,777 / 1,380 / 1,125 / 0,961	2,571 / 1,777 / 1,380 / 1,125 / 0,961
Hinterradantrieb	W	W	W
Endübersetzung	3,28	3,090	3,28
Starter	Kick / Elektro	Kick / Elektro	Elektro
Fahrwerk			
Rahmen	SDR	SDR	SDR
Vorderradfederung	T Ø 37	T Ø 37	T Ø 37
Hinterradfederung	S	S	S
Federweg vorne (mm)	160	160	148
Federweg hinten (mm)	90	100	100
Vorderradbremse	DSB Ø 275	DSB Ø 275	DSB Ø 275
Hinterradbremse	SB Ø 275	SB Ø 275	SB Ø 275
Vorderradreifen	3.50-19	3.50-19	3.50-19
Hinterradreifen	4.50-17	4.50-16	4.50-17
Allgemeine Daten			
Radstand (mm)	1500	1510	1500
Maße (Länge, mm)	2240	2280	2230
Lenkkopfwinkel (Grad)	62	60	62
Nachlauf (mm)	113	113	116
Gewicht (kg)	264	261	254
Tankinhalt (l)	22,5	17	23
Beschleunigung (s)	5,2	5	4,6
Höchstgeschw. (km/h)	198	197	203
Preis inkl. MwSt (DM)	9282–9990,–	9633–10.299,–	8690–8999,–

Suzuki GS 1000 / E / EC / S / H / L / G / GL (1978–1982)
Suzuki GS 1100 G (1985–1988)

Zum größten Konkurrenten der GS 750 sollte sich die Einliter-GS entwickeln. Ab Frühjahr 1978 lieferbar, entsprachen Optik und Technik bekannten Mustern. Eine Ausnahme bildete das Fahrwerk, das stabiler ausfiel als das der 750er. Eine stärkere Gabel und die längere Schwinge verbesserten

Der GS-Baukasten ließ sich problemlos erweitern, die GS 1000 war Höhepunkt der Neuheiten-Offensive in den Siebzigern. Sie begeisterte die Motorradpresse, die Tests fielen euphorisch aus.

Niedriges Gewicht, ein bärenstarker Vierzylinder und ein handliches Chassis verhalfen der Suzuki GS 1000 zu einer Ausnahmestellung: Sie galt zum Ende des Jahrzehnts als die beste und ausgewogenste Nippon-1000er. Ausgeliefert wurde sie ab Frühjahr 1978.

Als Sparvariante führte Suzuki Mitte 1979 die GS 1000 EC für DM 9270,– ein. Sie hatte Speichenräder, während die Blockstreifen typisch waren für die E-Modelle mit Gussrädern. (Foto: Suzuki Classic / Martin Graner)

Zum Modelljahr 1982 verschwand das »Choptimum« (Werbung), ebenso wie die kleinere 850er, aus dem Programm. Rund 80 Stück hatte man verkauft.

die Spurhaltung, die breiteren Reifen brachten die 90 PS sicher auf den Asphalt. Beim ersten Kontingent von 450 Maschinen handelte es sich um ursprünglich für die USA bestimmte Suzukis, die per Einzelabnahme zugelassen werden mussten. Eine ABE wurde erst im Lauf des Sommers '78 erteilt. Kurz nach der Einführung wurden die Tankdeckeldichtung geändert und die Ausstattung durch luftunterstütze Federbeine und eine Prallplatte am Lenker verbessert. Es folgten die E-Variante mit den sieben Kilogramm schweren Alu-Druckgussfelgen und Luftunterstützung für Gabel und Federbeine sowie die einfachere EC mit Speichenrädern. Die Nächste im Reigen war 1979 die GS 1000 S in exklusiver blau-weißer Lackierung, den Suzuki-Rennfarben. 18-Zoll-Hinterrad, Kunststoffschutzblech und eine fünf Kilogramm schwere Cockpitverkleidung zierten die betont auf Sportlichkeit getrimmte Maschine. Später war sie auch in Rot-Weiß lieferbar. Die GS 1000 H kombinierte die Gussräder mit der luftunterstützten Telegabel, die Federbeine mussten

Für kurze Zeit stand die Einliter-Suzuki auch mit dem Kardan-Antrieb der 850 G beim Händler.

Bis auf die Cockpitverkleidung und die anderen Vergaser entsprach die GS 1000 S der normalen GS 1000 E. Es gab auch eine rot-weiße Variante.

GS 1100 G: Wie die 850er wurde auch die 1100er Suzuki MItte der 80er Jahre wieder aufgelegt. Die Unterschiede zwischen beiden Kardan-Schwergewichten waren marginal. (Foto: Suzuki Classic / Martin Graner)

ohne eine solche auskommen. Das L-Modell von 1980 schmückte sich mit Chopper-typischen Attributen und markierte mit einem Leergewicht von 250 kg das untere Ende der GS-Palette. Wie bei allen japanischen Vierzylinder-Choppern passten hier aber Motorleistung und -charakter so überhaupt nicht zu Stufensitzbank und Buckhornlenker. Anfang 1981 kamen die letzten beiden Varianten dazu, die GS 1000 G (Kardanantrieb, 22-Liter-Tank, 273 kg, Rechteck-Blinker, Transistorzündung, genutete Bremsscheiben) und die kurzlebige GS 1000 GL im Chopper-Look.

Nach dem Vorbild der GS 850 G importierte Suzuki Mitte der 1980er Jahre noch einmal die große Kardan-GS. Sie hieß wie damals GS 1100 G und kombinierte den Motorblock der GSX 1100 mit dem Zweiventil-GS-Kopf sowie der Optik der 850er. Die Verkaufszahlen blieben aber unbefriedigend, von der schweren Kardan-1100er wurden nicht mehr als 300 Stück abgesetzt.

Jahr	1978–1981	1979–1980	1979–1981	1981–1982	1981–1982	1985–1988
Modell	GS 1000 / E	GS 1000 S	GS 1000 L	GS 1000 G	GS 1000 GL	GS 1100 G
Motor						
Hubraum (cm³)	997	997	997	997	997	1074
Zylinder	R 4	R 4	R 4	R 4	R 4	R 4
Bohrung x Hub (mm)	70 x 64,8	70 x 64,8	70 x 64,8	70 x 64,8	70 x 64,8	72 x 66
Arbeitsweise	4-Takt	4-Takt	4-Takt	4-Takt	4-Takt	4-Takt
Steuerung	DOHC	DOHC	DOHC	DOHC	DOHC	DOHC
Gemischaufbereitung	4 x Mikuni Ø 26	4 x Mikuni Ø 28	4 x Mikuni Ø 28	4 x Mikuni Ø 34	4 x Mikuni Ø 34	4 x Mikuni Ø 34
Ventile/Zylinder	2	2	2	2	2	2
Verdichtung	9,2	9	9	9,2	9,2	8,3
Kühlung	L	L	L	L	L	L
Leistung (kW (PS) / bei U/min)	66 (90) / 8200	66 (90) / 9000	66 (90) / 9000	66 (90) / 8500	66 (90) / 9000	69 (94) / 8000
Max. Drehmoment (Nm / bei U/min)	83,6 / 6500	77 / 7500	81 / 6500	81 / 7000	83.6 / 6500	87 / 7000
Batterie	12 V 14 Ah	12 V 14 Ah	12 V 14 Ah	12 V 14 Ah	12 V 14 Ah	12 V 14 Ah
Generator (Watt)	250	250	250	250	250	250
Kraftübertragung						
Anz. Gänge	5	5	5	5	5	5
Übersetzung	2,500 / 1,777 / 1,380 / 1,125 / 0,961	2,500 / 1,777 / 1,380 / 1,125 / 0,961	2,500 / 1,777 / 1,380 / 1,125 / 0,961	2,500 / 1,777 / 1,380 / 1,125 / 0,961	2,500 / 1,777 / 1,380 / 1,125 / 0,961	2,500 / 1,777 / 1,380 / 1,125 / 0,961
Hinterradantrieb	K	K	K	W	W	W
Endübersetzung	2,800	2,800	2,800	2,91	3,090	2,73
Starter	Kick / Elektro	Kick / Elektro	Kick / Elektro	Kick / Elektro	Kick / Elektro	Elektro
Fahrwerk						
Rahmen	SDR	SDR	SDR	SDR	SDR	SDR
Vorderradfederung	T Ø 37	T Ø 37	T Ø 37	T Ø 37	T Ø 37	T Ø 37
Hinterradfederung	S	S	S	S	S	S
Federweg vorne (mm)	160	160	160	160	160	160
Federweg hinten (mm)	95	95	85	95	95	109
Vorderradbremse	DSB Ø 275	DSB Ø 275	DSB Ø 275	DSB Ø 275	DSB Ø 275	DSB Ø 275
Hinterradbremse	SB Ø 275	SB Ø 275	SB Ø 275	SB Ø 275	SB Ø 275	SB Ø 275
Vorderradreifen	3.50-19	3.25-19	3.50-19	3.50-19	3.50-19	3.50-19
Hinterradreifen	4.50-17	4.25-18	130/90-16	4.50-17	130/90-16	4.50-17
Allgemeine Daten						
Radstand (mm)	1490	1505	1525	1490	1520	1500
Maße (Länge, mm)	2350	2350	2300	2205	2245	2240
Lenkkopfwinkel (Grad)	62	62	60	62	62	62
Nachlauf (mm)	116	116	110	113	116	116
Gewicht (kg)	255 / 253	255	267	273	273	268
Tankinhalt (l)	20	20	15,5	20	15	22
Beschleunigung (s)	4,6	4,5	4,9	4,6	4,6	4,5
Höchstgeschw. (km/h)	219	216	195	206	192	215
Preis inkl. MwSt (DM)	9950–10.590,–	10.873,-	11.390,–	10.890,–	11.290,–	9999–10.299,–

Suzuki SB 3D (1979–1982)

Von vornherein nur in limitierter Stückzahl sollte die SB 3D abgesetzt werden. Diese Maschine, entstanden auf Drängen des deutschen Importeurs, wurde bei der italienischen Edelschmiede Bimota gebaut und war mit 19.995 Mark das bis dahin teuerste Straßenmotorrad aus Japan. Die Spezialität der Motorradveredler aus Rimini war der Fahrwerksbau. Sie steckten den unveränderten GS-1000-Motor in einen eigenen Gitterrohrrahmen, verbauten eine Marzocchi-Gabel vorn, eine Kastenschwinge hinten und installierten feine Brembo-Bremsen. Dazu kamen leichte Magnesium-Felgen von Speedline. Die stets silbern lackierte Edel-Suzuki wog 210 kg und lief laut Werk 255 km/h. Trotz des hervorragenden Handlings und der euphorischen Testberichte erwies sich die Italo-Japanerin als Ladenhüter.

Um betuchten Suzuki-Fans etwas bieten zu können, initiierte der deutsche Importeur den Bau einer Bimota-Sonderserie.

Die in Italien gebaute Japanerin mit deutschem Pass wurde im Juni 1979 ausgeliefert. Gebaut werden sollten 500 Exemplare, Bimota vermarktete die SB-3 außerhalb Deutschlands selbst.

Jahr	1979–1982
Modell	**Bimota-Suzuki SB 3 D S**
Motor	
Hubraum (cm³)	997
Zylinder	R 4
Bohrung x Hub (mm)	70 x 64,8
Arbeitsweise	4-Takt
Steuerung	DOHC
Gemischaufbereitung	4 x Mikuni Ø 26
Ventile/Zylinder	2
Verdichtung	9,2
Kühlung	L
Leistung (kW (PS) / bei U/min)	66 (90) / 9000
Max. Drehmoment (Nm / bei U/min)	80 / 7500
Batterie	12 V 14 Ah
Generator (Watt)	250
Kraftübertragung	
Anz. Gänge	5
Übersetzung	2,66 / 1,89 / 1,47 / 1,19 / 1,02
Hinterradantrieb	K
Endübersetzung	2,667
Starter	Elektro
Fahrwerk	
Rahmen	SGR
Vorderradfederung	T Ø 38
Hinterradfederung	ZF
Federweg vorne (mm)	110
Federweg hinten (mm)	120
Vorderradbremse	DSB Ø 280
Hinterradbremse	SB Ø 270
Vorderradreifen	3.50-18
Hinterradreifen	130/80-18
Allgemeine Daten	
Radstand (mm)	1400
Maße (Länge, mm)	2040
Lenkkopfwinkel (Grad)	66
Nachlauf (mm)	115
Gewicht (kg)	210
Tankinhalt (l)	15
Beschleunigung (s)	4,2
Höchstgeschw. (km/h)	225
Preis inkl. MwSt (DM)	19.995–20.873,–

Suzuki GSX 750 E / L (1980–1982)
Suzuki GSX 1100 E / ET (1980–1983)

Die großen GSX-Typen stehen mit ihrer eckigen Linie und dem radikalen Stylingwechsel wie kein zweites Motorradkonzept für den Wandel, den das Motorrad Anfang der Achtziger durchlebte: Weg vom klassischen Allrounder hin zu modischeren Formen und kürzeren Modellzyklen, die zumindest die erste Hälfte des neuen Jahrzehnts bestimmten.

Die GSX 750 E von 1982 war, bei praktisch unveränderter Technik, wesentlich gefälliger gezeichnet als die erste Generation von 1980.

Die GSX 750 L, laut Werbung »Chopper pur«, sah auch nicht anders aus als die anderen Japan-Chopper jener Tage.

Die GSX 750 E von 1980 erschreckte durch ihre hemmungslos barocke Optik. Selten hatten die Suzuki-Designer den Geschmack der Kunden so verfehlt. 80 PS bei 9200/min, 0–100 km/h in 4,7 s, 201 km/h, DM 8024,–.

Die Silver Suzi von 1981 unterschied sich in Sitzbank und Scheinwerfer vom Basis-Modell. Die Technik war gleich.

Viele Suzuki-Fahrer taten sich schwer mit dem neuen, sehr bulligen Auftritt ihrer Marke, der in starkem Kontrast zu den zierlichen GS der Siebziger stand. Und auch der klobige Rechteckscheinwerfer mit dem Instrumentenbord über dem Scheinwerfer im Stil der Horex 1400 tat nichts für die GSX-Optik. Am technischen Paket dagegen gab es nichts zu meckern: Die neuen Motoren mit ihren speziellen halbkugelförmigen TSCC-Vierventilköpfen (die eine besonders gute Gemischdurchmischung und damit eine bessere Leistungsausbeute bewirken sollten) setzten Maßstäbe, aber die Fahrwerke, weil praktisch von den Vorgängern übernommen, galten inzwischen nur noch als akzeptabel. Doch die Japaner besserten nach, nur die allerersten GSX 1100 E verfügten noch über Räder und Schwinge der GS 1000. Die ab Januar 1980 ausgelieferten ET-Modelle hatten Gussspeichenräder, Kastenschwinge und eine luftunterstützte Gabel. Das hat sie nicht schöner, aber fahrbarer gemacht.

Bei der GSX 750 waren der Radstand länger, der Nachlauf kürzer und der Lenkkopfwinkel flacher, außerdem gab's eine Showa-Gabel mit vorgesetzter Achse. Mit dem Normalmodell kam auch die völlig überflüssige Chopper-Variante mit dem Suffix »L«. Von der wurden allerdings nur 81 Maschinen ausgeliefert, denn der vehemente Antritt und die choppertypisch aufrechte Sitzposition ließen die Gabel flattern und das 252 Kilogramm schwere Motorrad leicht unbeherrschbar werden, weshalb Suzuki den Chopper-Import wieder einstellte.

Die GSX-Technik in gemäßigte Katana-Optik verpackt, das war eine Wohltat für's Auge. Kleine Fahrer saßen allerdings unbequem, der Lenker war ungünstig gekröpft. Umgestylt, zweifarbig lackiert und mit Halbverkleidung versehen, hieß sie dann GSX 1100 ES und stand 1983 bei den Händlern.

Jahr	1980–1981 / 1982–1983	1980–1981	1980–1981 / 1982–1983	1981
Modell	**GSX 750 / E**	**GSX 750 L**	**GSX 1100 / E / ES**	**GSX 1100 L**
Motor				
Hubraum (cm³)	747	747	1075	1075
Zylinder	R 4	R 4	R 4	R 4
Bohrung x Hub (mm)	67 x 53	67 x 53	72 x 66	72 x 66
Arbeitsweise	4-Takt	4-Takt	4-Takt	4-Takt
Steuerung	DOHC	DOHC	DOHC	DOHC
Gemischaufbereitung	4 x Mikuni Ø 32	4 x Mikuni Ø 32	4 x Mikuni Ø 34	4 x Mikuni Ø 34
Ventile/Zylinder	4	4	4	4
Verdichtung	9,4	9,4	9,5	9,5
Kühlung	L	L	L	L
Leistung (kW (PS) / bei U/min)	59 (80) / 9200	59 (80) / 9200	74 (100) / 8700	74 (100) / 8700
Max. Drehmoment (Nm / bei U/min)	63 / 8400	63 / 8400	87 / 6500	85 / 6500
Batterie	12 V 14 Ah	12 V 14 Ah	12 V 14 Ah	12 V 14 Ah
Generator (Watt)	250	250	250	250
Kraftübertragung				
Anz. Gänge	5	5	5	5
Übersetzung	2,571 / 1,778 / 1,381 / 1,125 / 0,962	2,571 / 1,778 / 1,381 / 1,125 / 0,962	2,500 / 1,777 / 1,380 / 1,125 / 0,961	2,500 / 1,777 / 1,380 / 1,125 / 0,961
Hinterradantrieb	K	K	K	K
Endübersetzung	2,733 / 2,667	2,667	2,800	2,0
Starter	Elektro	Elektro	Elektro	Elektro
Fahrwerk				
Rahmen	SDR	SDR	SDR	SDR
Vorderradfederung	T Ø 35	T Ø 37	T Ø 37	T Ø 37
Hinterradfederung	S	S	S	S
Federweg vorne (mm)	160	160	160 / 150	160
Federweg hinten (mm)	107	107	108 / 85	108
Vorderradbremse	DSB Ø 275	DSB Ø 275	DSB Ø 275	DSB Ø 275
Hinterradbremse	SB Ø 275	SB Ø 275	SB Ø 275	SB Ø 275
Vorderradreifen	3.25-19	100/90-19	3.50-19	100/90-19
Hinterradreifen	4.00-18	130/90-16	4.50-17	130/90-16
Allgemeine Daten				
Radstand (mm)	1525 / 1540	1540	1520 / 1530 / 1520	1535
Maße (Länge, mm)	2265 / 2210	2280	2255 / 2250	2270
Lenkkopfwinkel (Grad)	62	61	62	62
Nachlauf (mm)	103	103	116	103
Gewicht (kg)	254 / 248	247	265 / 259 / 256	259
Tankinhalt (l)	24 / 19	15	24 / 22	15
Beschleunigung (s)	4,9 / 4,4	5,2	3,8 / 3,7	3,9
Höchstgeschw. (km/h)	201 / 204	184	221 / 226	217
Preis inkl. MwSt (DM)	8211–8024,–	8611,–	11.273–11.890,– / 9499–10.100,–	11.790,–
	1981: Sondermodell »Silver Suzi«, DM 10.115,–			

1981 folgte, nur für Deutschland, das 750er Sondermodell »Silver Suzi« mit rundem Scheinwerfer und abgestufter Sitzbank. Für das Modelljahr 1982 brachte Suzuki eine überarbeitete Version im gemäßigten Katana-Look. Sie entstand auf dem Zeichenbrett von Katana-Designer Hans A. Muth und brachte eine komplett neue Optik für alle Modelle im gemäßigten Katana-Style: Tank, Sitzbank, Heckabschluss – alles wesentlich eleganter und filigraner gelöst als bei den ersten Vierventil-Motorrädern. Auch technische Änderungen gab es – leider auch dort, wo der Fortschritt sich als Rückschritt erwies: Die neue Telegabel mit Anti-Dive war unglücklich abgestimmt, verschlechterte die Dosierbarkeit der Bremsen und führte zu Komforteinbußen. Manche GSX-Eigner legten das System deshalb vernünftigerweise still. Suzuki erteilte dieser Praxis durch eine Unbedenklichkeitserklärung später sogar seinen Segen.

Suzuki GSX 550 E / ES / EF (1982–1987) Suzuki GSX 750 ES / EF (1982–1988)

Die Ablösung der ersten GSX-Generation begann schon zur IFMA 1982 mit der Präsentation der neuen GSX-Fours mit 550 und 750 Kubik. Sie führten auch das nun für einige Jahre gültige Bezeichnungsschema EU (nackt), ES (Halbschale) und EF (Vollverkleidung) ein.

Insbesondere bei der Nachfolgerin der GS 550 handelte es sich um eine Maschine, welche Mitte der Achtziger Maßstäbe setzte und jeder Konkurrenz weit voraus war: Die laut Eigenwerbung »sensationelle Fünffünfziger« war eine komplette Neukonstruktion und ließ mit etwas gutem Willen im neuen Vierkant-Rohrrahmen, kombiniert mit Rundrohr-Oberzügen, Anleihen bei Franco Uncinis Maschine erkennen, mit der er 1982 Motorrad-Weltmeister geworden war. Zum alufarbenen Stahlgerüst kamen eine neue Gabel, ein modisches 16-Zoll-Vorderrad mit Anti-Dive und eine neue Schwinge mit Zentralfederbein, die bei Suzuki »Full Floater« hieß. Die 550er mit ihrem schmal bauenden Vierzylindermotor war schnell und knackte als erstes Mittelklasse-Motorrad auch an schlechten Tagen die 200-km/h-Marke. Es hat sie in allen drei Varianten gegeben, und alle litten unter dem gleichen Problem: Schön waren sie nicht.

Erste Vertreterin der neuen 750er-Familie war die GSX 750 ES mit Halbschale. Und wie bei der 550er galt: Viel wichtiger als das neue Plastik war das taufrische Fahrwerk mit Vierkantrohren

Mit der GSX 550 E auf 16-Zoll-Vorderrad stellte Suzuki eine neue Generation von Sportmotorrädern vor. Es gab drei Varianten: Die EU hatte Cockpit-, die ES Halb- und die EF Vollverkleidung. Je nach Baujahr gab es sie offen mit 62 oder 64 PS.

Die GSX 750 ES war ebenfalls von Katana-Schöpfer H.A. Muth gestylt worden. In Europa war die halbverkleidete GSX 1100 ES die erste Maschine in dieser Optik gewesen, allerdings ohne Monoshock. Doch auch mit Kastenschwinge überzeugten weder Fahrwerk noch Bremsen so richtig.

Merkmale dieser Generation waren das 16-Zoll-Fahrwerk und ein Rahmen, der runde und eckige Rohre kombinierte. Die vollverkleidete EF erschien ein Jahr nach der ES.

für die Rahmenunterzüge, das im Prinzip gleich aufgebaut war wie das bei der 550er – 16-Zöller vorn und Anti-Dive-Gabel, 18-Zoll-Hinterrad und Alu-Kastenschwinge mit Zentralfederbein. Sahnestück der neuen ES war der im Prinzip bekannte, aber stark überarbeitete DOHC-Vierzylinder, der nun 86 PS leistete. Für 1984 wurde der GSX 750 ES die vollverkleidete und damit um zwei Kilogramm schwerere EF zur Seite gestellt, 1986 war der Motor um vier auf 90 PS erstarkt und hatte dafür das nutzlose Anti-Dive-System verloren. Ohne Verkleidung wurde die 750er hierzulande nie angeboten.

Suzuki GSX 1100 E / ES / EF (1984–1987)

Trotz der unverkennbaren Verwandtschaft zur GSX 1100 ES handelte es sich bei der 1100er um ein weitgehend neues Motorrad, was sich vor allem am Fahrwerk bemerkbar machte. Neu waren die Alu-Hinterradschwinge mit Zentralfederbein (Full Floater) sowie das 16-Zoll-Vorderrad, was eine komplett neu ausgelegte Rahmengeometrie erforderte; ebenso neu die Telegabel mit vierfach verstellbarer Druckstufe sowie die Bremsanlage. Außerdem war der Motor aufgebohrt worden, die 1100er galt als Drehmomentwunder. Die Produktion der E- und Katana-Modelle im alten Design endete 1983, während die der neuen, vollverkleideten GSX 1100 anlief. Um den Abverkauf nicht zu behindern, wurde im Frühjahr 1984 erst die vollverkleidete EF ausgeliefert. Im März 1985 wurde die Modellreihe um die unverkleidete E-Version mit Rundscheinwerfer erweitert. Für 1986 folgte die GSX 1100 ES mit Halbschale. Um den Abverkauf zur Saison 1987 zu beschleunigen, erhielten alle GSX-1100-Modelle einen Koffersatz samt Brücke und Halter: Die GSX 1100 F stand vor der Tür.

Im März 1985 wurde die Modellreihe um die unverkleidete E-Version mit Rundscheinwerfer erweitert, die sich technisch nicht von der EF unterschied.

Für 1986 folgte die GSX 1100 ES mit Halbschale, die für 11.699 Mark im Programm stand.

Suzukis Tourenflaggschiff GSX 1100 EF leistete offen 114 PS. Es gab die GSX 1100 in drei Ausführungen. Hier die Luxusausgabe GSX 1100 EF mit Vollverkleidung.

Jahr	1983–1987	1982–1986	1984–1988	1984–1987
Modell	**GSX 550 ES / EF / EU**	**GSX 750 ES**	**GSX 750 EF**	**GSX 1100 E / EF / ES**
Motor				
Hubraum (cm³)	572	747	747	1135
Zylinder	R 4	R 4	R 4	R 4
Bohrung x Hub (mm)	60 x 50,6	67 x 53	67 x 53	77 x 66
Arbeitsweise	4-Takt	4-Takt	4-Takt	4-Takt
Steuerung	DOHC	DOHC	DOHC	DOHC
Gemischaufbereitung	2 x Mikuni Ø 30	4 x Mikuni Ø 32	4 x Mikuni Ø 32	4 x Mikuni Ø 36
Ventile/Zylinder	4	4	4	4
Verdichtung	10 (9,8)	9,6	9,6	9,7
Kühlung	L	L	L	L
Leistung (kW (PS) / bei U/min)	46 (62) / 9500, ab 1984: 47 (64) / 10.000; 37 (50) / 9600	63 (86) / 9500	66 (90) / 9500	74 (100) / 8700
Max. Drehmoment (Nm / bei U/min)	47 / 8000; 48,2 / 8000; 42,2 / 7650	66,6 / 8500	67,7 / 8500	96,9 / 6500
Batterie	12 V 12 Ah	12 V 14 Ah	12 V 14 Ah	12 V 14 Ah
Generator (Watt)	240	250	250	250
Kraftübertragung				
Anz. Gänge	6	5	5	5
Übersetzung	2,66 / 1,77 / 1,38 / 1,17 / 1,04 / 0,95	2,5 / 1,75 / 1,36 / 1,13 / 0,95	2,5 / 1,75 / 1,36 / 1,13 / 0,95	2,50 / 1,77 / 1,38 / 1,12 / 0,96
Hinterradantrieb	K	K	K	K
Endübersetzung	3,28	3,07	3,07	2,80
Starter	Elektro	Elektro	Elektro	Elektro
Fahrwerk				
Rahmen	SDR	SDR	SDR	SDR
Vorderradfederung	T Ø 38	T Ø 37	T Ø 37	T Ø 37
Hinterradfederung	ZF	ZF	ZF	ZF
Federweg vorne (mm)	150	150	150	160
Federweg hinten (mm)	117	107	107	140
Vorderradbremse	DSB Ø 260	DSB Ø 260	DSB Ø 270	DSB Ø 280
Hinterradbremse	SB Ø 260	SB Ø 260	SB Ø 270	SB Ø 280
Vorderradreifen	100/90-16	100/90-16	100/90-16	110/90-16
Hinterradreifen	110/90-18	120/90-17	120/90-17	130/90-17
Allgemeine Daten				
Radstand (mm)	1420	1505	1505	1510 / 1540 / 1550
Maße (Länge, mm)	2120	2180	2180	2200 / 2250
Lenkkopfwinkel (Grad)	62,45	62	62	62
Nachlauf (mm)	101	106	106	117 / 116
Gewicht (kg)	216 / EF: 220 / EU: 211	238	240	243-264
Tankinhalt (l)	18	19	19	20
Beschleunigung (s)	4,5 / EF: 4,7 / EU: 5,3	4,2	4,2	3,8
Höchstgeschw. (km/h)	201 / EF: 198 / EU: 182	210	208	224
Preis inkl. MwSt (DM)	6560–8159,–	8790–8999,–	9699–9559,–	10.099–12.999,–
	ES: 1983-86, EF: 1984-87, EU: 1985-87	ab 185: 66 kW		ES: Halbverkleidung

Die Katana-Modelle

Suzuki GSX 400 F Katana (1981–1984)

Optisch zahmer und massenkompatibler als die großen GSX-S-Modelle präsentierte sich die GSX 400 F, die kleinste der hier angebotenen Katanas. Sie war vor allem für den wichtigen japanischen Inlandsmarkt bestimmt und brachte Vierzylinder-Flair auch in die 400er-Klasse. Für Vortrieb sorgte ein komplett neuer 16-V-Vierzylinder in extrem kurzhubiger Auslegung mit 41 PS bei 10.500/min. Die knapp 200 kg wiegende Four überzeugte in Handling, Geradeauslauf und Kurvenverhalten, nicht ganz geglückt dagegen die Abstimmung der hinteren, fünffach verstellbaren Federbeine – und die Preisgestaltung: Über 6000 Mark waren Anfang der 80er-Jahre für eine 400er in der 50-PS-Klasse einfach zu viel. Nur für Japan gab es übrigens den Motor auch im Radikal-Styling der großen Katanas; auch die GSX 250 Katana gelangte nicht nach Deutschland.

Die knapp 200 kg schwere GSX 400 F sprach Liebhaber leichter Fours an. Hauptabsatzmarkt war aber Japan.

Suzuki GS 550 EM Katana (1980–1983)
Suzuki GS 650 Katana G (1981–1984)

Etwas weniger extrem gestylt waren die Mittelklasse-Katanas, ebenfalls von Target-Design auf Basis der alten GS-Zweiventiler geschaffen. Die GS 550 EM – die es natürlich je nach Markt auch als 500er gab – hielt sich noch am engsten an die Basis, der Motor verfügte, wie das spätere T-Modell, über Gleichdruckvergaser und Transistorzündung. Der Rest

Die 550er Katana war von der 650er auf den ersten Blick nicht zu unterscheiden, es sei denn, man achtete auf den Sekundärantrieb: Die Kardanwelle, entwickelt für die GS 850 G, gab es nur in Verbindung mit dem größeren Motor.

stammte mehr oder minder unverändert aus dem 550er-E-Fundus. Darüber angesiedelt war die kurz darauf gezeigte 650er Katana. Suzuki versuchte sich damit in einer Hubraumklasse, die der Importeur in Deutschland bisher noch gar nicht bedient hatte. In der Optik war sie nicht von der 550er zu unterscheiden, technisch dagegen schon: Kardan statt Kette, 17- statt 18-Zoll-Hinterrad, 110 statt 116 mm Nachlauf sowie eine verstellbare Teleskopgabel waren die wichtigsten Unterschiede. Im Fahrverhalten nahmen sich beide nichts, die Katanas waren mehr auf Sport denn auf Komfort ausgelegt, liefen tadellos geradeaus und wollten mit Nachdruck um die Ecke gezwungen werden. Wie bei den anderen Katana-Modellen verhinderten auch in diesem Fall Optik und Preisgestaltung größere Verkaufserfolge, sie ließen sich nur mit großen Abschlägen an den Mann bringen.

Die GS 550 EM war zunächst sehr teuer, wurde später aber dann kräftig im Preis reduziert. Heute eine im Originalzustand aufzutreiben, ist schwierig.

Suzuki GSX 750 S Katana (1980–1984)
Suzuki GSX 1100 S Katana (1980–1984)

Ein Kapitel für sich waren die Katanas, die mutigsten Motorradentwürfe des Jahrzehnts. Zur IFMA 1980 feierte die von Target-Design / Hans A. Muth geschaffene Katana-Baureihe Premiere. Flaggschiff war die avantgardistische GSX 1100 S (für bestimmte Märkte wie Australien auch mit nur einem Liter Hubraum), die sich von der kleineren Schwester nur durch den zweifarbigen Sitzbankbezug unterschied. Technisch basierte sie auf der biederen GSX 1100, bot aber im mittleren Drehzahlbereich noch mehr Durchzug als der ohnehin schon bärenstarke E-Typ. Schon bei 50 km/h konnte die fünfte Gangstufe eingelegt

Die GSX 750 S Katana war von der 1100 S nur am Bezug der Sitzbank zu unterscheiden. Der war bei der großen Katana zweifarbig. Außerdem hatte diese ein 17-Zoll-Hinterrad, die 750er hingegen einen 18-Zöller.

Die Katana-Reihe erlangte weltweit enorme Popularität und wurde zu einem Dauerbrenner, der bis 2000 produziert wurde. Sie umfasste eine Palette von Motorrädern mit 1100, 1000, 750, 400 und 250 Kubikzentimetern Hubraum.

werden – und drinbleiben. Kraft in jeder Lebenslage, und in der Tat können Kraftentfaltung und Leistungsvermögen noch heute überzeugen. Schon damals nicht der Weisheit letzter Schluss dagegen waren die Sitzposition und das Fahrwerk.

Das galt auch für die kleinere 750er Katana, die mit 82 PS bei 9200/min die damals stärkste in ihrer Klasse war. Der Feinschliff fehlte, und das Anti-Dive-System legte man am besten sowieso gleich still.

Jahr	1981–1984	1981–1983	1981–1984	1980–1984	1980–1984
Modell	**GSX 400 F Katana**	**GS 550 EM Katana**	**GS 650 G Katana**	**GSX 750 S Katana**	**GSX 1100 S Katana**
Motor					
Hubraum (cm³)	399	549	674	747	1074
Zylinder	R 4	R 4	R 4	R 4	R 4
Bohrung x Hub (mm)	53 x 45,2	56 x 55,8	62 x 55,8	67 x 53	72 x 66
Arbeitsweise	4-Takt	4-Takt	4-Takt	4-Takt	4-Takt
Steuerung	DOHC	DOHC	DOHC	DOHC	DOHC
Gemischaufbereitung	4 x Mikuni Ø 26	4 x Mikuni Ø 32	4 x Mikuni Ø 32	4 x Mikuni Ø 34	4 x Mikuni Ø 34
Ventile/Zylinder	4	2	2	4	4
Verdichtung	10,2	9,7	9,4	9,8	9,5
Kühlung	L	L	L	L	L
Leistung (kW (PS) / bei U/min)	31 (42) / 10.500	37 (50) / 9400	54 (73) / 9500	60 (82) / 9500	74 (100) / 8700
Max. Drehmoment (Nm / bei U/min)	30,2 / 8500	38,4 / 8400	57,4 / 8000	65,2 / 8200	89 / 6500
Batterie	12 V 12 Ah	12 V 12 Ah	12 V 14 Ah	12 V 14 Ah	12 V 14 Ah
Generator (Watt)	200	200	250	250	250
Kraftübertragung					
Anz. Gänge	6	6	5	5	5
Übersetzung	3,166 / 2,125 / 1,613 / 1,333 / 1,173 / 1,083	2,666 / 1,777 / 1,380 / 1,173 / 1,045 / 0,956	2,678 / 1,851 / 1,438 / 1,171 / 1,000	2,571 / 1,777 / 1,380 / 1,125 / 0,961	2,500 / 1,777 / 1,380 / 1,125 / 0,961
Hinterradantrieb	K	K	W	K	K
Endübersetzung	2,866	3,333	3,090	2,733	2,800
Starter	Elektro	Kick / Elektro	Elektro	Elektro	Elektro
Fahrwerk					
Rahmen	SDR	SDR	SDR	SDR	SDR
Vorderradfederung	T Ø 35	T Ø 35	T Ø 37	T Ø 37	T Ø 37
Hinterradfederung	S	S	S	S	S
Federweg vorne (mm)	150	150	150	150	150
Federweg hinten (mm)	90	85	90	85	85
Vorderradbremse	DSB Ø 275	DSB Ø 270	DSB Ø 275	DSB Ø 275	DSB Ø 275
Hinterradbremse	SB Ø 250	SB Ø 260	SB Ø 275	SB Ø 275	SB Ø 275
Vorderradreifen	3.25-19	3.25-19	3.25-19	3.25-19	3.50-19
Hinterradreifen	110/90-18	4.00-18	4.25-17	120/90-18	4.50-17
Allgemeine Daten					
Radstand (mm)	1415	1450	1480	1520	1520
Maße (Länge, mm)	2120	2170	2180	2260	2270
Lenkkopfwinkel (Grad)	63	62	62,25	62	62
Nachlauf (mm)	97	116	110	120	120
Gewicht (kg)	197	222	239	249	272
Tankinhalt (l)	15	23	23	21	21
Beschleunigung (s)	6,6	5,9	5	4,5	3,6
Höchstgeschw. (km/h)	170	182	197	207	228
Preis inkl. MwSt (DM)	6885–4999,–	8215–5499,–	8915–5999,–	9290–7950,–	11.990–9899,–

Die Modelle mit Luft-/Ölkühlung

Suzuki GSX-R 750 (1984–1988)
Suzuki GSX-R 750 (1988–1992)

Die zur IFMA 1984 präsentierte GSX-R 750 war das erste Supersport-Motorrad für die Straße, nicht minder revolutionär als die CB 750 von 1968. Motorseitig an den Vierventiler der bisherigen GSX 750 angelehnt und mit Öl-/Luftkühlung versehen, handelte es sich beim Alu-Fahrwerk um eine völlige Neukonstruktion mit Leichtmetall-Kastenschwinge und Full-Floater. Das Fahrwerk galt auch als Schwachstelle des 100 PS starken und trocken nur 176 kg schweren Supersportlers, insbesondere bei Tempi über 200 km/h entwickelte sich ein reges Eigenleben. Bereits 1986 wurden daher die Schwinge um 30 mm verlängert und neue Radialreifen montiert, 1987 folgten ein 21-Liter-Tank, ein modifiziertes Zentralfederbein mit 10 mm mehr Federweg und eine verstärkte Vorderachse. Suzuki gab der GSX-R 750 ab der Saison 1988 ein deutlich alltagstaugliches 17-Zoll-Fahrwerk, aber einen extrem kurzhubig ausgelegten Motor mit auf den Weg. Der Supersportler mit dem drehzahlhungrigen Vierventiler kostete 13.740 Mark und war mit 2123 verkauften Einheiten beliebtestes Suzuki-Modell des Jahres. In den folgenden Jahren verbesserte Suzuki seinen Bestseller stetig, 1990 wurde er technisch der Doppel-R angeglichen, neu ausgelegt (70 x 48,7 mm) und mit einer Upside-down-Teleskopgabel versehen. Bereifung: 120/70 ZR 17 bzw. 170/60 ZR 17; Leergewicht 227 kg. 1991 kam ein überarbeiteter Ventiltrieb (Einzel- statt gegabelter Doppelschlepphebel) sowie eine komplett neue Verkleidung: Die Doppelscheinwerfer waren nun unter Glas. Zuletzt für DM 14.990,– angeboten, erfolgte dann 1992 die Ablösung durch die wassergekühlten Modelle.

Die GSX-R 750 läutete auf der Kölner Motorradmesse IFMA im September 1984 die Ära der Supersportler ein.

Mit der ersten Modellpflege 1986 erhielt die GSX-R eine um 30 mm längere Hinterradschwinge, neue Radialreifen und ein anderes Verkleidungsunterteil.

Die Modellpflege 1988 brachte der GSX-R 750 einen neuen Motor samt Vergasern, ein neues Fahrwerk und eine modifizierte Verkleidung.

Die GSX-R 750 kam ab 1990 mit Upside-down-Gabel, neuer Verkleidung und einem neuen Motor mit Ventiltrieb über Einzelschlepphebel.

GSX-R 750, 1991: Insgesamt 13.000 Motorradfahrer entschieden sich hierzulande für die öl-/luftgekühlte 750er.

Basismotorrad für den Superbike-Rennsport: Suzuki GSX-R 750 R Limited Edition, 1986. Ihre Merkmale waren die Trockenkupplung, Magnesium-Deckel für das Kettenritzel und die Einzelsitzbank. 500 Stück entstanden.

Im Mai 1989 erschien die auf 1000 Exemplare limitierte GSX-R 750 RR als Superbike-Basis, u.a. mit geänderten Kubaturen, doppeltem Ölkühler, 40-mm-Vergasern und schwimmend gelagerten Bremsscheiben.

Suzuki GSX-R 750 R (1986–1992)

Mit der GSX-R wagte Suzuki auch den Einstieg in die Superbike-Szene. 1985 erstmals an den Start geschoben, gewann Ernst Gschwender mit der GSX-R im Renntrimm vier Rennen und wurde Vizemeister. Diesen Erfolg wiederholte er im folgenden Jahr. 1987 schaffte der Münchner den Sprung nach ganz oben, ebenso im Jahre 1988. Die straßentaugliche Version der Superbike-Maschine wurde ab 1986 unter der Bezeichnung GSX-R 750 R vermarktet. Sie verfügte über Trockenkupplung, einen Magnesium-Deckel für das Kettenritzel, Einzelsitzbank und modifizierte Bremsen. 200 der 500 gebauten Exemplare fanden den Weg nach Deutschland.

Auch vom 1988er Modell gab es ein Basis-Bike für den Rennsport; diese Doppel-R verfügte u. a. über ein Bohrung-Hub-Verhältnis von 70 x 48,7 mm, 40er-Vergaser, eine andere Fahrwerksgeometrie, Fiberglas-Verkleidung und 5,5-Zoll-Felgen mit schlauchlosen Michelin-Pneus. Die auf 1000 Stück limitierte GSX-R 750 R ´89 kostete 23.390 Mark.

Jahr	**1984–1988**	**1988–1989**	**1990**	**1991–1992**	**1986**	**1989**
Modell	**GSX-R 750**	**GSX-R 750**	**GSX-R 750**	**GSX-R 750**	**GSX-R 750 SP**	**GSX-R 750 RR**
Motor						
Hubraum (cm³)	749	739	749	749	749	749
Zylinder	R 4	R 4	R 4	R 4	R 4	R 4
Bohrung x Hub (mm)	70 x 48,7	73 x 44,7	70 x 48,7	70 x 48,7	70 x 48,7	70 x 48,7
Arbeitsweise	4-Takt	4-Takt	4-Takt	4-Takt	4-Takt	4-Takt
Steuerung	DOHC	DOHC	DOHC	DOHC	DOHC	DOHC
Gemischaufbereitung	4 x Mikuni Ø 29	4 x Mikuni Ø 36	4 x Mikuni Ø 38	4 x Mikuni Ø 38	4 x Mikuni Ø 29	4 x Mikuni Ø 40
Ventile/Zylinder	4	4	4	4	4	4
Verdichtung	9,8	11,3	10,9	11	11	11,2
Kühlung	Luft/Öl	Luft/Öl	Luft/Öl	Luft/Öl	Luft/Öl	Luft/Öl
Leistung (kW (PS) / bei U/min)	74 (100) / 10.500	74 (100) / 10.200	74 (100) / 10.500	74 (100) / 10.500	74 (100) / 11.000	87,5 (120) / 11.000
Max. Drehmoment (Nm / bei U/min)	70,6 / 9000	70,3 / 9800	71 / 9300	71 / 9300	74 / 8400	70 / 9800
Batterie	12 V 14 Ah	12 V 14 Ah	12 V 14 Ah	12 V 14 Ah	12 V 14 Ah	12 V 10 Ah
Generator (Watt)	360	420	420	420	360	360
Kraftübertragung						
Anz. Gänge	6	6	6	6	6	6
Übersetzung	2,769 / 2,062 / 1,647 / 1,400 / 1,227 / 1,095	2,769 / 2,062 / 1,647 / 1,400 / 1,227 / 1,095	2,769 / 2,062 / 1,647 / 1,400 / 1,227 / 1,095	2,769 / 2,062 / 1,647 / 1,400 / 1,227 / 1,095	2,769 / 2,062 / 1,647 / 1,400 / 1,227 / 1,095	2,384 / 1,882 / 1,631 / 1,450 / 1,291 / 1,200
Hinterradantrieb	K	K	K	K	K	K
Endübersetzung	3,000	2,933	2,866	2,866	3,00	2,6
Starter	Elektro	Elektro	Elektro	Elektro	Elektro	Elektro
Fahrwerk						
Rahmen	LKR	LKR	LKR	LKR	LKR	LKR
Vorderradfederung	T Ø 41	T Ø 43	USD Ø 41	USD Ø 41	T Ø 41	T Ø 43
Hinterradfederung	ZF	ZF	ZF	ZF	ZF	ZF
Federweg vorne (mm)	130	120	120	120	130	120
Federweg hinten (mm)	126	136	136	136	126	136
Vorderradbremse	DSB Ø 300	DSB Ø 310	DSB Ø 310	DSB Ø 310	DSB Ø 310	DSB Ø 310
Hinterradbremse	SB Ø 225	SB Ø 240	SB Ø 240	SB Ø 240	SB Ø 210	SB Ø 240
Vorderradreifen	110/80-18	120/70-17	120/70-17	120/70-17	110/80-18	130/60-17
Hinterradreifen	140/70-18	160/60-17	170/60-17	170/60-17	140/70-18	170/60-17
Allgemeine Daten						
Radstand (mm)	1430, ab 1986: 1465	1410	1415	1435	1455	1405
Maße (Länge, mm)	2220	2110	2060	2120	2115	2150
Lenkkopfwinkel (Grad)	64	65	66	65,3	64	65,10
Nachlauf (mm)	107	99	100	99	107	99
Gewicht (kg)	206	222	232	238	199 (trocken)	215
Tankinhalt (l)	19	21	21	21	19	19
Beschleunigung (s)	3,9	3,6	3,4	3,7	3,8	3,7
Höchstgeschw. (km/h)	231	227	230	238	226	248
Preis inkl. MwSt (DM)	12.799–13.199,–	13.399–13.810,–	14.550–14.870,–	14.550–14.870,–	19.549,–	23.990,–
	1986: 30 mm längere Schwinge					

Suzuki GSX-R 1100 (1986–1989)
Suzuki GSX-R 1100 (1989–1993)

Die Maxi-Ausgabe der Dreiviertelliter-GSX-R erschien im Oktober 1985 im kalifornischen Laguna Seca. Wichtigster Unterschied, neben dem Hubraum, war das Chassis aus deutlich größer dimensionierten Aluprofilrohren. Während die ersten 750er bei hohen Tempi ein beängstigendes Eigenleben entwickelt hatten, erwies sich die GSX-R 1100 als sehr stabil, obwohl die Alu-Doppelschleife nur 12 kg wog. Im stranggepressten Leichtmetall hing eine vergrößerte Ausgabe des öl-/luftgekühlten Vierventil-Triebwerks, das offen 130 PS leistete. Im Test-Schnitt sog die GSX-R 1100 rund sieben Liter durch die Düsen ihrer 34-mm-Mikuni-Vergaser, bei häufigen Vollgasfahrten waren es rund zehn Liter. Auch in Handling und Fahrleistungen setzte die GSX-R 1100 mit ihrem Kampfgewicht von 228 kg neue Maßstäbe, einzig das zu straff gefederte Zentralfederbein minderte den positiven Eindruck. Größere Modellpflegemaßnahmen waren nicht notwendig, sieht man einmal von der Umrüstung auf Dreispeichenräder und ein neu dimensioniertes Hinterrad 1988 ab.

Wesentlich stärker modifiziert rollte die GSX-R 1100 in die Neunziger: Mehr Hubraum, neue Vergaser, 17-Zoll-Räder mit Michelin-Pneus, ein versteifter Rahmen mit verkürztem Radstand und ein aus Gründen der Schwerpunktlage um 12 mm abgesenkter Motor sowie neue Gabel und Federelemente – das waren die wichtigsten Merkmale der neuen Generation,

Die GSX-R 1100 galt lange Jahre als das Nonplusultra in der Big-BikeSzene. Von der 750er unterschied sie sich im Hubraum und in der Rahmenkonstruktion.

Die GSX-R 1100 wurde 1989 komplett überarbeitet. Die Leistung stieg auf offen 143 PS, für Deutschland blieb es bei den 100 PS.

Auch die zweite GSX-R-Generation unterlag einer ständigen Modellpflege, 1991 zum Beispiel wurde auf 40-mm-Gleichdruckvergaser umgestellt.

die offen nun 143 PS leistete. Weitere Fahrwerksmodifikationen folgten, die letzte größere Modellpflege erfolgte zur IFMA 1991: Die 1100er erhielt einen neuen Zylinderkopf, 40er Slingshot-Vergaser, schmalere 17-Zoll-Räder und eine neue Verkleidung. In dieser Form wurde die GSX-R 1100 bis 1993 zuletzt für DM 17.990,– verkauft.

Jahr	1986–1989	1989–1990	1991–1993
Modell	GSX-R 1100	GSX-R 1100	GSX-R 1100
Motor			
Hubraum (cm³)	1052	1127	1127
Zylinder	R 4	R 4	R 4
Bohrung x Hub (mm)	76 x 58	78 x 59	78 x 59
Arbeitsweise	4-Takt	4-Takt	4-Takt
Steuerung	DOHC	DOHC	DOHC
Gemischaufbereitung	4 x Mikuni Ø 34	4 x Mikuni Ø 36	4 x Mikuni Ø 40
Ventile/Zylinder	4	4	4
Verdichtung	10	10	10
Kühlung	Luft/Öl	Luft/Öl	Luft/Öl
Leistung (kW (PS) / bei U/min)	74 (100) / 8700	74 (100) / 8500	74 (100) / 8500
Max. Drehmoment (Nm / bei U/min)	101 / 8300	90 / 7000	90 / 7000
Batterie	12 V 14 Ah	12 V 14 Ah	12 V 14 Ah
Generator (Watt)	420	420	420
Kraftübertragung			
Anz. Gänge	5	5	5
Übersetzung	2,385 / 1,632 / 1,250 / 1,045 / 0,913	2,385 / 1,632 / 1,250 / 1,045 / 0,913	2,385 / 1,632 / 1,250 / 1,045 / 0,913
Hinterradantrieb	K	K	K
Endübersetzung	3,285	3,20	2,80
Starter	Elektro	Elektro	Elektro
Fahrwerk			
Rahmen	LKR	LKR	LKR
Vorderradfederung	T Ø 41	T Ø 41, ab 1990: USD Ø 41	USD Ø 41
Hinterradfederung	ZF	ZF	ZF
Federweg vorne (mm)	130	120	120
Federweg hinten (mm)	126	140	158
Vorderradbremse	DSB Ø 310	DSB Ø 310	DSB Ø 310
Hinterradbremse	SB Ø 220	SB Ø 240	SB Ø 240
Vorderradreifen	110/80-18	120/70-17, ab 1990: 130/70-17	120/60-17
Hinterradreifen	150/70-18, ab 1988: 160/60-18	160/60-17, ab 1990: 180/55-17	180/55-17
Allgemeine Daten			
Radstand (mm)	1460	1425	1465
Maße (Länge, mm)	2115	2050	2090
Lenkkopfwinkel (Grad)	63,5	64,5	65,5
Nachlauf (mm)	117	99	99
Gewicht (kg)	225	243	253
Tankinhalt (l)	19	21	21
Beschleunigung (s)	3,3	3,4	3,4
Höchstgeschw. (km/h)	228	235	232
Preis inkl. MwSt (DM)	15.239–15.849,–	16.590–17.300,–	17.590,–
	Ab 1987: 21-l-Tank	4-in-2-Auspuffanlage	

Suzuki GSX 600 F (1987–2001)
Suzuki GSX 750 F (1989–2002)
Suzuki GSX 1100 F (1987–1997)

Zum Dauerbrenner im Modellprogramm entwickelte sich die GSX 600 F von 1987, die die kantige 550er ablöste. Diese zeitgemäße Umverpackung für die grundsoliden und unverwüstlichen Suzuki-Motoren hatte das für die zweite Hälfte des Jahrzehnts typische Joghurtbecher-Design, es gab sie nur

Die erste Generation wurde ab 1988 verkauft. Wichtige Modellpflegemaßnahmen: 1989: Dreispeichen-Felgen, breiterer Hinterreifen sowie einstellbare Federelemente; 1990: Neue Vergaser und längere Schalldämpfer; 1992: Änderungen an Primär-/Sekundärübersetzung; 1994: 34-PS-Version; 1996: Modifikationen an Schalldämpfern, Vergasern, Luftfilter, Zündung und Nockenwellenantrieb.

noch mit Vollverkleidung. Der Motor war eine heruntergebuchste Ausgabe des öl-/luftgekühlten Motors aus der GSX-R 750. Suzukis erste 600er war in drei Leistungsstufen – 86, 50 und 27, später 34 PS – lieferbar, verfügte über ein 17-Zoll-Fahrwerk und eine Dreischeiben-Bremsanlage mit Vierkolben-Bremszangen vorn. Im Prinzip handelte es sich um einen sehr geglückten Entwurf, der in Tests aber durch eine unglückliche Motor- und Getriebeabstimmung auffiel: Der Mittelklasse-Sportler benötigte Drehzahlen und einen eifrigen Schaltfuß. Anders als die in drei Versionen vorrollende Vorgängerin gab es die GSX 600 F ausschließlich mit Vollverkleidung. Bis 1998 kamen rund 20.000 Stück aus Japan, danach folgte die technisch identische, aber leicht übergewichtig wirkende 600er mit gleichem Namen. Das gleiche, eine Nummer größer, hieß GSX 750 F und erschien jeweils ein Jahr nach der 600er und kam bei den Tests meist besser weg als diese. Die schon so oft zitierte

Interessant für Gebrauchtkäufer: Die über 20.000 Mal verkaufte GSX 600 F der ersten Generation bot viel Motorrad für wenig Geld. Charakteristische Schäden waren auch nach Jahren nicht bekannt, zumindest sofern die Vorbesitzer der handlichen Four ein Mindestmaß an Zuwendung gönnten. Am meisten Spaß machte der Tourensportler natürlich offen mit 86 PS.

Auch die als Sport-Tourer vermarktete GSX 750 F von 1989 trug den Motor der R-Reihe. 100 PS bei 10.400/min, 0–100 km/h in 3,6 s, 227 km/h, DM 12.740,–.

Ein Jahr nach Vorstellung der neuen GSX 600 F erfolgte die Einführung der GSX 750 F: Unter der großflächigen Vollverkleidung verbarg sich die modifizierte Technik der Vorgängerin.

Die GSX-F-Reihe erschien zum Ende des Jahrtausends im neuen Design. Den Anfang machte die GSX 600 F von 1998. Mit 80 PS war sie ein wenig schwächer als die Vorgängerin, was an neuen Zulassungsvorschriften lag.

Bequeme Sitzposition, gutes Handling, stabiles Fahrwerk, großer Tank, drehmomentstarker Motor, gute Ausstattung und akzeptabler Preis: GSX 1100 F, das Flaggschiff unter den Suzuki-Tourern.

100 PS bei 8000/min, 0–100 km/h in 3,8 s, 211 km/h, DM 14.990,–.

Motorrad urteilte im Januar 1989: »Die GSX verhält sich in allen Situationen bemerkenswert neutral, umrundet Kurven wie von selbst, lässt sich noch nicht einmal durch Fahrfehler aus der Ruhe bringen.« Die appetitlich aufgeputzten 231 Kilogramm Motorrad kosteten 12.280 Mark, inklusive Vollverkleidung, vierfach verstellbarem Handbremshebel, bissig zupackender Vierkolben-Bremsanlage, ausziehbaren Gepäckhaken unter der Sitzbank und mittig platzierter Benzinuhr.

Die dritte im Bunde der Sport-Tourer war dann die GSX 1100 F, mit der Suzuki Ende 1987 gegen Sport-Tourer wie FJ 1200 oder CBR 1000 antrat. Wie bei den beiden kleineren GSX-F-Modellen steckte unter der Vollverschalung ein GSX-R-Vierzylinder. Der überarbeitete Motor wuchtete bereits bei wenig mehr als 2000/min 60 Nm auf die jetzt gleitgelagerte Kurbelwelle, die Drehmomentkurve stieg dann kontinuierlich weiter an bis zum Maximum von 96 Nm bei 6500 Umdrehungen. Dank der 16-Zoll-Räder war die 265 kg schwere GSX-F sehr handlich, und wie die anderen F-Modelle stand sie, behutsam gepflegt, fast ein Jahrzehnt lang im Programm: Modellkonstanz wurde zu einer Suzuki-Tugend.

Suzuki GSX 1100 G (1991–1996)

Die GSX 1100 G blieb eine Ausnahmeerscheinung auf deutschen Straßen: Ursprünglich für den US-Markt konzipiert, kombinierte das Naked Bike den 1,1-Liter-Motor der GSX-R-Reihe, den Kardan-Antrieb der G-Modelle und die Suzuki-Full-Floater-Hinterradführung mit dem Design der VX. Das Herz der GSX-G bildete der schon aus R und F bekannte öl-/luftgekühlte

Die GSX 1100 G entstand primär für den amerikanischen Markt. Der deutsche Importeur hätte gerne ein Naked Bike mit VS-1400-Motor gehabt.

Reihenvierzylinder, der über andere Nockenwellen und neu abgestimmte Vergaser auf 100 PS gedrosselt worden war, weltweit übrigens: Mit mehr Leistung verließ kein G-Modell das Werk. Herausragendes Merkmal des mit einer zusätzlichen Ausgleichswelle versehenen R-Motors war der enorme Durchzug, die flache Drehmomentkurve zeigte bei 3000/min bereits 83, bei 4000/min schon 90 und bei 4500/min schon 95 Nm, während das Maximum von 98 Nm bei 7000/min anlag.

Jahr	1987–1988	1989–1997	1991–1992	1988–1997	1998–2001	1989–1997	1998–2002
Modell	**GSX 1100 F**	**GSX 1100 F**	**GSX 1100 G**	**GSX 600 F**	**GSX 600 F**	**GSX 750 F**	**GSX 750 F**
Motor							
Hubraum (cm³)	1128	1128	1128	599	599	739	748
Zylinder	R 4	R 4	R 4	R 4	R 4	R 4	R 4
Bohrung x Hub (mm)	78 x 59	78 x 59	78 x 59	62,6 x 48,7	62,6 x 48,7	73 x 44,7	70,0 x 48,7
Arbeitsweise	4-Takt	4-Takt	4-Takt	4-Takt	4-Takt	4-Takt	4-Takt
Steuerung	DOHC	DOHC	DOHC	DOHC	DOHC	DOHC	DOHC
Gemischaufbereitung	4 x Mikuni Ø 34	4 x Mikuni Ø 34	4 x Mikuni Ø 36	4 x Mikuni Ø 31	4 x Mikuni Ø 32	4 x Mikuni Ø 36	4 x Mikuni Ø 36
Ventile/Zylinder	4	4	4	4	4	4	4
Verdichtung	10	10	10	11,3	11,3	10,7	10,7
Kühlung	Luft/Öl	Luft/Öl	Luft/Öl	Luft/Öl	Luft/Öl	Luft-/Öl	Luft/Öl
Leistung (kW (PS) / bei U/min)	74 (100) / 8000	74 (100) / 8000, 1994: 72 (98) / 8000	74 (100) / 8000, ab 1994: 72 (98) / 8000	63 (86) / 11.000, auch 37 (50) / 10.000, auch 20 (27) / 8200	59 (80) / 10.500, ab 1999: 57 (78) /	74 (100) / 10.400	68 (92) / 10.500, auch 37 (50) / 10.000, auch 20 (27) / 8200
Max. Drehmoment (Nm / bei U/min)	96 / 6500	96 / 6500	98 / 7000	58,5 / 9600; 46 / 7000, 42,5 / 5000	55 / 10.000	72 / 9500	67 / 9500, 46 / 7000, 42,5 / 5000
Batterie	12 V 14 Ah	12 V 14 Ah	12 V 14 Ah	12 V 11 Ah	12 V 8 Ah	12 V 14 Ah	12 V 8 Ah
Generator (Watt)	360	420	420	360	550	420	550
Kraftübertragung							
Anz. Gänge	5	5	5	6	6	6	6
Übersetzung	2,38 / 1,63 / 1,25 / 1,04 / 0,91	2,38 / 1,63 / 1,25 / 1,04 / 0,91	2,71 / 1,80 / 1,40 / 1,18 / 1,03	3,08 / 2,06 / 1,64 / 1,39 / 1,22 / 1,09	3,08 / 2,06 / 1,64 / 1,39 / 1,22 / 1,09	3,08 / 2,06 / 1,64 / 1,39 / 1,22 / 1,09	3,08 / 2,06 / 1,64 / 1,39 / 1,22 / 1,09
Hinterradantrieb	K	K	W	K	K	K	K
Endübersetzung	3,46	3,46	2,714	3,28	3,21	3,21	3,13
Starter	Elektro	Elektro	Elektro	Elektro	Elektro	Elektro	Elektro
Fahrwerk							
Rahmen	SKR	SKR	SDR	SKR	SKR	SKR	SKR
Vorderradfederung	T Ø 41	T Ø 41	T Ø 43	T Ø 41	T Ø 41	T Ø 41	T Ø 41
Hinterradfederung	ZF	ZF	ZF	ZF	ZF	ZF	ZF
Federweg vorne (mm)	140	140	150	130	130	130	130
Federweg hinten (mm)	125	135	133	135	142	140	142
Vorderradbremse	DSB Ø 275	DSB Ø 275	DSB Ø 310	DSB Ø 290	DSB Ø 290	DSB Ø 290	DSB Ø 290
Hinterradbremse	SB Ø 275	SB Ø 275	SB Ø 295	SB Ø 250	SB Ø 240	SB Ø 250	SB Ø 240
Vorderradreifen	120/80-16	120/80-16	110/80-18	110/80-17	120/70-17	110/80-17	120/70-17
Hinterradreifen	150/80-16	150/80-16	160/70-17	140/80-17	150/70-17	150/70-17	150/70-17
Allgemeine Daten							
Radstand (mm)	1490	1535	1585	1430	1470	1470	1465
Maße (Länge, mm)	2185	2295	2270	2190	2200	2250	2175
Lenkkopfwinkel (Grad)	62	60	58	65,2	64,6	65	64,5
Nachlauf (mm)	112	122	156	98	99,5	101	100
Gewicht (kg)	265	273	287	223	229	231	235
Tankinhalt (l)	21	21	20	20	20	20	20
Beschleunigung (s)	3,8	4,0	4	4,4	4,5	3,7	3,6
Höchstgeschw. (km/h)	233	233	220	208; 180; 150	205	227	225
Preis inkl. MwSt (DM)	14.999–15.490,–	15.310–15.490,–	13.490–13.750,–	9990–10.630,–	11.990–13.290,–	12.280–14.190,–	12.290,–
							1994: auch 25 kW / 7000, 42,5 Nm / 5000

Die Modelle mit Flüssigkühlung

Suzuki GSX-R 750 W (1992–1995)
Suzuki GSX-R 750 W II (1996–1998)
Suzuki GSX-R 750 (1998–2000)
Suzuki GSX-R 600 (1996–2000)

In nahezu allen Belangen zeigte sich die wassergekühlte GSX-R ihren öl-/luftgekühlten Vorgängern überlegen. Das galt vor allem für den Alu-Rahmen, der deutlich stabiler ausfiel als zuvor. Ein richtig sportliches Motorrad wie die Ur-GSX-R war die neue allerdings nicht mehr, dazu war sie anfangs zu schwer. Diverse Maßnahmen für 1994 führten zu einer Absenkung des Trockengewichts auf 199 kg bei gleichzeitiger Einführung einer steiferen Schwinge und besserer Bremsen, um den Charakter als Sportmaschine zu unterstreichen. Das Fazit der Presse: »Nachdem sich die Suzuki ihrer Fettpölsterchen entledigt hat, ist sie eine richtige Sportrakete geworden. Neue Reifen und die super Bremsanlage tun ein Übriges. Und für 17.490 Mark ist die Suzi noch immer der preisgünstigste 750er Supersportler.« Darüber hinaus gab es mit der ab Februar 1994 lieferbaren GSX-R 750 SP ein Basis-Motorrad für den Superbike-Sport, das sich durch 40 mm Flachschiebervergaser, die voluminösere Abgasanlage und die geänderte Getriebeabstufung vom Serienmodell unterschied. Die SP wog 220 kg und kostete laut Liste 22.990 Mark.

Die GSX-R 750 der Saison 1996 verfügte über einen komplett neuen Motor mit dreigeteiltem Motorgehäuse und einen neu gezeichneten Alu-Brückenrahmen im Stil der GP-Rennmaschine. Vollgetankt brachte die neue GSX-R 204 kg auf die Waage, sie war damit satte 30 kg leichter als

1992 erhielt die GSX-R 750 Wasserkühlung. Leider geriet das neue Superbike mit 238 Kilogramm sehr schwer, deshalb wurde die 16.000 Mark teuere Maschine bereits zum Modelljahr 1994 komplett umgebaut.

die unmittelbare Vorgängerin und vermittelte immensen Fahrspaß, wie die Journalisten bei ersten Tests in Misano feststellten. Die offen 128 PS starke GSX-R setzte dank des phantastischen, drehfreudigen Motors Maßstäbe, und das handliche Fahrwerk verfügte »trotz leichter Schwächen« über ein enormes Potential, das sich nur auf der Rennstrecke entfalten konnte: Für den täglichen Weg zur Arbeit war sie zu schade – und zu anstrengend.

Für 1998 wurde die Dreiviertelliter-»Gixxer« ein letztes Mal überarbeitet, wobei die GSX-R 600 als Vorlage diente. Von außen auf den ersten Blick nur an den neuen Aufklebern zu erkennen, war sie nun, dank Einspritzanlage, nominell 135 PS stark. Spürbar war der Kraftzuwachs vor allem im mittleren Drehzahlbereich, die GSX-R agierte nun deutlich druckvoller – und kultivierter. Weitere technische Änderungen betrafen die Verwendung einer Direktzündung (Zündkerzenstecker mit integrierten Zündspulen),

Zum Modelljahr 1996 präsentierte sich die GSX-R 750 komplett überholt. Motor, Rahmen und Fahrwerk waren neu beziehungsweise stark überarbeitet worden.

Für die Saison 1998 erhielt die GSX-R 750 ein weiteres Update. Herzstück war die Umstellung auf Kraftstoffeinspritzung mit 46-mm-Drosselklappen.

Mit der GSX-R 600 rundete Suzuki 1996 die Reihe seiner supersportlichen Flaggschiffe nach unten ab. Bis 1998 litt sie aber noch unter Kinderkrankheiten.

geänderte Steuerzeiten, modifizierte Bremsanlage, andere Übersetzung und ein geändertes Motormanagement. Auf der Milleniums-IFMA stand dann die Ablösung.

Die GSX-R 600 von 1996 war eine Ableitung der zweiten wassergekühlten GSX-R-Generation. Die Unterschiede zur 750er beschränkten sich in erster Linie auf Leistung, Hubraum sowie einige Details an Fahrwerk und Bremsen, deren Komponenten nicht ganz so edel ausgeführt waren. So war die Gabel nicht in der Druckstufe verstellbar, und verzögert wurde über Vier- statt Sechskolbenzangen. Weitere Unterschiede bestanden in der kürzeren Schwinge und dem schmaleren Hinterrad. Darüber hinaus besaß die rund 240 km/h schnelle GSX-R 600, als erstes Serienmotorrad überhaupt, ein Direktzündsystem. Bereits für 1998 wurde die GSX-R 600 erheblich überarbeitet, um der Durchzugschwäche im unteren und mittleren Drehzahlbereich abzuhelfen.Auch das Fahrwerk erhielt ein Update.

Jahr	1992–1993	1994–1995	1994	1996–1997	1998–2000	1996–2000
Modell	**GSX-R 750 W**	**GSX-R 750 W**	**GSX-R 750 SPR**	**GSX-R 750**	**GSX-R 750**	**GSX-R 600**
Motor						
Hubraum (cm³)	749	749	749	749	749	600
Zylinder	R 4	R 4	R 4	R 4	R 4	R 4
Bohrung x Hub (mm)	70 x 48,7	70 x 48,7	70 x 48,7	72 x 46	72 x 46	65,5 x 44,5
Arbeitsweise	4-Takt	4-Takt	4-Takt	4-Takt	4-Takt	4-Takt
Steuerung	DOHC	DOHC	DOHC	DOHC	DOHC	DOHC
Gemischaufbereitung	4 x Mikuni Ø 38	4 x Mikuni Ø 38	4 x Mikuni Ø 40	4 x Mikuni Ø 39	Saugrohr-Einspritzung Ø 46	4 x Mikuni Ø 36,5
Ventile/Zylinder	4	4	4	4	4	4
Verdichtung	11,8	11,8	11,8	11,8	11,8	12
Kühlung	W	W	W	W	W	W
Leistung (kW (PS) / bei U/min)	74 (100) / 11.500	72 (98) / 11.500	82,3 (112) / 10.500	94 (128) / 12.000, auch 72 (98) / 11.500	99 (135) / 12.300, auch 72 (98) / 11.600	78 (106) / 12.000
Max. Drehmoment (Nm / bei U/min)	71,3 / 9000	71,3 / 9000	75 / 8500	80 / 9000, auch 67 / 7500	82 / 10.300, auch 67 / 7500	66 / 10.000
Batterie	12 V 14 Ah	12 V 8 Ah	12 V 8 Ah	12 V 8 Ah	12 V 8 Ah	12 V 8 Ah
Generator (Watt)	420	420	k. A.	380	400	380
Kraftübertragung						
Anz. Gänge	6	6	6	6	6	6
Übersetzung	2,86 / 2,058 / 1,650 / 1,428 / 1,260 / 1,120	2,86 / 2,058 / 1,650 / 1,428 / 1,260 / 1,120	2,400 / 1,930 / 1,660 / 1,450 / 1,320 / 1,220	2,86 / 2,058 / 1,650 / 1,428 / 1,260 / 1,120	2,63 / 1,95 / 1,57 / 1,36 / 1,23 / 1,12	2,86 / 2,06 / 1,65 / 1,43 / 1,29 / 1,18
Hinterradantrieb	K	K	K	K	K	K
Endübersetzung	2,80	2,80	2,562	2,68	2,75	2,812
Starter	Elektro	Elektro	Elektro	Elektro	Elektro	Elektro
Fahrwerk						
Rahmen	LKR	LKR	LKR	LKR	LKR	LKR
Vorderradfederung	USD Ø 41	USD Ø 43	USD Ø 43	USD Ø 43	USD Ø 43	T Ø 45
Hinterradfederung	ZF	ZF	ZF	ZF	ZF	ZF
Federweg vorne (mm)	120	120	120	120	120	120
Federweg hinten (mm)	136	136	145	133	133	130
Vorderradbremse	DSB Ø 310	DSB Ø 310	DSB Ø 310	DSB Ø 310	DSB Ø 320	DSB Ø 320
Hinterradbremse	SB Ø 240	SB Ø 240	SB Ø 240	SB Ø 240	SB Ø 240	SB Ø 220
Vorderradreifen	120/70-17	120/70-17	120/70-17	120/70-17	120/70-17	120/70-17
Hinterradreifen	170/60-17	180/55-17	180/55-17	190/50-17	190/50-17	180/55-17
Allgemeine Daten						
Radstand (mm)	1435	1435	1435	1400	1395	1390
Maße (Länge, mm)	2110	2110	2110	2100	2110	2100
Lenkkopfwinkel (Grad)	65,5	65,5	65,30	66	65,5	66
Nachlauf (mm)	94	94		99	96	96
Gewicht (kg)	239	222	199	204	207	199
Tankinhalt (l)	21	21	21	18	18	18
Beschleunigung (s)	3,8	3,8	3,7	3,2	3,3, auch 3,4	3,3
Höchstgeschw. (km/h)	221	233	247	237	261, auch 258	240
Preis inkl. MwSt (DM)	15.955–17.490,–	15.490,–	22.990,–	18.6900,–	18.720–19.300,–	15.740–16.290,–

Suzuki GSX-R 1100 W (1993–1997)

Wie die GSX-R 750 wurde auch die GSX-R 1100 Anfang der 1990er auf Wasserkühlung umgestellt. Herzstück war ein neuer wasser-/ölgekühlter Vierzylinder-Reihenmotor mit 1074 cm³ Hubraum. Analog zur 750er spendierten die Suzuki-Techniker ihrem Flaggschiff Tassenstößel statt der bisherigen Schlepphebel. Das sparte Gewicht, erhöhte die Zuverlässigkeit und brachte eine noch präzisere Ventilsteuerung. Mit ungedrosselten 155 PS war die 1100er das bis dahin stärkste Großserienmotorrad überhaupt. Die Drosselung auf 100, ab 1996 98 PS, erfolgte über eine Verengung der Querschnitte im Ansaugtrakt und andere Haupt- und Luftdüsen. Bis auf einige zusätzliche Knotenbleche gab es in der Rahmenkonstruktion keinen Unterschied zur Dreiviertelliter-R, hier wie dort bestand die Doppelschleife aus 2,5 Millimeter starken Aluminiumprofilen und angeschraubtem Heck; der rechte Unterzug war zum Motoraus- und einbau abschraubbar. Die letzte wesentliche Modelländerung erfolgte zum Modelljahr 1995, als die 1100er die Optik und die Modellpflegemaßnahmen der GSX-R 750 erhielt, was das Gewicht um zwölf auf 248 kg reduzierte.

Die GSX-R 1100 W erschien 1993. Nach wie vor dämpfte das hohe Gewicht das Temperament, erst recht in der 1996er Ausgabe, die auf 98 PS eingebremst worden war: 98 PS bei 9500/min, 0–100 km/h in 3,8 s, 228 km/h, DM 20.190,–.

Jahr	1993–1997
Modell	GSX-R 1100 W
Motor	
Hubraum (cm³)	1074
Zylinder	R 4
Bohrung x Hub (mm)	75,5 x 60
Arbeitsweise	4-Takt
Steuerung	DOHC
Gemischaufbereitung	4 x Mikuni Ø 40
Ventile/Zylinder	4
Verdichtung	11,5
Kühlung	W
Leistung (kW (PS) / bei U/min)	74 (100) / 9500
Max. Drehmoment (Nm / bei U/min)	92,5 / 4500
Batterie	12 V 10 Ah
Generator (Watt)	405 W
Kraftübertragung	
Anz. Gänge	5
Übersetzung	2,714 / 1,809 / 1,409 / 1,181 / 1,038
Hinterradantrieb	K
Endübersetzung	2,800
Starter	Elektro
Fahrwerk	
Rahmen	LKR
Vorderradfederung	USD Ø 43
Hinterradfederung	ZF
Federweg vorne (mm)	120
Federweg hinten (mm)	160
Vorderradbremse	DSB Ø 310
Hinterradbremse	SB Ø 240
Vorderradreifen	120/70-17
Hinterradreifen	180/55-17
Allgemeine Daten	
Radstand (mm)	1485
Maße (Länge, mm)	2245
Lenkkopfwinkel (Grad)	65,5
Nachlauf (mm)	100
Gewicht (kg)	248
Tankinhalt (l)	21
Beschleunigung (s)	3,8
Höchstgeschw. (km/h)	228
Preis inkl. MwSt (DM)	20.190,–

Suzuki RF 600 R (1993–1997)
Suzuki RF 900 R / R2 (1993–1997)

Der Versuch, zwischen den sportlichen GSX-R- und den eher touristisch angehauchten GSX-F-Modellen eine dritte Modellfamilie zu platzieren, ging schief. Erstmals gezeigt im Herbst 1993, unterschieden sich die beiden neuen Tourensportler lediglich durch die Rippen auf den Seitendeckeln und die Schriftzüge auf dem Verkleidungsunterteil untereinander.

Bei den RF-Motoren handelte es sich um modifizierte Ableger der wassergekühlten GSX-R-Aggregate – im Falle der RF 600 stand die 750er Pate, bei der RF 900 R war es die große GSX-R gewesen. Die Zuteilung des Kraftstoffs erfolgte über vier nach dem Fallstromprinzip arbeitende Gleichdruck-Vergaser, die so positioniert waren, dass die Einlasskanäle gerade geführt (»straight intake«) werden konnten.

Aus Kostengründen entschied sich Suzuki für einen Brückenrahmen aus Pressstahl; der Motor diente dabei als mittragendes Element. Vorne kam eine konventionelle Showa-Gabel zum Einsatz, hinten eine Stahl-Kastenschwinge mit Zentralfederbein. Die einzig erwähnenswerte Modellpflege bescherte der RF 600 ab 1995 eine Auspuffanlage aus Edelstahl und der RF 900 eine mehrfach einstellbare Gabel.

Zu der Zeit erfolgte auch die Einführung einer zunächst als Sondermodell deklarierten, zweifarbig lackierten RF 900 R2.

Die Nachfrage blieb aber stets verhalten, denn die RF-Modelle wurden immer unterschätzt. Den großen *Motorrad*-Vergleichstest gewann die RF 900 zum Beispiel überlegen, vor der Triumph Daytona 900 und der Kawasaki ZX-9R Ninja. Die Kombination aus überragendem Motor und günstigem Preis – die anderen kosteten rund 2000 Mark mehr – überwog bei Weitem alle Schwachpunkte. Und davon gab es bei den RF nicht besonders viele: Die Lackierung des Tanks wurde rasch matt, die Showa-Gabel – 41-mm-Standrohre bei der RF 600,

Die RF 600 erschien 1992. Ihr Kennzeichen war die Verkleidung, die wegen ihrer Rippen an den Ferrari Testarossa erinnerte. Beim ersten großen Motorrad-Vergleichstest gewann die Suzuki souverän die Motorwertung. »Samtweicher, turbinenartiger Lauf« und »äußerst präzise, mit kurzen Wegen schaltbares Getriebe« überzeugten die Tester.

Die RF 900 R war von ihrer hubraumschwächeren Schwester kaum zu unterscheiden und hielt sechs Langstrecken-Weltrekorde.

Die Unterschiede zwischen der normalen RF 900 R und der R2 bestanden in der Lackierung und der verstellbaren Gabel.

43 mm bei der RF 900 – stuckerte, und das Getriebe war störrisch. Richtig ärgerlich war allerdings das mangelhafte Platzangebot. Nur kleine Fahrer saßen gut, und das Sitzbrötchen für den Beifahrer erfüllte sowieso nur Alibizwecke. Auch die Schaltbarkeit des Getriebes führte zu Punktverlusten. Die Geschichte der sportlichen Allrounder endete hierzulande 1997.

Jahr	1993–1997	1993–1997
Modell	**RF 600 R**	**RF 900 R**
Motor		
Hubraum (cm³)	600	937
Zylinder	R 4	R 4
Bohrung x Hub (mm)	65 x 45,2	73 x 56
Arbeitsweise	4-Takt	4-Takt
Steuerung	DOHC	DOHC
Gemischaufbereitung	4 x Mikuni Ø 36	4 x Mikuni Ø 36
Ventile/Zylinder	4	4
Verdichtung	12	11,5
Kühlung	W	W
Leistung (kW (PS) / bei U/min)	72 (98) / 11.500, auch 37 (50) / 11.000	72 (98) / 11.500
Max. Drehmoment (Nm / bei U/min)	62,2 / 9500, auch 46,6 / 4500	83,6 / 4500
Batterie	12 V 8 Ah	12 V 8 Ah
Generator (Watt)	405	420
Kraftübertragung		
Anz. Gänge	6	6
Übersetzung	3,14 / 2,05 / 1,65 / 1,42 / 1,26 / 1,12	2,714 / 1,809 / 1,409 / 1,181 / 1,083
Hinterradantrieb	K	K
Endübersetzung	3,07	2,866
Starter	Elektro	Elektro
Fahrwerk		
Rahmen	SKR	SKR
Vorderradfederung	T Ø 41	T Ø 43
Hinterradfederung	ZF	ZF
Federweg vorne (mm)	120	120
Federweg hinten (mm)	130	133
Vorderradbremse	DSB Ø 290	DSB Ø 310
Hinterradbremse	SB Ø 240	SB Ø 240
Vorderradreifen	120/70-17	120/70-17
Hinterradreifen	160/60-17	170/60-17
Allgemeine Daten		
Radstand (mm)	1430	1440
Maße (Länge, mm)	2160	2155
Lenkkopfwinkel (Grad)	65	65,5
Nachlauf (mm)	103	101
Gewicht (kg)	218	235
Tankinhalt (l)	17	21
Beschleunigung (s)	3,9	3,5
Höchstgeschw. (km/h)	212	217
Preis inkl. MwSt (DM)	13.490–14.890,–	17.990–18.790,–
	ab 1995: 37 kW entfällt, stattdessen 25 kW / 7000; 44,6 Nm / 4000	

Die Bandit-Reihe

Suzuki GSF 400 Bandit (1991–1994)
Suzuki GSF 600 / S Bandit (1995–2000)
Suzuki GSF 1200 / S Bandit (1995–2000)

Die Bandit-Reihe nimmt innerhalb der Modelle mit GSX-R-Motoren eine Sonderstellung ein, denn anders als ihre Organspender verlangten sie ihren Fahrern keine Kompromisse ab: Wer einfach ein ganz normales, universell einsetzbares Motorrad zu einem günstigen Tarif haben wollte, hatte auf jeden Fall eine solche Suzuki auf dem Zettel. Dabei stand anfangs der deutsche Importeur dem Bandit-Konzept eher reserviert gegenüber, doch die ursprünglich nur für Japan gedachte Bandit 400 entwickelte sich rasch zum Publikumsliebling. Die unverkleidete Vierhunderter stellte ihre Reize unverhüllt zur

Die 190 Kilogramm leichte GSF 400 Bandit war ungemein handlich.

Nach dem Muster der GSF 400 präsentierte Suzuki zur IFMA 1994 die 600er Bandit mit einem heruntergebuchsten GSX-R-750-Motor. Die Ausführung mit Verkleidung erschien ein Jahr später und erhielt den Zusatz »S«.

Das Bandit-Konzept war so gut geglückt, dass bis zur Ablösung zur Saison 2000 keine wesentlichen Änderungen daran erfolgten.

Schau. Allen voran den zierlichen Reihenvierzylinder, der nackt im Geflecht der Rahmen-Rohre hing. Er übernahm tragende Funktion und kokettierte mit feinen Kühlrippen auf aluglänzenden Zylindern, wiewohl er wassergekühlt war. So zierlich, wie sie aussah, so handlich ließ sie sich auch bewegen. 17-Zoll-Räder mit 110er- und 150er-Bereifung sorgten für reichlich Haftung und respektable Schräglagen. Die 290 Millimeter messenden Bremsscheiben samt Nissin-Vierkolbenzangen stammten aus der RGV 250 und stoppten die vollgetankt nur 188 Kilogramm schwere Bandit überaus wirkungsvoll und fadingfrei: Eine rundum gelungene Sache mit einem gefühlten Hubraum-Defizit, das Suzuki zur IFMA 1994 behob.

Bei der dort präsentierten GSF 600 Bandit kombinierten die Suzuki-Techniker den Vierzylinder-Motor der GSX 600 F mit einem neu gezeichneten Stahlrohr-Rahmen. Die Motorleistung war, des besseren Durchzugs wegen, über andere Vergaser und eine neue Edelstahl-Auspuffanlage von 86 auf 78 PS zurückgenommen; eine 34-PS-Version für Führerschein-Einsteiger war ebenfalls lieferbar. Echte Schwachstellen leistete sich die sehr preisgünstige Bandit nicht, lediglich die serienmäßige Bereifung, das Zentralfederbein und das hohe Gewicht störten mitunter. Sie entwickelte sich rasch zum Bestseller, zumal ab 1996 mit der GSF 600 S auch eine Bandit mit Halbschale zur Verfügung stand.

Mit der 1200er setzten die Suzuki-Ingenieure der Bandit-Baureihe dann die Krone auf. Mit einfacher, bewährter Technik und vernünftigen Preisen gelang Suzuki der sprichwörtliche große Wurf. Der luft-/ölgekühlte Reihenvierzylinder war, abgesehen vom Hubraum, mit dem Triebwerk der ersten GSX-R-Generation identisch. Der Reihenvierzylinder hing in einem soliden Doppelschleifenrahmen aus Stahlrohr, das Hinterrad stützte sich über eine Stahlkastenschwinge gegen den Rahmen ab. Natürlich gab es auch wieder eine S-Version mit rahmenfester Halbschale. 1997 folgte als dritte Variante die GSF 1200 SA mit ABS, längerer Schwinge, modifizierten Rädern und größerer Bremsscheibe für DM 16.690,–.

Der Motor basierte auf dem öl-/luftgekühlten Vierzylinder der GSX-R 1100. Als erste Suzuki war die große Bandit auch mit ABS-System zu haben.

Wie die kleine Bandit gab es auch die GSF 1200 in einer S-Version. Die Halbschale samt Halterungen erhöhte das Gewicht um gut 5 Kg.

Jahr	1991–1994	1995–2000	1997–2000
Modell	GSF 400 Bandit	GSF N 600 Bandit / S	GSF 1200 Bandit / S / SA
Motor			
Hubraum (cm³)	398	600	1157
Zylinder	R 4	R 4	R 4
Bohrung x Hub (mm)	56 x 40,4	62,6 x 48,7	79,0 x 59,0
Arbeitsweise	4-Takt	4-Takt	4-Takt
Steuerung	DOHC	DOHC	DOHC
Gemischaufbereitung	4 x Mikuni Ø 33	4 x Mikuni Ø 32	4 x Mikuni Ø 36 mm
Ventile/Zylinder	4	4	4
Verdichtung	11,8	8,6 / 11,3	9,5
Kühlung	W	Luft-/Öl	Luft-/Öl
Leistung (kW (PS) / bei U/min)	37 (50) / 10.600	57 (78) / 10.500, auch 25 (34) / 8500	72 (98 PS) / 8500
Max. Drehmoment (Nm / bei U/min)	38 / 9600	54 / 9500, auch 38,7 / 4500	91 / 4500
Batterie	12 V 8 Ah	12 V 11 Ah	12 V 10 Ah
Generator (Watt)	420	320, 1998: 250	320
Kraftübertragung			
Anz. Gänge	6	6	5
Übersetzung	3,363 / 2,307 / 1,750 / 1,437 / 1,25 / 1,150	3,047 / 2,062 / 1,65 / 1,40 / 1,227 / 1,095	2,384 / 1,631 / 1,250 / 1,045 / 0,913
Hinterradantrieb	K	K	K
Endübersetzung	3,357	3,133	3
Starter	Elektro	Elektro	Elektro
Fahrwerk			
Rahmen	SDR	SDR	SDR
Vorderradfederung	T Ø 41	T Ø 41	T Ø 43
Hinterradfederung	ZF	ZF	ZF
Federweg vorne (mm)	120	130	130
Federweg hinten (mm)	120	121	134
Vorderradbremse	DSB Ø 290	DSB Ø 290	DSB Ø 310, SA: Ø 275
Hinterradbremse	SB Ø 250	SB Ø 240	SB Ø 240
Vorderradreifen	110/70-17	110/70-17	120/70-17
Hinterradreifen	150/70-17	150/70-17	180/55-17
Allgemeine Daten			
Radstand (mm)	1430	1430	1435, SA: 1465
Maße (Länge, mm)	2125	2155	2155, SA: 2175
Lenkkopfwinkel (Grad)	64,7	64,5	64,3
Nachlauf (mm)	100	100	109 / 107
Gewicht (kg)	190	222, S: 227	234, S: 239, SA: 244
Tankinhalt (l)	16	19	19
Beschleunigung (s)	5,6	4,3	3,4
Höchstgeschw. (km/h)	187	205	203 / 215
Preis inkl. MwSt (DM)	8290,–	10.290–11.440,–	15.190–14.490,–

Suzuki GSX 750 (1998–2002)
Suzuki GSX 1200 (1999–2002)

Die ab 1998 lieferbare GSX 750 gehörte nur technisch, nicht aber optisch zur Bandit-Reihe. Stattdessen versuchte Suzuki damit, den Neo-Klassikern Kawasaki Zephyr und Honda Sevenfifty Paroli zu bieten. Der modifizierte luft-/ölgekühlte Vierzylinder der GSX-R 750 brachte hier 86 PS bei 9500/min. Fahrleistungen und Beschleunigung lagen auf dem Niveau der 600er Bandit, im Durchzug hatte die 600er aber klar das Nachsehen. Die mit einem soliden Doppelschleifen-Stahlrohrrahmen ausgestattete 750er leistete sich nur wenige Schwächen, Kritik galt vor allem den Federelementen,

Klassische Schönheit zum Schnäppchenpreis: Die GSX 750 gehörte zu den überzeugendsten Motorradneuheiten des Jahres 1997.

Inazuma, Blitz, hieß die GSX 1200. Ihr Vierzylinder fand sich auch in der GSF 1200 Bandit und unterstrich den Ruf als Drehmoment-Wunder.

Jahr	1998–2002	1999–2002
Modell	**GSX 750 F**	**GSX 1200**
Motor		
Hubraum (cm³)	748	1156
Zylinder	R 4	R 4
Bohrung x Hub (mm)	70 x 48,7	79 x 59
Arbeitsweise	4-Takt	4-Takt
Steuerung	DOHC	DOHC
Gemischaufbereitung	4 x Keihin Ø 32	4 x Keihin Ø 32
Ventile/Zylinder	4	4
Verdichtung	10,7	9,5
Kühlung	Luft-/Öl	Luft-/Öl
Leistung (kW (PS) / bei U/min)	64 (86) / 9500	92 (98) / 8500
Max. Drehmoment (Nm / bei U/min)	67 / 8500	98 / 4500
Batterie	12 V 8 Ah	12 V 10 Ah
Generator (Watt)	550	550
Kraftübertragung		
Anz. Gänge	6	5
Übersetzung	3,08 / 2,06 / 1,64 / 1,40 / 1,22 / 1,09	2,238 / 1,631 / 1,250 / 1,045 / 0,913
Hinterradantrieb	K	K
Endübersetzung	2,80	3,000
Starter	Elektro	Elektro
Fahrwerk		
Rahmen	SDR	SDR
Vorderradfederung	T Ø 43	T Ø 43
Hinterradfederung	S	S
Federweg vorne (mm)	130	130
Federweg hinten (mm)	120	120
Vorderradbremse	DSB Ø 300	DSB Ø 300
Hinterradbremse	SB Ø 240	SB Ø 240
Vorderradreifen	120/70-17	120/70-17
Hinterradreifen	170/60-17	170/60-17
Allgemeine Daten		
Radstand (mm)	1470	1465
Maße (Länge, mm)	2175	2150
Lenkkopfwinkel (Grad)	64,5	64,5
Nachlauf (mm)	101	102
Gewicht (kg)	223	232
Tankinhalt (l)	18	18
Beschleunigung (s)	3,8	2,9
Höchstgeschw. (km/h)	208	231
Preis inkl. MwSt (DM)	11.590–12.550,–	14.999,–

der 43er Telegabel und den Stereo-Federbeinen von Showa. Für 1999 war sie auch als »Special Edition« mit JF-Lenkerverkleidung erhältlich.

Im Zuge der Naked-Bike-Welle fand auch die größere Schwester der GSX 750, die GSX 1200, Anfang 1999 ihren Weg auf den deutschen Markt. In Japan unter dem Beinamen »Inazuma« (Blitz) vermarktet, kombinierte das Big Bike die Technik der 1200er Bandit mit der Retro-Optik der erfolgreichen GSX 750. Eine glückliche Hand bewiesen Suzuki-Techniker bei der Abstimmung des Motors.

Der in der GSX-R 1100 noch brachial zu Werke gehende 100-PS-Vierzylinder gab sich in der neuen Verpackung sehr handzahm und bewies feine Manieren. Er erfreute durch eine sehr gleichmäßig verlaufende Leistungs- und Drehmomentkurve und entwickelte bereits im Drehzahlkeller Bärenkräfte. In punkto Durchzug und Beschleunigung rangierte die GSX 1200 mit diesem Kraftpaket an der Spitze im Feld unverkleideter Big Bikes. Der klassisch geformte Doppelschleifen-Rohrrahmen mit geschraubten Unterzügen zeigte sich diesem Potenzial jederzeit gewachsen und verdiente sich nicht nur durch ein stabiles, gutmütiges Fahrverhalten, sondern auch durch die geglückte geometrische Auslegung Bestnoten in Sachen Handling. Insgesamt galt das Fahrwerk der vollgetankt lediglich 231 kg schweren GSX als so ausgewogen, dass die 1200er Suzuki »in Sachen Handlichkeit Dimensionen eröffnete, die bisher der Kawasaki ZRX 1100 vorbehalten waren«, wie ein *Motorrad*-Tester schrieb.

Suzuki GSX-R 1300 Hayabusa (1998–2007)

Alle bisherigen Maßstäbe sprengte Suzuki mit der Präsentation der GSX-R 1300 Hayabusa im Spätsommer 1998. Mit dem »Wanderfalken«, so übersetzt sich »Hayabusa« aus dem Japanischen, schuf Suzuki das erste Großserienmotorrad der Welt, das die magische 300-km/h-Schallmauer knacken konnte. Besonders in der Anfangsphase war die Aufregung in den Boulevard-Medien von Print bis TV ob dieses »Selbstmordinstrumentes« gewaltig, man faselte von unbeherrschbarer Leistung und hirnlosen Rasern. Doch wie so vieles legte sich auch der negative Presserummel um die Hayabusa, und übrig blieb ein Motorrad, das zur Legende wurde.

Mit 175 PS, und viel weniger waren es in der Realität auch nicht, powerte der 1300er-Vierzylinder gewaltige 138 Nm Drehmoment bei 7000/min an die Kurbelwelle, was einerseits eine sehr schaltfaule Fahrweise zuließ, andererseits bei vehementem Leistungseinsatz dem Hinterrad-Pneu nach wenig mehr als 400 Kilometern das Lebenslicht ausblies. Bei strammem Einsatz der GSX 1300 R Hayabusa war also nicht nur der Fahrer selbst, sondern auch sein Portemonnaie

Bis heute hat Suzuki drei Hayabusa-Generationen gebaut: Rechts die Hayabausa 1 (1999–2007), in der Mitte die Hayabusa 2 (2008–2018) und ganz links die GSX-R 1300, wie sie seit 2021 wieder zu haben ist.

Die besonders spitze Verkleidungsnase war der Aerodynamik geschuldet. Das gesamte Karosseriedesign hatte sich dieser unterzuordnen.

Unter dem Kamelhöcker verbarg sich ein Soziusplatz, der seinen Namen nicht verdiente. Er war erst nach Anbau eines Haltegriffs nutzbar.

Trotz ihrer 175 PS entpuppte sich die 1300er als gutmütiges, leicht zu fahrendes Motorrad. 2001 wurde die Höchstgeschwindigkeit gedrosselt.

gefordert. Hondas CBR 1100 »Doppel X« wie auch die Supersportler von Kawasaki waren nicht viel langsamer als die Hayabusa, nur nicht so konsequent auf Hochleistung getrimmt. Diese hatten auch nicht so viel Kritik erfahren, wiewohl man – nicht mal zu Unrecht – fragen durfte, ob ein Straßenmotorrad solche Leistungswerte brauchte.

Jahr	**1998–2007**
Modell	**GSX-R 1300 Hayabusa**
Motor	
Hubraum (cm³)	1299
Zylinder	R 4
Bohrung x Hub (mm)	81 x 63
Arbeitsweise	4-Takt
Steuerung	DOHC
Gemischaufbereitung	Elektronische Einspritzung Ø 46
Ventile/Zylinder	4
Verdichtung	11
Kühlung	W
Leistung (kW (PS) / bei U/min)	129 (175) / 9800, auch 72 (98) / 8500
Max. Drehmoment (Nm / bei U/min)	138 / 7000, auch 110 / 4000
Batterie	12 V 10 Ah
Generator (Watt)	425
Kraftübertragung	
Anz. Gänge	6
Übersetzung	1,04 / 1,14 / 1,29 / 1,53 / 1,94 / 2,62
Hinterradantrieb	K
Endübersetzung	2,35
Starter	Elektro
Fahrwerk	
Rahmen	LKR
Vorderradfederung	USD Ø 43
Hinterradfederung	S
Federweg vorne (mm)	120
Federweg hinten (mm)	130
Vorderradbremse	DSB Ø 320
Hinterradbremse	SB Ø 240
Vorderradreifen	120/70-17
Hinterradreifen	190/50-17
Allgemeine Daten	
Radstand (mm)	1485
Maße (Länge, mm)	2140
Lenkkopfwinkel (Grad)	65,8
Nachlauf (mm)	98
Gewicht (kg)	251
Tankinhalt (l)	22
Beschleunigung (s)	3,0
Höchstgeschw. (km/h)	298
Preis inkl. MwSt (DM)	21.690,–

5 Suzuki V2

Suzuki VS 750 / Intruder (1986–1991)
Suzuki VX / VS / VZ 800 Marauder (1990–2003)
Suzuki VS 600 (1995–1997)

Als der deutsche Suzuki-Importeur seine neue Chopper-Familie – Kennung VS »Intruder« – vorstellte, war die Konkurrenz aus Milwaukee ziemlich geschockt. Die halbherzig gemachten Softchopper mit Reihenmotoren hatten sie allenfalls milde belächelt, doch die neuen V2-Motoren im Harley-Stil wischten ihnen das Grinsen aus dem Gesicht. Und auch die europäischen Harley-Importeure wurden nervös, als im Frühjahr 1986 die europäische Variante VS 750 (in den USA hatte sie aus zollrechtlichen Gründen nur 700 Kubik) in den Handel gelangte. Und schon der Beiname – »Intruder« heißt »Eindringling« – ließ erahnen: Diesmal machten die Japaner wirklich ernst.

Mitte der 80er Jahre stellte Suzuki mit der VS 750 einen optisch eigenständigen Nippon-Chopper auf die Räder.

Schön und stimmig im Auftritt, sorgte bei diesem ersten echten Nippon-Chopper ein 45-Grad-Twin mit Wasserkühlung und Vierventiltechnik für satten Durchzug und sonoren Klang. Auch der Rest stimmte, vom schmalen 19-Zoll-Vorderrad bis zum dicken 15-Zöller an der Hinterhand. Nett gemachte Details, tolle Optik, ein stimmiger Auftritt. Rund 4500 VS 750 wurden bis 1991 verkauft, dann kam die Ablösung in Form der VS 800. Die sah nicht anders aus, hatte aber einen größeren Motor. Die 216 kg schwere Suzuki produzierte jetzt noch mehr Dampf als zuvor, das maximale Drehmoment war um sechs auf 63 Nm/4000 min gestiegen, die Spitze lag bei 170 km/h. Besonders erfreulich gestaltete sich der Blick auf die Preisliste, der schnörkellose Twin kostete nur 11.640 Mark. Zur Unterscheidung von der VS 600 wurde die 800er ab 1996 mit zweifarbigem Tankdekor geliefert, außerdem gab es eine andere Lenkerbefestigung, die Signalhörner der US-Ausführung sowie eine breitere Sitzbank. Danach ohne wesent-

Die 50 PS starke VS 750 erhielt den Beinamen »Intruder«, was die Zielrichtung des Vorstoßes markierte: Harley-Davidson wurde attackiert.

Die VX 800 erbte von den VS-Choppern Fahrwerk, Kardanantrieb und Technik. Der 61-PS-Tourer entwickelte eine mustergültige Zuverlässigkeit.

Vom Vormodell praktisch nicht zu unterscheiden war die Intruder VS 800. Der Motor fand sich auch in der VX 800.

liche Modellpflege, hielt sich die VS 800 bis zum Jahr 2000 im Programm, zuletzt als »Highway Edition« mit Satteltaschen, Windschild und Werkzeugrolle.

Den 800er-Motor hatte Suzuki 1990 mit dem Kardan-Tourer VX 800 eingeführt. Basis bildete der Intruder-V2, hatte aber zwei Millimeter mehr Bohrung und größere Vergaserquerschnitte. Ventildurchmesser und Steuerzeiten in den Vierventil-Zylinderköpfen waren gleich geblieben, neu dagegen waren der auf 75 Grad geänderte Hubzapfenversatz und das Kolbendesign. Das brachte ein Plus an Durchzug und weniger Vibrationen, die Höchstgeschwindigkeit lag bei knapp 190 km/h. Schärfere Umweltgesetze führten dazu, dass die VX 1997 aus dem Programm fiel, während der entsprechend

modifizierte Motor in der VZ 800 Marauder (1997–2003) weiterlebte. Alle japanischen Hersteller orientierten sich nun am US-Styling der späten 1940er Jahre und ergänzten ihre Chopper-Palette um neue Cruiser. Diese hießen bei Suzuki »Marauder« (Plünderer, Räuber), der Raubzug führte quer durch alle Hubraumklassen. Von den VS-Modellen unterschieden sie sich technisch in der Kraftübertragung zum Hinterrad (Kette statt Kardan) und im Fahrwerk mit konventionellen (aber unterdämpften) Federbeinen hinten und Upside-down-Gabel vorn.

Um den bewährten 45-Grad-V2-Motor schneiderte Suzuki für die Saison 1997 einen lupenreinen Cruiser, der die Typbezeichnung »VZ 800« erhielt und den Beinamen »Marauder«.

Zunächst 50 PS stark, erschien mit der Modellpflege 1999 eine leicht kräftigere Marauder-Variante.

Die VS 600 kam zum Modelljahr 1995 und rundete die Intruder-Baureihe nach unten ab. Sonderlich erfolgreich war sie aber nicht, denn in Gestalt der optisch identischen und kaum teureren VS 800 hatte sie eine zu starke interne Konkurrenz.

Nur zwischen 1995 und 1997 lieferbar war die VS 600, die Intruder für Einsteiger, mit der Yamahas XV 535 herausgefordert werden sollte. Bis auf den Hubraum war die 600er mit der 1991 zur VS 800 aufgerüsteten VS 750 baugleich, was sich insbesondere in Sachen Gewicht bemerkbar machte, vor allem in der 34-PS-Version. Leider hatte Suzuki auch darauf verzichtet, die Übersetzung des Fünfgang-Getriebes zu modifizieren, sodass die VS sehr schwachbrüstig wirkte. Wie auch die VS 800 erhielt die 600er für das Modelljahr 1996 eine breitere Sitzbank.

Jahr	1995–1997	1986–1991	1992–2000	1996–2003	1990–1996
Modell	**VS 600 Intruder GL**	**VS 750 GL Intruder**	**VS 800 Intruder GL**	**VZ 800 Marauder**	**VX 800**
Motor					
Hubraum (cm³)	598	748	805	805	805
Zylinder	45° V 2	45° V 2	45° V 2	45° V 2	45° V 2
Bohrung x Hub (mm)	80 x 59,9	80 x 74,4	83 x 74,4	83 x 74,4	83 x 74,4
Arbeitsweise	4-Takt	4-Takt	4-Takt	4-Takt	4-Takt
Steuerung	OHC	OHC	OHC	OHC	OHC
Gemischaufbereitung	2 x Mikuni Ø 34	2 x Mikuni Ø 34	2 x Mikuni Ø 36	2 x Mikuni Ø 36	2 x Mikuni Ø 36
Ventile/Zylinder	4	4	4	4	4
Verdichtung	10	10	10	10	10
Kühlung	W	W	W	W	W
Leistung (kW (PS) / bei U/min)	25 (34)/ auch 33 (45) / 7500	37 (50) / 7500	37 (50) / 6400	37 (50) / 6500, ab 1999: 39 (53) / 6500	45 (61) / 6800, auch 37 (50) / 6000
Max. Drehmoment (Nm / bei U/min)	41,7 / 4400, auch 46 / 6000	60,3 / 5000	62 / 4000	65 / 5000, ab 1999: 65,7 / 5000	72 / 5400, auch 69 / 2800
Batterie	12 V 16 Ah	12 V 16 Ah	12 V 16 Ah	12 V 10 Ah	12 V 16 Ah
Generator (Watt)	200	200 / 220	200	250	280
Kraftübertragung					
Anz. Gänge	5	5	5	5	5
Übersetzung	2,285 / 1,631 / 1,227 / 1,000 / 0,851	2,285 / 1,631 / 1,227 / 1,000 / 0,851	2,285 / 1,631 / 1,227 / 1,000 / 0,851	2,461 / 1,578 / 1,200 / 0,956 / 0,800	2,285 / 1,631 / 1,227 / 1,000 / 0,851
Hinterradantrieb	W	W	W	K	W
Endübersetzung	3,50	3,50	3,50	3,200	3,39
Starter	Elektro	Elektro	Elektro	Elektro	Elektro
Fahrwerk					
Rahmen	SDR	SDR	SDR	SDR	SDR
Vorderradfederung	T Ø 39	T Ø 36 / 39 / 41	T Ø 39	USD Ø 41	T Ø 41
Hinterradfederung	S	S	S	S	S
Federweg vorne (mm)	130	130	130	140	150
Federweg hinten (mm)	90	70 / 90 / 114	90	102	120
Vorderradbremse	SB Ø 295	SB Ø 295	SB Ø 295	SB Ø 300	SB Ø 310
Hinterradbremse	TB Ø 180	TB Ø 180	TB Ø 180	TB Ø 180	SB Ø 250
Vorderradreifen	80/90-21	80/90-19; 100/90-19	80/90-21	130/90-16	110/80-18
Hinterradreifen	140/90-15	140/90-15	140/90-15	150/90-15	150/70-17
Allgemeine Daten					
Radstand (mm)	1560	1545 / 1530 / 1560	1560	1645	1555
Maße (Länge, mm)	2280	2225 / 2250 / 2270	2255	2405	2280
Lenkkopfwinkel (Grad)	56	56,6 / 56	56	55	59
Nachlauf (mm)	145	143 / 152	145	146	142
Gewicht (kg)	219	215	219	219	240
Tankinhalt (l)	12	12	12	13	19
Beschleunigung (s)	6,8	5,6	5,9	5,4	6,1, auch 7,7
Höchstgeschw. (km/h)	154	165 / 175	160	163	186, auch 168
Preis inkl. MwSt (DM)	12.190,–	9999–11.350,–	11.855–13.290,–	12.290–13.490,–	9950–11.590,–
		Daten Fahrwerk abhängig vom Baujahr			ab 1994 auch mit 25 kw / 5600, 65 Nm / 2800

Suzuki VS 1400 Intruder (1987–2003)
Suzuki VL 1500 Intruder LC (1998–2001)

Wie bei der VS 750 hielt Suzuki bei der VS 1400 »Intruder« durch einen Hubzapfenversatz von 45 Grad auf der einteiligen, gleitgelagerten Kurbelwelle die enormen Massenkräfte in Zaum. Und, wie die kleinere Trude, war auch die 1400er kein Muster an Laufruhe. Sollte sie auch gar nicht sein, das hätte nicht zum Outlaw-Image gepasst. Der langgablige Chopper brachte zunächst 67, später 61 PS, dann 64 PS auf die Reihe, das maximale Drehmoment von 108 Nm (105, 113)

Die VS 1400 – hier als GLP mit hohem Lenker, die GLF hatten einen niedrigeren – war einer der erfolgreichsten Nippon-Chopper der Neunziger. Sie war günstig, aber dennoch »liebevoll verarbeitet«, wie ein Test befand.

Zum Modelljahr 1996 erhielt die VS 1400 eine Zweifarben-Lackierung, ein neues Tankrelief sowie eine breitere, komfortablere Sitzbank.

Um die Jahrtausendwende offerierte Suzuki Deutschland einige Sondereditionen. Zum Highway-Star-Paket gehörten Chromschutzbügel, Cruiser-Cases samt Halter, Zusatzscheinwerfer, ein kleiner Gepäckträger und eine verchromte Batterieabdeckung mit Suzuki-Logo. Was hier fehlt, aber Bestandteil des 1999er Sondermodells war, ist das Windschild, das hatte man 2001 gestrichen. Das Zubehör erhöhte das Gewicht um gut zehn Kilogramm.

Deutschland war für die große Intruder der wichtigste Markt, hierzulande wurden mehr VS 1400 verkauft als in den USA.

grummelte bei 3400 Touren aus den dicken Pötten. Dazu passte das gut gestufte Vierganggetriebe, das dann Anfang der 1990er um eine fünfte Fahrstufe erweitert wurde. Der Doppelrohrrahmen war eine größere Ausgabe des 750er-Teils und erledigte seine Aufgaben tadellos, zumindest, so lange es geradeaus ging. Oft diente die Intruder auch als kostengünstige Basis für Custombauer. Gekrönt wurde die Chopper-Familie von der »VL 1500 Intruder LC«.

Sie basierte auf der VS 1400, hatte ein Mehr an Bohrung und Hub und avancierte so zum hubraum- und drehmomentstärksten Motorrad, das Suzuki bis dahin gebaut hatte. Das Sechs-Zentner-Motorrad gab sich dank des sehr tief liegenden Schwerpunkts überraschend handlich, allerdings setzten die Trittbretter in Schräglage leicht auf. Cruisertypisch hingegen gab sich die Ausstattung, zu der die obligatorische Schaltwippe und die Tankkonsole gehörten. Völlig unterdimensioniert dagegen wirkte die Bremsanlage: Am Vorderrad mühte sich eine einzelne 300-mm-Scheibe mit Zweikolbenzange um Verzögerung. 1999 bot Suzuki die dicke Vau mit einem Touringpaket als »Highway Star« an, doch eine zweite Bremsscheibe gehörte nicht dazu, die kam erst für 2002.

Suzukis Cruiser, die 68 PS starke VL 1500 LC aus dem Jahre 1998, war überraschend tourentauglich.

Die Motortechnik der VL 1500 basierte auf dem Triebwerk der 1400er Intruder, das Fahrwerk dagegen war neu.

Jahr	1987–1995	1996–2003	1998–2001
Modell	VS 1400 Intruder	VS 1400 GL	VL 1500 Intruder LC
Motor			
Hubraum (cm³)	1360	1360	1462
Zylinder	45° V 2	45° V 2	45° V 2
Bohrung x Hub (mm)	94 x 98	94 x 98	96 x 101
Arbeitsweise	4-Takt	4-Takt	4-Takt
Steuerung	OHC	OHC	OHC
Gemischaufbereitung	2 x Mikuni Ø 36	2 x Mikuni Ø 36	2 x Mikuni Ø 36
Ventile/Zylinder	3	3	3
Verdichtung	9,3	9,3	8,5
Kühlung	Luft- / Öl	Luft- / Öl	W
Leistung (kW (PS) / bei U/min)	49 (67) / 4800, ab 1992: 47 (64) / 4600	45 (61) / 5000	50 (68) / 4800
Max. Drehmoment (Nm / bei U/min)	108 / 3400, ab 1992: 113 / 2600	105 / 2800	114 / 2300
Batterie	12 V 14 Ah	12 V 14 Ah	12 V 14 Ah
Generator (Watt)	280, ab 1992: 330	330	350
Kraftübertragung			
Anz. Gänge	4, ab 1992: 5	5	5
Übersetzung	3,00 / 1,82 / 1,33 / 1,04 (0,96)	3,00 / 1,82 / 1,33 / 1,08 / 0,96	3,000 / 1,823 / 1,333 / 1,041 / 0,884
Hinterradantrieb	W	W	W
Endübersetzung	2,666	2,27	2,666
Starter	Elektro	Elektro	Elektro
Fahrwerk			
Rahmen	SDR	SDR	SDR
Vorderradfederung	T Ø 41	T Ø 41	T Ø 41
Hinterradfederung	S	S	ZF
Federweg vorne (mm)	160	160	140
Federweg hinten (mm)	105	105	118
Vorderradbremse	SB Ø 295	SB Ø 295	SB Ø 300
Hinterradbremse	SB Ø 275	SB Ø 275	SB Ø 275
Vorderradreifen	110/90-19	110/90-19	150/80-16
Hinterradreifen	170/80-15	170/80-15	180/70-15
Allgemeine Daten			
Radstand (mm)	1625	1620	1700
Maße (Länge, mm)	2330	2335	2525
Lenkkopfwinkel (Grad)	54	54	58
Nachlauf (mm)	166	166	138
Gewicht (kg)	259, ab 1992: 262	260	316
Tankinhalt (l)	13	13	15,5
Beschleunigung (s)	5,8	5,4	5,7
Höchstgeschw. (km/h)	167	170	175
Preis inkl. MwSt (DM)	13.999–18.590,–	13.999–18.590,–	19.490,–
	1987/88: GLF mit flachem Lenker		

Suzuki TL 1000 S / R (1997–2002)

Die Zweizylinder-Maschinen nach Ducati-Vorlage entstanden in erster Linie, um sie als Basis für den Motorsport zu nehmen. Maßgeblich auf Drängen des deutschen Suzuki-Importeurs entstand zunächst als Ablösung der GSX-R 1100 für 1997 die TL 1000 S. Die technischen Daten – 125 PS, Wasserkühlung, großvolumiger 90-Grad-Twin, elektronische Benzineinspritzung – waren eine klare Kampfansage an die italienische Konkurrenz. Auch die Optik passte, und eine wunderschön gezeichnete Halbverkleidung gab den Blick auf den seidenweich laufenden 90-Grad-V2 frei. Am allerschönsten jedoch war der Blick auf das Preisschild, denn nur 17.790 Mark sollte die neue S kosten. Nur schade, dass Suzuki nach dem großen Erfolg auf der IFMA 1996 die TL 1000 S überhastet auf den Markt brachte: Kinderkrankheiten und Nachrüstaktionen schadeten ihrem Ruf, und aus dem erhofften Bestseller wurde zunächst nichts. Gab's dann auch noch als TL 1000 R als 135 PS starkes Basisbike für die Superbike-WM mit neuem Alu-Rahmen und einer Spitze von mehr als 260 km/h.

Mit der TL 1000 R wollte Suzuki zunächst in der Superbike-WM mitmischen, gab aber dann doch der GSX-R 750 den Vorzug. Sie wurde nur zwei Jahre lang in Deutschland verkauft.

Der 135 PS starke Twin der TL 1000 R basierte auf dem zehn PS schwächeren S-Aggregat und verfügte, wie dieses, über elektronische Benzineinspritzung.

Jahr	1997–2001	1998–2002	1999–2002
Modell	TL 1000 S	TL 1000 R	SV 650 / S
Motor			
Hubraum (cm³)	996	996	645
Zylinder	90° V 2	90° V 2	90° V 2
Bohrung x Hub (mm)	98 x 66	98 x 66	81 x 62,6
Arbeitsweise	4-Takt	4-Takt	4-Takt
Steuerung	DOHC	DOHC	DOHC
Gemischaufbereitung	Einspritzung, SARD Ø 52	Einspritzung, SARD	2 x Mikuni Ø 39
Ventile/Zylinder	4	4	4
Verdichtung	11,3	11,7	11,5
Kühlung	W	W	W
Leistung (kW (PS) / bei U/min)	72 (98) / 8500	99 (135) / 9500	52 (71) / 9000, auch 25 (34) / 7000
Max. Drehmoment (Nm / bei U/min)	90,3 / 7000	106 / 7500	62 / 7400, auch 39,3 / 4400
Batterie	12 V 10 Ah	12 V 10 Ah	12 V 10 Ah
Generator (Watt)	375	380	300
Kraftübertragung			
Anz. Gänge	6	6	6
Übersetzung	2,666 / 1,933 / 1,500 / 1,227 / 1,086 / 1,000	2,666 / 1,933 / 1,500 / 1,227 / 1,086 / 1,000	2,461 / 1,777 / 1,380 / 1,125 / 0,961 / 0,851
Hinterradantrieb	K	K	K
Endübersetzung	2,235	2,294	3,00 / 2,933
Starter	Elektro	Elektro	Elektro
Fahrwerk			
Rahmen	LKR	LKR	LDR
Vorderradfederung	USD Ø 43	USD Ø 43	T Ø 41
Hinterradfederung	ZF	ZF	ZF
Federweg vorne (mm)	120	115	130
Federweg hinten (mm)	128	125	125
Vorderradbremse	DSB Ø 320	DSB Ø 320	DSB Ø 290
Hinterradbremse	SB Ø 220	SB Ø 220	SB Ø 240
Vorderradreifen	120/70-17	120/70-17	120/60-17
Hinterradreifen	190/50-17	190/50-17	160/60-17
Allgemeine Daten			
Radstand (mm)	1415	1395	1430, S: 1420
Maße (Länge, mm)	2065	2105	2070, S: 2045
Lenkkopfwinkel (Grad)	66,3	67	65
Nachlauf (mm)	94,5	91	100
Gewicht (kg)	222	231	193, S: 197
Tankinhalt (l)	17	17	16
Beschleunigung (s)	3,4	3,4	4,1
Höchstgeschw. (km/h)	268	268	195, 155; S: 202, 160
Preis inkl. MwSt (DM)	17.790,–	19.950,–	10.840–12.390,–
	21-l-Tank in laufende Serie eingeführt	4-in-2-Auspuffanlage	

Der Erfolg der europäischen Twins führte Ende der 90er Jahre zu einer Renaissance der großvolumigen V-Motoren. Suzukis Antwort auf Ducati und Co. nannte sich TL 1000 S. Ihr Motor hatte mit den V-Twins der Intruder-Baureihe nichts zu tun.

Verkannte Größe: Nach anfänglichen Kinderkrankheiten brillierte die TL 1000 S mit kräftigem Durchzug und schierer Kraft.

Suzuki SV 650 / S (1999–2002)

Während die Einliter-Maschine nie so erfolgreich war wie erhofft, überzeugte die kleinere SV 650 mit Alu-Gitterrohrrahmen, eigenständigem Design und leistungsstarkem 90-Grad-V2 von 1999 auf der ganzen Linie: Diese japanische Interpretation der Ducati Monster war die bislang letzte Suzuki, die der Konkurrenz so richtig einheizte – und im Gegensatz zur großen Schwester von Anfang an ausgereift. Da zu viel Perfektion langweilig wirkt, gönnten die Entwickler ihrer neuen SV noch ein paar Macken wie ausgeprägte Lastwechselreaktionen, die verzögerte Gasannahme oder eine ruppige Kupplung. Wem die unverkleidete SV nicht gefiel, der legte noch einmal 700 Mark Aufpreis hin und erhielt dafür die um vier Kilo schwerere, aber mit einer Halbschale versehene S-Version. Die erste Generation wurde 2002 abgelöst.

Anno 2020 ist die SV 650 das letzte wirklich gut verkäufliche Straßen-Motorrad im Suzuki-Programm, und ihr Motor hat auch der DL 650 V-Strom (seit 2004 gebaut) zum Dauererfolg verholfen. Über all die Jahre hat sich am erfolgreichen Grundkonzept nichts geändert, nur Outfit und Namen wechselten.

Mit der SV 650 brachte Suzuki ein Multi-Talent auf den Markt, das alles noch ein wenig besser konnte als die Konkurrenz. Neben der verkleideten SV gab es auch noch eine »nackte« SV 650 mit großem Rundscheinwerfer. Technisch waren sie gleich.

So sehen Sieger aus: die SV 650 S avancierte rasch zu einem der beliebtesten Modelle auf dem Markt.

YAMAHA

YAMAHA

YAMAHA

YAMAHA

YAMAHA
350

YAMAHA

YAMAHA
750

YAMAHA
FZR
DELTABOX
YAMAHA

YAMAHA

Die erste Yamaha war ein Nachbau der DKW RT 125, und der Konzern, zu dem Yamaha gehörte, startete genau mit dem Nachbau dieser besten 125er ihrer Zeit mit der Motorradproduktion. Das Motorrad wurde im Juli 1955 als YA-1 »Red Dragonfly«, rote Libelle, vorgestellt und verfügte wie das Original über einen luftgekühlten Einzylinder-Zweitakter mit Dreikanal-Umkehrspülung. 52 mm Bohrung und 58 mm Hub ergaben einen Hubraum von 123 Kubikzentimetern. Mit einer Leistung von 5,6 PS bei 5000/min und einer Spitze von rund 80 km/h lagen die Leistungswerte allerdings unter denen des Originals, das in der Nachkriegszeit auf gut 8 PS kam.

Die Geschichte der Viertelliter-Zweitakter der Marke Yamaha begann im Mai 1956, als mit der YD-1, einer 250er, die bis dahin hubraumstärkste Yamaha erschien. Gut ein dreiviertel Jahr sollte noch vergehen, bis sie in Serie ging; gerade rechtzeitig, um, entsprechend präpariert, an einem japanischen Rundstreckenrennen teilnehmen zu können. Die erste Rennmaschine für westliche Märkte brachte Yamaha dann 1958 zum Catalina-GP an den Start, Rennerfolge waren die Eintrittskarte in den US-Markt. Mit einem sensationellen sechsten Platz feierte die Marke einen grandiosen internationalen Einstand.

Das Interesse der US-Händler konzentrierte sich vor allem auf die Sportmodelle, die von nun an fester Bestandteil der Modellpalette wurden – bei zunächst nahezu identischer technischer Basis. So hieß die japanische »Yamaha Sports 250S« im Export YDS-1. Deren luftgekühlter Zweizylinder leistete 20 PS bei 7500 Touren und hatte zwei Vergaser, was eine der ganz großen Neuigkeiten im japanischen Motorradbau darstellte. Überdies war sie mit einem Fünfganggetriebe ausgestattet, was ebenfalls noch nicht vorgekommen war. Ein gleichermaßen neues Detail stellte die Kombination aus Tacho- und Drehzahlmesser dar. Darüber hinaus verfügte die DS über einen neuen Doppelschleifen-Stahlrohrrahmen, der an neuralgischen Punkten mit Knotenblechen verstärkt worden war. Auch in dieser Beziehung hatte die Konkurrenz von Honda das Nachsehen, die dort gebauten Dream-Typen verfügten noch über einen Pressschalen-Rahmen.

Die Sport-Twins waren gut für den Export, Geld verdiente Yamaha allerdings in erster Linie mit kleinen Einzylindern für die asiatischen Märkte – Maschinen wie der YA-5 des Jahres 1961, die 10 PS leistete und das erste japanische Motorrad mit Drehschieber-Steuerung darstellte. 1961 war auch das Jahr, in dem Yamaha mit einer Dynastart-Anlage auf den Markt kam, einen mit der Lichtmaschine kombinierten Anlasser. Die 250er YDS-3 von 1964 war dann die erste Yamaha mit Getrenntschmierung (»Autolube«-System). 1966 erschienen die bislang stärksten Yamaha-Twins mit 350 cm³ Hubraum, die praktisch baugleich mit den Viertelliter-Modellen waren. Die 250er hatten den Kennbuchstaben »D«, die 350er die Kennung »R«. Die Yamaha-Modelle nach 1967 hatten fünf Spülkanäle, ab 1968 stand die DT-1 im Yamaha-Modellprogramm: Die erste Enduro, das erste Geländemotorrad, das seinen Namen auch verdiente. Yamahas lange Tradition im Bau solcher Maschinen (wobei zu Beginn das japanische Unternehmen sich die Bezeichnung »Enduro« hatte schützen lassen) gründete sich auf diesem vor allem in den USA sehr erfolgreichen Modell. Ein Jahr nachdem Honda die CB 750 in Tokio vorgestellt hatte, vollzog schließlich auch Yamaha den Schritt zu den Viertaktern: Im Spätjahr 1969 erschien die XS-1, der legendäre Zweizylinder-Viertakter.

Das Unternehmen etablierte sich nach der IFMA 1964 auch in Deutschland. Die Düsseldorfer Mitsui GmbH, deutsche Tochter des japanischen Handelshauses Mitsui & Co, übernahm den Import der schnellen Zweitakter. Zum Startpaket gehörten eine 50er sowie die sensationelle YDS-3. Das Händlernetz war zunächst nur klein, 1966 konnten gerade mal 200 Motorräder abgesetzt werden. Zum Vergleich: Zwanzig Jahre später waren es 18.096 Einheiten. Anfangs mussten die Maschinen per Einzelabnahme zugelassen werden, bis die Firma Weihe in Löhne die Sache in die Hand nahm und für die Erstellung von Mustergutachten sorgte. 1967 folgte die YDS-5 E, wobei das E für einen Elektrostarter stand, dann erschien die DS-6 auf der Bildfläche. Außerdem war der Zweitakt-Baukasten gut für eine 350er, die als YR-1 vermarktet wurde. Die Kunden honorierten dieses stetige Streben nach Verbesserungen, Zuwachsraten von über 200 % pro Jahr führten im Jahre 1972 zur Gründung der Mitsui Maschinen GmbH, einer Mitsui-Tochter, bei der die Motorrad-Aktivitäten zusammenliefen. Von nun an war der Siegeszug der Marke nicht mehr aufzuhalten, der »ewige Zweite« auf dem deutschen Markt zog 1988 an Marktführer Honda vorbei, um erst 1992 seinerseits von Suzuki verdrängt zu werden. Inzwischen war Mitsui – zunächst mit Hauptverwaltung in Meerbusch, später in Neuss – auch für die Vermarktung der anderen Yamaha-Produkte zuständig: Rasenmäher, Stromerzeuger wie auch Außenborder und Jetboote. Natürlich war Yamaha außerdem auch als Hersteller von Musikgeräten und Hifi-Technik erfolgreich.

Die Mitsui Maschinen GmbH existierte in der bisherigen Form bis 1996. Am 1. Juli 1996 gründeten Mitsui und Yamaha Europe die Yamaha Motor Deutschland GmbH, die nun den Import nach Deutschland regelte und auch die MBK-Palette betreut. Weder an der Belegschaft noch am Modellprogramm änderte sich dadurch etwas.

1 Yamaha Zweitakter

Die Einzylinder

Yamaha LS-3 (1972–1973) Yamaha RS 100 (1976–1981)

Ende der 1960er Jahre ordnete Yamaha seine Modellpalette neu und ergänzte die braven YL-Typen um etwas flottere Varianten (»LS«). Diese sportlicheren Modelle brachten neben der neuen Optik einen neuen Stahlrohrrahmen mit kräftig dimensionierten Zentralrohr, bei dem der Einzylinder-Zweitakt-Motor tragende Funktion übernahm. Die verschiedenen Generationen verfügten, je nach Ausführung, über drei, fünf oder mehr Kanäle zur Steuerung der Gaswechsel im Zylinder, ohne dass sich am grundsätzlichen Aufbau etwas geändert hätte. Die ausgesprochen wirtschaftlichen Brot-und-Butter-Maschinen vermittelten eine gehörige Portion Fahrspaß. Die LS-3 von 1973 etwa war so ein Beispiel. Diese Yamaha mit dem Siebenkanal-Zylinderkopf galt schon als ein richtig erwachsenes Motorrad. Mit 11,5 PS bei 8500/min um eine Pferdestärke

Die LS-Serie verkaufte sich schleppend. Dazu kam hausinterne Konkurrenz, die parallel angebotene LS-2 war eine 100er, hatte aber zwei Zylinder.

Yamahas RS 100 war Sieger im 10-PS-Vergleichstest der Zeitschrift *Motorrad* von 1979. Sie kostete 1000 Mark weniger als eine Kreidler Florett.

Jahr	1972–1973	1976–1981
Modell	**LS- 3**	**RS 100**
Motor		
Hubraum (cm³)	97	97
Zylinder	S 1	S 1
Bohrung x Hub (mm)	38 x 43	52 x 45,6
Arbeitsweise	2-Takt	2-Takt
Steuerung	MB	MB
Gemischaufbereitung	1 x Mikuni Ø 17	1 x Mikuni Ø 20
Ventile/Zylinder	–	–
Verdichtung	7,0	7,0
Kühlung	L	L
Leistung (kW (PS) / bei U/min)	7,7 (10,5) / 8000	7,4 (10) / 7800
Max. Drehmoment (Nm / bei U/min)	9,5 / 7500	10 / 6900
Batterie	12 V 5,5 Ah	6 V 4 Ah
Generator (Watt)	20	33
Kraftübertragung		
Anz. Gänge	5	5
Übersetzung	3,181/ 1,812 / 1,300 / 1,045 / 0,84	2,833 / 1,813 / 1,250 / 1,091 / 0,957
Hinterradantrieb	K	K
Endübersetzung	3	2,250
Starter	Kick	Kick
Fahrwerk		
Rahmen	SER	SDR
Vorderradfederung	T Ø 27	T Ø 30
Hinterradfederung	S	S
Federweg vorne (mm)	95	90
Federweg hinten (mm)	65	65
Vorderradbremse	TB Ø 110	SB Ø 245
Hinterradbremse	TB Ø 110	TB Ø 130
Vorderradreifen	2.50-18	2.75-18
Hinterradreifen	2.75-18	3.00-18
Allgemeine Daten		
Radstand (mm)	1200	1250
Maße (Länge, mm)	1860	1950
Lenkkopfwinkel (Grad)	62.3	63
Nachlauf (mm)	90	86
Gewicht (kg)	97	106
Tankinhalt (l)	7,5	9,5
Beschleunigung (s)	k. A.	20,0
Höchstgeschw. (km/h)	115	103
Preis inkl. MwSt (DM)	k. A.	2287– 2460,–

kräftiger als die LS-2, brachte sie knapp 100 kg auf die Waage und schaffte eine Spitze laut Werk von 115 km/h – wie immer das auch gemessen worden war. Besonders umfangreich fiel das wahlweise lieferbare Zubehör aus: Mit Drehzahlmesser, abschließbarem Tankdeckel und verschieden geformten Lenkern ließen sich diese Hunderter auf das Ausstattungsniveau der größeren Zweizylinder hochrüsten. Bis Ende der 1970er Jahre war eine Hunderter das kleinste »richtige« Motorradmodell der Marke, zuletzt in Form der RS 100, die 1976 die hierzulande kaum bekannten LS-Typen ablöste. Die Fahrleistungen lagen auf dem Niveau gut gehender Kleinkrafträder, die Versicherungsprämie betrug allerdings kaum ein Fünftel derer. Besonders der Güte von Fahrwerk und Bremsanlage verdankte die RS den Sieg beim großen 10-PS-Vergleichstest des Jahres 1979, vor der hubraumstärkeren Konkurrenz von Kawasaki KH 125, Honda CM 185, MZ TS 125 sowie Bultaco Streaker. Dennoch blieb die RS 100 in Deutschland unterhalb der Wahrnehmungsgrenze.

Die erste Yamaha-Enduro mit 125 cm³ lancierte das Unternehmen 1969 unter der Bezeichnung AT-1. Aufgebaut wie ihre größeren Geschwister, hieß sie ab 1971 AT 125 sowie, ab 1973, DT 125. Unter dieser Bezeichnung gelangte sie dann auch nach Deutschland (Bild unten). Verschiedentlich modellgepflegt und mit Elektrostarter versehen, stand die DT 125 mit Stereo-Federbeinen bis 1980 (rechts) im Programm. Das Kürzel »DT« bedeutete »Dirt Track«.

Yamaha DT 125 / E (1973–1979)

Die DT 125 kam 1973 nach Deutschland und verfügte über einen ziemlich giftigen Zweitaktmotor mit Membransteuerung. Der zunächst 13, später dann 10,5 PS starke Einzylinder saß in einem robusten Doppelschleifen-Rohrrahmen. Trommelbremsen, Reibungs-Lenkungsdämpfer und konventionelle Federelemente komplettierten das DT-Chassis; die Federwege waren allerdings für echten Geländesport zu gering. 1976 wurde die DT überarbeitet, die Änderungen waren aber in

erster Linie optischer Natur. Die wichtigsten technischen Modifikationen betrafen den Wegfall des Lenkungsdämpfers, die Ausrüstung mit Elektrostarter und längere Federwege hinten. Die DT wurde in dieser Form bis 1979 angeboten.

Die DT 125 LC der Saison 1981 war eine Neukonstruktion. Zum flüssiggekühlten Einzylinder gesellte sich ein hervorragendes Fahrwerk mit Cantilever-Schwinge, das auch anspruchsvollere Geländeeinlagen erlaubte.

Yamaha DT 125 LC / R (1981–2004) Yamaha RD 125 LC (1982–1986)

Die Ende 1980 gezeigte DT 125 LC stellte eine völlige Neukonstruktion dar, was sowohl den flüssigkeitsgekühlten Einzylinder mit Membransteuerung, YEIS und Ausgleichswelle betraf als auch das Fahrwerk. Die durchaus geländetaugliche DT war darüber hinaus, als erste Enduro des Herstellers, mit einem Rechteck-Scheinwerfer bestückt und mit reichlich Plastik verkleidet. 1985 wurden im Rahmen der Modellpflege die Federwege vorn wie hinten angehoben. Die Fahrleistungen blieben aber klassenüblich. Trotz ihres geringen Gewichts benötigte die DT über 16 Sekunden, um auf 100 km/h zu beschleunigen. Die Neuauflage von 1991 trug den Zusatz »R« und entsprach im Grunde der alten LC, hatte aber etwas weniger Leistung, dafür aber ein besseres Fahrwerk mit

Die DT 125 LC wurde mit dem Zusatz »R« zwischen 1991 und 2003 erneut in Deutschland angeboten. Es gab sie mit 12 wie auch 17 PS; im Bild eine Exportversion.

Die RD 125 LC als typischer Hochleistungs-Zweitakter erforderte Drehzahlen, um flink unterwegs zu sein. Anfangs 4120 Mark teuer, sank zur Saison 1985 der Listenpreis auf rund 3200 Mark.

größeren Federwegen. In Sachen Fahrkomfort und Spurstabilität setzte die Yamaha Maßstäbe für eine 125er. Die Drosselung auf 80 km/h für die Zulassung als Leichtkraftrad erfolgte über eine Reduzierhülse im Auspuff, außerdem war der sechste Gang gesperrt.

Auf der IFMA 1982 erschien dann unter der Traditionsbezeichnung »RD« ein neues Straßenmotorrad. Der Zusatz »LC« verriet: Die Achtelliter-Maschine hatte den wassergekühlten Einzylinder-Zweitaktmotor der Enduro, war also schlitzgesteuert und mit Membraneinlass versehen. Die Höchstleistung von 17 PS stand bei 9000 Umdrehungen an, im Ausland leistete sie 21 PS. Wie die größeren Geschwister überzeugte auch die 125 km/h schnelle RD 125 in Fahrwerk, Handling und Bremsen. Auf dieser Basis entstand auch die RD 80 LC.

Jahr	**1973; 1974–1976**	**1977–1979**	**1981–1990**	**1982–1986**	**1991–2004**	**1993–2002**	**1997–1999**
Modell	**DT 125 ; DT 125 E**	**DT 125 E**	**DT 125 LC / R**	**RD 125 LC**	**DT 125 R**	**TDR 125**	**TZR 125**
Motor							
Hubraum (cm³)	123	123	123	123	123	125	125
Zylinder	S 1	S 1	S 1	S 1	S 1	S 1	S 1
Bohrung x Hub (mm)	56 x 50	56 x 50	56 x 50	56 x 50	56 x 50	56 x 50,7	56 x 50,7
Arbeitsweise	2-Takt	2-Takt	2-Takt	2-Takt	2-Takt	2-Takt	2-Takt
Steuerung	MB	MB	MB	MB	MB/PV	MB/PV	MB/PV
Gemischaufbereitung	1 x Mikuni Ø 24	1 x Mikuni Ø 24	1 x Mikuni Ø 24	1 x Mikuni Ø 24	1x Mikuni Ø 28	1 x Mikuni Ø 28	1 x Mikuni Ø 28
Ventile/Zylinder	–	–	–	–	–	–	–
Verdichtung	6,7	7,1	7,2	7,2	6,7	6,6	6,2
Kühlung	L	L	W	W	W	W	W
Leistung (kW (PS) / bei U/min)	10 (13) / 7000	7 (10) / 6800	12 (16) / 7000	13 (17) / 9000	7 (9,5) / 5250, auch 10,5 (14) / 7000	11 (15) / 7000	11 (15) / 7000
Max. Drehmoment (Nm / bei U/min)	19 / 7000	11 / 6500	16,1 / 7000	13,6 / 8000	10,4 / 5250, auch 14,2 / 7000	14,7 / 7000	15 / 7500
Batterie	6 V 4 Ah, E: 12 V	12 V 7 Ah	6 V 6 Ah	12 V 3 Ah	12 V 3 Ah	12 V 4 Ah	12 V 6 Ah
Generator (Watt)	114	100	100	95	95	180	180
Kraftübertragung							
Anz. Gänge	5	5	6	6	5 / 6	6	6
Übersetzung	2,833 / 1,875 / 1,368 / 1,091 / 0,957	2,833 / 1,875 / 1,368 / 1,091 / 0,957	3,500 / 2,214 / 1,555 / 1,190 / 1,000 / 0,840	3,250 / 2,125 / 1,550 / 1,227 / 1,040 / 0,932	2,833 / 1,875 / 1,412 / 1,143 / 0,957 / 0,818	2,833 / 1,875 / 1,412 / 1,143 / 0,957 / 0,818	2,833 / 1,813 / 1,368 / 1,143 / 1,000 / 0,917
Hinterradantrieb	K	K	K	K	K	K	K
Endübersetzung	2,313	3,266	3,266	3,428	3,563	3,563	3,067
Starter	Kick / Elektro	Kick / Elektro	Kick	Kick	Kick	Elektro	Elektro
Fahrwerk							
Rahmen	SER	SER	SER	SER	SER	SKR	LKR
Vorderradfederung	T Ø 30	T Ø 30	T Ø 35	T Ø 33	T Ø 41	T Ø 38	USD Ø 39
Hinterradfederung	S	S	ZF	ZF	ZF	ZF	ZF
Federweg vorne (mm)	140, ab 1976: 160	160	230	140	270	180	130
Federweg hinten (mm)	90, ab 1976: 88	115	200	110	260	180	110
Vorderradbremse	TB Ø 130	TB Ø 130	TB Ø 150	SB Ø 245	SB Ø 230	SB Ø 282	SB Ø 282
Hinterradbremse	TB Ø 130	TB Ø 130	TB Ø 150	TB Ø 130	SB Ø 220	SB Ø 220	SB Ø 210
Vorderradreifen	2.75-21	2.75-21	2.75-21	2.75-18	2.75-21	100/90-18	110/70-17
Hinterradreifen	3.25-18	3.25-18	4.10-18	3.25-18	4.10-18	130/80-17	140/70-17
Allgemeine Daten							
Radstand (mm)	1325	1325	1345	1295	1415	1405	1370
Maße (Länge, mm)	2015	2075	2145	2035	2250	2185	2065
Lenkkopfwinkel (Grad)	59,30	k. A.	61,5	64	62,5	64	66
Nachlauf (mm)	130	k. A.	116	84	113	116	87
Gewicht (kg)	103	119	109	115	125	135	135
Tankinhalt (l)	7	7	9	13	10	11	15
Beschleunigung (s)	–	–	16,3	10,5	–	k. A.	k. A.
Höchstgeschw. (km/h)	105	110	101	126	80 / 100	80 / 105	80 / 110
Preis inkl. MwSt (DM)	2349–2780,–	2780–3120,–	3938–3288,–	4120–3188,–	5970–6590,–	7490–8490,–	8990,–
							Auch mit 20 kW / 11.000 U/min

Yamaha TDR 125 (1993–2002)
Yamaha TZR 125 R (1997–1999)

Die TDR 125 im TDM-Outfit erschien 1993. Anfänglich mit 12,6 PS angeboten und dann ab 1996 auf volle 15 PS erstarkt, brillierte die TDR fahrwerkseitig durch einen soliden Deltabox-Rahmen und hochwertige Federelemente. Leichtfüßig und handlich, machte die TDR viel Spaß im Kurvengeschlängel, auch wenn die Fahrwerks-Auslegung (Federwege jeweils 180 mm) ein wenig zu komfortabel geriet. Zu den Schwachstellen des 140 kg schweren Allrounders gehörten Verbrauch, Bremsleistung und Preis, denn der lag zeitweise bei knapp 8900 Mark. Die ersten TZR kamen noch aus Japan, spätere dann aus dem Yamaha-Werk Belgarda.

Die TZR 125 als TDR-Straßenausführung kam im Zug der Führerscheinreform nach Deutschland. Kompromisslos auf Sportlichkeit ausgelegt, taugte der Zweitakt-Renner durchaus auch für Rennstreckeneinlagen. Letztlich aber war er zu teuer, um sich lange halten zu können.

Die leistungsstarke TDR 125 verfügte über den flüssiggekühlten Zweitakter aus der DT 125 R. Ein Katalysator war ebenso serienmäßig wie ein E-Starter.

Die TZR 125 kostete zunächst 8990 Mark. Die Preisstellung war auch für zahlungskräftige Kunden ein echtes Hindernis. Im Bild die Japan-Version TZR 125 R.

Yamaha DT 175 / MX (1974–1982)

Wie schon die größeren Enduro-Geschwister wurde die DT 175 ursprünglich nicht speziell für den deutschen Markt konzipiert. Nach Neuordnung der Versicherungsklassen klaffte aber im nunmehrigen 17-PS-Segment eine große Lücke, und die wollte Yamaha mit dieser 175er schließen. In Aufbau und Technik entsprach der Neuzugang den bereits bekannten-Enduros, daher bot auch das Fahrverhalten keine Überraschungen: Mangelnde Federwege und eine zu weich abgestimmte Gabel setzten dem Geländespaß enge Grenzen. Zum Modelljahr 1978 erhielt die DT-MX eine umfangreiche Modellpflege, unter anderem mit neuer Cantilever-Schwinge aus Rechteck-Stahl, neuem Auspuff und geändertem Luftfilter. Dadurch entwickelte der Zweitakter in mittleren Drehzahlregionen deutlich mehr Dampf.

Die erste DT 175 (oben) erschien 1969, damals hieß sie noch CT-1. Diese Hubraumklasse war in Japan populär, denn sie schloss die Lücke zwischen den Enduros zwischen 125 und 250 cm³. Optisch und technisch entsprach sie den bekannten DT-Modellen. In Deutschland war sie kein Verkaufserfolg; erst die Cantilever-DT (unten, Frankreich 1978) wurde etwas bekannter.

Yamaha TY 125 / 250 (1978–1981)

Als sich die japanischen Hersteller Anfang der 70er Jahre mit dem Bau von Trial-Motorrädern befassten, dienten dabei europäische Maschinen als Vorlage. Bei Yamaha stammten diese von Bultaco. Im Rahmen des »Yamaha Grand Sport Festival« Anfang August 1973 wurde die neue Modellreihe erstmals gezeigt. Wichtigstes Modell war eine zierliche 250er mit Membransteuerung und Siebenkanal-Zylinderkopf. Um auch bei niedrigen Drehzahlen einen sauberen Rundlauf zu erzielen, versahen die Yamaha-Techniker die Kurbelwelle mit zusätzlichem Schwunggewicht. Die Kraftübertragung erfolgte per Fünfgang-Klauengetriebe und Rollenkette zum 18-Zoll-Hinterrad. Die ersten drei Fahrstufen waren für den Geländeeinsatz besonders kurz übersetzt. Der Zentralrohr-Rahmen mit gegabelten Brustrohren war unten offen; der linke Schwingenholm diente als Ölreservoir und schmierte die Kette.

Jahr	1974–1975	1978–1982	1978–1981	1979–1981
Modell	**DT 175**	**DT 175 MX**	**TY 125**	**TY 250**
Motor				
Hubraum (cm³)	171	171	123	246
Zylinder	S 1	S 1	S 1	S 1
Bohrung x Hub (mm)	66 x 50	66 x 50	56 x 50	70 x 64
Arbeitsweise	2-Takt	2-Takt	2-Takt	2-Takt
Steuerung	MB	MB	MB	MB
Gemischaufbereitung	1 x Mikuni Ø 24	1 x Mikuni Ø 24	1 x Mikuni Ø 22	1 x Mikuni Ø 26
Ventile/Zylinder	–	–	–	–
Verdichtung	6,8	6,8	7,0	7,0
Kühlung	L	L	L	L
Leistung (kW (PS) / bei U/min)	10 (14) / 6340	11 (15) / 7500, ab 1980: 12 (16) / 7000	9,5 (13) / 6000	12 (16,5) / 6000
Max. Drehmoment (Nm / bei U/min)	16 / 6340	16,5 / 6000, ab 1980: 17 / 6200	15,6 / 5500	21 / 5500
Batterie	6 V 4 Ah	6 V 6 Ah	6 V 4 Ah	6 V 4 Ah
Generator (Watt)	36	80	k. A.	k. A.
Kraftübertragung				
Anz. Gänge	5	6	6	5
Übersetzung	2,833 / 1,875 / 1,368 / 1,091 / 0,957	3,500 / 2,214 / 1,550 / 1,190 / 0,957 / 0,880	3,089 / 2,460 / 1,875 / 1,421 / 1,000 / 0,768	2,713 / 2,058 / 1,523 / 1,037 / 0,656
Hinterradantrieb	K	K	K	K
Endübersetzung	2,313	3,627	3.214	3,785
Starter	Kick	Kick	Kick	Kick
Fahrwerk				
Rahmen	SDR	SDR	SER	SER
Vorderradfederung	T Ø 30	T Ø 31	T Ø 30	T Ø 30
Hinterradfederung	S	ZFr	S	S
Federweg vorne (mm)	145, ab 1976: 160	180	140	140
Federweg hinten (mm)	110, ab 1976: 88	145	100	100
Vorderradbremse	TB Ø 130	TB Ø 130	TB Ø 110	TB Ø 110
Hinterradbremse	TB Ø 130	TB Ø 130	TB Ø 130	TB Ø 130
Vorderradreifen	2.75-21	2.75-21	2.75-21	2.75-21
Hinterradreifen	3.50-18	3.50-18	4.00-18	4.00-18
Allgemeine Daten				
Radstand (mm)	1290 (1325)	1350	1270	1290
Maße (Länge, mm)	2010	2155	1960	1980
Lenkkopfwinkel (Grad)	58,3	60	62,3	64
Nachlauf (mm)	126	126	93	86
Gewicht (kg)	107	111	95	97
Tankinhalt (l)	7	7	4	6
Beschleunigung (s)	14,5	16	k. A.	k. A.
Höchstgeschw. (km/h)	121	115	85	94
Preis inkl. MwSt (DM)	3434–3246,–	3263–3595,–	2885,–	auf Anfrage

Trocken wog die TY 250 nur 91 Kilogramm, in den schmalen Tank passten lediglich sechs Liter Kraftstoff. In Deutschland gab es die 16 PS starke und 94 km/h schnelle TY 250 lediglich zwischen 1978 und 1981. Parallel dazu ebenfalls im Angebot: die TY 125 mit 10 PS und Sechsgang-Getriebe. Ihre Spitzengeschwindigkeit betrug angeblich 85 km/h. Bis auf die Räder hatten aber beide TY keine Gemeinsamkeiten.

Ossa-Europameister Mick Andrews stand Pate bei der Entwicklung der Trial-Yamaha TY 125. Daneben gab es auch eine gänzlich unterschiedliche 250er, die beiden wurden parallel angeboten. Eine geplante 350er erschien nicht.

Yamaha DT-2 / DT-3 / DT 250 / MX (1971–1982)
Yamaha RT-360 / DT-360 (1971–1975)
Yamaha DT 400 / MX (1976–1981)

Zweitakt-Motoren standen am Anfang der Motorradgeschichte bei drei von vier japanischen Herstellern. Diese waren für den amerikanischen Markt von überragender Bedeutung und fanden sich in verschiedensten Renn-, Cross- und Enduro-

Mit der DT-Reihe präsentierte Yamaha 1968 eine neue Fahrzeugkategorie, nämlich die der »Trail-Bikes«. Zum ersten Mal gab es nun Geländemotorräder mit voller Straßentauglichkeit – die Geburtsstunde der Enduros.

Bis 1973 stand im Yamaha-Alphabet das »D« für 250 cm³ und das »R« für 350 cm³. Der zweite Buchstabe gab den Einsatzzweck an, »S« hieß »Street« und »T« »Trail«. Mit Ausweitung des Fertigungsprogramms ließ sich das nicht durchhalten. Nur bei der DT 250 (hier von 1974/75) musste man nicht umlernen.

Modellen. Schönes Beispiel dafür ist die DT 250, die zivilere Ausgabe der wettbewerbstauglichen Crosser. Die erste DT, anno 1968 in den USA vorgestellt, gilt als erste echte japanische Enduro. Drei Jahre später kam diese 250er dann, weiterentwickelt zur DT 2, auch nach Deutschland. Der 18 PS starke Gelände-Hopser wog trocken 120 kg, hatte einen Doppelschleifen-Rahmen und ein 19-Zoll-Vorderrad mit 145 mm Federweg. Das schien wohl genug zu sein für anspruchsvollere Cross-Passagen – als »wettbewerbstaugliches Enduromodell« charakterisierte Siegfried Rauchs *Motorrad*-Katalog die DT. »Klacks« Leverkus mochte sich der Meinung seines Chefs allerdings nicht anschließen.

Die RT-1 basierte auf der DT-1 und war die größte Vertreterin von Yamahas Trail-Bike-Familie. Mit entsprechenden Kit-Teilen aufgerüstet, war die Gelände-Yamaha auch bei Motocross-Rennen in der Halbliter-Klasse zu sehen.

1971 mutierte die RT-1 zur RT 360. Größere technische Änderungen fanden nicht statt. Nach der Neuordnung des Bezeichnungsschemas hieß die Maschine ab 1973 DT 360.

Die DT 360 wurde bis 1975 verkauft, hatte aber 1974 den Motor aus der Crossmaschine MX 360 erhalten. Der nach oben gesetzte Kotflügel gehört zu den wichtigsten Unterscheidungsmerkmalen gegenüber den RT-Enduros.

Die DT eignete sich wohl doch nicht zu ernsthaftem Wettbewerb: Leistung, Übersetzung, keine wasserdichten Kerzenstecker, eine ungeschützt laufende Kette, keine Möglichkeit zum schnellen Radwechsel – »da müsste noch viel geändert und hingetrimmt werden.«

Die 1974 angebotene DT-3/250 verfügte über ein 21-Zoll-Vorderrad anstelle des bisherigen 19-Zöllers. Die Geländegängigkeit verbesserte sich dadurch enorm. Das Ganze, eine Nummer größer, hieß dann RT-3 beziehungsweise DT 360 und war die beste Möglichkeit, die Nachbarschaft gegen sich aufzubringen: Sonntagmorgen um halb acht die DT vor die Garage geschoben, einmal kurz gekickt und das zermürbende Räng-Täng-Täng ließ die ganze Nachbarschaft aus den Betten fahren: So aggressiv kreischte keine andere Maschine –

Jahr	**1971–1972**	**1973–1976**	**1978–1982**	**1973–1975**	**1976–1977**	**1978–1981**
Modell	**DT 2**	**DT 250**	**DT 250 MX**	**DT 360**	**DT 400**	**DT 400 MX**
Motor						
Hubraum (cm³)	246	246	246	352	397	397
Zylinder	S 1	S 1	S 1	S 1	S 1	S 1
Bohrung x Hub (mm)	70 x 64	70 x 64	70 x 64	80 x 70	85 x 70	85 x 70
Arbeitsweise	2-Takt	2-Takt	2-Takt	2-Takt	2-Takt	2-Takt
Steuerung	MB	MB	MB	MB	MB	MB
Gemischaufbereitung	1 x Mikuni Ø 28	1 x Mikuni Ø 28	1 x Mikuni Ø 24	1 x Mikuni Ø 34	1 x Mikuni Ø 32	1 x Mikuni Ø 32
Ventile/Zylinder	–	–	–	–	–	–
Verdichtung	6,8	6,8	6,7	6,3	6,4	6,4
Kühlung	L	L	L	L	L	L
Leistung (kW (PS) / bei U/min)	14 (18) / 6500	15 (20) / 6500	12 (16) / 5500	24 (32) / 6000	19 (25) / 5600	15 (21) / 5600
Max. Drehmoment (Nm / bei U/min)	23,5 / 6150	23,5 / 6150	22 / 4600	37,6 / 5500	33 / 5250	29 / 3900
Batterie	6 V 6 Ah	6 V 6 Ah	6 V 6 Ah	6 V 6 Ah	6 V 4 Ah	6 V 6 Ah
Generator (Watt)	k. A.	46	k. A.	k. A.	k. A.	k. A.
Kraftübertragung						
Anz. Gänge	5	5	5	5	5	5
Übersetzung	2,533 / 1,684 / 1,167 / 1,0 / 0,857	2,533 / 1,684 / 1,167 / 1,0 / 0,857	2,533 / 1,789 / 1,300 / 1,000 / 0,769	2,533 / 1,789 / 1,304 / 1,00 / 0,766	2,533 / 1,789 / 1,304 / 1,00 / 0,766	2,714 / 1,789 / 1,300 / 1,000 / 0,769
Hinterradantrieb	K	K	K	K	K	K
Endübersetzung	2,933	2,933	2,75	2,60	2,857	2,687
Starter	Kick	Kick	Kick	Kick	Kick	Kick
Fahrwerk						
Rahmen	SDR	SDR	SDR	SDR	SDR	SDR
Vorderradfederung	T Ø 34	T Ø 34	T Ø 36	T Ø 34	T Ø 34	T Ø 36
Hinterradfederung	S	S	ZF	S	S	ZF
Federweg vorne (mm)	145	140	195	195	140	140
Federweg hinten (mm)	80	80	145	140	80	200
Vorderradbremse	TB Ø 150	TB Ø 150	TB Ø 160	TB Ø 150	TB Ø 180	TB Ø 180
Hinterradbremse	TB Ø 150	TB Ø 150	TB Ø 150	TB Ø 150	TB Ø 180	TB Ø 180
Vorderradreifen	3.00-19	3.00-21	3.00-21	3.00-21	3.00-21	3.00-21
Hinterradreifen	4.00-18	4.00-18	4.00-18	4.00-18	4.00-18	4.00-18
Allgemeine Daten						
Radstand (mm)	1390	1385	1420	1385	1410	1420
Maße (Länge, mm)	2165	2165	2185	2165	2150	2185
Lenkkopfwinkel (Grad)	59,3	59,3	60	59,3	59,3	62
Nachlauf (mm)	135	135	135	135	135	118
Gewicht (kg)	138	138	135	134	141	141
Tankinhalt (l)	9	9,5	9,3	9,5	9	9
Beschleunigung (s)	10,4	10,4	16,5	k. A.	7,8	7,8
Höchstgeschw. (km/h)	110	137	109	133	135,8	136
Preis inkl. MwSt (DM)	3150,–	3149–3600,–	3800–4437,–	3498–3698,–	3875–3698,–	4332–4619,–

Die DT 400 ersetzte 1975 die DT 360, was die Verkaufszahlen aber auch nicht verbesserte. Die Stereo-Federbeine wichen 1977 der Cantilever-Schwinge.

Die späteren DT 400 hatten ein tolles Fahrwerk. »Wo andere Enduros schon tanzen und springen, laufen die MX-Yamahas noch kerzengeradeaus«, kommentierte ein Tester.

»der Schalldämpfer schien uns nicht sehr wirkungsvoll zu sein«, kommentierte »Klacks« milde. Nach heutigen Maßstäben jedoch geradezu erschütternd war die Verarbeitungsqualität.

In jeder Beziehung einen Fortschrift markierte dann die auf der 360er basierende DT 400 MX von 1977, die erste Enduro mit Cantilever-Federung. Das einzelne Federbein saß zwischen den oberen Rahmenrohren unterhalb des Tanks. Das Konzept war den Stereo-Federbeinen der Konkurrenz haushoch überlegen. Es gab die MX zwischen 1977 und 1981 mit 17 oder 21 PS, die letzten Modelle hatten eine vorverlegte Achsaufnahme für längere Federwege und Alu-Felgen.

Die Zweizylinder

Yamaha YL-1 (1966–1968)
Yamaha AS-1/2/3 (1967–1973)
Yamaha LS-2 (1972)

Mitte der 1960er Jahre sah es noch so aus, als ob Klein- und Leichtmotorräder dem motorradfahrenden Publikum genügen könnten – was wohl Grund genug war für den deutschen Mitsui-Importeur, die zweizylindrige YL mit nur 100 Kubik ins Land zu holen. Erstmals sichtete sie *Motorrad*, damals das einzige Zweirad-Magazin in Deutschland und mit dem Yamaha-Importeur auf besonders vertrautem Fuße, Ende 1965. In Heft 1/66 folgten dann technische Details, weitere Bilder folgten in der Mai-Ausgabe. Auch ohne einen Meter gefahren zu sein stand für die Redakteure fest: Die YL-1 sei »der interessanteste Zweitakt-Twin der letzten Jahre«, denn sie »verwirklicht Wunschträume, die uns die deutsche Industrie nie erfüllt hat.« Dazu gehörten, natürlich neben den beiden Zylindern, die Autolube-Getrenntschmierung, die üppig dimensionierte Wechselstrom-Lichtmaschine samt Batteriezündung, die geschützt verlegten Kabel, die solide ausgeführten Details wie Auspuff-Aufnahmen, Rücklichthalter, der vor Spritzwasser geschützte Bremslichtschalter und die stabilen Kotflügel.

Ein Quäntchen mehr Hubraum wiesen die AS-Typen auf, die erstmals 1967 gezeigt worden waren. Die neuen Zweizylinder waren mit 43 zu 43 mm quadratisch ausgelegt, hatten Drehschiebersteuerung und einen neuen Rahmen. Die Leistung lag bei 13 PS bei 7000 Touren, das maximale Drehmoment von 12,7 Nm stand bei 8000 Umdrehungen an. Laut Werk schaffte

Die YL-1, gebaut zwischen 1966 und 1971, zählt zu den Meilensteinen im Programm und galt als die beste kleine Zweizylinder ihrer Zeit. Sie steht am Beginn der Entwicklung von Hochleistungs-Zweitaktern mit 125 cm³.

der AS-1-Twin damit eine Spitze von 120 Stundenkilometern; Suzuki machte für seine ebenfalls neue GT 125 nahezu identische Angaben.

Die AS-1 wurde in der »Custom«-Version – Chromtank – im Frühjahr 1968 von Ernst Leverkus ausführlich auf dem Nürburgring getestet. Sein Bericht liest sich wie eine einzige Lobeshymne auf die kleine, schnelle Yamaha. Nur die allerersten AS-Typen verfügten noch über Dreikanal-Zylinder, nach 1968 hatten sie fünf Überströmkanäle. Der bis 1970 gebauten AS-1 folgte die 15 PS starke AS-2. Technisch praktisch unverändert, unterschied sie sich von der ersten Generation vor allem durch die Optik sowie die neuen, getrennten Instrumente auf der Gabelbrücke anstelle des Kombi-Instruments. Angeblich kamen Ende 1971 auch einige Exemplare der 130 Stundenkilometer schnellen Zweizylinder nach Deutschland, zu größerer Bekanntheit sollte es aber deren Nachfolgerin bringen, die im April 1971 für den weltweiten Vertrieb vorgestellte AS-3 mit Siebenkanal-Zylinder: mit neuer Optik, neuem Rahmen (1240 mm Radstand) und leicht geänderten Leistungswerten. »Klacks« testete den mittlerweile 16 PS starken Yamaha-Twin im Frühjahr 1972 auf dem Nürburgring und war einmal mehr begeistert von einer kleinen Zweizylinder-Maschine des Herstellers.

Nur eine Fußnote in der deutschen Yamaha-Geschichte blieb die LS-2 – nicht zu verwechseln mit der LS-3 von 1972. Die war zwar auch eine Hunderter, hatte aber nur einen Zylinder.

Jahr	**1966–1971**
Modell	**YL-1 Twinjet**
Motor	
Hubraum (cm³)	97
Zylinder	R 2
Bohrung x Hub (mm)	38 x 43
Arbeitsweise	2-Takt
Steuerung	MB
Gemischaufbereitung	1 x Mikuni Ø 15
Ventile/Zylinder	–
Verdichtung	7,1
Kühlung	L
Leistung (kW (PS) / bei U/min)	7 (9,5) / 8500
Max. Drehmoment (Nm / bei U/min)	8,1 / 8000
Batterie	12 V 5,5 Ah
Generator (Watt)	108
Kraftübertragung	
Anz. Gänge	4
Übersetzung	3,08 / 1,89 / 1,30 / 0,96
Hinterradantrieb	K
Endübersetzung	2,33
Starter	Kick
Fahrwerk	
Rahmen	PSR
Vorderradfederung	T Ø 27
Hinterradfederung	S
Federweg vorne (mm)	k. A.
Federweg hinten (mm)	k. A.
Vorderradbremse	TB Ø 110
Hinterradbremse	TB Ø 110
Vorderradreifen	2.50-17
Hinterradreifen	2.50-17
Allgemeine Daten	
Radstand (mm)	1145
Maße (Länge, mm)	1820
Lenkkopfwinkel (Grad)	63
Nachlauf (mm)	90
Gewicht (kg)	82
Tankinhalt (l)	7,3
Beschleunigung (s)	k. A.
Höchstgeschw. (km/h)	100
Preis inkl. MwSt (DM)	k. A.

AS-1, 1968: »Das Motorrad hat auch bei hohem Tempo und extremen Anforderungen an die Spurtreue eine ausgezeichnete Straßenlage«: *Das Motorrad* 1968 über die für 1849 Mark angebotene AS-1.

AS-3, 1971: Die AS-Typen waren Yamahas erste Twins mit 125 cm³ und 5-Kanal-Jetport-Motor. Der verfügte über zwei zusätzliche Spülkanäle anstelle der üblichen Kanäle für Einlass, Spülung, Auslass.

Yamaha DS-5 / DS-6 / DS-7 (1967–1973)

Die Viertelliter-Twin DS-5 von 1967 beeindruckte mit unglaublichen Leistungswerten: 29,5 PS bei 8000 Umdrehungen und ein Drehmoment-Maximum von 26,9 Nm bei 7500/min vermeldete das Werk und verblüffte damit Konkurrenz und Kunden. Und auch die Motorradtester rieben sich ungläubig die Augen, die nach deutschen Spezifikationen erreichten 24,5-DIN-PS bei 7750/min waren eine handfeste Überraschung: »Echt und nicht hingemogelt«, staunten die Tester, die jetzt ganz legal eine 250er mit einem Leistungsvermögen kaufen konnten, das nur wenige Jahre zuvor noch echten GP-Rennern zur Ehre gereicht hätte. Echte 135 km/h Spitze waren machbar, im Soziusbetrieb ging die DS-5 immer noch gut 125 km/h. Damit gehörte man zu den Schnellen auf den immer voller werdenden Autobahnen. Der luftgekühlte Zweizylinder wurde 1968 revidiert und mit zusätzlichen Überströmkanälen versehen, was spürbar den Füllungsgrad und die Höchstgeschwindigkeit verbesserte. Das fülligere Drehmoment machte aus einem ohnehin schon guten ein in seiner Klasse nahezu konkurrenzloses Motorrad. Das galt auch für die zwischen 1969 und 1970 importierten DS-6. Kennzeichen der neuen Generation waren die separaten, auf der Gabelbrücke sitzenden getrennten Uhren wie auch die komplett neue Optik. Allerdings schrumpfte der ohnehin nicht üppige 15-Liter-Tank auf ein Volumen von kümmerlichen elf Litern, ohne dass der Verbrauch gesunken wäre. Zum neuen Auftritt gesellte sich eine mäßig überarbeitete Technik, so entfiel der Dynastarter. Die 3200 Mark teure DS-7 von 1971 war dann die letzte der Viertelliter-Zweitakter aus dem Hause Yamaha, die

Jahr	1970	1971–1973
Modell	**AS-1**	**AS-3**
Motor		
Hubraum (cm³)	125	125
Zylinder	R 2	R 2
Bohrung x Hub (mm)	43 x 43	43 x 43
Arbeitsweise	2-Takt	2-Takt
Steuerung	SL.	SL
Gemischaufbereitung	2 x Mikuni Ø 17	2 x Mikuni Ø 18
Ventile/Zylinder	–	–
Verdichtung	7,0	7,0
Kühlung	L	L
Leistung (kW (PS) / bei U/min)	11 (15) / 8500	12 (16) / 9730
Max. Drehmoment (Nm / bei U/min)	13 / 7500	13,5 / 8000
Batterie	12 V 5,5 Ah	12 V 5,5 Ah
Generator (Watt)	108	108
Kraftübertragung		
Anz. Gänge	5	5
Übersetzung	3,182/ 1,813 / 1,300 / 1,045 / 0,84	3,182/ 1,812 / 1,300 / 1,045 / 0,84
Hinterradantrieb	K	K
Endübersetzung	2,600	2,785
Starter	Kick	Kick
Fahrwerk		
Rahmen	SER	SER
Vorderradfederung	T	T
Hinterradfederung	S	S
Federweg vorne (mm)	k. A.	k. A.
Federweg hinten (mm)	k. A.	k. A.
Vorderradbremse	TB Ø 130	TB Ø 140
Hinterradbremse	TB Ø 130	TB Ø 140
Vorderradreifen	2.50-18	2.50-18
Hinterradreifen	2.75-18	3.00-18
Allgemeine Daten		
Radstand (mm)	1200	1240
Maße (Länge, mm)	1875	1915
Lenkkopfwinkel (Grad)	63	62,3
Nachlauf (mm)	92	90
Gewicht (kg)	112	110
Tankinhalt (l)	9,5	9
Beschleunigung (s)	14,5	13,5
Höchstgeschw. (km/h)	110	115
Preis inkl. MwSt (DM)	1879,–	1979–2348,–

Die zweite Generation an Yamaha-Zweitaktmotorrädern erschien 1967. Den Anfang machte die DS-5. Der Paralleltwin mit Leichtmetall-Zylindern verfügte über die »Autolube«-Getrenntschmierung sowie einen E-Starter.

noch die alte Exportbezeichnung trug. In Japan wurde sie 1970 bereits als DX 250 vorgestellt und brachte die Technik der TD-Rennmaschinen auf die Straße. Die Vorläuferin der RD-Baureihen verfügte über ein neues, horizontal teilbares Gehäuse – ein Novum bei Yamaha – sowie über Zylinder mit fünf Spülkanälen. Quadratisch ausgelegt (54 x 54 mm), waren die Kurbelwelle vierfach gelagert und der Primärtrieb gerade verzahnt. Dazu kam die obligatorische zahnradgetriebene Ölpumpe mit separatem, unter der Sitzbank befindlichen Reservoir.

Die deutschen Tester zeigten sich begeistert von der DS-6. Die Scrambler-Variante DS6-C mit einem hoch montierten Schalldämpfer wurde nicht in Deutschland vermarktet.

»Dieser Zweitakt-Sprinter ist eine sehr fixe Maschine, mit der man immer sportlich über die Straße fegt – und dabei ist diese Art von Motoren eben durstig«, urteilte Ernst Leverkus in seinem Bericht, dem auch dieses Bild entnommen wurde. Im Testbetrieb genehmigte sich die DS-7 durchaus sieben Liter und mehr auf 100 km, der Zwölf-Liter-Tank musste meist schon nach gut 150 Kilometern auf Reserve geschaltet werden.

Die R-Twins – hier die R-2, 1968 – waren bis 1975 die stärksten Zweitakter.

Yamaha R-3, R-5, R-5F (1968–1973)

Für den japanischen Markt präsentierte Yamaha 1964 eine auf 305 cm³ aufgebohrte 250er DS-1 und versah sie mit der Typbezeichnung YM-1, der 1967 die R-1 mit 348 cm³ und 1968 die angeblich 173 km/h schnelle R-2 folgten. Die in den USA mit 36 PS ausgelieferte 350er R-3 kam ab 1969 auch nach Europa. Versehen mit einer neuen Auspuffanlage, leistete sie offiziell – wobei die Angaben notorisch unzuverlässig waren – 31 PS bei 7800 Umdrehungen. Den Drehmoment-Zenit von 30,3 Nm erklomm der Twin bei 7000 Touren; *Motorrad* unterzog die Yamaha einem ausführlichen Test über 17.000 Kilometer und erteilte der Zweitakt-Rakete nur beste Noten. Doch die Liste der aufgetretenen Unzulänglichkeiten ist, nach heutigen Maßstäben gemessen, lang, damals allerdings verbuchte man dergleichen unter Kleinkram.

Noch besser schlug sich die ab Sommer 1970 angebotene R-5. Die größere Ausgabe der DS-7 mit anderen Vergasern, unterschiedlichem Primärantrieb und vergrößertem Schmierkreislauf war ebenfalls mit 30 PS bei 7000/min angegeben, verfügte aber über eine besser passende Getriebeabstufung. Überdies hatte Yamaha den Motor umgekrempelt und den Leichtmetallzylinder mit zusätzlichen Überströmkanälen versehen. Dabei hatten die Techniker Kanalgestaltung und Steuerzeiten optimiert, was für spürbar mehr Druck über den gesamten Drehzahlbereich sorgte. Für 1972 wurde die R-5 neu abgestimmt und auf 35 PS bei 7840 Touren gebracht. Ihr Kennzeichen war die serienmäßige Blinkanlage, das führte zum Zusatz »F«. Ein gravierender Minuspunkt aller Yamahas dieser Jahre blieb die Fußrastenanlage, deren Hauptträger unter der Auspuffanlage herumführte und in maximaler Schräglage hart aufsetzte. In so einem Fall wurde die Yamaha praktisch ausgehebelt. Verzögert wurde über eine gerade noch ausreichende Duplex-Vollnabenbremse im Vorderrad, an der Hinterhand musste eine Simplex-Trommel genügen. Der Wechsel auf die wirkungsvolleren Scheibenbremsen erfolgte bei der Folgegeneration mit dem Typkürzel »RD«.

Yamahas R-3 war die erste japanische Maschine, die das Fachblatt *Das Motorrad* einem Dauertest unterzog. Die Ergebnisse überzeugten.

Die R-5, 1970 vorgestellt, war eine Neuentwicklung. Zum Fünfkanal-Twin mit »Autolube«-Schmierung und Doppelvergaser kamen ein Doppelschleifen-Rahmen, Ceriani-Gabel und dreifach verstellbare Federbeine hinten.

Yamaha GL 750 (1971)

Zur 1971er Tokio Motor Show präsentierte Yamaha die sensationelle GL 750, die Yamahas Beitrag zu der von Hondas CB 750 dominierten Klasse darstellte. Allerdings konnte von einer bevorstehenden Serienfertigung keine Rede sein, der US-Export sollte nicht vor Ende 1972 beginnen. Was die Technik anging, gaben sich die Yamaha-Verantwortlichen zugeknöpft. Zumindest so viel stand fest: Es handelte sich um einen Reihen-Vierzylinder mit Zahnrad-Mittelabtrieb auf eine gemeinsame Vorgelegewelle und konstruktiver Nähe zur Rennmaschine TZ 750. Ausgelegt mit 65 mm Bohrung und 56 mm Hub, sollte der 743 ccm große Vierzylinder 70 PS bei 7000 Umdrehungen produzieren. Das maximale Drehmoment von 73,50 Nm stellte er bei 6500 Touren bereit, und da das Gewicht bei niedrigen 205 Kilogramm lag und damit das der Suzuki GT 750 um zehn und das der CB 750 gleich um 15 Kilo unterbot, schienen fulminante Fahrleistungen garantiert. Für adäquate Verzögerung sollte eine Doppelscheibenbremse im Vorderrad sorgen. Die Kraftübertragung zum Hinterrad erfolgte vermittels Fünfganggetriebe und Kette, für die thermische Gesundheit sollte eine Wasserkühlung sorgen. Es blieb bei diesem Prototyp, eine Serienfertigung fand nie statt – ebensowenig bei der Wankel-Yamaha RZ 201, die nach ihrer Tokio-Premiere 1972 rasch wieder in der Versenkung verschwand.

Jahr	1970–1972	1970	1970–1973
Modell	**DS- 6 / DS-7**	**R-3**	**R-5; R-5 F**
Motor			
Hubraum (cm³)	246	345	347
Zylinder	R 2	R 2	R 2
Bohrung x Hub (mm)	56 x 50	61 x 59	64 x 54
Arbeitsweise	2-Takt	2-Takt	2-Takt
Steuerung	SL	SL	SL
Gemischaufbereitung	2 x Mikuni Ø 26 / Ø 28	2 x Mikuni Ø 28	2 x Amal Ø 28
Ventile/Zylinder	–	–	–
Verdichtung	7,3	7,5	6,9
Kühlung	L	L	L
Leistung (kW (PS) / bei U/min)	21 (28) / 7250; 22 (30) / 7500	26/36 7000	26 (35) / 7800
Max. Drehmoment (Nm / bei U/min)			38,7 / 6500
Batterie	12 V 5,5 Ah	12 V 5,5 Ah	12 V 5,5 Ah
Generator (Watt)	100	100	100
Kraftübertragung			
Anz. Gänge	5	5	5
Übersetzung	2,545 / 1,533 / 1,167 / 0,960 / 0,773; 2,562 / 1,590 / 1,192 / 0,965 / 0,806	2,545 / 1,600 / 1,167 / 0,950 / 0,773	2,562 / 1,590 / 1,192 / 0,965 / 0,806
Hinterradantrieb	K	K	K
Endübersetzung	2,733	2,730	2,666
Starter	Kick	Kick	Kick
Fahrwerk			
Rahmen	SDR	SDR	SDR
Vorderradfederung	T	T	T
Hinterradfederung	S	S	S
Federweg vorne (mm)	k. A.	k. A.	120
Federweg hinten (mm)	k. A.	k. A.	75
Vorderradbremse	TB Ø 180	TB Ø 180	TB Ø 180
Hinterradbremse	TB Ø 180	TB Ø 180	TB Ø 180
Vorderradreifen	3.00-18	3.00-18	3.00-18
Hinterradreifen	3.25-18	3.50-18	3.50-18
Allgemeine Daten			
Radstand (mm)	1290 / 1320	1340	1320
Maße (Länge, mm)	1995 / 2040	2040	2040
Lenkkopfwinkel (Grad)	63 / 62,30	63	62,30
Nachlauf (mm)	885 / 106	88,5	106
Gewicht (kg)	145	170	154 kg
Tankinhalt (l)	11	15	12
Beschleunigung (s)	8,6	5,8	6
Höchstgeschw. (km/h)	146	165	160
Preis inkl. MwSt (DM)	2895,–	3245,–	3000–3395,–
	21-l-Tank in laufende Serie eingeführt	4-in-2-Auspuffanlage	

Die geplante Vierzylinder-Yamaha GL 750 wurde zwar 1971 auf der Messe in Tokio gezeigt, ging aber, ebenso wenig wie die Wankel-Yamaha, in Serie.

Die RZ 201, die Zweischeiben-Wankel von 1972 mit einem Kammervolumen von 660 Kubikzentimetern, war nur auf der Messe in Tokio zu sehen.

Yamaha RD 125 (1973–1977)
Yamaha RD 200 (1975–1980)

1973 erschien die neue Generation von Zweitakt-Twins, sie trugen die Bezeichnung »RD«. Die kleinste war die 17 PS starke 125er, die optisch und technisch der neuen Linie entsprach, sich im Motoraufbau vor allem aber durch das vertikal teilbare Kurbelgehäuse von den größeren Modellen unterschied. Bei diesen war es nämlich horizontal teilbar. Sie war 1971 unter der Bezeichnung AX 125 erschienen.

Abgelöst wurde sie von der RD 200. Optisch und technisch war diese von den größeren RD 250/350 kaum zu unterscheiden. Fahrfertig brachte die 22 PS starke 200er 132 kg auf die Waage, das Fahrwerk bot allerdings nur Mittelmaß. Der unten offene Einrohrrahmen, die schwach ausgelegte Schwinge und die früh aufsetzenden starren Fußrasten wurden bei jedem Vergleichstest scharf kritisiert. Einhelliges Lob dagegen kassierte die Bremsanlage der 200er. Die DX-Version von 1976 verfügte über eine überdurchschnittlich gute vordere Scheibenbremse. Zwischen 1977 und 1980 wurde die 200er ausschließlich mit 17 PS ausgeliefert und erhielt eine neue Optik; 1978 kam es zu leichten Fahrwerks-Modifikationen (Guss- statt Speichenräder, Bremse).

Die RD 125 von 1973 setzte Maßstäbe. Der sportliche Zweizylinder mit vorderer Scheibenbremse und der Optik der größeren Modelle verlor aber nach der Versicherungsreform 1977 seine Berechtigung im Programm.

Laufruhig, aber wenig elastisch: Die knapp 120 km/h schnelle RD 200 benötigte Drehzahlen. Normalerweise hatten alle deutschen RD Gussräder.

Jahr	1973–1975 / 1976–1977	1975–1977; 1978–1980
Modell	**RD 125 / DX**	**RD 200 DX / RD 200**
Motor		
Hubraum (cm³)	125	195
Zylinder	R 2	R 2
Bohrung x Hub (mm)	43 x 43	52 x 46
Arbeitsweise	2-Takt	2-Takt
Steuerung	MB	MB
Gemischaufbereitung	2 x Mikuni Ø 18	2 x Mikuni Ø 20, auch Teikei Ø 18
Ventile/Zylinder	–	–
Verdichtung	6,8	7,1
Kühlung	L	L
Leistung (kW (PS) / bei U/min)	13 (17) / 9500	15 (22) / 7500 13 (17) / 7700
Max. Drehmoment (Nm / bei U/min)	13 / 8500	18,6 / 7200 16,9 / 6500
Batterie	12 V 5,5 Ah	12 V 9 Ah
Generator (Watt)	135	135
Kraftübertragung		
Anz. Gänge	5	5
Übersetzung	2,833 / 1,705 / 1,250 / 1,045 / 0,916	2,833 / 1,705 / 1,250 / 1,045 / 0,916
Hinterradantrieb	K	K
Endübersetzung	2,533	2,571 / 2,533
Starter	Kick	Kick / Kick, Elektro
Fahrwerk		
Rahmen	SER	SDR
Vorderradfederung	T Ø 28	T Ø 28
Hinterradfederung	S	S
Federweg vorne (mm)	100	110
Federweg hinten (mm)	70	70
Vorderradbremse	TB Ø 160; DX: SB Ø 200	TB Ø 160 / SB Ø 200
Hinterradbremse	TB Ø 135	TB Ø 150
Vorderradreifen	2.75-18	2.75-18
Hinterradreifen	3.00-18	3.00-18 / 3.25-18
Allgemeine Daten		
Radstand (mm)	1240	1260
Maße (Länge, mm)	1860	1945
Lenkkopfwinkel (Grad)	62	62,3
Nachlauf (mm)	90	95
Gewicht (kg)	117, auch 123	132
Tankinhalt (l)	11,5	11,5
Beschleunigung (s)	22	8,8 / 13,8
Höchstgeschw. (km/h)	127	135 / 123
Preis inkl. MwSt (DM)	2388–2990,–	3200–3523,–

Yamaha RD 250 (1973–1980)
Yamaha RD 350 (1973–1976)
Yamaha RD 400 (1976–1980)

Die RD 250 von 1973 unterschied sich in erster Linie durch die Siebenkanal-Zylinder und den Membraneinlass von den DS-Vorgängern. Für die Kraftübertragung sorgte ein Sechsganggetriebe, dessen oberste Fahrstufe aus zulassungs-

1973 erschien eine neue Zweitakt-Generation. 3295 Mark kostete die RD 250 (hier in »Golden Dust«), vier Mark weniger als eine Suzuki GT 250.

1976 erhielt die RD 250 eine hintere Scheibenbremse. Die Motorleistung betrug ab 1977 dann 27 PS.

Die mit einem Membraneinlass bestückte RD 250 leistete 30 PS, die ansonsten baugleiche RD 350 kam auf 39 PS.

Bis 1975 war bei der RD 250 aus zulassungsrechtlichen Gründen der 6. Gang gesperrt. Das änderte sich nun.

1973 produzierte Yamaha insgesamt 46 verschiedene Motorrad- und 17 Snowmobil-Modelle. Nur die wenigsten wurden nach Deutschland importiert. Die RD 350 gehörte dazu. Sie wurde bis 1976 gebaut und dann durch die RD 400 abgelöst.

Die 43 PS starke RD 400 schaffte eine Höchstgeschwindigkeit von 160 km/h. Sie kostete offiziell 4820 Mark, inklusive der Nebenkosten.

rechtlichen Gründen in Deutschland zunächst gesperrt war. Die RD verfügte über eine hydraulische Scheibenbremse am Vorderrad wie auch einen neuen Rahmen. Wichtige technische Änderungen gab es für 1976: Nachdem bereits im Vorjahr der sechste Gang freigegeben und die Leistung auf 32 PS gestiegen war, stattete Yamaha seine RD 250 mit einer hinteren Scheibenbremse aus. Dazu kamen ein neues Tankdesign sowie, ab 1977, Gussräder. Zur neuen Zweitakt-Generation von 1973 gehörte natürlich auch wieder eine 350er. Sie leistete stolze 39 PS, im Renntrimm, als TR-3, kam sie auf 54 PS bei 9000/min. Nicht nur technisch, auch im Fahrverhalten bewiesen TR und RD große Ähnlichkeiten. Bei beiden ging unterhalb von 5000 Touren praktisch nichts, darüber schienen sie beinahe zu explodieren. Einmal in Schwung, entpuppte sich die 350er als ausgesprochen handliches, gut zu beherrschendes Motorrad. Mit kurzem Radstand und wenig Gewicht stand die RD in Beschleunigung und Handlichkeit mit an der Klassenspitze, während die Fahrstabilität bei Topspeed eher von durchschnittlicher Güte war. Missfallen erregten, einmal mehr, die Federbeine und die Reifen.

An die Stelle der RD 350 trat 1976 die RD 400 mit 43 PS. Im Fahrbetrieb selbst war vom gestiegenen Hubraum und der Mehrleistung nur wenig spürbar, was an dem auf 170 Kilogramm gestiegenen Gewicht lag. Markantestes Unterscheidungsmerkmal der in wesentlichen Teilen neu gezeichneten Maschine waren die erstmals verwendeten Gussräder.

Jahr	1973–1974	1975–1976	1977–1979	1973–1975	1976–1977	1978–1979
Modell	RD 250	RD 250	RD 250 DX	RD 350	RD 400 C	RD 400
Motor						
Hubraum (cm³)	247	247	247	347	399	399
Zylinder	R 2	R 2	R 2	R 2	R 2	R 2
Bohrung x Hub (mm)	54 x 54	54 x 54	54 x 54	64 x 54	64 x 62	64 x 62
Arbeitsweise	2-Takt	2-Takt	2-Takt	2-Takt	2-Takt	2-Takt
Steuerung	MB	MB	MB	MB	MB	MB
Gemischaufbereitung	2 x Mikuni Ø 28	2 x Mikuni Ø 28	2 xTeikei Ø 20	2 x Amal Ø 28	2 x Mikuni Ø 28	2 x Mikuni Ø 28
Ventile/Zylinder	–	–	–	–	–	–
Verdichtung	6,7	7,5	6,7	6,6	8,5	6,0
Kühlung	L	L	L	L	L	L
Leistung (kW (PS) / bei U/min)	22 (30) / 7500	24 (32) / 8000	20 (27) / 7200	29 (39) / 7500	32 (43) / 7200	32 (43) / 7500
Max. Drehmoment (Nm / bei U/min)	28,6 / 8000	28,5 / 8000	26,6 / 7100	37 / 7500	43,3 / 6800	41,9 / 7000
Batterie	12 V 5,5 Ah	12 V 5,5 Ah	12 V 5,5 Ah	12 V 5,5 Ah	12 V 5,5 Ah	12 V 5,5 Ah
Generator (Watt)	135	135	135	135	135	189
Kraftübertragung						
Anz. Gänge	5/6	6	6	5/6	6	6
Übersetzung	2,571 / 1,778 / 1,318 / 1,083 / 0,961 / 0,889	2,571 / 1,778 / 1,318 / 1,083 / 0,961 / 0,889	2,571 / 1,778 / 1,318 / 1,083 / 0,961 / 0,889	2,571 / 1,778 / 1,318 / 1,040 / 0,888 / (0,785)	2,571 / 1,776 / 1,317 / 1,082 / 0,961 / 0,888	2,571 / 1,776 / 1,317 / 1,082 / 0,961 / 0,888
Hinterradantrieb	K	K	K	K	K	K
Endübersetzung	2,25	2,4	2,4	2,313	2,235	2,235
Starter	Kick	Kick	Kick	Kick	Kick	Kick
Fahrwerk						
Rahmen	SDR	SDR	SDR	SDR	SDR	SDR
Vorderradfederung	T Ø 34	T Ø 34	T Ø 34	T Ø 34	T Ø 34	T Ø 35
Hinterradfederung	S	S	S	S	S	S
Federweg vorne (mm)	116	116	116	116	110	140
Federweg hinten (mm)	80	80	80	80	80	80
Vorderradbremse	SB Ø 260	SB Ø 260	SB Ø 260	SB Ø 260	SB Ø 260	SB Ø 267
Hinterradbremse	TB Ø 180	TB Ø 180	SB Ø 220	TB Ø 180	SB Ø 260	SB Ø 267
Vorderradreifen	3.00-18	3.00-18	3.00-18	3.00-18	3.00-18	3.00-18
Hinterradreifen	3.50-18	3.50-18	3.50-18	3.50-18	3.50-18	3.50-18
Allgemeine Daten						
Radstand (mm)	1320	1320	1320	1320	1330	1320
Maße (Länge, mm)	2040	2040	2070	2040	2100	2100
Lenkkopfwinkel (Grad)	62,5	62	62	62,5	62,5	62,5
Nachlauf (mm)	106	106	106	106	109	106
Gewicht (kg)	165	158	158	163	175	177
Tankinhalt (l)	16	16	16,5	16	16	16,5
Beschleunigung (s)	6,9	7	8	6,1	5,9	5,9
Höchstgeschw. (km/h)	160	163	154	170	171	171
Preis inkl. MwSt (DM)	3295–3679,–	3825,–	3850–4504,–	3550–4067,–	4500,–	4820,–

Yamaha RD 250 / 350 LC (1979–1982) Yamaha RD 350 YPVS (1982–1988)

Ende 1979 vollzog Yamaha bei seinen Zweitakt-Twins den Wechsel von der Luft- hin zur Wasserkühlung. Abgesehen von der Auslegung (54 x 54 beziehungsweise 64 x 54 mm) und der zweiten Bremsscheibe am Vorderrad, waren RD 250 und RD 350 LC praktisch baugleich. In beiden steckte modernste Zweitakttechnik in Form von Membran-Einlässen, getrennten Zylindern mit Wasserkühlung und Kolben mit zwei Kolbenringen. Der Doppelschleifen-Rahmen bestand aus Stahlrohr, vorne kam eine 32er-Telegabel mit 140 mm Federweg zum Einsatz, hinten Cantilever-System mit 110 mm Federweg. Überzeugen konnten die RD durch ihren leistungsstarken, aggressiven Motor, das handliche Fahrwerk und die tollen Bremsen. Leichte Schwächen leisteten sie sich mitunter in punkto Geradeauslauf, manche RD-Piloten wünschten sich auch mehr Stabilität in Schräglage. Neben dem hohen Verbrauch gehörten die verschleißfreudigen Kunststoff-Schwingenlager zu den wenigen Schwachpunkten der ansonsten sehr gelungenen Konstruktion.

Ende 1979 kündigte Yamaha die neue Generation von Zweitakt-Maschinen an, nun aber mit Wasserkühlung.

Die RD 250 und 350 waren von außen praktisch nicht zu unterscheiden. Die 38 PS starke 250er kostete 4500 Mark.

Mit Cockpitschale gab es die RD 350 zwischen 1983 und 1985, danach entweder vollverkleidet als RD 350 F oder nackt. Dann war sie 3 kg leichter.

Das »YPVS« stand nicht nur bei der vollverkleideten RD 350 F für eine Auslasssteuerung. Offen leistete sie 59 PS bei 9200/min. 1985 gab es sie auch unverkleidet.

Anders als die RD 250 erlebte die RD 350 zur IFMA 1982 eine Neuauflage. Sie hatte jetzt ein Auslasssteuersystem YPVS und ein neues Fahrwerk. Die gut 190 km/h schnelle RD kam zunächst mit lenkerfester Verkleidung und Bugspoiler, 1985 dann mit Vollverkleidung. Zum Modelljahr 1985 erschien eine unverkleidete Variante; 1986 leistete der Twin dann 63 PS. Leichtere Gussräder, hohl gegossene Naben und dünnere Bremsscheiben drückten das Gewicht auf 159 Kilogramm.

Yamaha RD 500 (1984–1989)

Mit der RD 500 endete die Ära der populären Zweitakt-Maschinen des Hauses. Herzstück dieser GP-Replica war ein flüssiggekühlter V4-Zweitakter mit 50 Grad Zylinderwinkel, Membran- und Auslasssteuerung. Die Kraftübertragung erfolgte über ein Sechsgang-Kassettengetriebe und Rollenkette zum Hinterrad. Die Domäne des nervösen Vierzylinders war die Rennstrecke. Fahrwerkseitig profitierte

Bei der RD 500 mit wassergekühltem 50-Grad-V4-Motor stand die OW 71, die Grand-Prix-Maschine von Kenny Roberts, Pate. Zwischen 1984 und 1987 machte Yamaha mit der 88 PS starken RD knapp 1600 deutsche Zweitakt-Freunde glücklich. Die japanischen Maschinen – RZV 500 – hatten Alurahmen, die Export-Modelle solche aus Stahl.

Bestnoten in der Fahrwerkswertung verspielte der zu kleine Vorderreifen.

Die mitunter bemängelte Kippeligkeit in engen Kurven wie auch die Aufstellneigung beim Bremsen in Schräglage gingen auf dessen Konto.

die RD vom stabilen Doppelschleifen-Rahmen aus Stahlprofilen. In der Kastenschwinge lief ein 18-Zoll-Gussrad; seine Abstützung übernahm das weiterentwickelte Cantilever-Hebelsystem mit mehrfach verstellbarem DeCarbon-Gasdruck-Federbein. Den vorderen 16-Zöller führte eine Telegabel mit 37 mm starken Standrohren. Gute Kritiken erhielt auch die 267 mm messende Doppelscheibenbremse. Feinfühlig zu dosieren und unempfindlich gegen Fading, verzögerte sie die vollgetankt 216 Kilogramm schwere Rennreplika bis 1989.

Jahr	1979–1983	1979–1980; 1981	1983–1984	1985–1988	1984–1989
Modell	**RD 250 LC**	**RD 350 LC**	**RD 350 LC YPVS**	**RD 350 / F**	**RD 500 LC**
Motor					
Hubraum (cm³)	247	347	347	347	499
Zylinder	R 2	R 2	R 2	R 2	50° V 4
Bohrung x Hub (mm)	54 x 54	64 x 54	64 x 54	64 x 54	56,4 x 50
Arbeitsweise	2-Takt	2-Takt	2-Takt	2-Takt	2-Takt
Steuerung	MB	MB	MB/PV	MB/PV	MB/PV
Gemischaufbereitung	2 x Mikuni Ø 26	2 x Mikuni Ø 26	2 x Mikuni Ø 26	2 x Mikuni Ø 26	4 x Mikuni Ø 26
Ventile/Zylinder	–	–	–	–	–
Verdichtung	6,2	6,9	6,0	6,0	6,6
Kühlung	W	W	W	W	W
Leistung (kW (PS) / bei U/min)	20 (27) / 8100, auch 28 (38) / 8500	36 (49) / 8700, auch 34 (46) / 8700	20 (27) / 7250, auch 37 (50) / 9200, auch 43 (59) / 9200	37 (50) / 9200, auch 46 (63) 9000	65 (88) / 9500
Max. Drehmoment (Nm / bei U/min)	33 / 7900	40 / 8200	28 / 6400, auch 41,7 / 7200, auch 44,1 / 9000	41 / 7200, auch 49 / 9000	67 / 8500
Batterie	12 V 5,5	12 V 5,5	12 V 5,5 Ah	12 V 5,5 Ah	12 V 5,5 Ah
Generator (Watt)	190	190	190	190	190
Kraftübertragung					
Anz. Gänge	6	6	6	6	6
Übersetzung	2,571 / 1,778 / 1,318 / 1,083 / 0,962 / 0,889	2,571 / 1,778 / 1,318 / 1,083 / 0,962 / 0,889	2,571 / 1,777 / 1,318 / 1,083 / 0,961 / 0,888	2,571 / 1,778 / 1,318 / 1,083 / 0,962 / 0,889	2,40 / 1,68 / 1,36 / 1,17 / 1,043 / 0,96
Hinterradantrieb	K	K	K	K	K
Endübersetzung	2,870	2,375	2,294	2,294	2,53
Starter	Kick	Kick	Kick	Kick	Kick
Fahrwerk					
Rahmen	SDR	SDR	SDR	SDR	SKR
Vorderradfederung	T Ø 32	T Ø 32	T Ø 35	T Ø 35	T Ø 37
Hinterradfederung	ZF	ZF	ZF	ZF	ZF
Federweg vorne (mm)	140	140	140	140	140
Federweg hinten (mm)	110	110	100	100	120
Vorderradbremse	SB Ø 267	DSB Ø 267	DSB Ø 267	DSB Ø 267	DSB Ø 267
Hinterradbremse	TB Ø 180	TB Ø 180	SB Ø 267	SB Ø 267	SB Ø 245
Vorderradreifen	3.00-18	3.00-18	90/90-18	90/90-18	120/80-16
Hinterradreifen	3.50-18	3.50-18	110/80-18	110/80-18	130/80-18
Allgemeine Daten					
Radstand (mm)	1360	1365	1385	1385	1375
Maße (Länge, mm)	2120	2120	2120	2120	2085
Lenkkopfwinkel (Grad)	62,9	62,9	64	64	64
Nachlauf (mm)	102	102	96	96	95
Gewicht (kg)	159	161; 169	161	169	216
Tankinhalt (l)	17	17; 1981: 20	20	20	22
Beschleunigung (s)	8,7, auch 7,1	5,4	5,0; 4,9	5,1 / 5,5	4,8
Höchstgeschw. (km/h)	149, auch 163	178	180; 189	187 / 191	226
Preis inkl. MwSt (DM)	4857–4449,–	5034–5388,–	6090,–	6698–8310,–	11.188–12.070,–

Yamaha TZR 250 (1986–1991)
Yamaha TDR 250 (1988–1990)

Speziell für den japanischen Markt entstand die TZR 250, die 1986 erstmals in Europa zu sehen war. Für Vortrieb sorgte hier ein flüssigkeitsgekühlter Paralleltwin mit Membransteuerung und YPVS-System. Zwei 28-mm-Mikuni-Flachschiebervergaser sorgten für die Gemischaufbereitung, der Zündfunke kam von der wartungsfreien CDI-Anlage. Im Deltabox-Rahmenlayout bewies die rund 185 km/h schnelle TZR ebenfalls Nähe zu den GP-Werksrennmaschinen;

Kurven waren das bevorzugte Revier der verkappten GP-Rennmaschine TZR 250. Sie diente auch nach der XS 400 als Basis-Maschine für den Yamha-Cup. Dafür bot Yamaha einen Rennkit an, der die Motorleistung auf 65 PS erhöhte und 4500 Mark kostete.

TZR und TDR feierten Premiere auf der Tokio Motor Show. Sie bildeten die letzten neuen Viertelliter-Zweitakter für Europa.

Wie schon die sportliche TZR war auch die superhandliche TDR 250 in erster Linie für den japanischen Markt bestimmt.

das Hinterrad wurde durch eine Alu-Kastenschwinge mit progressiver Hebelumlenkung geführt. Vorn und hinten rollte die TZR auf leichten 17-Zoll-Gussrädern. Vorn verzögerte eine 320 mm große Scheibenbremse samt Vierkolben-Bremszange, hinten eine 210-mm-Scheibe mit Doppelkolben-Bremszange.

Die TDR 250 in Super-Motard-Optik gab ihr Europa-Debüt im Frühjahr 1988. Dem Funbike mit der rahmenfesten Verkleidung spendierten die Yamaha-Techniker den wassergekühlten Zweizylinder-Zweitakter aus der Renn-Replica TZR 250. Die Änderungen am 180-Grad-Twin beschränkten sich lediglich auf die Verwendung eines kürzer übersetzten ersten Ganges, was die Geländetauglichkeit der TDR erhöhte. Wie schon die sportliche TZR legte auch die TDR ein vergleichsweise hohes Maß an Fahrkultur an den Tag. Die Funduro ging sogar noch einen Schritt weiter und trug ihren Motor in vibrationsdämpfenden Gummilagern. Ein stählerner Doppelschleifen-Stahlrohrrahmen nahm ihn auf und verband Telegabel und Alu-Kastenschwinge. Das Chassis selbst war extrem handlich und spurtreu, bei seiner Abstimmung hatten die Yamaha-Techniker ein ausgesprochen glückliches Händchen bewiesen. Beiden gemeinsam waren das extrem schmale Drehzahlband, der gewaltige Durst – im Extremfall auch mal zehn Liter Sprit und ein halber Liter Öl auf 100 Kilometer – und die hohen Listenpreise jenseits der 8000-Mark-Grenze. Das macht diese Maschinen heute zu echten Raritäten.

Ihre Domäne war die Landstraße: Die TDR 250 von 1988 war die erste Supermoto von der Stange.

Jahr	1986–1991	1988–1990
Modell	**TZR 250**	**TDR 250**
Motor		
Hubraum (cm³)	249	249
Zylinder	R 2	R 2
Bohrung x Hub (mm)	56,4 x 50	56,4 x 50
Arbeitsweise	2-Takt	2-Takt
Steuerung	MB/PV	MB/PV
Gemischaufbereitung	2 x Mikuni Ø 28	2 x Mikuni Ø 28
Ventile/Zylinder	–	–
Verdichtung	5,9	5,9
Kühlung	W	W
Leistung (kW (PS) / bei U/min)	37 (50) / 10.000	37 (50) / 10.000
Max. Drehmoment (Nm / bei U/min)	35 / 9750	36,3 / 8500
Batterie	12 V 4 Ah	12 V 4 Ah
Generator (Watt)	180	180
Kraftübertragung		
Anz. Gänge	6	6
Übersetzung	2,462 / 1,750 / 1,316 / 1,083 / 0,962 / 0,852	2,571 / 1,750 / 1,316 / 1,083 / 0,962 / 0,852
Hinterradantrieb	K	K
Endübersetzung	2,929	3,214
Starter	Kick	Kick
Fahrwerk		
Rahmen	LKR	SDR
Vorderradfederung	T Ø 39	T Ø 38
Hinterradfederung	ZF	ZF
Federweg vorne (mm)	140	160
Federweg hinten (mm)	100	155
Vorderradbremse	SB Ø 320	SB Ø 320
Hinterradbremse	SB Ø 210	SB Ø 210
Vorderradreifen	100/80-17	100/90-18
Hinterradreifen	120/80-17	120/80-17
Allgemeine Daten		
Radstand (mm)	1375	1385
Maße (Länge, mm)	2040	2145
Lenkkopfwinkel (Grad)	64	63
Nachlauf (mm)	96	114
Gewicht (kg)	151	153
Tankinhalt (l)	16	14
Beschleunigung (s)	5,5	6,4
Höchstgeschw. (km/h)	190	161
Preis inkl. MwSt (DM)	8990–9180,–	8000–8180,–

2 Yamaha Einzylinder

Yamaha SR 125 (1996–2002)
Yamaha TW 125 (1999–2004)

Die SR 125 nahm Yamaha 1996 in das deutsche Programm auf, weil nun als Folge neuer Führerschein-Regelungen auch Autofahrer ohne Zusatzprüfung eine 125er fahren durften. Der Markt war heiß umkämpft und preissensibel, daher brachte Yamaha die seit vielen Jahren weltweit verkaufte SR 125 an den Start. Die 11 PS starke Einsteiger-Yamaha mit ihrem luftgekühlten Einzylinder-Viertakt-Motor war technisch ebenso betagt wie optisch, doch mit ihrem günstigen Einstandspreis ein ideales Stadt- und Zweitfahrzeug.

Die TW 125, ab 1999 importiert, spielte in einer ganz anderen Liga – zumindest optisch, denn der luftgekühlte Einzylinder war der gleiche und ebenso weit weg vom 15-PS-Limit in dieser Klasse. Er hing in einem simplen Einschleifen-Rohrrahmen; die Schwinge war zentralgefedert. Charakteristisch war die üppige Bereifung mit den Dimensionen 130/80-18 vorne und 180/80-14 hinten.

Sowohl die SR 125 (oben) als auch die TW 125 (unten) hatten den gleichen anspruchslosen Viertakt-Single.

Yamaha XT 250 (1980–1990)
Yamaha SR 250 (1980–1983)

Nach dem Muster der erfolgreichen XT 500 aufgebaut, präsentierte Yamaha die XT 250 zur Saison 1980. Optisch nahe an die Halbliter-Maschine angelehnt, war der Motor eine Neukonstruktion. Der mit 75 mm Bohrung und 56,6 mm Hub sehr kurzhubig ausgelegte Triebsatz mit Ausgleichswelle fand auch in der gleichzeitig vorgestellten SR 250 Verwendung und wurde oberhalb von 5000 Umdrehungen richtig lebendig. Unterhalb dieser Marke musste fleißig im gut gestuften, butterweich zu schaltenden Fünfgang-Getriebe gerührt werden. Das Fahrwerk mit Cantilever-Schwinge verkraftete zumindest leichtere Geländeeinsätze: »Nicht für den zügigen Off-Road-Einsatz, aber für die ersten Trial-Versuche zu empfehlen«, notierten die *Motorrad*-Tester. Im ersten Jahr war die XT mit 21 PS lieferbar, danach leistete sie 17 PS. Während ihrer zehnjährigen Bauzeit gab es nur wenige Änderungen, vielleicht am Wesentlichsten war das 1986 nach oben verlegte Vorderrad-Schutzblech.

Die XT 250 war im ersten Jahr mit 22 PS lieferbar. Ab 1981 wurde sie auf versicherungsgünstige 17 PS gedrosselt. In der Liste stand sie zunächst mit 4354 Mark, bei Grau-Importeuren kostete sie einen Tausender weniger.

Die SR 250 trug anfangs, wie alle Yamaha-Chopper, den Zusatz »U.S. Custom«. Wegen rechtlicher Probleme wurde sie aber dann als »SE« (Special Edition) vermarktet.

Die XT 350 war Yamahas erster DOHC-Single. Ursprünglich nur mit 27 PS verkauft, gesellte sich zur Saison 1987 eine 17-PS-Ausführung hinzu.

Die SR 250 U.S. Custom übernahm neben dem Motor auch den Rahmen der XT 250, hatte aber eine konventionelle Schwinge und eine mit 32 mm Standrohrdurchmesser deutlich labilere Gabel im Vergleich zum 35-mm-Pendant der Enduro-Variante. Auch die vordere Trommelbremse unterschied sich, sie war aber stärker dimensioniert als bei der Geländemaschine. Zunächst als »U.S. Custom«, dann als »SE« (Special Edition) vermarktet, stand der kleine Chopper bis 1983 im Angebot für Deutschland, ohne größeren Änderungen unterzogen worden zu sein.

Yamaha XT 350 (1985–1995)

Nahezu zeitgleich präsentierten Yamaha wie auch Honda zur Saison 1985 neue 350er-Geländemaschinen. Die Basis der neuen 27-PS-Enduro bildete ein Vierventil-Einzylinder mit zwei kettengetriebenen, obenliegenden Nockenwellen und Teikei-Doppelvergaser, der Schieber- und Gleichdruckvergaser kombinierte, sowie YDIS-Ansaugsystem: »Das Durchzugsvermögen ist für einen relativ hubraumschwachen Motor außerordentlich«, lobte *Motorrad*. Die 27 PS versammelten sich bei 8000 Touren zum Aufgalopp, das maximale Drehmoment von 27,8 Nm zerrte bei 6500/min an den 110 Gliedern der O-Ring-Kette von Erstausrüster DID. Das Leergewicht lag bei 150 Kilogramm, mithin 15 weniger als bei der gleichstarken XT 550 – Durchzug, Drehfreudigkeit und Fahrleistungen waren bei der 350er eine helle Freude. Nur schade, dass das gut abgestufte Sechsgang-Getriebe mit Nachdruck bedient werden wollte, so butterweich wie gewohnt flutschten die Fahrstufen nicht. Der Basispreis betrug 5868 Mark – ohne Hauptständer, ordentlichen Kettenschutz und soziustaugliche Sitzbank. Die XT 350 (die es als TT 350 auch in einer zulassungsfähigen Sportversion gab) stand zehn Jahre lang im Programm und wurde bis 1995, zuletzt für 7600 Mark, verkauft. Seit 1986 hatte es sie auch mit 17 PS gegeben, nach 1991 war die 27-PS-Version nicht mehr lieferbar.

Jahr	1980–1990	1985–1995	1996–2002	1980–1983
Modell	**XT 250**	**XT 350**	**SR 125 / TW 125**	**SR 250 U.S. Custom / Special / SE**
Motor				
Hubraum (cm³)	249	346	124	240
Zylinder	S 1	S 1	S 1	S 1
Bohrung x Hub (mm)	75 x 56,5	86 x 59,6	57 x 48,8	75 x 56,5
Arbeitsweise	4-Takt	4-Takt	4-Takt	4-Takt
Steuerung	OHC	DOHC	OHC	OHC
Gemischaufbereitung	1 x Mikuni Ø 28, ab 1981: Ø 26	1 x Teikei Ø 24	1 x Teikei Ø 24	1x Mikuni Ø 26
Ventile/Zylinder	2	4	2	2
Verdichtung	9,2	9,0	10,0	9,2
Kühlung	L	L	L	L
Leistung (kW (PS) / bei U/min)	16 (22) 8600, ab 1981: 13 (17) / 7500	20 (27) / 7500	8,8 (12) / 8500	13 (17) / 7500, nur 1981: auch 14,7 (20) / 7700
Max. Drehmoment (Nm / bei U/min)	20 / 7600, 1981: 17,3 / 6500	27,8 / 6500	9,8 / 8000	18 / 5000, auch 18,6 / 7000
Batterie	6 V 6 Ah	12 V 3 Ah	12 V 7 Ah	12 V 12 Ah
Generator (Watt)	63	85	100 / 170	112
Kraftübertragung				
Anz. Gänge	5	6	5	5
Übersetzung	2,643 / 1,684 / 1,261 / 1,000 / 0,821	2,467 / 1,813 / 1,364 / 1,080 / 0,889 / 0,759	2,250 / 1,476 / 1,125 / 0,926 / 0,793	2,642 / 1,684 / 1,260 / 1,0 / 0,821
Hinterradantrieb	K	K	K	K
Endübersetzung	3,130	2,736	3,50 / 3,571	2,750
Starter	Kick	Kick	Elektro	Elektro
Fahrwerk				
Rahmen	SER	SER	SER	SER
Vorderradfederung	T Ø 35	T Ø 36	T Ø 32	T Ø 32
Hinterradfederung	ZF	ZF	S / ZF	S
Federweg vorne (mm)	205	255	120 / 160	140
Federweg hinten (mm)	178	220	78 / 150	85
Vorderradbremse	TB Ø 140	SB Ø 245	SB Ø 267 / 220	TB Ø 160
Hinterradbremse	TB Ø 140	TB Ø 130	TB Ø 130 / 110	TB Ø 130
Vorderradreifen	3.00-21	3.00-21	3.00-17 / 130-18-18	3.00-19
Hinterradreifen	4.60-17	110/80-18	3.50-16 / 180-80-14	120/90-16
Allgemeine Daten				
Radstand (mm)	1395	1420	1280 / 1330	1335
Maße (Länge, mm)	2190	2225	2020 / 2140	2105
Lenkkopfwinkel (Grad)	61	62,9	63,25 / 64	60
Nachlauf (mm)	118	107	90 / 95	123
Gewicht (kg)	126	150	115 / 125	135
Tankinhalt (l)	8	12	10 / 7	10,3
Beschleunigung (s)	11,1	8,5	k. A.	11,7
Höchstgeschw. (km/h)	121, ab 1981: 116	125	107 / 102	115
Preis inkl. MwSt (DM)	4335–4880,–	5868–7570,–	3790–4590,– / 5090–5890,–	3836–4107,–

Yamaha XT 500 (1976–1990)
Yamaha SR 500 (1978–1999)

Die XT 500 war ursprünglich zunächst nur als konsequente Weiterentwicklung der DT-Crosser gedacht gewesen, und ihr großer Viertakt-Motor die notwendige Reaktion auf die sich stets verschärfenden US-Vorschriften. Doch diese erste japanische Großenduro mit Viertakt-Motor avancierte zu einem weltweiten Erfolg. Das pfiffig gestylte, nur 145 kg schwere Geländemotorrad verfügte über einen kräftigen, 33 PS starken OHC-Einzylinder, der die Enduro alltagstauglicher als jede andere bis dahin gebaute Geländemaschine machte. Neben dem urigen Motor war es vor allem auch die Startprozedur per Kickstarter, die den Mythos der XT als Motorrad für echte Kerle begründete. Ende 1975 wurde sie in Las Vegas vorgestellt, die deutsche XT-Version stand 1976 auf der Messe in Köln. Die Nachfrage war auch hierzulande gewaltig, zur Überbrückung wurden anfangs US-Modelle importiert. Die Drosselung auf die hierzulande üblichen 27 PS erfolgte über eine Reduzierblende im Ansaugstutzen.

Die XT des Jahres 1980 unterschied sich von den Vorgängern durch ein neues Tankdekor, goldfarben eloxierte Felgen und eine vorverlegte Achsaufnahme an der Gabel. 1981 kamen ein alufarbener Tank mit schwarzer Oberseite, 1983 Motormodifikationen und silberne Felgen, 1986 schließlich die

Kennzeichen des Modelljahrgangs 1977 war das beige-rote Tankdekor sowie der neu verlegte Auspuff. In der deutschen 27-PS-Version kostete die rund 135 km/h schnelle Maschine 4995 Mark. Sie beschleunigte von 0–100 km/h in 8,5 s.

Die XT 500 machte Enduros in Europa populär. Sie stand auf der IFMA 1976, hier ein ganz frühes Exemplar mit 33 PS während der US-Erprobung.

1988 hatte Yamaha mit der XT 500 S eine besonders chromlastige Variante der Halbliter-Enduro im Programm. In der Form wurde sie bis 1990 verkauft.

längst überfällige 12-Volt-Elektrik. Letzte Ausführung war die XT 500 S von 1988, zu erkennen an den vielen Chromteilen und den silberfarbenen Felgen.

Keine andere Einzylinder-Enduro erreichte je die Popularität der Halbliter-XT. Denn die war ein Statement auf zwei Rädern, ebenso wie die SR 500, deren Erfolg den der XT sogar noch in den Schatten stellte. Denn sie wurde als 400er für den japanischen Markt noch Jahrzehnte weiter gebaut und, auf Einspritzung umgestellt, in den 2010er Jahren auch in Deutschland wieder angeboten. Das Original jedenfalls, eine Verbeugung vor den britischen Motorradklassikern der Fünfziger, debütierte Ende 1977 in Paris. Merkmal dieses offen 31 PS starken Dampfhammers waren das große 19-Zoll-Vorderrad, die schwarzrote Lackierung und der

Die SR 500 von 1978 wurde zum Inbegriff des »großen Singles«, war langlebig und durchzugstark. Die hier gezeigte Ausführung unterscheidet sich in Lenker, Scheinwerfer und Sitzbankabschluss von einer deutschen SR.

Zusammen mit der SR 500 stellte Yamaha auch eine SR 400 (hier von 1984) vor und bewarb sie sogar im gleichen Prospekt. Die Japan-SR vollzog alle Modelländerungen nach und lief rund 40 Jahre lang vom Band.

Die Yamaha SR 500 – ob mit Guss- oder Speichenrädern, Scheiben- oder Trommelbremse – entpuppte sich auf Anhieb als Erfolg und war zeitweise das bestverkaufte Motorrad Deutschlands: Bis 1999 wurden 38.328 Maschinen zugelassen.

riesige Scheinwerfer mit verchromten Lampentopf. Anders als der XT-Single erhielt der SR-Motor eine 12-Volt-Elektrik und Kondensatorzündung, größere Schwungmassen, breitere Kühlrippen (die überdies geschwärzt waren), einen 34er-Mikuni-Vergaser (XT: 32 mm), eine andere Auspuffanlage sowie ein größeres Einlassventil. Der kultige Halbliter-Klassiker überdauerte auch die schnelllebigen Achtziger, ohne an Charakter einzubüßen. Die wichtigsten Stationen der Modellpflege brachten 1984 ein 18-Zoll-Vorderrad und die Möglichkeit, die SR auch ungedrosselt mit 34 PS zu fahren. Einen kleineren Tank gab es 1987 und neue Zweifarben-lackierungen, neue Vergaser und, ab 1991, eine Trommel-bremse im Vorderrad (die man seit 1988 schon hatte optional ordern können).

Jahr	1978–1983	1984–1990	1991–1999	1976–1990
Modell	**SR 500**	**SR 500**	**SR 500**	**XT 500**
Motor				
Hubraum (cm³)	499	499	499	499
Zylinder	S 1	S 1	S 1	S 1
Bohrung x Hub (mm)	87 x 84	87 x 84	87 x 84	87 x 84
Arbeitsweise	4-Takt	4-Takt	4-Takt	4-Takt
Steuerung	OHC	OHC	OHC	OHC
Gemischaufbereitung	1 x Mikuni Ø 34	1 x Mikuni Ø 34	1 x Mikuni Ø 34	1 x Mikuni Ø 32
Ventile/Zylinder	2	2	2	2
Verdichtung	9,0	9,0	9,0	9,0
Kühlung	L	L	L	L
Leistung (kW (PS) / bei U/min)	20 (27) / 6500	20 (27) / 6000, auch 26 (35) / 6600	17,3 (24) / 6000	20 (27) / 5900
Max. Drehmoment (Nm / bei U/min)	35,4 / 4250	38 / 3500	36,6 / 3500	37,1 / 5100
Batterie	12 V 7 Ah	12 V 7 Ah	12 V 7 Ah	6 V 10 Ah, ab 1986: 12 V 3 Ah
Generator (Watt)	170	160	160	63, ab 1986: 145
Kraftübertragung				
Anz. Gänge	5	5	5	5
Übersetzung	2,357 / 1,556 / 1,190 / 0,917 / 0,776	2,357 / 1,556 / 1,190 / 0,917 / 0,776	2,357 / 1,556 / 1,190 / 0,910 / 0,778	2,357 / 1,556 / 1,190 / 0,917 / 0,778
Hinterradantrieb	K	K	K	K
Endübersetzung	2,625	2,625	2,625	2,750
Starter	Kick	Kick	Kick	Kick
Fahrwerk				
Rahmen	SER	SER	SER	SER
Vorderradfederung	T Ø 35	T Ø 35	T Ø 35	T Ø 36
Hinterradfederung	S	S	S	S
Federweg vorne (mm)	150	150	150	195
Federweg hinten (mm)	110	105	105	130 / 110
Vorderradbremse	SB Ø 298	SB Ø 298	SB Ø 298 / TB Ø 200	TB Ø 160
Hinterradbremse	TB Ø 150	TB Ø 150	TB Ø 150	TB Ø 150
Vorderradreifen	3.50-19	3.50-18	3.50-18	3.00-21; ab 1986 3.25-21
Hinterradreifen	4.00-18	4.00-18	4.00-18	4.00-18
Allgemeine Daten				
Radstand (mm)	1400	1405	1410	1415
Maße (Länge, mm)	2090	2135	2135	2190
Lenkkopfwinkel (Grad)	62,3	62,3	63	59,3
Nachlauf (mm)	117	117	105	135
Gewicht (kg)	174	172	172	164
Tankinhalt (l)	12	12	14	9
Beschleunigung (s)	9,3	10,3, auch 8,7	10,8	8,5
Höchstgeschw. (km/h)	135	137, auch 141	131	132
Preis inkl. MwSt (DM)	4491–5318,–	4698–5548,–	6120–6820,–	5035–6770,–
			TB vorn nur mit Speichenrädern	

Yamaha XT 550 (1982–1984)
Yamaha XT 600 E / K (1984–2004)
Yamaha TT 600 S / E / R (1996–2004)

Bei ihrer Premiere zählte die XT 550 dank Vierventil-Technik und Cantilever-Fahrwerk zu den Trendsettern. Der 38 PS starke Einzylinder war kultivierter und kraftvoller als der Zweiventil-500er. Das Fahrwerk mit Reifen der Größe 3.00-21 vorn und 4.60-18 hinten bot einen guten Kompromiss zwischen Asphalt und Gelände, nur sollte man in beiden Fällen nicht übertreiben: Die Trommelbremsen mit 160 mm Durchmesser genügten den Anforderungen nur im Solobetrieb. Letztlich diente die XT aber nur als Zwischentyp, denn die Konkurrenz arbeitete längst an neuen Großenduros.

Die nachfolgende XT 600 teilte sich mit der Reiseenduro Ténéré den Vierventil-Einzylindermotor. Im ungedrosseltem Zustand mobilisierte die neue XT eine Leistung von 42 PS und agierte in mittleren Drehzahlbereichen zwischen 3000 und 6500/min besonders druckvoll und vergleichsweise kultiviert. Bei höheren Drehzahlen dagegen schüttelte sie sich beinahe die Kurbelwelle aus dem Gehäuse. Die Drosselung auf 27 PS erfolgte über verengte Ansaugstutzen, was bei einem Leergewicht von 153 Kilogramm immer noch genügend Fahrspaß garantierte. Die Basis-Enduro kostete 7200 Mark und wurde 5200 Mal verkauft.

Die XT 600 der zweiten Generation von 1987 unterschied sich durch eine hintere Scheibenbremse sowie den größeren Tank (13 l statt 11,5 l) vom Vormodell. Die Leistung stieg leicht an.

Die XT 550 erschien 1982. Mit ihr begann bei den Yamaha-Enduros die Vierventil-Ära. Sie entpuppte sich aber als Zwischenlösung.

Bereits 1984 fiel die XT 550 wieder aus dem Produktionsprogramm, um der XT 600 Platz zu machen.

Die erste XT 600 erschien 1984 und kostete 7200 Mark. Die zweite Generation für 1988 hatte 45 PS und eine Scheibenbremse hinten.

Nach deutlich größeren Eingriffen ließ Yamaha 1990 die nächste XT-Generation vom Stapel, jetzt mit Öltank im Rahmen. Im Bild das Modell 1996.

Die XT 600 E gehörte zu den Konstanten im Yamaha-Programm. Ihren Erfolg verdankte sie der Tatsache, dass sie eine sehr einfach zu fahrende, alltagstaugliche Enduro darstellte – sogar mit E-Starter.

Die TT 600 war der geländetauglichere Ableger der XT 600. Es gab sie als TT 600 E mit Elektro- und als TT 600 S mit Kickstarter. Letztere war leichter und hatte längere Federwege, kostete aber 600 Mark mehr.

Die TT 600 R/E rettete das Konzept des luftgekühlten Yamaha-Einzylinders in die Neuzeit hinüber. Wegen immerer strengeren Abgas- und Geräuschvorschriften musste sie 2004 aus dem Programm genommen werden. 42 PS bei 6500/min. 0–100 km/h in 5,8 s, 155 km/h, DM 11.990,–.

Der XT-Jahrgang 1990 zeichnete sich durch einen Elektrostarter aus, hatte aber auch ein neues Fahrwerk mit Einschleifen-Rohrrahmen, mittragender Abgasanlage, verkürzten Federwegen und 17-Zoll-Hinterrad. Angeboten wurde die nunmehrige XT 600 E in zwei Leistungsstufen mit 27 oder 45 PS, beiden gemeinsam war die vom Rotstift diktierte Spar-Ausstattung ohne Drehzahlmesser. Darüber hinaus war mit der XT 600 K auch eine Variante nur mit Kickstarter lieferbar. Diese verschwand nach 1996 aus dem Programm. Ihre Nachfolge trat die TT 600 an, die als Sport-Enduro auf Anregung des italienischen Yamaha-Importeurs Belgarda entstand. Motor und Technik stammten von der XT 600 K, das Chassis war eine Eigenentwicklung der italienischen Cross-Spezialisten. Vielfach einstellbare Federelemente und üppige Federwege unterstrichen die Gelände-Ambitionen dieser Yamaha-Enduro. Mit 156 Kilogramm wog diese TT-S um sieben Kilogramm weniger als die im Jahr darauf angebotene TT-E mit Elektrostarter und anderen Federelementen.

Zum Modelljahr 1998 überarbeitete Yamaha die TT-S in Rahmen, Fahrwerk und Optik, die Modellbezeichnung änderte sich in »TT 600 R«. Der Motor – dessen Einbaulage sich änderte – erstarkte dank des neuen 30-mm-Teikei-Registervergasers (bisher: 28 mm) auf 43 PS bei 6500/min. Allerdings war die TT-R, mehr noch als die S, ein unwilliger Starter, vor allem im halbwarmen Zustand geriet auch der Pilot in Hitzewallungen. Mit der TT-R rettete Yamaha das Sport-Enduro-Konzept in das neue Jahrtausend hinüber, nicht ohne zuvor noch das Tankvolumen um zwei auf zehn Liter zu verkleinern und die Lenkgeometrie zu ändern.

Jahr	1982–1984	1984–1987 1988–1990	1990–1996	1996–2004	1995–1998	1998–2004
Modell	**XT 550**	**XT 600**	**XT 600 E/K**	**XT 600 E**	**TT 600 E/S**	**TT 600 R**
Motor						
Hubraum (cm³)	558	595	595	595	595	595
Zylinder	S 1	S 1	S 1	S 1	S 1	S 1
Bohrung x Hub (mm)	92 x 84	95 x 84	95 x 84	95 x 84	95 x 84	95 x 84
Arbeitsweise	4-Takt	4-Takt	4-Takt	4-Takt	4-Takt	4-Takt
Steuerung	OHC	OHC	OHC	OHC	OHC	OHC
Gemischaufbereitung	2 x Teikei Ø 26	2 x Teikei Ø 28, Ø 27	2 x Teikei Ø 26 / 30	1 x Teikei Ø 26	1 x Teikei Ø 26	1 x Teikei Ø 30
Ventile/Zylinder	4	4	4	4	4	4
Verdichtung	8,5	8,5	8,5	8,5	8,5	8,5
Kühlung	L	L	L	L	L	L
Leistung (kW (PS) / bei U/min)	20 (27) / 5500	32 (44) / 6500, auch 20 (27) / 6000	20 (27) / 6000, auch 33 (45) / 6500	25 (34) / 6000, auch 29 (40) / 6000	30 (40,8) / 6500	32 (43) / 6500
Max. Drehmoment (Nm / bei U/min)	42 / 3000	49/ 5500, auch 43 / 2500	43,3 / 5500, auch 50 / 5500	44,8 / 4000, auch 48,4 / 5500	48 / 5000	50 / 5000
Batterie	12 V 5,5 Ah	12 V 4 Ah	12 V 8 Ah / 3 Ah	12 V 8 Ah	12 V 8 Ah / 3,2 Ah	12 V 3,2 Ah
Generator (Watt)	140	175	180	180	180	180
Kraftübertragung						
Anz. Gänge	5	5	5	5	5	5
Übersetzung	2,307 / 1,558 / 1,200 / 0,954 / 0,777	2,583 / 1,588 / 1,200 / 0,955 / 0,78	2,583 / 1,588 / 1,200 / 0,955 / 0,792	2,583 / 1,588 / 1,200 / 0,955 / 0,792	2,583 / 1,588 / 1,200 / 0,954 / 0,792	2,381 / 1,588 / 1,200 / 0,954 / 0,792
Hinterradantrieb	K	K	K	K	K	K
Endübersetzung	2,600	2,6	3,00 / 2,600	3,00 / 2,600	2,933 / 3,133	2,933
Starter	Kick	Kick	Kick / Elektro	Elektro	Kick / Elektro	Kick
Fahrwerk						
Rahmen	SER	SER	SER	SER	SER	SER
Vorderradfederung	T Ø 38	T Ø 41	T Ø 41	T Ø 41	T Ø 41 / 43	USD Ø 46
Hinterradfederung	ZF	ZF	ZF	ZF	ZF	ZF
Federweg vorne (mm)	220 / 205	255	225	225	270 / 310	280
Federweg hinten (mm)	200 / 190	225 / 235	200	200	209 / 270	280
Vorderradbremse	TB Ø 150	SB Ø 267	SB Ø 267	SB Ø 282	SB Ø 267	SB Ø 267
Hinterradbremse	TB Ø 150	TB Ø 150, ab 1988: SB Ø 220	SB Ø 220	SB Ø 220	SB Ø 220	SB Ø 220
Vorderradreifen	3.00-21	3.00-21	90/90-21	90/90-21	90/90-21	90/90-21
Hinterradreifen	4.60-18	4.60-18	120/90-17	120/90-17	130/80-18	130/80-18
Allgemeine Daten						
Radstand (mm)	1450	1450 / 1435	1445	1440	1490	1480
Maße (Länge, mm)	2265	2190 / 2290	2295	2220	2240 / 2250	2225
Lenkkopfwinkel (Grad)	61,8	62	62,25	62,55	62	63
Nachlauf (mm)	115	107	116	120	121	114
Gewicht (kg)	145	153	168	183	160 / 156	154
Tankinhalt (l)	12	11,5, ab 1988 13	13	15	12	10
Beschleunigung (s)	9,6	5,8; auch 8,6	7,3, auch 6,9	6,8	6,2	5,8
Höchstgeschw. (km/h)	129	146, auch 136	133, auch 145	135, auch 146	153	155
Preis inkl. MwSt (DM)	5915,–	7230–8035,–	8490–9750,–	8730–9730,–	11.960–10.590,–	10.990–11.990,–

Yamaha XT 600 Z Ténéré (1983–1991)
Yamaha XTZ 660 Ténéré (1991–1999)
Yamaha SRX 6 (1986–1990)
Yamaha SZR 660 (1996–2000)

Die erste Ténéré erschien 1983 und war die zivile Ableitung der Wettbewerbs-Maschinen, wie sie bei der Paris–Dakar zu sehen waren. Mit neuem Vierventil-Zylinderkopf, Zweivergaser-Anlage, Ölkühler und -tank an der linken hinteren Rahmenseite gab sich diese XT-Spielart betont wüstentauglich; das Chassis mit luftunterstützter Telegabel (255 mm Federweg) und progressiv wirkendem Monocross-System mit Alu-Kastenschwinge hinten hatte sich bereits bei den Wettbewerbs-Crossern bewährt. Die Ausgabe 1986, zu erkennen an der neuen Optik mit kleinerem 23-l-Tank und hoch ge-

Für eine Großenduro und insbesondere im direkten Vergleich zur Honda XL 600 LM wirkte Yamahas XT 600 Z Ténéré durch den günstigeren Schwerpunkt dank geschickt konstruiertem Tank sehr handlich. 46 PS bei 6500/min, 0–100 km/h in 6,2 s, 150 km/h, DM 8030,–.

1986 wurde die XT 600 Z in Blau/Gelb sowie in Weiß/Rot ausgeliefert. Zehn Jahre nach Erscheinen der XT 500 waren insgesamt 110.000 XT entstanden.

1988 erhielt die XT 600 Z eine neue Verkleidung mit Doppelscheinwerfern. Anders als die XT 600 wurde sie per Knopfdruck gestartet.

zogenem Motorschutz, litt unter thermischen Problemen. 1988 wurde die 46 PS starke Enduro dann erneut überarbeitet und erhielt eine rahmenfeste Halbverkleidung mit Doppelscheinwerfern.

Dieser Motor fand auch in einem bildschönen Straßenmotorrad Verwendung. Die nur per Kickstarter zum Leben zu erweckende SRX 6 verkaufte sich aber lange nicht so gut wie die Halbliter-SR. Der Straßen-Einzylinder war sowohl offen mit 45 als auch auf 27 PS gedrosselt zu haben, bot ein erstklassiges Fahrwerk und einen tollen Motor. Was ihm fehlte, war die Zielgruppe – und ein vernünftiges Preisschild, aber das hing ja irgendwie zusammen: Mit über 7000 Mark jedenfalls war sie zu

1991 räumte die XT 600 Z Ténéré ihren Platz in den Schaufenstern zugunsten der XTZ 660. Verkleidung, Fahrwerk und der flüssiggekühlte Fünfventilmotor waren neu. Das Gesamtgewicht betrug nun fast 200 kg, während die Zuladung bei lediglich 180 kg lag – für zwei Personen auf Reisen eher wenig.

Die SRX 6 stand mit 45 PS oder aber, vermittels eines Ansaugstutzens mit geringerem Querschnitt gedrosselt, mit 27 PS im Angebot.

Die SZR 660 wurde 1996 vom italienischen Yamaha-Importeur Belgarda in Eigeninitiative entwickelt und dann auch im Yamaha-Auftrag gebaut.

teuer, um auf Stückzahlen zu kommen. Auf anderen Märkten wurde die SRX aber ein Erfolg und erhielt eine Nachfolgerin mit dem 660er Motor. Diese SZR 660 entstand auf Initiative des italienischen Yamaha-Importeurs Belgarda. Dieser entwickelte für den Einzylinder-Fünfventiler der XTZ 660 einen neuen Alu-Brückenrahmen und komplettierte das Fahrgestell mit einer 41er Upside-down-Gabel vorn sowie einer asymmetrischen Kastenschwinge mit Monocross-Hebelumlenkung hinten. Dazu kamen hohl gegossene 17-Zoll-Räder im Drei-Speichen-Design und leistungsfähige Brembo-Bremsen. Trotz bester Kritiken blieb aber auch dieser agile Einzylinder-Straßensportler nur eine Randerscheinung im Motorradmarkt.

Jahr	**1983–1987**	**1988–1991**	**1991–1999**	**1986–1990**	**1996–2000**
Modell	**XT 600 Z Ténéré**	**XT 600 Z Ténéré**	**XTZ 660 Ténéré**	**SRX 6**	**SZR 660**
Motor					
Hubraum (cm³)	595	595	659	608	660
Zylinder	S 1	S 1	S 1	S 1	S 1
Bohrung x Hub (mm)	95 x 84	95 x 84	100 x 84	96 x 84	100 x 84
Arbeitsweise	4-Takt	4-Takt	4-Takt	4-Takt	4-Takt
Steuerung	OHC	OHC	OHC	OHC	OHC
Gemischaufbereitung	2 x Mikuni Ø 27, ab 1986: Ø 28	2 x Mikuni Ø 27	2 x Teikei Ø 26	2 x Teikei Ø 27	1 x Teikei Ø 34
Ventile/Zylinder	4	4	5	4	5
Verdichtung	8,5	8,5	9,2	8,5	9,2
Kühlung	L	L	W	L	L
Leistung (kW (PS) / bei U/min)	32 (43) / 6500, ab 1986: 33,8 (46) / 6500, auch 20 (27) / 6000	33,8 (46) 6500, auch 20 (27) / 6500	35 (48) / 6250, ab 1996: 33,8 (46) 6500, auch 20 (27) / 6000	33 (45) / 6500	35 (48) / 6250
Max. Drehmoment (Nm / bei U/min)	49 / 5500, ab 1986: 51 / 5500	51 / 5500, auch 44 / 2500	57 / 5250, ab 1996: 55,9 / 5000	48 / 5500	54 /5500
Batterie	12 V14 Ah, ab 1986 12 Ah	12 V 12 Ah	12 V 8 Ah	12 V 5 Ah	12 V 10 Ah
Generator (Watt)	180	180	340	190	340
Kraftübertragung					
Anz. Gänge	5	5	5	5	5
Übersetzung	2,583 / 1,588 / 1,200 / 0,954 / 0,792	2,583 / 1,588 / 1,200 / 0,955 / 0,792	2,583 / 1,588 / 1,200 / 0,954 / 0,792	2,307 / 1,588 / 1,200 / 0,954 / 0,777	2,308 / 1,588 / 1,200 / 0,955 / 0,792
Hinterradantrieb	K	K	K	K	K
Endübersetzung	2,66	3,000	3,00	2,466	2,60
Starter	Kick, ab 1986: Kick / Elektro	Elektro	Elektro	Kick	Elektro
Fahrwerk					
Rahmen	SER	SER	SER	SKR	LKR
Vorderradfederung	T Ø 41	T Ø 41	T Ø 43	T Ø 36	USD Ø 41
Hinterradfederung	ZF	ZF	ZF	S	ZF
Federweg vorne (mm)	250, ab 1986: 255	255	220	140	120
Federweg hinten (mm)	235	225	200	100	121
Vorderradbremse	SB Ø 267	SB Ø 267	SB Ø 282	DSB Ø 267	SB Ø 320
Hinterradbremse	TB Ø 150	SB Ø 220	SB Ø 220	SB Ø 245	SB Ø 210
Vorderradreifen	3.00-21	90/90-21	90/90-21	100/80-18	110/70-17
Hinterradreifen	4.00-18	120/80-18	120/90-17	120/80-18	150/60-17
Allgemeine Daten					
Radstand (mm)	1430, ab 1986: 1450	1460	1490	1385	1410
Maße (Länge, mm)	2210, ab 1986: 2220	2290	2275	2085	2040
Lenkkopfwinkel (Grad)	62,75	62,5	62	64	65
Nachlauf (mm)	109	109	112	108	102
Gewicht (kg)	165, ab 1986: 179	188	199	175	175
Tankinhalt (l)	28, ab 1986: 23	23	20	15	14
Beschleunigung (s)	6,2, auch 9	7,3	6,3	6,4	5,9
Höchstgeschw. (km/h)	163, auch 136	136, auch 137	158	166	178
Preis inkl. MwSt (DM)	7220–8380,–	8690,–	10.345–10.900,–	7130–6390,–	11.500,–
				auch mit 20 kW	gebaut bei Belgarda

3 Yamaha Reihen-Zweizylinder

Yamaha XS 250 / 360 (1976–1978)
Yamaha XS 400 / SE / Cup (1978–1982)
Yamaha XS 400 DOHC (1982–1987)

Die zur IFMA 1976 präsentierten Viertakt-Zwillinge XS 250 und XS 360 galten auf Anhieb als Volltreffer. Offen 34 PS stark, erfolgte die Drosselung des größeren Paralleltwins vermittels einer anderen Nockenwelle. Da die Yamaha-Konstruktion keine Ausgleichswelle vorzuweisen hatte, entwickelte sie jedoch über den gesamten Drehzahlbereich merkliche Vibrationen. In punkto Höchstgeschwindigkeit konnte die XS mithalten, über 130 km/h waren absolut klassenüblich. Nur Gutes zu berichten wussten die Tester auch vom Fahrwerk, einem soliden Doppelrohrrahmen mit handlicher Fahrwerksgeometrie – 1335 mm Radstand, Lenkwinkel 63 Grad 30', Nachlauf 81 mm – und ausgezeichneten Stoppern: Scheibenbremsen vorn wie hinten bot kein anderer Konkurrent in der 27-PS-Liga. Das führte 1978 zur XS 400 mit etwas mehr Hubraum und modifizierter Vergaserbestückung.

Die kleinere Ausgabe der XS 360/400 namens XS 250 avancierte nach zwei Jahren bereits zum Auslaufmodell.

Die XS 360 war in der 27-PS-Klasse das Maß aller Dinge. Rund 6500 Biker kauften sie bereits im ersten Jahr.

1978 erschien, als Antwort auf die neuen Euro-Hondas CB 250/400 N, die XS 400. Im Ausland war sie 38 PS stark.

1979 erhielt die XS 400 einen auf 17 Liter vergrößerten Tank, wovon vier Liter Reserve waren. Der Testverbrauch pendelte sich bei rund 5,3 Litern Normalbenzin auf 100 km ein. Die hintere Scheibenbremse, Merkmal der ersten Generation, war durch eine Trommelbremse ersetzt worden.

Natürlich durfte auch ein 27-PS-Chopper im Yamaha-Angebot nicht fehlen. Die XS 400 US Custom, die spätere SE, nutzte den einfach aufgebauten, aber außerordentlich zuverlässigen OHC-Twin der Straßenmaschinen.

Die XS 400, 1982, galt als eine der besten 27-PS-Maschinen. Der durchzugskräftige Twin verfügte über die YDIS-Technik mit Registervergaser. Das System sollte die Leistung erhöhen und den Verbrauch senken.

Um diese Zeit schwappte die Softchopperwelle aus den Staaten auch nach Europa herüber. Wie sich japanische Konstrukteure einen echten Chopper vorstellten, zeigten die Yamaha-Konstrukteure mit ihren »U.S. Custom«-Modellen. Aus rechtlichen Gründen musste die Bezeichnung bei allen Yamaha-Softchopper dann in »SE« (»Special Edition«) geändert werden. Die XS 400 als Chopper war in den USA schon 1978 eingeführt worden und leistete 38 PS. Zwei Jahre später wurde sie auch in Deutschland angeboten, dann aber lediglich mit 27 PS. Geweihlenker, Stufensitzbank (aus dem 650-SE-Fundus), Tropfentank und ein Niederquerschnittsreifen der Dimension 120/90, aufgezogen auf ein 16-Zoll-Hinterrad, prägten die Optik. Technisch unterschied sich die wie auch immer genannte Chopper-Version lediglich durch die Bremsanlage (Einscheiben-Schwenksattel vorn, Trommel hinten) und den Wegfall des H4-Scheinwerfereinsatzes von der Straßen-Ausführung. Das Chassis war ebenfalls von der Straßen-XS übernommen worden, verfügte aber über einen flacheren Lenkkopfwinkel, was den Nachlauf von 81 auf 87 mm vergrößerte. Zwischen 1980 und 1983 verkaufte sich die sehr komfortabel abgestimmte SE immerhin 4568 Mal. Die normale XS kam in diesem Zeitraum auf das Doppelte.

1982 wurde die alte Zweiventil-XS gegen eine Vierventil-400er ausgetauscht. Bei diesem Triebwerk handelte es sich im Prinzip um einen halbierten XJ-Vierzylinder. Offen 45 PS stark, erfreute das schmal bauende Kraftwerk auch in der 27-PS-Version mit reichlich Schub aus dem Drehzahlkeller. An die Stelle des alten Einrohrrahmens mit gegabelten Unterzügen trat ein Chassis in Gemischtbauweise mit mittragendem Motor. An die Beliebtheit der alten XS reichte die neue allerdings nicht heran, Yamaha hatte in der ersten Hälfte der Achtziger massive Probleme mit dem Styling: Die Designer hatten sich zu sehr auf den US-Markt fokussiert.

Jahr	1976–1978	1976–1978	1978–1982	1980–1983	1982–1987
Modell	**XS 250**	**XS 360**	**XS 400**	**XS 400 U.S. Custom / Special / SE**	**XS 400 DOHC**
Motor					
Hubraum (cm³)	249	358	392	392	399
Zylinder	R 2	R 2	R 2	R 2	R 2
Bohrung x Hub (mm)	55 x 52,4	66 x 52,4	69 x 52,4	69 x 52,4	69 x 53,4
Arbeitsweise	4-Takt	4-Takt	4-Takt	4-Takt	4-Takt
Steuerung	OHC	OHC	OHC	OHC	DOHC
Gemischaufbereitung	2 x Mikuni Ø 32	2 x Mikuni Ø 34	2 x Mikuni Ø 34	2 x Mikuni Ø 34	2 x Mikuni Ø 34
Ventile/Zylinder	2	2	2	2	4
Verdichtung	9,3	8,7	9,2	9,3	9,7
Kühlung	L	L	L	L	L
Leistung (kW (PS) / bei U/min)	13 (17) / 8100	20 (27) / 8000	20 (27) / 8100	20 (27) / 7300	20 (27) / 7500, auch 33 (45) / 8000
Max. Drehmoment (Nm / bei U/min)	16,4 / 6750	26,2 / 6800	28,5 / 5200	29 / 5400	31 / 3000, auch 36 / 6500
Batterie	12 V 12 Ah	12 V 12 Ah	12 V 12 Ah	12 V 12 Ah	12 V 12 Ah
Generator (Watt)	188	188	190	190	250
Kraftübertragung					
Anz. Gänge	6	6	6	6	6
Übersetzung	2,500 / 1,778 / 1,381 / 1,125 / 0,962 / 0,871	2,500 / 1,778 / 1,381 / 1,125 / 0,962 / 0,967	2,500 / 1,778 / 1,381 / 1,125 / 0,962 / 0,871	2,50 / 1,778 / 1,381 / 1,125 / 0,962 / 0,867	2,733 / 1,947 / 1,545 / 1,240 / 1,035 / 0,931
Hinterradantrieb	K	K	K	K	K
Endübersetzung	2,866; ab 1979: 2,933	2,483	2,313, ab 1979: 2,483	2,250	2,375
Starter	Kick / Elektro	Kick / Elektro	Kick / Elektro	Kick / Elektro	Elektro
Fahrwerk					
Rahmen	SER	SER	SER	SER	SER
Vorderradfederung	T Ø 33	T Ø 33	T Ø 33	T Ø 33	T Ø 35
Hinterradfederung	S	S	S	S	ZF
Federweg vorne (mm)	140	140	140	140	140
Federweg hinten (mm)	80	80	80	80	95
Vorderradbremse	SB Ø 267	SB Ø 267	SB Ø 267	SB Ø 267	SB Ø 267
Hinterradbremse	TB Ø 160, ab 1978 SB Ø 267	SB Ø 267	TB Ø 160	TB Ø 170	TB Ø 160
Vorderradreifen	3.00-18	3.00-18	3.00-18	3.00-18	3.00-18
Hinterradreifen	3.50-18	3.50-18	3.50-18, ab 1979: 3.75-18	120/90-16	4.10-18
Allgemeine Daten					
Radstand (mm)	1330	1330	1335 / 1380	1380	1380
Maße (Länge, mm)	2035	2035	2040 / 2080	2120	2095
Lenkkopfwinkel (Grad)	63,5	63,5	63,5	62.5	63,75
Nachlauf (mm)	81	81	81	87	95
Gewicht (kg)	178, ab 1979: 187	178	176, ab 1979: 182	194	187
Tankinhalt (l)	11, ab 1979: 16	11	11, ab 1979: 17	14	20
Beschleunigung (s)	19,3	8,1	8,0, 10,3	10,3	10,1; 6,1
Höchstgeschw. (km/h)	115	148	145, 138	134	138; 168
Preis inkl. MwSt (DM)	4052–4193,–	3952,–	4362–4868,–	4594–5010,–	5138–5980,–

Yamaha TX / XS 500 (1976–1980)

Die XS 500 kam über eine Außenseiter-Rolle im Yamaha-Programm nicht hinaus. Der Halbliter-Twin mit seinem DOHC-Vierventil-Motor ersetzte 1973 die erstmals gezeigte TX 500. Yamahas erstes Vierventil-Motorrad war aber kein Erfolg. Optisch und technisch überarbeitet, wurde sie dann als XS 500 zwischen 1976 und 1980 in Deutschland verkauft. Mit einer Leistung von 48 PS stand sie aber stets im Schatten der hubraumstärkeren XS 650, und auch im Test vermochte die XS nicht zu überzeugen: Sie galt als ziemlich träge, überzeugte aber andererseits durch ein stabiles Chassis, was damals beileibe keine Selbstverständlichkeit darstellte. 1978 stieg die Motorleistung leicht auf 50 PS an, dazu kamen leichtere Gussräder. Sie verschwand – unbetrauert – 1980 aus dem Programm.

Die TX war die erste Serien-Yamaha mit DOHC-Motor und acht Ventilen. Sie wurde in Deutschland nie angeboten. Die TX-Technik kam aber dann in der XS 500 zum Einsatz; die Fahrleistungen waren vergleichbar.

Die XS 500 war eine modifizierte TX 500 und kam im Frühjahr 1976 nach Deutschland. Im Test verbrauchte sie, scharf gefahren, rund 10 Liter/100 km. Weniger als 7,5 Liter waren es aber auch bei defensiver Fahrweise nie.

Yamaha XS-2 (1971–1972)
Yamaha XS 650 / SE (1976–1985)

Auf der Tokio Motor Show 1969 präsentierte Yamaha die XS-1, das erste Viertaktmodell der Marke. Der Paralleltwin im Stil britischer Zweizylinder vom Schlage einer BSA oder Triumph stellte eine vollständige Neukonstruktion dar. Bei seiner Entwicklung hatte angeblich der Sechszylindermotor aus dem Toyota GT 2000 Pate gestanden, den Yamaha für Renneinsätze präparierte. Nach Europa gelangte die XS-1 erst 1970, der Deutschlandverkauf begann mit der XS-2 im Spätjahr 1971, dann mit Scheibenbremse vorn, aber ungenügendem Fahrwerk. Optik und dünnes Händlernetz erwiesen sich aber als schwere Hypothek, daher wurde sie wieder aus dem Programm genommen und erst 1976 als XS 650 wieder eingeführt, dann als sinnvolle Ergänzung eines umfassenden Modellprogramms:

1970 brachte das Unternehmen mit der XS-1 erstmals einen Viertaktmotor auf den Markt. Zu jener Zeit begann Japan, sein Schnellstraßennetz auszubauen, die neue 650er schien dafür wie geschaffen zu sein.

1971 erhielt die XS 650 eine vordere Scheibenbremse, die Doppelscheibe kam erst mit der vielfach verbesserten zweiten Generation von 1976. Diese wurde bis 1984 verkauft.

Die Zeit schien reif zu sein für solch kernige Knochenschüttler, die sich gerne mal ihrer Schrauben entledigten. Sie stand bis 1984 im Angebot, trotz stetig zurückgehender Verkaufszahlen. Rund 7500 Maschinen gelangten nach Deutschland. Zu der doch relativ großen Anzahl trug vor allem aber die SE-Variante bei. Diese XS 650 SE (»Special Edition«) gehörte zu den erfolgreichsten Großserien-Choppern überhaupt. Sie war unter der Bezeichnung »SE« ab 1978 in Europa erhältlich. Während die Straßenmaschinen ab 1980 allmählich in Vergessenheit gerieten, hielten sich die »U.S.Custom« beziehungsweise »Special«-Modelle noch bis 1985 im Programm: Der 360-Grad-Twin passte hervorragend zum Chopper-Konzept, viel besser als

Jahr	1976–1980	1976–1984	1978–1985	1972–1974
Modell	**XS 500**	**XS 650**	**XS 650 U.S. Custom / Special / SE**	**TX 750**
Motor				
Hubraum (cm³)	499	654	654	744
Zylinder	R 2	R 2	R 2	R 2
Bohrung x Hub (mm)	73 x 59,6	75 x 74	75 x 74	80 x 74
Arbeitsweise	4-Takt	4-Takt	4-Takt	4-Takt
Steuerung	DOHC	OHC	OHC	OHC
Gemischaufbereitung	2 x Keihin Ø 38	2 x Mikuni Ø 38	2 x Mikuni Ø 38	2 x Mikuni Ø 38
Ventile/Zylinder	4	2	2	2
Verdichtung	8,5	8,4	8,4	8,8
Kühlung	L	L	L	L
Leistung (kW (PS) / bei U/min)	36 (49) / 8250	37 (50) / 6800	35 (48) / 7100	38 (51) / 7240
Max. Drehmoment (Nm / bei U/min)	44 / 6500	55 / 6000	52 / 6000	58 / 4500
Batterie	12 V 14 Ah	12 V 14 Ah	12 V 14 Ah	12 V 16 Ah
Generator (Watt)	180	168	168	160
Kraftübertragung				
Anz. Gänge	5	5	5	5
Übersetzung	2,333/ 1,550 / 1,192 / 0,965 / 0,806	2,462 / 1,588 / 1,3 / 1,095 / 0,957	2,462 / 1,558 / 1,30 / 1,095 / 0,957	2,461 / 1,588 / 1,30 / 1,095 / 0,956
Hinterradantrieb	K	K	K	K
Endübersetzung	2,52	1,94	2,0 / 1,94	2,235
Starter	Kick / Elektro	Kick / Elektro	Kick / Elektro	Kick / Elektro
Fahrwerk				
Rahmen	SDR	SDR	SDR	SDR
Vorderradfederung	T Ø 35	T Ø 34	T Ø 35	T Ø 35, ab 1973 Ø 36
Hinterradfederung	S	S	S	S
Federweg vorne (mm)	125	130	150	120
Federweg hinten (mm)	70	80	80	80
Vorderradbremse	SB Ø 300	DSB Ø 267	SB Ø 298	SB/DSB Ø 300
Hinterradbremse	SB Ø 270	TB Ø 180	SB Ø 267 / TB Ø 180	TB Ø 180
Vorderradreifen	3.25-19	3.50-19, ab 1981 3.25-19	3.50-19	3.50-19
Hinterradreifen	4.00-18	4.00-18	130/90-16	4.00-19
Allgemeine Daten				
Radstand (mm)	1400	1435	1435	1455
Maße (Länge, mm)	2170	2175	2180	2205
Lenkkopfwinkel (Grad)	62,3	63,3	62,15	63
Nachlauf (mm)	117	108	119	99
Gewicht (kg)	212	227	221	240
Tankinhalt (l)	15	15	12	19
Beschleunigung (s)	6,5	6,1	6,4	4,9
Höchstgeschw. (km/h)	172	171	156	186
Preis inkl. MwSt (DM)	5250–5545,–	5598–6730,–	5827–6915,–	5995–6152,–

Zum Jahresende 1972 zeigte Yamaha in Tokio die TX 750. Tests bescheinigten dem auf dem Papier 63 PS starken Paralleltwin eine hohe Laufkultur. Sportliche Gangart war allerdings nicht ihr Metier.

die Vierzylinder der Konkurrenz. Größere Modellpflegemaßnahmen fanden nicht statt, eine Ausnahme bildeten die Maschinen des Jahres 1980, die mit niedrigerer Sitzbank, modifizierter Kupplung und anderem Rücklicht ausgestattet worden waren.

Yamaha TX 750 (1972–1974)

Zum Jahresende 1972 zeigte Yamaha in Tokio die TX 750, die als Ersatz für die Vierzylinder-Zweitaktmaschine GL 750 gedacht war. Dabei handelte es sich um einen luftgekühlten Zweizylinder-Viertakter, einen Paralleltwin mit zwei kettengetriebenen Ausgleichswellen. Die Optik entsprach der im Vorjahr gezeigten GL 750. Auf dem Papier 63 PS stark und damit Hondas CB 750 ebenbürtig, war die TX 750 das glückloseste Motorrad der Yamaha-Geschichte. Nach zahlreichen Motorschäden (die in der zweiten Serie nicht mehr vorkamen) zog Yamaha die Notbremse und nahm den Twin mit dem ramponierten Ruf 1974 aus dem Programm.

Der Paralleltwin der XS 650 passte hervorragend zu einem Chopper, Anders als die Straßen-XS verfügte die SE lediglich über eine Scheibenbremse vorn.

Yamaha XTZ 750 Super Ténéré (1989–1996)

Die einzige Zweizylinder-Enduro des Herstellers erschien 1989 und trug den Beinamen »Super Ténéré XTZ 750«. Für Vortrieb sorgte hier ein wassergekühlter Zweizylinder-Zehnventil-Motor, der große Ähnlichkeit mit den bekannten sportlichen Reihenvierern aufwies. Der Paralleltwin riss die bleischwere XTZ rabiat nach vorn, in Sachen Durchzug im großen Gang steckte sie manches Straßenmotorrad in die Tasche. Überhaupt war diese Yamaha eher ein Superbike der aufrechten, wenn auch trunksüchtigen Art. Richtig Spaß machte die XTZ auf der Landstraße; sie ließ sich mit dem breiten Lenker und dank des niedrigen Schwerpunkts leicht manövrieren. Selbst bei Höchstgeschwindigkeit zog sie absolut ruhig ihre Bahn. Yamahas Alternative zur African Twin stand bis zur Saison 1996 im Programm, größere technische Änderungen erfolgten 1990, als die Kupplung überarbeitet, die Bremsschläuche verstärkt, das Rahmenheck modifiziert und die Aufnahmen der bislang zu hohen Sozius-Fußrasten verlegt wurden.

Mit der XTZ 750 Super Ténéré erschien 1989 die erste Reiseenduro des Herstellers. Der Fünfventil-Twin war im 45-Grad-Winkel nach vorne geneigt.

Die XTZ 750 wurde bis 1996 verkauft. Die einzig größere Modellpflege von 1990 brachte ein verändertes Rahmenheck und neu positionierte Fußrasten. 69 PS bei 7500/min, 0–100 km/h in 4,9 s, 180 km/h, DM 12.580,–.

Yamaha TDM 850 (1990–1996)
Yamaha TDM 850 (1996–2002)
Yamaha TRX 850 (1996–1999)

Präsentiert auf dem Pariser Salon im Spätjahr 1990, bot die spurtstarke Allrounderin mit dem aufgebohrten XTZ-750-Twin einen überdurchschnittlich hohen Fahrkomfort. Kurzer Radstand, lange Federwege, ein 18-Zoll-Vorderrad und ein 17-Zöller hinten waren weitere Merkmale des handlichen, Zweizylinders, der auf Land- wie auch auf Bergstraßen gleichermaßen in seinem Element war. Der 78 PS starke Motor hing in einem neuen Deltabox-Brückenrahmen aus Stahl, schleppte aber mit 230 Kilogramm einigen Speck um die Hüfte mit sich herum. Zumindest daran änderte sich im Laufe der nächsten fünf Jahre nichts, ebenso wenig wie am gesunden Appetit (sie zapfte unter Volllast bis zu zehn Liter aus dem

Die TDM 850 erhielt 1993 kleinere optischen Änderungen und 1994 einen gründlich überarbeiteten Schaltmechanismus.

Komplett neu präsentierte sich die TDM zur Saison 1996. Sie verfügte über den TRX-Motor mit 270 Grad Hubzapfenversatz. Die Modellpflege 1999 führte zu einem Leistungsanstieg auf 82 PS.

Mit dem Gitterrohrrahmen erinnerte die TRX 850 an eine Ducati, die ebenfalls lieferbare rote Lackierung unterstrich diesen Eindruck. Die wichtigste Modelländerung brachte 1998 einen kürzeren ersten Gang.

18-Liter-Tank), an der mangelnden Servicefreundlichkeit und dem fehlenden Hauptständer. Der ungewöhnliche Allrounder startete in das Modelljahr 1996 in stark überarbeiteter Form mit schrägen Doppelscheinwerfern. Am Charakter änderte sich nichts, doch im stabilen Deltabox-Rahmen saß nun der Twin mit 270-Grad-Hubzapfenversatz auf der Kurbelwelle aus der TRX 850. Die wiederum war Yamahas Antwort auf Ducatis Monster, kombinierte also den TDM-Twin mit einem Gitterrohrrahmen. Bei einem Trockengewicht von knapp 190 kg lag die TRX fast auf Ducati- und damit auch auf deren Handling-Niveau. Doch »auch ohne das letzte Quäntchen Schräglage zu nutzen, ist man mit der TRX pfeilschnell unterwegs. Der Kompromiss zwischen Leistung, Gewicht und Handling scheint ideal getroffen«, schilderte *Motorrad*-Tester Koch seine ersten Fahreindrücke vom neuen Ducati-Jäger, der im Februar 1996 beim Händler stand. Die Kunden bevorzugten aber das Original. 1999 war die TRX Geschichte, ihr Motor überlebte bis 2010 in der TDM 900.

Jahr	1989–1996	1990–1995	1996–2002	1996–1999
Modell	**XTZ 750 Super Ténéré**	**TDM 850**	**TDM 850**	**TRX 850**
Motor				
Hubraum (cm³)	749	849	849	849
Zylinder	R 2	R 2	R 2	R 2
Bohrung x Hub (mm)	87 x 63	89,5 x 67,5	89,5 x 67,5	89,5 x 67,5
Arbeitsweise	4-Takt	4-Takt	4-Takt	4-Takt
Steuerung	DOHC	DOHC	DOHC	DOHC
Gemischaufbereitung	2 x Mikuni Ø 38	2 x Mikuni Ø 38	2 x Mikuni Ø 38	2 x Mikuni Ø 38
Ventile/Zylinder	5	5	5	5
Verdichtung	9,5	9,2	10,5	10,5
Kühlung	W	W	W	W
Leistung (kW (PS) / bei U/min)	51 (69) / 7500, auch 37 (50)	57 (78) / 7500	59 (80) / 7500	61 (82) / 7500
Max. Drehmoment (Nm / bei U/min)	67 / 6750, auch 62 / 3000	77 / 6000	80 / 6000	87,3 / 6000
Batterie	12 V 14 Ah	12 V 10 Ah	12 V 10 Ah	12 V 10 Ah
Generator (Watt)	350	350	330	315
Kraftübertragung				
Anz. Gänge	5	5	5	5
Übersetzung	2,846 / 1,850 / 1,429 / 1,174 / 1,037	2,846 / 1,850 / 1,318 / 0,74 / 0,90	2,846 / 1,850 / 1,429 / 1,174 / 1,037	2,571 / 1,850 / 1,426 / 1,174 / 1,037
Hinterradantrieb	K	K	K	K
Endübersetzung	2,875	2,750	2,471	2,294
Starter	Elektro	Elektro	Elektro	Elektro
Fahrwerk				
Rahmen	SDR	SKR	SKR	SGR
Vorderradfederung	T Ø 43	T Ø 41	T Ø 43	T Ø 41
Hinterradfederung	ZF	ZF	ZF	ZF
Federweg vorne (mm)	235	160	149	120
Federweg hinten (mm)	215	140	144	130
Vorderradbremse	DSB Ø 245	DSB Ø 298	DSB Ø 298	DSB Ø 298
Hinterradbremse	SB Ø 245	SB Ø 245	SB Ø 245	SB Ø 245
Vorderradreifen	90/90-21	110/80-18	110/80-18	120/60-17
Hinterradreifen	140/80-17	150/70-17	150/70-17	160/60-17
Allgemeine Daten				
Radstand (mm)	1505	1475	1475	1435
Maße (Länge, mm)	2355	2225	2170	2160
Lenkkopfwinkel (Grad)	63,5	65	65,5	65
Nachlauf (mm)	108 , auch 101	105	103	97
Gewicht (kg)	231	248	236	213
Tankinhalt (l)	26	18	20	18
Beschleunigung (s)	4,9	4,0	4,0	3,7
Höchstgeschw. (km/h)	187	207	200	217
Preis inkl. MwSt (DM)	11.980–14.890,–	13.180–13.800,–	16.195,–	15.690,–

4 Yamaha Reihen-Mehrzylinder

Die Dreizylinder

Yamaha XS 750 / D / E / SE (1976–1983)
Yamaha XS 850 (1980–1982)

Flaggschiff der Yamaha-Modellpalette des Jahres 1976 war die brandneue XS 750 mit Reihen-Dreizylinder-Viertakter und doppelten, oben liegenden Nockenwellen. Die Kraftübertragung erfolgte per zweifach umgelenkter Kardanwelle. Dieses System setzte seinerzeit Maßstäbe. Bestnoten verdienten auch der neu gezeichnete Doppelschleifen-Rohrrahmen und die Dreischeiben-Bremsanlage. Dennoch war die XS nicht frei von Kinderkrankheiten, das von Getrag entwickelte Getriebe gehörte zur ganz knochigen Sorte. Besserung stellte sich zur IFMA 1978 ein. Die nun an Zylinderkopf, Auspuff, Luftfilter und Brennräumen modifizierte Maschine hieß XS 750 E und leistete 74 PS. Sie hatte darüber hinaus andere Steuerzeiten, eine höhere Verdichtung und eine CDI-Zündung. Dazu kam ein straffer ausgelegtes Fahrwerk. Im Jahr darauf ersetzte ein

Die für 7250 Mark angebotene 750er plagten Anlaufschwierigkeiten. Klagen über Motor- und Getriebeschäden und der hohe Ölverbrauch häuften sich und führten zu Rückrufaktionen. Im Hintergrund ein solches Facelift-Modell, vorne die XS 1100 in Martini-Lackierung.

Die Dreizylinder-Yamaha gab es 1980 bis 1983 auch als »US-Custom«. Der Chopper kostete DM 8195,–.

Die XS 850 löste 1980 die XS 750 ab. Das Kardan-Dickschiff leistete 79 PS bei 8500/min.

24-l-Tank den bisherigen 17-l-Behälter und der Kickstarter fiel weg. Mit einem Leergewicht von 260 kg blieb sie aber ein schwerer Brocken, der mit Nachdruck um die Kurven gezwungen werden wollte. Natürlich entstand auf dieser Basis auch ein Dreizylinder-Chopper.

Die Nachfolgerin der Dreiviertelliter-Maschine hieß XS 850, sah aus wie die Vorgängerin und war trotz ihrer auf 79 PS angestiegenen Leistung kein Sportmotorrad. Kolben und Ventiltrieb stammten von der XS 1100, Zylinderkopf und Block waren neu. Das knochige Getrag-Getriebe krachte nun nicht mehr so grauenhaft. Die Gemischaufbereitung übernahmen 34er Unterdruck-Vergaser von Hitachi anstelle der bisherigen Mikuni-Gasfabrik. Die fahrwerksseitigen Änderungen umfassten fünffach verstellbare Federbeine, ein breiteres 17-Zoll-Hinterrad und Luftunterstützung für die Telegabel. Eine härtere Fahrwerksauslegung und eine Schräglagen-freundlicher verlegte Auspuffanlage komplettierten die Runderneuerung der Triple für die letzten beiden Baujahre.

Jahr	1976–1977	1978–1979	1980–1983	1980–1982
Modell	**XS 750**	**XS 750 E**	**XS 750 U.S. Custom / Special / SE**	**XS 850**
Motor				
Hubraum (cm³)	747	747	747	826
Zylinder	R 3	R 3	R 3	R 3
Bohrung x Hub (mm)	68 x 68,6	68 x 68,6	68 x 68,6	71,5 x 68,6
Arbeitsweise	4-Takt	4-Takt	4-Takt	4-Takt
Steuerung	DOHC	DOHC	DOHC	DOHC
Gemischaufbereitung	3 x Mikuni Ø 34	3 x Mikuni Ø 34	3 x Mikuni Ø 34	3 x Hitachi Ø 34
Ventile/Zylinder	2	2	2	2
Verdichtung	8,5	9,2	9,2	9,2
Kühlung	L	L	L	L
Leistung (kW (PS) / bei U/min)	47 (64) / 7200	54 (74) / 8400	51 (69) / 8500	58 (79) / 8500
Max. Drehmoment (Nm / bei U/min)	64 / 6000	69 / 7200	64 / 6900	69,8 / 7500
Batterie	12 V 14 Ah	12 V 14 Ah	12 V 14 Ah	12 V 14 Ah
Generator (Watt)	225	225	261	280
Kraftübertragung				
Anz. Gänge	5	5	5	5
Übersetzung	2,461 / 1,588 / 1,300 / 1.095 / 0,956	2,461 / 1,588 / 1,300 / 1.095 / 0,956	2,462 / 1,588 / 1,30 / 1,095 / 0,957	2,286 / 1,588 / 1,30 / 1,095 / 0,957
Hinterradantrieb	W	W	W	W
Endübersetzung	3,26	2,909	3,263	3,265
Starter	Kick / Elektro	Kick / Elektro	Elektro	Elektro
Fahrwerk				
Rahmen	SDR	SDR	SDR	SDR
Vorderradfederung	T Ø 36	T Ø 36	T Ø 36	T Ø 36
Hinterradfederung	S	S	S	S
Federweg vorne (mm)	175	175	175	157
Federweg hinten (mm)	75	70	75	97
Vorderradbremse	SB Ø 267	DSB Ø 267	DSB Ø 267	DSB Ø 267
Hinterradbremse	SB Ø 267	SB Ø 267	SB Ø 267	SB Ø 267
Vorderradreifen	3.25-19	3.25-19	3.25-19	3.25-19
Hinterradreifen	4.00-18	4.00-18	4.00-18	4.00-18
Allgemeine Daten				
Radstand (mm)	1470	1470	1465	1465
Maße (Länge, mm)	2180	2220	2210	2155
Lenkkopfwinkel (Grad)	63	63	61,5	63
Nachlauf (mm)	114	114	118	114
Gewicht (kg)	257	257	252	281
Tankinhalt (l)	17	17, MJ 1979: 24	18,9	24
Beschleunigung (s)	5,7	5,0	5,6	5,3
Höchstgeschw. (km/h)	177	185	175	196
Preis inkl. MwSt (DM)	7252,–	7540–7665,–	8195,–	8340–7915,–

Die Vierzylinder

Yamaha XS 1100 (1977–1983)
Yamaha XS 1.1 Sport (1981–1983)

Das erste auch in Serie gebaute Vierzylinder-Bigbike, das Yamaha auf dem 64. Pariser Salon im Spätjahr 1977 auf den Messestand schob, hieß XS 1100. Konstruktiv war sie eng mit der Dreizylinder-XS 750 verwandt, das klauengeschaltete Fünfganggetriebe leitete die Motorleistung über Kardanwelle im linken Schwingenholm an das 17-Zoll-Hinterrad weiter. Wer sich für eine XS 1100 entschied, erhielt einen urgewaltigen, enorm drehfreudigen Zweiventiler mit der Optik eines Büffels und der Unverwüstlichkeit eines Elefanten: Laufleistungen weit jenseits der 100.000-Kilometer-Grenze waren die Regel. Mit Vollverkleidung wurde die Yamaha ab 1980 vollends zum Ereignis. Der britische Designer John Mockett entwickelte für das Dickschiff eine zweiteilige Tourenverkleidung aus Glasfaser-Laminat mit amtlich aussehenden Zusatz-Fernscheinwerfern von Cibie, die damals jeder Rallye- und Sportwagen, der etwas auf sich hielt, auf der Stoßstange spazieren fuhr. Sie wog einschließlich der Halterungen gut 14 Kilogramm, doch darauf kam es jenseits der 285 Kilo sowieso nicht mehr an. Zum Sportmotorrad wurde die XS 1100 damit aber nicht. Wenn es denn ein solches gab, dann verdiente die XS 1.1 Sport von 1981 diese Bezeichnung. Die lifestyligste aller großen Yamaha unterstrich den sportlichen Anspruch durch eine schwarze Lackierung, Rundscheinwerfer und Cockpitverkleidung und ein wenig Diät. Das war aber auch schon alles an Krawall und Sport, und bei 272 Kilo Lebendgewicht war das vielleicht auch ganz gut so. Wer heute noch eine hat, besitzt eine dicke Rarität.

Yamaha FJ 1100 / 1200 (1984–1996)

Die FJ 1100 vom Spätjahr 1983 löste die XS 1100 ab und darf mit Fug und Recht als erstes Yamaha-Superbike gelten.
Auch wenn es sich dabei um eine komplette Neukonstruktion handelte, so fußte der FJ-Vierer dennoch auf dem alten Entwurf,

Das Vierzylinder-Bigbike debütierte auf dem 64. Pariser Salon 1977. Die letzten Kardan-1100er wurden erst 1988 abverkauft, zuletzt für DM 7400,–.

1979 kam die XS 1100 im Martini-Design, 150 Stück gelangten nach Deutschland. Insgesamt waren es 6071 Stück, darunter 320 XS 1.1 S.

Ab April 1981 im Handel, unterschied sich die XS 1.1 Sport durch die Lackierung und die Cockpitverkleidung vom Tourer.

Kaum bekannt: Neben der XJ 650 Turbo gab es auch eine XJ 1100 Turbo in Sport-Optik mit einem aufgeladenem Motor auf Basis der XJ-Konstruktion.

war aber kompakter und, dank der Kette anstelle der Kardanwelle mit Winkeltrieb zum Hinterrad, um mindestens 15 kg leichter geworden. Anders als bei der XS erfolgte die Kupplungsbetätigung hydraulisch. Besonders stolz war man bei Yamaha auf das innovative »Lateral Frame«-Fahrwerk aus Vierkant-Rohren, das den Reihen-Vierzylinder umschloss. Die Hinterradführung übernahm eine nadelgelagerte Alu-Kastenschwinge mit Zentralfederbein, vorne kam eine stabile 41er Telegabel mit Anti-Dive zum Einsatz. Auch in Sachen Fahrleistungen und Beschleunigung ließ die FJ keine Wünsche offen. Unter vier Sekunden von Null auf Hundert und eine Spitze von über 220 km/h sorgten für ausreichend Druck in allen Lebenslagen. Wie die urige XS 1100 beeindruckte die 125 PS starke FJ durch ihre enorme Elastizität, was vor allem auch Tourenfahrer zu schätzen wussten. Mit den Maßstäben jener Zeit gemessen, hatte Yamaha ein exzellentes Sportmotorrad auf die dicken 16-Zoll-Pneus gestellt.

1986 bohrte Yamaha den Motor seines Flaggschiffs auf, um den Drehmomentverlauf vor allem im unteren und mittleren Drehzahlbereich zu verbessern: Die ohnehin nicht schwächliche FJ galt nun als wahres Drehmomentwunder. Die Attraktivität der FJ 1200 steigerte sich nach der Modellpflege 1988 erneut, sie brachte den Wechsel zu einem 17-Zoll-Vorderrad (vorher 16 Zoll), bessere Bremsen (ohne Anti-Dive), eine tourentauglichere Verkleidung samt einer elektrischen Benzinpumpe. Der Tankinhalt sank auf 22 Liter. Die Modifikationen beim 1991er-Modell betrafen vor allem den Rahmen mit seinen verstärkten Oberzügen. Kenntlich an der modifizierten Verkleidung mit neuem Scheinwerfer, gab es die Yamaha wahlweise als FJ 1200 A mit ABS. Zuletzt für DM 18.660,– angeboten, wurden die Restbestände bis 1997 abverkauft.

Die Motorrad-Sensation des Jahres 1984 war die FJ 1100. Das »sportliche Superbike« gab es mit hoher und niedriger Verkleidungsscheibe.

1986 mutierte die FJ 1100 zur FJ 1200, es blieb aber bei den kleinen 16-Zoll-Rädern. Diese verschwanden erst 1988.

Yamaha XJR 1200 / 1300 (1995–2003)

Die XJ 1200 hievte Yamaha Ende 1995 ins Programm. Herzstück des neuen Sporttourers bildete der 1188 cm^3 große Vierventil-Motor der FJ: Der fahrtwindgekühlte Reihenvierzylinder mit zwei obenliegenden Nockenwellen dominierte den optischen Auftritt des drehmomentstarken Retro-Bigbikes mit klassischem Doppelschleifen-Stahlrohrrahmen. Das Hinterrad wurde von

Die XJR 1200 hatte den Vierzylinder aus der FJ 1200, verfeinert um eine Kennfeld-Zündanlage und Drosselklappensensor.

einer großzügig dimensionierten Aluminium-Kastenschwinge geführt, die sich über zwei Federbeine direkt am Rahmen abstützte. Nachdem 1997 und 1998 jeweils ein Sondermodell erschienen war, legte das erfolgreiche Muscle-Bike 1999 im Hubraum um rund 100 cm³ zu. Die XJ 1300 wartete dazu mit weiteren technischen Neuerungen auf, die nicht nur den Motor, sondern auch das Fahrwerk betrafen und das Leistungsvermögen dieses Naked-Bikes nachhaltig steigerten. 2003 erfolgte eine umfassende technische Modellpflege, ohne dass sich diese in der Modellbezeichnung bemerkbar gemacht hätte.

Jahr	1977–1983	1981–1983	1984–1986	1986–1996	1995–1999	1999–2003
Modell	**XS 1100**	**XS 1.1 S**	**FJ 1100**	**FJ 1200 / A**	**XJR 1200**	**XJR 1300**
Motor						
Hubraum (cm³)	1104	1104	1097	1188	1188	1251
Zylinder	R 4	R 4	R 4	R 4	R4	R4
Bohrung x Hub (mm)	71,5 x 68,8	71,5 x 68,8	74 x 63,8	77 x 63,8	77 x 63,8	79 x 63,8
Arbeitsweise	4-Takt	4-Takt	4-Takt	4-Takt	4-Takt4-Takt	4-Takt
Steuerung	DOHC	DOHC	DOHC	DOHC	DOHC	DOHC
Gemischaufbereitung	4 x Mikuni Ø 34	4 x Mikuni Ø 34	4 x Mikuni Ø 36	4 x Mikuni Ø 36	4 x Mikuni Ø 36	4 x Mikuni Ø 37
Ventile/Zylinder	2	2	4	4	4	4
Verdichtung	9,2	9,2	9,5	9,7	9,7	9,7
Kühlung	L	L	L	L	L	L
Leistung (kW (PS) / bei U/min)	70 (95) / 8500	70 (95) / 8000	74 (100) / 9000	74 (100) / 8500	72 (98) / 8000, auch 74 (100) / 8500	72 (98) / 8000, auch 78 (106) / 8000
Max. Drehmoment (Nm / bei U/min)	90 / 6250	90 / 6000	87,2 / 9000	93,2 / 6500	92 / 6250	96 / 6000, auch 100 / 6000
Batterie	12 V 20 Ah	12 V 20 Ah	12 V 14 Ah	12 V 14 Ah	12 V 12 Ah	12 V 12 Ah
Generator (Watt)	280	320	360	360	340	340
Kraftübertragung						
Anz. Gänge	5	5	5	5	5	5
Übersetzung	2,235 / 1,625 / 1,286 / 1,032 / 0,882	2,24 / 1,63 / 1,29 / 1,03 / 0,88	2,857 / 2,000 / 1,571 / 1,291 / 1,115	2,857 / 2,000 / 1,571 / 1,291 / 1,115	2,857 / 2,000 / 1,571 / 1,292 / 1,115	2,857 / 2,000 / 1,571 / 1,292 / 1,115
Hinterradantrieb	W	W	K	K	K	K
Endübersetzung	3,30	3,26	2,411	2,290	2,235	2,235
Starter	Kick / Elektro	Elektro	Elektro	Elektro	Elektro	Elektro
Fahrwerk						
Rahmen	SDR	SDR	SDK	SDK	SDR	SDR
Vorderradfederung	T Ø 37	T Ø 37	T Ø 41	T Ø 41	T Ø 43	T Ø 43
Hinterradfederung	S	S	ZF	ZF	S	S
Federweg vorne (mm)	175	175	150	150	130	130
Federweg hinten (mm)	105	75	120	120	110	88 / 110
Vorderradbremse	DSB Ø 298	DSB Ø 298	DSB Ø 282	DSB Ø 282, ab 1988: 298	DSB Ø 320	DSB Ø 298
Hinterradbremse	SB Ø 298	SB Ø 298	SB Ø 282	SB Ø 282	SB Ø 267	SB Ø 267
Vorderradreifen	3.50-19	3.50-19	120/80-16	120/80-16, ab 1988: 120/70-17	130/70-17	120/70-17
Hinterradreifen	4.50-17	4.50-17	150/80-16	150/80-16	170/60-17	180/55-17
Allgemeine Daten						
Radstand (mm)	1545	1545	1490	1490	1500	1500
Maße (Länge, mm)	2260	2275	2230	2230	2255	2175
Lenkkopfwinkel (Grad)	60,5	61	62,3	63	65	64,7
Nachlauf (mm)	130	128	112	112	103	100
Gewicht (kg)	286	276	252	261, ab 1988: 259, mit ABS: 270	255	252
Tankinhalt (l)	24	15	24,5	24,5, ab 1988: 22	21	21
Beschleunigung (s)	4,2	4,1	3,8	3,6	3,7	3,6
Höchstgeschw. (km/h)	215	217	223	223	220	222
Preis inkl. MwSt (DM)	10.051–7400,–	11.178,–	13.168–13.488,–	13.888–17.950,–	13.888–16.950,–	18.900,–
	1979: Sondermodell »Holiday«: Gepäcksystem, Lenkerverkleidung.			ab Mj. 1992 ABS optional		

Yamaha XJ 650 (1980–1984)
Yamaha XJ 550 (1981–1984)
Yamaha XJ 600 (1984–1991)

Die XJ 650 war die erste Yamaha mit den neuen, luftgekühlten Vierzylinder-Motoren, die für die nächsten zehn Jahre das Bild der Marke prägen sollten. Das Layout der Antriebsquelle war für die damalige Zeit völlig neu. Mit ihrer Kardanwelle zum hinteren 18-Zöller löste diese schlanke Schönheit (die viel schwerer war, als sie aussah) die pummeligen XS-750/850-Drillinge ab. Anfangs 71 PS stark, war die erste Vertreterin der XJ-Reihe auch mit 50 PS lieferbar und wurde zwischen 1980 und 1987 insgesamt 14.000 Mal verkauft.

Zur IFMA 1980 ergänzte Yamaha seine Modellpalette um die XJ 550. Die kleinere Ausgabe der XJ 650 unterschied sich von dieser vor allem durch die Fahrwerksgeometrie und die Kette zum Hinterrad. Darüber hinaus war diese XJ die erste Yamaha mit dem YICS-System, das die vier Einlasskanäle untereinander verband, eine technische Lösung, welche 1982 auch die XJ 650 erhielt. Mit 204 Kilogramm war sie die leichteste Vierzylinder auf dem deutschen Markt. Sie wurde dann

Lichtmaschine und Anlasser lagen hinter den Zylindern, das sparte Baubreite: Der XJ-650-Motor kam auf schmale 455 mm. Der Vierzylinder mit Kardan war auch in der für die USA bestimmten Chopper-Version – Zusatz »Maxim« – zu finden. Die 50-PS-Drossel-Variante hatte eine Spitzengeschwindigkeit von 171 km/h.

Die XJ 550 hatte als erste Yamaha das YICS-System (Yamaha Intake Control System), das für gleichmäßigere Verbrennungsabläufe sorgen sollte.

Anders als bei der XJ 650 erfolgte bei der XJ 600 die Kraftübertragung zum Hinterrad über eine Kette. Bis 1988 hatte sie 73 PS, danach 66 PS.

zur Saison 1985 durch die XJ 600 abgelöst. Diese galt lange Jahre als das Nonplusultra in Sachen Mittelklasse-Motorrad und war je nach Baujahr mit 73, 66 oder auch nur 27 PS zu bekommen. In jeder Ausführung galt die kleinste Vierzylinder-Maschine im Programm als erfreuliche Erscheinung, weil angenehm geerdet: Sie machte alles richtig, ohne durch supersportliche Ansprüche zu stressen.

Yamaha XJ 650 Turbo (1982–1984)

Wer die Nummer eins im Motorradgeschäft werden wollte (und das wollte Yamaha Anfang der Achtziger), benötigte ein technologisches Aushängeschild, das war eine Frage der Ehre: Was Honda konnte, konnte Yamaha schon lange. Das Flaggschiff des Herstellers basierte auf der XJ 650 und hatte die typisch kantige Vollverkleidung im Stil der frühen Achtziger. 90 PS standen in den Papieren, die Fahrleistungen im Vergleich zur normalen XJ ließen die Motorrad-Tester allerdings kaum mehr als 80 PS vermuten. Und die hatten mit den 262 Turbo-Kilo reichlich zu tun. Wie alle Turbos war auch die aufgeladene 650er Yamaha ein veritabler Flop.

Yamaha XJ 750 Seca (1982–1984)
Yamaha XJ 750 / 900 F (1983–1994)

Die XJ 750 Seca (1982-1984) zielte mit ihrer Bananenoptik und den Rechteckscheinwerfern ganz klar auf den US-Markt. Der Optik zum Trotz vermochte die Technik zu überzeugen: die Seca hatte mehr zu bieten als ihr obskures Aussehen. Zum Beispiel den aufgebohrten XJ-650-Motor mit YICS-System mit standesgemäßen 81 PS, ein vernünftiges Fahrwerk mit Anti-Dive (dessen Nutzen allerdings gering war), tolle Bremsen mit 300-Millimeter-Stoppern vorn und einer 200er Trommel hinten, einen wartungsfreien Kardan sowie eine Instrumentie-

Die 90 PS starke XJ 650 Turbo war Yamahas Antwort auf die CX-Turbo von Honda. Technische Basis bildete die XJ 650. 315 Stück konnten verkauft werden.

Die XJ 750 Seca (1982 bis 1984) wurde nur 3181 Mal verkauft. Sie war die erste Yamaha mit einer Anti-Dive-Gabel; das System war aber nicht ausgereift. 81 PS bei 9000/min, 0–100 km/h in s, 202 km/h, DM 8075,–.

Die XJ 750 F stand stets im Schatten der XJ 900 F: Da sie, wie diese, in der Klasse ab 50 PS versichert wurde, griffen die meisten Interessenten gleich zur baugleichen, aber leistungsstärkeren Maschine.

Die erste XJ 900 trug den Beinamen »Strider«. Die kleine Cockpitverkleidung verursachte aber Fahrwerksunruhen. Beim Motor handelte es sich zunächst um einen aufgebohrten Seca-Vierzylinder mit 853 cm³.

Vor allem für den deutschen Markt entstand die XJ 900 N. Sie wurde aber nur 1985 und 1986 verkauft und hatte den Motor mit 891 cm³. Der Kardantourer war aber als »F« mit Halbschale wesentlich beliebter als ohne.

rung, die alle Atari-Freunde faszinierte. Auch den Testern gefiel´s, im 750er-Vergleichstest Ende 1981 siegte die Seca vor Suzukis Katana, der 750er-Bol d'or von Honda und der Kawasaki Z 750. Dennoch wurde sie in Deutschland relativ rasch durch die XJ 750 F ersetzt. Diese war praktisch baugleich mit der XJ 900 F, wobei letztere mit Anti-Dive vorrollte. Dennoch galt für sie, wie für ihre größere Schwester: Wer sie einmal gefahren hatte, mochte beinahe nicht wieder absteigen, weil aber die hauseigene Konkurrenz durch die XJ 900 so stark war, stand die XJ 750 F nur 1984 bis 1986 in den Schaufenstern.

Die XJ 900 indessen – in der ersten Bauserie 1983 mit der Zusatzbezeichnung »Strider« versehen – entwickelte sich zum Dauerbrenner. Ausgehend von der technischen Plattform der luftgekühlten XJ-650/750-Seca-Modelle entstand ein 244 Kilo schweres Sportmotorrad mit Kardanantrieb und neuem Chassis. Eigentlich ganz handlich, war es die kleine Cockpitverkleidung, die im ersten Jahr zu Fahrwerksproblemen führte und rasch gegen eine rahmenfeste Halbschale ersetzt wurde. Danach waren die Probleme weg, und auch die Zusatzbezeichnung Strider hatte sich verflüchtigt. Außerdem legte Yamaha in Sachen Hubraum nach und vergrößerte für 1985 die Bohrung auf 68,5 Millimeter, was den Hubraum auf 891 cm³ erhöhte. Dazu kamen Änderungen an Vergasern, Abgasanlage und Kolbenbolzen. Die nunmehrige XJ 900 F stand dann ohne größere Modellpflege bis 1994 im Programm, zeitweise auch als nackte »N« mit rundem Scheinwerfer.

Nach Hubraumerhöhung und Modellpflege 1985 änderte sich bei der XJ 900 F nur noch wenig, abgesehen vom Wegfall der Luftunterstützung für Federbeine und Telegabel 1987.

Yamaha XJ 600 S / N Diversion (1991–2003)
Yamaha XJ 900 S Diversion (1994–2003)

Ende 1991 präsentierte Yamaha mit der XJ 600 S Diversion die Nachfolgerin der beliebten XJ 600. Der neue Vierzylinder verfügte, wie der Vorgänger, über zwei obenliegende Nockenwellen, lange Ansaugwege und zwei kleine Ventile pro Zylinder. Verzicht auf technische Raffinesse war auch Kennzeichen des Fahrwerks, bestehend aus einem konventionellen Doppelrohrrahmen mit 38-mm-Gabel ohne Verstellmöglichkeiten und Zentralfederbein ohne Umlenkung: Die XJ 600 S mit serienmäßigem Windschutz war die Vernunft auf Rädern. Zunächst mit 27, 50 oder 61 PS lieferbar, erfolgte 1993 eine erste Modellpflege, die der XJ eine stärkere Schwinge wie auch ein modifiziertes Federbein bescherte. 1994 erweiterte Yamaha die Diversion-Reihe um die unverkleidete XJ 600 N mit Rundscheinwerfer und geänderten Instrumenten. Überdies gab es die bisherigen 27-PS-Modelle jetzt mit 34 PS. Die folgenden Modellpflegemaßnahmen 1996, 1997 und 1998 betrafen dann S- und N-Modelle gleichermaßen.

Die große Diversion im Stil der 600er löste die XJ 900 F ab. Sie erschien 1994. Trotz aller Ähnlichkeiten in Konstruktion und Motortechnik mit dem Vormodell – Achtventil-Vierzylinder, Luftkühlung, Kardanwelle zum Hinterrad – handelte es sich dabei um eine Neuentwicklung, was sich besonders an Rahmen, Fahrwerk und Federelementen zeigte. Der 89 PS starke Motor bot Schub in allen Lebenslagen und ein hohes Maß an Fahrkomfort, über alle Kritik erhaben waren auch die Dreischeiben-Bremsanlage, das Platzangebot sowie die Verkleidung. Kritik entzündete sich allerdings am hohen Gewicht von 273 Kilogramm. Außerdem

Jahr	1980–1984	1981–1984	1984–1991	1982–1984	1982–1984	1984–1986	1983 / 1984
Modell	**XJ 650**	**XJ 550**	**XJ 600**	**XJ 650 Turbo**	**XJ 750 Seca**	**XJ 750 F**	**XJ 900 S / F**
Motor							
Hubraum (cm³)	653	528	599	653	748	749	853
Zylinder	R 4	R 4	R 4	R 4	R 4	R 4	R 4
Bohrung x Hub (mm)	63 x 52,4	57 x 51,8	58,5 x 55,7	63 x 52,4	65 x 56,4	65 x 56,4	67 x 60,5
Arbeitsweise	4-Takt	4-Takt	4-Takt	4-Takt/Turbo	4-Takt	4-Takt	4-Takt
Steuerung	DOHC	DOHC	DOHC	DOHC	DOHC	DOHC	DOHC
Gemischaufbereitung	4 x Hitachi Ø 32	4 x Mikuni Ø 28	4 x Mikuni Ø 32	4 x Mikuni Ø 32, Abgasturbolader Hitachi Ø 38	4 x Mikuni Ø 32	4 x Hitachi Ø 33	4 x Mikuni Ø 35
Ventile/Zylinder	2	2	2	2	2	2	2
Verdichtung	9,2	9,5	10,0	8,5	9,2	9,8	9,6
Kühlung	L	L	L	L	L	L	L
Leistung (kW (PS) / bei U/min)	52 (71) / 9400	37 (50) / 9000	54 (73) / 10.000, auch 37 (50) / 9250	66 (90) / 9000	60 (82) / 9000	64 (87) / 9000	71 (97) / 9000
Max. Drehmoment (Nm / bei U/min)	55,3 / 4200	41,9 / 7500	54/9000, auch 42/5000	81,7 / 7500	67 / 7500	70 / 7000	76,4 / 7500
Batterie	12 V 12 Ah	12 V 12 Ah	12 V 12 Ah	12 V 16 Ah	12 V 14 Ah	12 V 14 Ah	12 V 14 Ah
Generator (Watt)	260	238	238	280	260	260	260
Kraftübertragung							
Anz. Gänge	5	6	6	5	5	5	5
Übersetzung	2,19 / 1,500 / 1,15 / 0,93 / 0,81	2,733 / 1,947 / 1,545 / 1,240 / 1,036 / 0,90	2,733 / 1,947 / 1,545 / 1,240 / 1,036 / 0,900	2,19 / 1,50 / 1,15 / 0,93 / 0,81	2,190 / 1,500 / 1,150 / 0,930 / 0,81	2,187 / 1,500 / 1,153 / 0,933 / 0,612	2,190 / 1,500 / 1,150 / 0,930 / 0,81
Hinterradantrieb	W	K	K	W	W	W	W
Endübersetzung	4,181	2,813	2,588	3,98	4,18	3,973	3,983
Starter	Elektro	Elektro	Elektro	Elektro	Elektro	Elektro	Elektro
Fahrwerk							
Rahmen	SDR	SDR	SDR	SDR	SDR	SDR	SDR
Vorderradfederung	T Ø 36	T Ø 35	T Ø 36	T Ø 36	T Ø 36	T Ø 37	T Ø 37
Hinterradfederung	S	S	ZF	ZF	S	S	S
Federweg vorne (mm)	150	150	150	140	150	150	150
Federweg hinten (mm)	96	100	100	91	96	100	100
Vorderradbremse	DSB Ø 270	DSB Ø 267	DSB Ø 267	DSB Ø 267	DSB Ø 300	DSB Ø 267	DSB Ø 267
Hinterradbremse	TB Ø 200	TB Ø 180	SB Ø 267	SB Ø 200	TB Ø 200	SB Ø 267	SB Ø 267
Vorderradreifen	3.25-19	3.00-19	90/90-18	3.25-19	3.25-19	100/90-18	100/90-18
Hinterradreifen	120/90-18	110/90-18	110/90-18	120/90-18	120/90-18	120/90-18	120/90-18
Allgemeine Daten							
Radstand (mm)	1442	1425	1430	1435	1445	1480	1480
Maße (Länge, mm)	2120	2150	2145	2470	2240	2230	2215
Lenkkopfwinkel (Grad)	62,5	63,5	64	62	60	63	63
Nachlauf (mm)	115	109	106	116	140	114	114
Gewicht (kg)	231	202	212	262	241	245	242
Tankinhalt (l)	20	15	20	18	18	22	22
Beschleunigung (s)	5,5	5,2	4,6	4,9	4,8	4,7	4,1
Höchstgeschw. (km/h)	196	182	198 / 175	196	204	208	211
Preis inkl. MwSt (DM)	7015–7730,-	6130–6890,-	8030–8900,-	12.158–9338,-	8037–8750,-	9900,-	9458–10.280,-
		ab 10/82: Reifenfreigabe 3.25-19	ab 3/88: 27 PS über Drosselblenden				1984: rahmenfeste Verkleidung,

verlor sie bei gar zu sportlichem Einsatz ein wenig von jenem Gleichmut, der ihr mitunter den Spitznamen »Straßenbahn« eingebracht hatte. Das allerdings tat ihrer Beliebtheit keinen Abbruch, die XJ 900 S stand zehn Jahre lang im Programm, ohne einer größeren Modellpflege unterzogen worden zu sein.

Jahr	1985–1994	1991–2003	1994–2003
Modell	XJ 900 F / N	XJ 600 N / S Diversion	XJ 900 S Diversion
Motor			
Hubraum (cm³)	891	599	892
Zylinder	R 4	R 4	R 4
Bohrung x Hub (mm)	68,5 x 60,5	58,5 x 55,7	68,5 x 60,5
Arbeitsweise	4-Takt	4-Takt	4-Takt
Steuerung	DOHC	DOHC	DOHC
Gemischaufbereitung	4 x Mikuni Ø 36	4 x Mikuni Ø 28	4 x Mikuni Ø 34
Ventile/Zylinder	2	2	2
Verdichtung	9,6	10,1	10,0
Kühlung	L	L	L
Leistung (kW (PS) / bei U/min)	72 (98) / 9000	45 (61) / 8500, auch 37 (50) / 8000, auch 25 (34) / 7500	66 (90) / 8250
Max. Drehmoment (Nm / bei U/min)	81,3 / 7000	55 / 700, auch 49, auch 44 / 4000	83,4 / 7000
Batterie	12 V 14 Ah	12 V 8 Ah	12 V 12 Ah
Generator (Watt)	268	280	400
Kraftübertragung			
Anz. Gänge	5	6	5
Übersetzung	2,187 / 1,500 / 1,153 / 0,933 / 0,812	2,733 / 1,333 / 1,778 / 1,047 / 0,913 / 0,821	2,188 / 1,500 / 1,154 / 0,933 / 0,813
Hinterradantrieb	W	K	W
Endübersetzung	3,983	3,0	3,717
Starter	Elektro	Elektro	Elektro
Fahrwerk			
Rahmen	SDR	SDR	SDR
Vorderradfederung	T Ø 37	T Ø 38	T Ø 41
Hinterradfederung	S	ZF	ZF
Federweg vorne (mm)	140	140	140
Federweg hinten (mm)	100	110	110
Vorderradbremse	DSB Ø 267	SB Ø 298	DSB Ø 320
Hinterradbremse	SB Ø 267	SB Ø 245	SB Ø 267
Vorderradreifen	100/90-18	110/80-17	120/70-17
Hinterradreifen	120/90-18	130/70-18	150/70-17
Allgemeine Daten			
Radstand (mm)	1480	1445	1505
Maße (Länge, mm)	2170	2170	2230
Lenkkopfwinkel (Grad)	63	65	63
Nachlauf (mm)	144	97	121
Gewicht (kg)	244 / 242	210 / 213	273
Tankinhalt (l)	22	17	24
Beschleunigung (s)	4,2 / 4,3	4,6 / 5,7 / 7,9	4,2
Höchstgeschw. (km/h)	217 / 201	144 / 167 / 179	207
Preis inkl. MwSt (DM)	10.278–12.200,–	8600–10.560,–	15.290–17.466,–
	ohne Anti-Dive N: unverkleidet. 1991: 68 kW	1994: auch 25 kW. 1998: T Ø 41 mm	

Solide Technik, günstige Anschaffungs- und Unterhaltskosten und tourentauglich obendrein: Die XJ 600 S war ein vorzüglicher Allrounder. 1993 kamen eine neue Schwinge, 1996 eine modifizierte Verkleidung.

Die unverkleidete XJ 600 N (hier von 2000) startete 1994. Einziger Unterschied zur F war das Lenkschloss. Alle Diversion erhielten 1998 vorn schwimmend gelagerte Bremsscheiben und eine 41-mm-Gabel.

Die XJ 900 S bot technisch wenig Neues. Bis zum Ende des Jahrtausends gab es nur eine große Modellpflege, die der Diversion 1996 eine Telegabel mit einstellbarer Federbasis und ein neu abgestimmtes Federbein bescherte.

Sport- und Supersportmotorräder

Yamaha FZR 600 (1988–1994)
Yamaha FZR 600 R (1994–1996)
Yamaha YZF 600 R Thunder Cat (1996–2002)
Yamaha FZS 600 Fazer (1998–2002)
Yamaha YFZ R6 (1999–2002)

Die FZR 600 war keine verkleinerte Genesis, sondern eine eigenständige Entwicklung mit 16V-Motor und Deltabox-Stahlblechchassis. Superhandlich und 91 PS stark, avancierte die FZR zum Maßstab in der Mittelklasse: Beschleunigung und Höchstgeschwindigkeit lagen auf Bigbike-Niveau. Feder- und Dämpferelemente – obwohl nicht optimal abgestimmt – rundeten das positive Bild der neuen Sport-Yamaha ab, um so mehr, als die knapp 210 kg schwere FZR ab 1990 über wirkungsvolle Vierkolbenzangen im 17-Zoll-Vorderrad verfügte. Im Jahr darauf erhielt die FZR eine Deltabox-Schwinge, breitere Felgen, Radialreifen und eine neue Verkleidung mit schmalem DE-Projektions- und Halogenscheinwerfer. Die Änderungen zum Modelljahr 1994 galten in erster Linie den Federelementen an Vorder- und Hinterhand, dazu kamen Motor-Modifikationen, welche die Leistung auf 98 PS bei 11.500/min erhöhten. Auf

Die FZR 600 erschien 1989. Optisch ähnelte sie den Genesis-Modellen FZR 750 und FZR 1000, doch ihr Deltabox-Rahmen bestand aus Stahl. Die Modellpflege vermerkt für 1990 neue Bremsen und Instrumente sowie 1991 neben einer neuen Verkleidung auch einen breiteren Hinterreifen.

Zwischen 1991 und 1993 verfügte die FZR 600 über eine Verkleidung mit DE-Scheinwerfer. Danach kam die Foxeye-Schale für Europa und eine Rückkehr zur den Rundscheinwerfern für die USA.

Für 1994 erhielt die 600er ein neues Fahrwerk, Erkennungszeichen die neue Verkleidung. Die Bezeichnung lautete jetzt FZR 600 R.

Der FZR-Vierzylinder diente als Basis für das Triebwerk der YZF 600 R von 1996.

Der Thunder-Cat-Motor wiederum, seinerseits modifiziert, befeuerte die FZS 600 »Fazer« von 1998.

Die YZF-R6 sollte, zusammen mit der R1, Yamaha wieder an die Spitze des Supersport-Segments bringen. Kompromisslos auf den Rennstreckenbetrieb ausgelegt, war der R6-Motor das erste Viertakt-Großserientriebwerk mit einer Literleistung von 200 PS.

Wunsch lieferten deutsche Händler auch entsprechende 34-PS-Versionen. Die Modellbezeichnung lautete nun »FZR 600 R«.

Ersetzt wurde diese 1996 durch die handliche und durchzugsstarke YZF 600 R. Die technische Basis bildete der grundlegend überarbeitete FZR-Motor mit Ram-Air-Staudrucksystem und Drosselklappensensor. Die Überarbeitung machte sich besonders im unteren und mittleren Drehzahlbereich bemerkbar, die YZF agierte deutlich druckvoller als die Vorgängerin. Eine Klasse für sich war das Fahrwerk – sehr stabil, besonders handlich und vorbildlich ausgewogen. An der bewährt stabilen Deltabox-Schwinge hinten arbeitete ein komplett einstellbares Zentralfederbein mit Monocross-Anlenkung. Auch die Gabel mit 41er Standrohren war neu und in Federvorspannung, Dämpfungszug- und druckstufe justierbar ausgelegt. Die exzellente Bremsanlage mit einteiligen Vierkolben-Bremszangen aus Aluminium-Guss rundete die gelungene Vorstellung der Thunder Cat ab.

Mit deren modifiziertem Motor, aber komplett neuer Optik, neuem Fahrwerk und neuem Namen schickte Yamaha dann 1998 eine neue 600er Fazer ins Rennen. Das hier 70 kW starke Kraftpaket hing in einem stählernen Doppelschleifen-Fahrwerk. Hinten kam eine Aluminium-Kastenschwinge mit Monocross-Hebelsystem und Zentralfederbein zum Einsatz, vorne wirkte eine 41er-Teleskopgabel, die ab 2000 auch in der Vorspannung verstellbar war. Beste Kritiken erhielt die FZS in Handling und Bremsen, auch die erstaunlich wirkungsvolle Halbschalenverkleidung überzeugte. Die wenigen Kritikpunkte wie Sitzposition und Tankinhalt gehörten beim 2000er Modell der Vergangenheit an.

Mit der YZF-R6 brachte Yamaha 1999 einen kompromisslosen Supersportler in der Mittelgewichtsklasse. Die Parameter wie Leistung, Gewicht und Fahrwerksgeometrie waren ebenso klar definiert wie der Einsatzzweck: Die R6 war auf der Rennstrecke bestens aufgehoben.

Jahr	1988–1993	1994–1996	1996–2002	1999–2002	1998–2002
Modell	**FZR 600**	**FZR 600 R**	**YZF 600 R Thundercat**	**YZF-R6**	**FZS 600 Fazer**
Motor					
Hubraum (cm³)	599	599	599	599	599
Zylinder	R 4	R 4	R 4	R 4	R 4
Bohrung x Hub (mm)	59 x 54,8	62 x 49,6	62 x 49,6	65 x 44,5	65 x 44,5
Arbeitsweise	4-Takt	4-Takt	4-Takt	4-Takt	4-Takt
Steuerung	DOHC	DOHC	DOHC	DOHC	DOHC
Gemischaufbereitung	4 x Mikuni Ø 32	4x Keihin Ø 34	4x Keihin Ø 36	4x Keihin Ø 37	4 x Mikuni Ø 33
Ventile/Zylinder	4	4	4	4	4
Verdichtung	12,0	12,0	12,0	12,4	12,4
Kühlung	W	W	W	W	W
Leistung (kW (PS) / bei U/min)	67 (91) / 10.500	72 (98) / 11.500	72 (98) / 11.500	88,2 (120) / 13.000	70 (95) / 11.500, auch 25 (34) / 9500
Max. Drehmoment (Nm / bei U/min)	65,7 / 8500	66 / 9500	66 / 9500	68,1 / 11.500	61,2 / 9500, auch 38,1 / 3500
Batterie	12 V 12 Ah	12 V 10 Ah	12 V 10 Ah	12 V 10 Ah	12 V 10 Ah
Generator (Watt)	322	280	260	260	250
Kraftübertragung					
Anz. Gänge	6	6	6	6	6
Übersetzung	2,800 / 1,955 / 1,550 / 1,333 / 1,192 / 1,111	2,846 / 1,947 / 1,545 / 1,333 / 1,190 / 1,074	2,846 / 1,947 / 1,545 / 1,333 / 1,190 / 1,074	2,846 / 1,947 / 1,556 / 1,333 / 1,190 / 1,083	2,846 / 1,947 / 1,545 / 1,333 / 1,190 / 1,074
Hinterradantrieb	K	K	K	K	Kette
Endübersetzung	3,607	3,133	3,133	3,00	3,20
Starter	Elektro	Elektro	Elektro	Elektro	Elektro
Fahrwerk					
Rahmen	SKR	SKR	SKR	LKR	SDR
Vorderradfederung	T Ø 38	T Ø 41	T Ø 41	T Ø 43	T Ø 41
Hinterradfederung	ZF	ZF	ZF	ZF	ZF
Federweg vorne (mm)	130	130	130	130	120
Federweg hinten (mm)	115, ab 1991: 113	120	120	120	120
Vorderradbremse	DSB Ø 298	DSB Ø 298	DSB Ø 298	DSB Ø 298	DSB Ø 298
Hinterradbremse	SB Ø 245	SB Ø 245	SB Ø 245	SB Ø 220	SB Ø 245
Vorderradreifen	110/70-17	120/60-17	120/60-17	120/60-17	110/70-17
Hinterradreifen	130/70-18 (1991: 140/60-18)	160/60-17	160/60-17	180/55-17	160/60-17
Allgemeine Daten					
Radstand (mm)	1420, ab 1991: 1425	1415	1415	1380	1415
Maße (Länge, mm)	2170	2145	2145	2025	2175 / 2080
Lenkkopfwinkel (Grad)	65	65	65	66	66
Nachlauf (mm)	94	97	97	81	88
Gewicht (kg)	209	214	216	196	218
Tankinhalt (l)	18	19	19	17	20
Beschleunigung (s)	4,2	3,9	3,4	2,7	3,3
Höchstgeschw. (km/h)	227	225	235	257	218
Preis inkl. MwSt (DM)	12.250–13.450,–	15.590,–	16.395,–	16.790–18.900,–	12.695,–

Yamaha FZ 750 Genesis (1984–1994)
Yamaha FZX 750 Fazer (1987–1989)
Yamaha FZR 750 R / OW-01 (1988–1993)

Die erste echte Sport-Yamaha erschien im Spätjahr 1984 und hieß FZ 750 Genesis. Ihr Herzstück war ein neuer Reihenvierzylinder mit Fünfventil-Zylinderköpfen, Flüssigkeitskühlung und Spritzkühlung für die Kolbenböden. Das 100-PS-Aggregat bestach mit hervorragendem Durchzug und hoher Laufkultur. Bestnoten verdiente sich auch der neue Doppelrohr-Rahmen aus kantigem Stahl; lediglich das modische 16-Zoll-Vorderrad machte sich negativ bemerkbar. Für 1986 erhielt die FZ unter anderem einen Bugspoiler sowie schwarz eloxierte Gehäusedeckel; das Fahrverhalten verbesserte ein stabilerer Ruckdämpfer. 1987 folgte eine weitere Modellpflege, welche eine Leistungssteigerung auf 107 PS bei 10 500/min nach sich zog, 1989 folgten erhebliche Fahrwerksmodifikationen mit dem Wechsel auf ein 17-Zoll-Vorderrad und die Vierkolben-Bremsanlage der FZR 1000. Sie blieb bis 1994 im Programm.

Mit der FZX 750 von 1987 präsentierte Yamaha eine verkleinerte Ausgabe der Vmax mit dem anders bedüsten Genesis-Fünfventiler und geänderter Getriebeabstufung. Das 94 PS starke Triebwerk überzeugte ebenso wie das Fahrwerk, doch das Muscle-Bike blieb hierzulande nur eine Randerscheinung.

Die FZR 750 R (Premiere IFMA 1986) als Homologationsmodell für den Superbike-Rennsport kombinierte den 750er

Die FZ 750 gilt als die Urahnin aller Genesis-Fünfventiler. Sie stand auf der IFMA 1984 und wurde zehn Jahre lang verkauft.

Die FZX 750 Fazer hatte den Motor der FZ 750, bot aber wegen der anderen Nockenwellen mehr Drehment in unteren und mittleren Drehzahlbereichen. Das Muscle-Bike wurde nur von 1985 bis 1987 importiert.

Das Basismodell für die Superbike-WM 1988 hieß FZR 750 R. Die verbesserte zweite Generation 1989 erhielt die Bezeichnung OW-01 (Bild). Von beiden wurden jeweils rund 100 Exemplare hierzulande verkauft.

Genesis-Motor mit dem Fahrwerk und dem neuen Deltaboxrahmen – einem Aluminium-Brückenrahmen – der FZR 1000 Genesis. 100 PS bei 10.500/min leistete dieses Kraftpaket in deutscher Ausführung, das maximale Drehmoment von 77 Nm fiel bei 8000 Touren an. Das Fahrwerk verzichtete weitgehend auf edle Rennsport-Komponenten, hochfeinen Öhlins-Komponenten und Nissin-Vierkolbenzangen fanden sich erst bei der Nachfolgerin, der FZ 750 R OW-01 von 1989. Diese indessen war eine vollkommene Neukonstruktion, ihr Motor sollte später in der YZF 750 Verwendung finden, verfeinert um Titan-Pleuel, 38-mm-Vergaser und Exup-Auslasssteuerung. Die edle Renntechnik verdoppelte aber den Preis gegenüber der Vorjahres-FZR-R.

Jahr	**1984–1986**	**1987–1990**	**1991–1994**	**1988**	**1987–1989**	**1989–1993**
Modell	**FZ 750 Genesis**	**FZ 750 Genesis**	**FZ 750**	**FZR 750 R**	**FZX 750**	**FZR 750 R OW-1**
Motor						
Hubraum (cm³)	749	749	749	749	749	749
Zylinder	R4	R4	R 4	R 4	R 4	R 4
Bohrung x Hub (mm)	68 x 51,6	68 x 51,6	68 x 51,6	68 x 51,6	68 x 51,6	72 x 46
Arbeitsweise	4-Takt	4-Takt	4-Takt	4-Takt	4-Takt	4-Takt
Steuerung	DOHC	DOHC	DOHC	DOHC	DOHC	DOHC
Gemischaufbereitung	4 x Mikuni Ø 34	4 x Mikuni Ø 34, ab 1988: Ø 37	4 x Mikuni Ø 37	4 x Mikuni Ø 34	4 x Mikuni Ø 34	4 x Mikuni Ø 38
Ventile/Zylinder	5	5	5	5	5	5
Verdichtung	11,2	11,2	11,2	11,2	11,2	11,4
Kühlung	W	W	W	W	W	W
Leistung (kW (PS) / bei U/min)	74 (100) / 10.500	74 (100) / 10.500	74 (100) / 10.500	74 (100) / 10.500, auch 79 (107) / 10.200	69 (94) / 9500	74 (100) / 11.250
Max. Drehmoment (Nm / bei U/min)	77,6 / 8000	77,7 / 8250	77,5 / 8000	77,5 / 8000, auch 78 / 8250	76,5 /8000	66 / 7750
Batterie	12 V 10 Ah	12 V 14 Ah	12 V 14 Ah	12 V 14 Ah	12 V 14 Ah	12 V 8 Ah
Generator (Watt)	210	440	440	440	440	440
Kraftübertragung						
Anz. Gänge	6	6	6	6	6	6
Übersetzung	2,846 / 2,188 / 1,778 / 1,500 / 1,273 / 1,083	2,846 / 2,187 / 1,777 / 1,500 / 1,272 / 1,083	2,846 / 2,187 / 1,777 / 1,500 / 1,272 / 1,083	k. A.	2,923 / 2,188 / 1,778 / 1,500 / 1,273 / 1,125	2,462 / 1,941 / 1,632 / 1,435 / 1,300 / 1,190
Hinterradantrieb	K	K	K	K	K	K
Endübersetzung	2,75	2,688	2,529	2,529	2,294	2,647
Starter	Elektro	Elektro	Elektro	Elektro	Elektro	Elektro
Fahrwerk						
Rahmen	SKR	SKR	SKR	LKR	SDR	LKR
Vorderradfederung	T Ø 39	T Ø 39	T Ø 39	T Ø 41	T Ø 38	T Ø 43
Hinterradfederung	ZF	ZF	ZF	ZF	S	ZF
Federweg vorne (mm)	140	140	140	130	140	130
Federweg hinten (mm)	120	132	132	130	97	150
Vorderradbremse	DSB Ø 270	DSB Ø 267, ab 1989: 298	DSB Ø 298	DSB Ø 320	DSB Ø 267	DSB Ø 320
Hinterradbremse	SB Ø 270	SB Ø 267	SB Ø 267	SB Ø 267	SB Ø 267	SB Ø 210
Vorderradreifen	120/80-16	120/80-16, ab 1989: 120/70-17	120/70-17	120/70-17	110/90-16	120/70-17, ab 1990: 130/60-17
Hinterradreifen	130/80-18	130/80-18, ab 1989: 140/70-18	140/70-18	160/60-18	140/90-15	170/60-17, ab 1990: 180/55-17
Allgemeine Daten						
Radstand (mm)	1485	1490	1490	1470	1525	1440
Maße (Länge, mm)	2295	2230	2235	2205	2245	2180
Lenkkopfwinkel (Grad)	64,7	64,5	64	65	61	65,5
Nachlauf (mm)	94	92	92	100	114	100
Gewicht (kg)	232	233	229	233	227	210
Tankinhalt (l)	22	21	21	20	13	19
Beschleunigung (s)	3,6	3,8	3,8	4,2	3,5	4,6
Höchstgeschw. (km/h)	230	236	239	233	206	238
Preis inkl. MwSt (DM)	12.788,–	13.190,–	14.415–14.990,–	16.900–17.195,–	12.290–11.325,–	35.900–38.500,–

Yamaha YZF 750 R/SP (1993–1999)
Yamaha YZF-R7 OW-02 (1999)

Die YZF 750 R/SP hat die FZ 750 abgelöst. Mit überarbeitetem Fünfventil-Vierzylinder und Exup-System brachte die Basis offen 118 PS. Das neue Deltabox-Fahrwerk sorgte für Bestnoten in Lenkpräzision, Handling und Zielgenauigkeit, das galt auch für die konkurrenzlos guten Stopper mit Sechskolben-Festsätteln. Die SP-Variante als Basis für den Superbike-Rennsport (und damit OW-01-Ersatz) unterschied sich durch 39er-Flachschiebervergaser, Öhlins-Federelemente und Titanpleuel von der normalen R.

Das Modelljahr 1995 brachte einige Verbesserungen an Vergasern, Wasserkühler, Upside-down-Gabel und ein neues Öhlins-Federbein. Auf die SP folgte ausgangs des Jahrzehnts die YZF-R7 OW-02. Große Stückzahlen sollte diese erst gar nicht bringen, schließlich ging es nur darum, 500 Stück davon

Die YZF 750 SP bildete das Homologationsmodell für den Superbikesport. Unterschiede zur Basis-R fanden sich an Vergasern, Getriebe, Endübersetzung und Bremsen. Sie war außerdem leichter. Die Foxeye-Optik war typisch für Yamahas Sportler Mitte der 1990er Jahre.

Die YZF 750 R erschien 1993. Wie bei der FZ 750 R kamen ein Fünfventil-Motor sowie die Exup-Walzensteuerung, welche drehzahlabhängig den Auslassquerschnitt regulierte, zum Einsatz.

Die YZF-R7 OW-2 löste die SP als Basismodell für den Superbikesport ab. Wie bei der R1 waren die Getriebewellen übereinander platziert. Offiziell gedrosselt auf 106 PS, waren mit Rennkit 138 PS und 276 km/h möglich.

zu bauen, um damit in der Superbike-WM an den Start gehen zu dürfen. Alu-Rahmen, Federelemente von Yamaha-Tochter Öhlins und jede Menge Renntechnik wie Titanventile und Einspritzanlage zeichneten diesen limitierten Production-Racer aus. Von der Stange brachte er allerdings nicht mehr als 110 PS, Jörg Teucherts Team Alpha Technik mobilisierte 178 PS bei 14.000/min.

Jahr	1993–1999	1999
Modell	YZF 750 R (SP)	YZF-R7 OW-02
Motor		
Hubraum (cm³)	749	749
Zylinder	R 4	R 4
Bohrung x Hub (mm)	72 x 46	72 x 46
Arbeitsweise	4-Takt	4-Takt
Steuerung	DOHC	DOHC
Gemischaufbereitung	4 x Mikuni Ø 38, SP: Ø 39	Einspritzung EFI
Ventile/Zylinder	5	6
Verdichtung	11,5	11,4
Kühlung	W	W
Leistung (kW (PS) / bei U/min)	72 (98) / 11.000	78 (106) 11.000
Max. Drehmoment (Nm / bei U/min)	69,6 / 9500	72,1 / 9000
Batterie	12 V 10 Ah	12 V 8 Ah
Generator (Watt)	400	310
Kraftübertragung		
Anz. Gänge	6	6
Übersetzung	2,571 / 1,941 / 1,556 / 1,368 / 1,217 / 1,083 (2,462 / 1,941 / 1,632 / 1,435 / 1,300 / 1,190)	2,235 / 1,895 / 1,667 / 1,435 / 1,292 / 1,174
Hinterradantrieb	K	K
Endübersetzung	2,688 (2,438)	2,529
Starter	Elektro	Elektro
Fahrwerk		
Rahmen	LKR	LKR
Vorderradfederung	USD Ø 41	USD Ø 41
Hinterradfederung	ZF	ZF
Federweg vorne (mm)	120	120
Federweg hinten (mm)	130	130
Vorderradbremse	DSB Ø 320	DSB Ø 320
Hinterradbremse	SB Ø 245	SB Ø 245
Vorderradreifen	120/70-17	120/70-17
Hinterradreifen	180/55-17	180/55-17
Allgemeine Daten		
Radstand (mm)	1420	1400
Maße (Länge, mm)	2160	2060
Lenkkopfwinkel (Grad)	66	67,3
Nachlauf (mm)	109	95
Gewicht (kg)	221 (218)	199
Tankinhalt (l)	19	24
Beschleunigung (s)	3,8	k. A.
Höchstgeschw. (km/h)	222	229
Preis inkl. MwSt (DM)	19.320,–, SP: 24.690,–	49.990,–
	1995: Neue Vergaser	Auch mit 102 kW (139 PS), dann: 0–100 km/h: 2,8 s, Vmax 278 km/h

Yamaha FZR 1000 Genesis (1987–1996) Yamaha YZF 1000 R Thunder Ace (1996–2002)

Zwei Jahre nach der ersten FZ 750 war die FZR 1000 mit Aluminium-Deltabox-Rahmen erschienen. Rahmenheck und Unterzüge allerdings bestanden aus Stahl, was später zu erheblichen Problemen führen sollte: Die Leistung von offen 135 PS, die dem weiter entwickelten FZR-750-Triebwerk entlockt wurde, überforderte bei Topspeed das Chassis. Rühmliche Ausnahme waren die Bremsen. Die vordere Doppelscheibenbremse mit 320 mm und Vierkolbenzangen bot sensationell gute Verzögerungswerte und hielt den 229 kg leichten Supersportler sicher auf Kurs. Die zwischen 1989 und 1994 gebaute FZR 1000 mit neuem Rahmen und einem auf 1002 cm³ vergrößerten, mittragenden Motor überzeugte dagegen auf ganzer Linie, um so mehr in der Ausführung nach 1991 mit Upside-

Der Rahmen der Ur-Genesis des Jahres 1987 bestand aus einem Leichtmetall-Brückenrahmen mit geschraubten Rahmenunterzügen, bei dem die Lenkkopf- mit der Schwingenaufnahme verbunden war.

Die im Hubraum leicht vergrößerte FZR 1000 von 1989 – interne Bezeichnung 3LE 2 – mit Exup-Auspuffklappensystem verfügte über ein Leichtmetall-Chassis und 144 PS.

Die FZR 1000 des Modelljahres 1991 hatte eine Upside-down-Gabel, eine andere Lenkgeometrie sowie Ellipsoid-Scheinwerfer.

down-Gabel. Vor allem optisch 1994 ein weiteres Mal überarbeitet – Verkleidung im damals typischen »Foxeye-Design« – und dank Exup-Auslasssteuerung deutlich durchzugsstärker bei mittleren Drehzahlen, wurde die Genesis 1996 schließlich durch die Thunder Ace abgelöst.

Die Genesis-Nachfolgerin hieß offiziell »YZF 1000 R« und gehörte zu den alltagsfreundlichsten Supersportlern der Dekade. Mit dem neuen, 16 kg leichteren Alu-Brückenrahmen und dem stark überarbeiteten FZR-1000-Antrieb – Kurbelwelle, Kolben, Motormanagement und Getriebe waren renoviert – umrundete die durchzugmächtige Thunder Ace souverän Kurven aller Art und ließ sich auch von Bodenwellen nicht aus der Ruhe bringen. Punkten konnte die neue Yamaha überdies mit der neuen Verkleidung (sensationell: der c_W-Wert von 0,29) und der Bremsanlage mit 298er-Bremsscheiben.

Die Pressevorstellung der YZF 1000 R Thunder Ace erfolgte im Januar 1996 in Südafrika. Ungedrosselt 145 PS stark, hatte sie, so der Test, Leistung im Überfluss: »Fein fühlt sich das an. Würdig und wertig.«

Yamaha YZF-R1 (1998–2001)

Seit dem 15. September 1997 ticken im Supersport-Segment die Uhren anders. Was die Japaner an jenem Tag in Mailand enthüllten, war aufregender, stärker und kompromissloser als jedes andere Straßenmotorrad, das bislang die Fließbänder irgendeines Großserienherstellers verlassen hatte: Die YZF-R1 setzte Maßstäbe in Motorleistung, Gewicht und Abmessungen. Herzstück war ein völlig neu konstruierter Motor, der mit 65,3 Kilogramm um 9,5 Kilogramm leichter und um 81 mm kürzer ausfiel als der in dieser Beziehung ohnehin nicht schlechte Thunder-Ace-Triebsatz. Im Zylinderkopf werkelten insgesamt 20 Ventile, doch kein Bauteil stammte von Genesis und Co: Ventile, Brennraum, Absaugkanäle – alles frisch und von den Yamaha-Technikern durch eine Nockenwellenabdeckung aus Magnesium gekrönt. Wer tiefer in das Motorgehäuse abtauchte, entdeckte integrierte Zylinder mit patentierter Elektrobeschichtung aus Keramik auf den Alulaufbahnen, Schmiedekolben und leichte, besonders vergütete Pleuel. Das Sechsganggetriebe geriet ungewöhnlich kompakt, denn die beiden Getriebewellen lagen übereinander. Weil der steife Motorblock mit der einteilig gegossenen Gehäuse-Zylindereinheit wesentlich stärker als tragendes Fahrwerkselement genutzt werden konnte, fielen die oberen Motorhalterungen am neuen Deltabox-II-Alurahmen sehr massiv aus. Vorn lief die R1 mit einem Radialpneu der Dimension 120/70-ZR17, hinten brachte ein Metzeler-Gummi in Übergröße 190/50-ZR17 die Kraft der 150 PS auf den Asphalt: Keine Serien-Yamaha lebte auf größerem Fuß. Und keine verzögerte besser: In die beiden schwimmend gelagerten,

Die YZF-R1 war Yamahas Antwort auf Hondas Fireblade. Sie setzte neue Maßstäbe in Sachen Leichtbau und Leistungsentfaltung. In der ersten, bis 2000 gebauten Ausführung trafen 150 PS auf 202 kg Gewicht.

vorderen Bremsscheiben mit 298 mm Durchmesser bissen einteilig gegossene Vierkolben-Bremszangen, die schlichtweg sensationelle Verzögerungswerte erlaubten. 21.490 Mark kostete Yamahas neues Supersport-Flaggschiff, das dann, mehr oder minder im Zwei-Jahres-Turnus, aufgefrischt wurde. Im neuen Jahrzehnt führte an einer R1 im Supersport-Segment kein Weg vorbei.

Yamaha GTS 1000 (1993–1999)

Der Zwanzigventil-Motor der FZR 1000 befeuerte auch die GTS 1000 von 1993. Überarbeitet an Nockenwellen, Kolben, Krümmern und Ansaugwegen, hing dieser in einem Hauptrahmen aus Alu-Gussprofilen. Die Gemischbildung war Sache einer Einspritzanlage, ein Katalysator Serie. Paradestück der GTS war aber die Achsschenkellenkung, die der neuen

Der Sport-Tourer GTS 1000 besaß als erstes Großserienmotorrad der Welt ein achsschenkelgelenktes Fahrwerk. Außerdem, auch das neu im japanischen Motorradbau, war ein Dreiwege-Katalysator mit an Bord sowie, zunächst optional und gegen 2200 Mark Aufpreis, ein ABS-System.

Tourenmaschine auf gut ausgebauten Landstraßen und Autobahnen überragende Fahrwerks-Qualitäten sicherte. In engen Serpentinen tat sich das 282 kg schwere Technikwunder natürlich schwerer, was nicht nur an Gewicht und Lenkgeometrie, sondern auch an den überbreiten Serienreifen lag. Nach 1996 als GTS 1000 A mit ABS verkauft, tauchte die Yamaha mit Achsschenkellenkung zuletzt 1999 in den Preislisten auf.

Jahr	1987–1988	1989–1993	1994–1996	1996–2002	1998–2001	1993–1999
Modell	**FZR 1000 Genesis**	**FZR 1000**	**FZR 1000**	**YZF 1000 R Thunderace**	**YZF-R1**	**GTS 1000 / A**
Motor						
Hubraum (cm³)	989	1002	1002	1002	998	1002
Zylinder	R 4	R 4	R 4	R 4	R 4	R 4
Bohrung x Hub (mm)	75 x 56	75,5 x 56	75,5 x 56	75,5 x 56	74 x 58	75,5 x 56
Arbeitsweise	4-Takt	4-Takt	4-Takt	4-Takt	4-Takt	4-Takt
Steuerung	DOHC	DOHC	DOHC	DOHC	DOHC	DOHC
Gemischaufbereitung	4 x Mikuni Ø 37	4 x Mikuni Ø 38	4 x Mikuni Ø 38	4 x Mikuni Ø 38	4 x Mikuni Ø 40	Kraftstoff-Einspritzung Nippon-Denso, G-Kat
Ventile/Zylinder	5	5	5	5	5	5
Verdichtung	11,2	12,0	12,0	11,5	11,8	10,8
Kühlung	W	W	W	W	W	W
Leistung (kW (PS) / bei U/min)	74 (100) / 9500	74 (100) / 9500	74 (100) / 9500	72 (98) / 9500	72 (98) / 10.000, auch 110 (150) / 10.000	72 (98) / 9500
Max. Drehmoment (Nm / bei U/min)	86,3 / 4500	88,3 / 5250	89,3 / 5250	91,3 / 5000	91,3 / 4500, auch 108 / 8500	101,8 / 6500
Batterie	12 V 14 Ah	12 V 12 Ah	12 V 12 Ah	12 V 12 Ah	12 V 10 Ah	12 V 12 Ah
Generator (Watt)	440	440	440	410	325	400
Kraftübertragung						
Anz. Gänge	5	5	5	5	6	5
Übersetzung	2,571 / 1,778 / 1,381 / 1,178 / 1,037	2,571 / 1,778 / 1,381 / 1,174 / 1,037	2,571 / 1,778 / 1,381 / 1,174 / 1,037	2,571 / 1,778 / 1,381 / 1,174 / 1,037	2,600 / 1,842 / 1,500 / 1,333 / 1,200 / 1,115	2,571 / 1,778 / 1,381 / 1,174 / 1,037
Hinterradantrieb	K	K	K	K	K	K
Endübersetzung	2,875	2,765	2,765	2,765	2,688	2,765
Starter	Elektro	Elektro	Elektro	Elektro	Elektro	Elektro
Fahrwerk						
Rahmen	LKR	LKR	LKR	LKR	LKR	LKR
Vorderradfederung	T Ø 41	T Ø 43, ab 1991: USD Ø 41	USD Ø 41	T Ø 48	USD Ø 41	Achsschenkel mit Federbein
Hinterradfederung	ZF	ZF	ZF	ZF	ZF	ZF
Federweg vorne (mm)	130	120	120	120	135	116
Federweg hinten (mm)	130	130	130	120	130	130
Vorderradbremse	DSB Ø 320	DSB Ø 320	DSB Ø 320	DSB Ø 298	DSB Ø 298	ABS, SB Ø 330
Hinterradbremse	SB Ø 267	SB Ø 267	SB Ø 267	SB Ø 245	SB Ø 245	SB Ø 282
Vorderradreifen	120/70-17	130/60-17	130/60-17	120/70-17	120/70-17	130/60-17
Hinterradreifen	160/60-18	170/60-17	170/60-17	180/550-17	190-50-17	170/60-17
Allgemeine Daten						
Radstand (mm)	1470	1460	1470	1430	1395	1495
Maße (Länge, mm)	2205	2200	2205	2170	2095	2220
Lenkkopfwinkel (Grad)	64,5	63,25	64	66	66	66
Nachlauf (mm)	96	110	108	97	92	100
Gewicht (kg)	229	242	235	235	202	279
Tankinhalt (l)	20	19	19	20	18	20
Beschleunigung (s)	3,8	3,7	3,7	3,5	3,2	3,8
Höchstgeschw. (km/h)	231	231	240	236	270	216
Preis inkl. MwSt (DM)	15.290–17.195,–	17.310–18.950,–	20.980,–	18.990–19.980,–	21.490–23.290,–	22.760; A: 24.860,–

5 Yamaha Vs

Yamaha XV 250 Virago (1994–1999)
Yamaha XV 125 Virago (1996–2002)

Nach dem Muster der erfolgreichen XV 535 bot der deutsche Yamaha-Importeur zum Modelljahr 1994 mit der XV 250 ein entsprechend geformtes Modell in der Einsteiger-Kategorie an. Von der stärkeren XV 535 war sie praktisch nicht zu unterscheiden, hatte allerdings eine Kette zum Hinterrad. Der fahrtwindgekühlte V2-Viertakter saß in einem ebenfalls von der XV 535 stammenden Fahrwerk, der Doppelschleifenrahmen verfügte über eine Vorderradgabel mit 140 mm Federweg und zwei klassischen Federbeinen hinten mit 100 mm Federweg. Die Bremsanlage – vordere Bremsscheibe, hintere Trommelbremse – war etwas schwächer dimensioniert als bei der 535er. Es gab sie auch in Zweifarbenlackierung, ebenso wie die zur IFMA 1996 eingeführte XV 125. Das Chassis mit den beiden hinteren Federbeinen war nahezu baugleich, auch Sitzhöhe und Trockengewicht (685 mm beziehungsweise 139 kg) waren identisch. Bis zur Jahrtausendwende war die kleinste aller Viragos das meistverkaufte Motorrad in ihrer Klasse.

Die XV 250 S wurde 1994 eingeführt. Wie bei der Virago-Baureihe üblich, gab es auch diese mit hohem und, wie hier, flachem Lenker.

Yamaha XV 500 SE (1984–1987)

Die XV 500 SE war die Halbliter-Ausführung der schon seit 1981 weltweit verkauften XV 750 SE. Verdichtet mit 9,3:1, leistete die in Europa Ende 1983 lieferbare Halbliter-Special 49 PS bei 8000/min; das Drehmoment-Maximum von 44 Nm lag bei 7000 Touren an. Das Fahrwerk übernahm die Halbliter-XV von der größeren 750er mit Cantilever-Schwinge hinten und Kardanantrieb. Trocken brachte sie 173 Kilogramm auf die Waage, mit gefülltem 11,4 Liter Tank lag das Leergewicht bei gut beherrschbaren 190 Kilogramm. Ohne größere Änderungen blieb die XV 500 bis 1987 im Programm. Ihre Nachfolge trat die XV 535 an.

1996 stieß die XV 125 zur Virago-Familie. Für Vortrieb sorgte ein luftgekühlter V-Motor. 10 PS bei 8000/min, 93 km/h, DM 6990,–.

Selten gesehen: Yamahas XV 500 SE blieb in Deutschland praktisch unbekannt. In Japan lief sie als XV 400.

Über zehn Jahre lang war die XV 535 Deutschlands meistverkaufter Chopper. Es gab sie auch in zweifarbiger Luxus-Ausführung »S«.

1997 brachte Yamaha parallel zur XV 535 Virago die XVS 650 Drag Star an den Start. Angeboten wurde sie mit 34 wie auch mit 40 PS.

Yamaha XV 535 (1988–2003)

Mit der XV 535 von 1988 kamen die Yamaha-Chopper auch in der Halbliter-Klasse ins Rollen: Die Kombination aus V2-Triebwerk und wartungsarmem Kardan-Antrieb wurde auf Anhieb zu einem Erfolg, zur gelungenen Optik gesellten sich handfeste Vorteile wie niedriges Gewicht (188 kg), eine gelungene Sitzposition (72 cm Sitzhöhe) und gute Handlichkeit. Der Tank saß zunächst unter der Sitzbank und fasste lediglich 8,6 Liter, im Folgejahr wurde ein zusätzlicher, knapp fünf Liter großer Zusatzbehälter installiert. Weitere wichtige Änderungen betrafen die Sitzbank. Kennzeichen des 89er-Jahrgangs waren die geschlitzte, 298 mm große Scheibe im Vorderrad sowie der Chromschmuck an den Zylinderköpfen. Ende 1993 erschien mit der XV 535 SP eine zweifarbig lackierte Luxusversion mit besser gepolsterter Sitzbank und mehr Chrombehang. Von Anfang an war die XV mit 27 wie auch 46 PS lieferbar; die Drosselung erfolgte über andere Nockenwellen. Ab 1994 gab es die XV auch mit 34 PS. Zum Modelljahr 1998 mutierte die S zur DX mit Doppelkolben-Bremszange und einer Leistung von nunmehr 44 PS, in dieser Form stand sie bis 2003 im Yamaha-Lieferprogramm. Zum meistverkauften Chopper ihrer Zeit wurde die XV 535, so die Zeitschrift *Motorradfahrer* 1994, wegen ihrer »großen Alltagstauglichkeit, verbunden mit einem gelungenen Styling und einem vernünftigen Preis«.

Yamaha XVS 650 Drag Star (1996–2002)

Die XVS 650 Drag Star schloss die Lücke zwischen XV 535 und Royal Star. Ihr luftgekühlter V2 basierte auf dem 535er Motor; der Sekundärantrieb erfolgte, wie gehabt, per Kardanwelle; diese war jetzt verchromt und lief offen. Der Verzicht auf

Die Drag Star Classic erschien 1998. Die Anbauteile erhöhten das Gewicht um 14 kg bei gleicher Motorleistung. Die Classic kostete DM 13.790,– und damit 1400 Mark mehr als die normale Star.

ein entsprechendes Gehäuse erlaubte die Montage eines besonders breiten Hinterreifens. Weitere Unterschiede zu den bisherigen Virago-Modellen bestanden im neuen Doppelschleifen-Rohrrahmen und der geänderten Lenkgeometrie. Natürlich hatte die XVS keinen Starrahmen, auch wenn es so aussah, sondern eine solide geführte Hinterhand mit Monocross-System, dessen Federvorspannung sich ganz einfach auf den Ein- oder Zwei-Personen-Betrieb einstellen ließ. In Form der XVS 650 A »Classic« erschien 1998 dann eine wertig gemachte Luxusversion mit viel Chrom, mehr Blech und 16-Zoll-Vorderrad (Basis: 19“). Das Classic-Paket kostete 1400 Mark Aufpreis.

Jahr	1996–2002	1994–1999	1984–1987	1988–2003	1996–2002
Modell	XV 125 Virago	XV 250 S / Virago	XV 500 / SE	XV 535 S / DX Virago	XVS 650 Drag Star / Classic
Motor					
Hubraum (cm³)	124	249	494	535	649
Zylinder	60° V 2	60° V 2	70° V 2	70° V 2	70° V 2
Bohrung x Hub (mm)	41 x 47	49 x 66	73 x 59	76 x 59	81 x 63
Arbeitsweise	4-Takt	4-Takt	4-Takt	4-Takt	4-Takt
Steuerung	OHC	OHC	OHC	OHC	OHC
Gemischaufbereitung	1 x Mikuni Ø 26	1 x Mikuni Ø 26	2 x Mikuni Ø 34	2 x Mikuni Ø 28, ab 1991 Ø 34	1 x Mikuni Ø 28
Ventile/Zylinder	2	2	2	2	2
Verdichtung	10,2	10,0	9,3	9,1	9,0
Kühlung	L	L	L	L	L
Leistung (kW (PS) / bei U/min)	7,6 (10,3), auch 8,4 (11,4) / 8000	13 (17) / 7000, auch 16 (22) / 8000	36 (49) / 8200	20 (27) / 6000, auch 34 (46) / 7500	29,4 (40), auch 25 (34) bei 6500
Max. Drehmoment (Nm / bei U/min)	9,1 / 8000, 9,4 / 8500	19,5 / 5000	43 / 7000	41,2 / 3000, auch 47 / 6000	50,9, auch 50,3 / 3000
Batterie	12 V 10 Ah	12 V 10 Ah	12 V 12 Ah	12 V 12 Ah	12 V 10 Ah
Generator (Watt)	350	315	280	280	280
Kraftübertragung					
Anz. Gänge	5	5	5	5	5
Übersetzung	2,643 / 1,684 / 1,261 / 1,00 / 0,821	2,643 / 1,684 / 1,261 / 1,00 / 0,821	2,353 / 1,667 / 1,286 / 1,032 / 0,909	2,714 / 1,900 / 1.458 / 1,166 / 0,966	2,714 / 1,900 / 1,458 / 1,167 / 0,967
Hinterradantrieb	K	K	W	W	W
Endübersetzung	3,615	2,813	3,071	3,071	3,071
Starter	Elektro	Elektro	Elektro	Elektro	Elektro
Fahrwerk					
Rahmen	SDR	SDR	PSR	PSR	SDR
Vorderradfederung	T Ø 35	T Ø 35	T Ø 36	T Ø 36	T Ø 41
Hinterradfederung	S	S	S	S	ZF
Federweg vorne (mm)	140	140	150	150	140
Federweg hinten (mm)	100	100	100	85	86; 98
Vorderradbremse	SB Ø 282	SB Ø 282	SB Ø 298	SB Ø 298	SB Ø 298
Hinterradbremse	TB Ø 130	TB Ø 130	TB Ø 180	TB Ø 160, ab 1991: Ø 200	TB Ø 200
Vorderradreifen	3.00-18	100-18	3.00-19	3.00-19	100/90-19; 130/90-16
Hinterradreifen	130/90-15	130/90-15	130/90-16	140/90-15	170/80-15
Allgemeine Daten					
Radstand (mm)	1495	1495	1410	1520	1610; 1625
Maße (Länge, mm)	2190	2220	2170	2285	2340; 2450
Lenkkopfwinkel (Grad)	58	58	61,5	58,5	55
Nachlauf (mm)	120	120	125	125	153; 145
Gewicht (kg)	147	155	190	203,6	227; 243
Tankinhalt (l)	9,5	9,5	13,6	8,5, ab 1989: 13,5	16
Beschleunigung (s)	k. A.	22,4, auch 12,1	6,5	11,1, auch 8,6	7,3; 7,5
Höchstgeschw. (km/h)	93	111, auch 120	152	128, 148	140 / 145
Preis inkl. MwSt (DM)	6890,–	5780–8190,–	6210–7220,–	7795–10.750,–	11.990–14.300,–
				ab 1994: 25 kW (34 PS), ab 1998: 33 kW (44 PS)	

Yamaha TR-1 (1980–1983)

Wenn in den Entwicklungsbüros ein neuer Motorradmotor entwickelt wird, dann ist er von Anfang an so angelegt, dass die Grundkonstruktion mit überschaubarem Aufwand abgewandelt werden kann. Ein Paradebeispiel dafür sind die V2-Motoren von Yamaha. Deren Geschichte beginnt auf der IFMA 1980, als mit der TR-1 Yamaha als erster japanischer Hersteller einen V2-Motor für den Weltmarkt präsentierte. Sie sollte zum sportlichen Aushängeschild der Marke in der Einliter-Klasse werden und war der Star in jener Motorradsaison. Man hat sie euphorisch empfangen, die Presse kürte sie »zum Prototypen einer modernen Reisemaschine« und sprach nur von einigen kleinen Schwächen, die das gelungene Gesamtpaket aber nicht beeinträchtigten. Nun, es handelte sich, wie die Zeit erwies, um mehr als nur kleine Macken, und dann waren da noch die ausgesprochen mutige Optik mit missglücktem Heckabschluss, keine 1000 Kubikzentimeter Hubraum und nur 70 PS – und in der Hoch-Zeit des Leistungswettrüstens war eine Höchstgeschwindigkeit von 175 km/h schlichtweg zu wenig, zumal der Erscheinungszeitpunkt denkbar ungünstig lag.

Die TR-1 (»Twin Road«, in Japan hieß sie XV 1000) debütierte im September 1980, zusammen mit der XV 750. Anders aber als bei der hubraumschwächeren Maschine erfolgte die Kraftübertragung zum Hinterrad über eine Kette. Um den Wartungsaufwand zu reduzieren, hatte man diese aber in einen Kettenkasten gepackt.

Jahr	1981–1983
Modell	TR 1
Motor	
Hubraum (cm³)	981
Zylinder	75° V 2
Bohrung x Hub (mm)	95 x 69,2
Arbeitsweise	4-Takt
Steuerung	OHC
Gemischaufbereitung	2 x Hitachi Ø 40
Ventile/Zylinder	2
Verdichtung	8,3
Kühlung	L
Leistung (kW (PS) / bei U/min)	52 (71) / 6500
Max. Drehmoment (Nm / bei U/min)	81 / 5500
Batterie	12 V 20 Ah
Generator (Watt)	220
Kraftübertragung	
Anz. Gänge	5
Übersetzung	2,253 / 1,667 / 1,286 / 1,032 / 0,909
Hinterradantrieb	K
Endübersetzung	3,029
Starter	Elektro
Fahrwerk	
Rahmen	PSR
Vorderradfederung	T Ø 36
Hinterradfederung	ZF
Federweg vorne (mm)	150
Federweg hinten (mm)	105
Vorderradbremse	DSB Ø 270
Hinterradbremse	TB Ø 170
Vorderradreifen	3.25-19
Hinterradreifen	120/90-18
Allgemeine Daten	
Radstand (mm)	1540
Maße (Länge, mm)	2300
Lenkkopfwinkel (Grad)	64,7
Nachlauf (mm)	126
Gewicht (kg)	260
Tankinhalt (l)	19
Beschleunigung (s)	5,1
Höchstgeschw. (km/h)	175
Preis inkl. MwSt (DM)	8878–8031,–

Yamaha XV 750 Special / SE (1981–1983)
Yamaha XV 750 Virago (1992–1997)

Der TR-1 folgte, ein Jahr später, die XV 750. Anders als die Straßenmaschine hatte sie aber kein Kette, sondern eine Kardanwelle zum Hinterrad. Typisch für die erste Generation an V-Modellen war der mittragende, achtfach mit dem Rahmen verschraubte Motor. Das Fahrgestell bestand aus Stahlblech-Pressteilen, war hohl und diente zugleich auch als Ansaugsystem für die beiden Hitachi-Gleichdruckvergaser. Markantestes Merkmal des neuen Fahrwerks war die Cantilever-Schwinge. Dabei stützte sich ein steifer Dreiecksverband aus Rechteckrohren gegen ein vielfach verstellbares Zentralfederbein unter dem Tank ab. Hinzu kam eine stufenlos vorspannbare Luftfederung. Die Teleskopgabel mit 36er-Standrohren war ebenfalls luftunterstützt. Insgesamt galt dieses Chassis als eines der besten in jener Zeit, die sehr schmale und handliche Maschine bot viel Schräglagenfreiheit. Offen leistete die XV 61 PS, die Drosselung auf 50 PS erfolgte aufwändig über zahmere Nockenwellen. Die Höchstgeschwindigkeit lag bei knapp 165 km/h. Der beste japanische Softchopper stand nur drei Jahre lang im deutschen Programm; ihm folgte die XV 1000 SE Midnight Special.

Die Chopper-Mittelklasse besetzte Yamaha 1992 dann erneut mit einer XV 750 Virago. Abgesehen vom Motor – bei dem es sich im Grunde genommen um den V2 der alten SE handelte – war sie nahezu baugleich mit der XV 1100. International 57 PS bei 7000/min stark, konnte sie über simple Reduzierhülsen im Auspuff auch auf 50 und 27 PS gedrosselt werden. Wie jede Virago überzeugte auch die XV 750 durch ein überraschend hohes Maß an Alltagstauglichkeit und eine hohe Zuladung von 244 Kilogramm. Die Modellpflege erfolgte parallel zu den größeren Modellen.

Die XV 750 Virago mit ihrem 75-Grad-V2 wurde 1992 wieder nach Deutschland importiert. Der Kardan-Chopper unterschied sich vor allem optisch von der Erstauflage. Mit DM 12.980,– war sie rund 1800 Mark günstiger als die XV 1100 Virago.

Yamahas XV 750 SE bot, neben einer ansprechenden Optik, ein hohes Maß an Alltagstauglichkeit samt entspannter Sitzposition. Der wartungsarme und nahezu lastwechselfreie Kardanantrieb gehörte zu den weiteren Vorzügen des drehmomentstarken Choppers.

Yamaha XV 1000 SE Midnight Special (1982–1985)
Yamaha XV 1000 Virago (1986–1989)
Yamaha XV 1100 Virago (1990–1999)

Die in anderen Märkten schon länger mit dem Zusatz »Virago« lieferbare Kombination aus TR1-Motor und XV-750-Special-Fahrwerk erschien zur IFMA 1982. Das neue Motorrad wurde in zurückhaltendem Schwarz mit goldfarbenen Akzenten herausgeputzt. Die elegante XV 1000 SE verzichtete auf den bislang üblichen Chromschmuck und wirkte viel authentischer als alles, was bislang aus Japan im Harley-Style aus den Übersee-Containern gepurzelt war. Das immerhin 240 kg schwere Motorrad erleichterte durch seine niedrige Sitzhöhe auch kleiner gewachsenen Fahrern das Handling im Stadtverkehr. Kardanantrieb und 14-Liter-Tank erlaubten sogar größere Reisen, wobei im Testbetrieb rund 6,3 Liter durch die Vergaserschlünde flossen. Ihre Nachfolge trat 1986 die neue Virago an. Technisch eng verwandt mit dem Vormodell, leistete die neue XV 1000 nur noch 64 PS, was an den aktuellen Emissionsstandards lag. Dennoch entstand im Fahrbetrieb nie der Eindruck, untermotorisiert zu sein. Der mühelos hochdrehende Motor legte vom Leerlauf bis zur Höchstdrehzahl gleichmäßig und kraftvoll zu, auch jenseits der 150-km/h-Marke wurden die Arme noch merklich länger. Mit aufrecht sitzendem Fahrer waren gut und gerne 170 km/h drin, doch freiwillig nahm das niemand längere Zeit auf sich – die choppertypische Sitzposition forderte ihren Tribut. Obwohl mit 237 Kilogramm recht füllig geraten, ließ sich die Virago sicher durch die Kurven zirkeln, die Richtungsstabilität war dank einer geänderten Lenkgeometrie noch besser: Die Gabel – jetzt mit 38-mm-Standrohren – stand flacher, und anstelle des Cantilever-Systems führte den hinteren 15-Zöller nun eine konventionelle Zweiarm-Schwinge. Die Federbeine konnten vierfach in Vorspannung und Dämpfung justiert werden und boten 100 Millimeter Federweg. Die meisten Tester empfanden sie aber als zu hart und zu unkomfortabel.

Um den Anschluss an die hubraumstärkere Konkurrenz nicht zu verlieren – tonangebend in dieser Beziehung waren Suzuki mit der VS 1400 und Kawasaki mit der VN-15 – bohrte Yamaha die Virago auf und versah sie mit einer anderen Kurbelwelle. Am Fahrwerk wie auch an der Lenkgeometrie änderte sich nichts. Auch die Optik der nunmehrigen XV 1100 wurde nur leicht retuschiert, es gab einen größeren Tank, mehr Chrom und lackierte Schutzbleche. Die XV 1100 stand bis 1999 im Programm, die Modellpflege brachte u.a. den Wechsel von Guss- auf Speichenräder, bessere Bremsen und eine optionale Zweifarbenlackierung (1994) sowie neue Auspuffrohre und voll gekapselte Federbeine 1996.

Die »Midnight Special« XV 1000 SE kombinierte den TR-1-Motor mit der Optik der XV 750 SE. Im Chopper-Vergleichstest 1983 verwies sie Hondas VF 1100 C und Kawasakis Z 1000 LTD klar auf die Plätze.

Die XV 1000 Virago mit ihrem Goldschmuck war trotz ihres Gewichts sehr handlich , musste aber in schnellen Kurven mit Nachdruck auf Kurs gehalten werden.

Wer einen alltagstauglichen Chopper suchte, landete zwangsläufig bei der XV 1100. 62 PS bei 6000/min, 0–100 km/h in 5,3 s, 168 km/h, DM 12.870,–.

Yamaha XVS 1100 Drag Star (1999–2002)

Kurz vor der Jahrtausendwende erschien dann, als letzte Ausprägung des alten V2-Konzepts, die XVS 1100 Drag Star. Sie kombinierte die Technik der Virago mit der Optik der kleineren Star-Reihe. Während es sich beim Motor um eine stark überarbeitete Version des bekannten 1100er-Triebwerks aus der XV Virago handelte, war das Chassis im Starrrahmen-Look und dem unter dem Motor angelenkten Federbein komplett neu. Für einen Cruiser fuhr sich die große Drag Star handlich. Stabiler Geradeauslauf bei Topspeed (und der lag bei knapp 175 km/h), eine saubere, präzise Kurvenlage mit geringer Aufstellneigung beim Bremsen in Schräglage und gut abgestimmte Federelemente – kaum überraschend also, dass der XVS 1100 zum Modelljahr 2000 eine entsprechende Classic-Variante zur Seite gestellt wurde.

Der luftgekühlte V-Twin erlebte in der XVS 1100 Drag Star die Jahrtausendwende. Außerdem gehörte dieser Cruiser, zusammen mit der Wild Star, zu den letzten Yamahas ohne Einspritzung. Neben der schlanken Basis-Ausführung gab es bis 2007 parallel dazu noch die Classic-Variante mit dickem 16-Zoll-Vorderrad, Trittbrettern und Schaltwippe sowie üppigem Blech. Diese kostete dann mindestens 18.500 Mark.

Yamaha XV 1600 Wild Star (1999–2004)

Als die XV 1600 erschien, waren nicht nur die zwei Zylinder und der riesige Hubraum ungewöhnlich: Die Ventilbetätigung des seinerzeit größten Großserien-Twins mit der rund 20 kg schweren Kurbelwelle erfolgte über Stoßstangen. Kurbelwelle, Tank, Batterie und Anlasser – also alles, was richtig Gewicht auf die Waage brachte – hatte Yamaha nahe am Schwerpunkt platziert; die Kraftübertragung zum Hinterrad erfolgte per Fünfganggetriebe und Zahnriemen. Bei alldem wirkte die XV 1600 doch überraschend zahm und ließ gerade in den oberen Fahrstufen ein wenig Biss vermissen, die Getriebeübersetzung war zu lang. Tadellos dagegen das Fahrwerk mit 43er-Telegabel vorn und Dreieckschwinge samt Zentralfederbein hinten, und wären da nicht die sehr früh aufsetzenden Trittbretter, hätte die XV auch in Schräglage nur Lob verdient. Doch die Wild Star, die eigentlich die Drag-Star-Reihe hätte krönen sollen, entwickelte sich zum Desaster, die Reklamationsquote war hoch: Gebrochene Auspuffhalter und durchvibrierte Heckfender – immerhin aus Metall – mochten ja noch hinnehmbar und im Rahmen von Rückrufaktionen zu beheben sein, doch im neuen Jahrtausend gab es Probleme, die offiziell auf Getriebebschäden zurückgeführt wurden. Diese gingen mit einer plötzlichen Motorblockade einher, die zu schweren Stürzen führen konnte. Das führte zum größten Rückruf in der Firmengeschichte (wobei das KBA sogar mit dem Entzug der Betriebserlaubnis und der Zwangsstilllegung drohte).

Die XV 1600 Wild Star war bis 2001 der hubraumstärkste Cruiser auf dem Markt. Nominell nur 63 PS stark, bot sie ein gewaltiges Drehmoment von 130 Nm, das schon bei 2250/min anstand. Die Kraftübertragung zum Hinterrad erfolgte per Zahnriemen. 63 Ps bei 4000/min, 0–100 km/h in 5,7 s, 168 km/h, DM 19.625,–.

Jahr	1981–1983	1992–1997	1982–1985	1986–1989	1990–1999	1999–2002	1999–2004
Modell	**XV 750 Special / SE**	**XV 750 Virago**	**XV 1000 SE Midnight Special**	**XV 1000 Virago**	**XV 1100 Virago**	**XVS 1100 Drag Star**	**XV 1600**
Motor							
Hubraum (cm³)	748	748	981	981	1063	1063	1602
Zylinder	75° V 2	75° V 2	75° V 2	75° V 2	75° V 2	75° V 2	48° V 2
Bohrung x Hub (mm)	83 x 69,2	83 x 69,2	95 x 69,2	95 x 69,2	95 x 75	95 x 75	95 x 113
Arbeitsweise	4-Takt	4-Takt	4-Takt	4-Takt	4-Takt	4-Takt	4-Takt
Steuerung	OHC	OHC	OHC	OHC	OHC	OHC	OHV, Stoßstangen
Gemischaufbereitung	2 x Hitachi Ø 40	2 x Mikuni Ø 40	2 x Hitachi Ø 40	2 x Hitachi Ø 40	2 x Mikuni Ø 40	2 x Mikuni Ø 37	1 x Mikuni Ø 40
Ventile/Zylinder	2	2	2	2	2	2	4
Verdichtung	8,7	8,7	8,3	8,3	8,3	8,3	8,3
Kühlung	L	L	L	L	L	L	L
Leistung (kW (PS) / bei U/min)	37 (50) / 6500	40 (54) / 7000	50 (68) / 6500	47 (64) / 6500	46 (62) / 6000	46 (62) / 5750	46 (63) / 4000
Max. Drehmoment (Nm / bei U/min)	58,3 / 3500	57,9 / 6000	83 / 5000	79 / 5000	85,3 / 3000	85 / 2500	134 / 2250
Batterie	12 V 16 Ah	12 V 16 Ah	12 V 20 Ah	12 V 20 Ah	12 V 20 Ah	12 V 12 Ah	12 V 22 Ah
Generator (Watt)	220	280	220	220	280	350	300
Kraftübertragung							
Anz. Gänge	5	5	5	5	5	5	5
Übersetzung	2,353 / 1,667 / 1,286 / 1,032 / 0,909	2,353 / 1,667 / 1,286 / 1,032 / 0,853	2,353 / 1,667 / 1,286 / 1,032 / 0,909	2,353 / 1,667 / 1,286 / 1,032 / 0,852	2,294 / 1,666 / 1,285 / 1,032 / 0,852	2,353 / 1,667 / 1,286 / 1,032 / 0,853	2,437 / 1,579 / 1,160 / 0,906 / 0,750
Hinterradantrieb	W	W	W	W	W	W	ZR
Endübersetzung	3,207	3,207	3,003	3,003	3,003	2,875	2,32
Starter	Elektro	Elektro	Elektro	Elektro	Elektro	Elektro	Elektro
Fahrwerk							
Rahmen	PSR	PSR	PSR	PSR	PSR	SDR	SDR
Vorderradfederung	T Ø 36	T Ø 38	T Ø 36	T Ø 38	T Ø 38	T Ø 41	T Ø 43
Hinterradfederung	ZF	S	ZF	S	S	ZF	ZF
Federweg vorne (mm)	150	150	150	150	150	140	140
Federweg hinten (mm)	110	97	105	97	97	113	110
Vorderradbremse	SB Ø 298	DSB Ø 235, ab 1994: Ø 282	DSB Ø 280	DSB Ø 267	DSB Ø 267, ab 1994: Ø 282	DSB Ø 298	DSB Ø 298
Hinterradbremse	TB Ø 180	TB Ø 200	TB Ø 200	TB Ø 180	TB Ø 200	SB Ø 282	SB Ø 320
Vorderradreifen	3.50-19	100/90-19	3.50-19	100/90-19	100/90-19	110/90-18	130/90-16
Hinterradreifen	130/90-16	140/90-15	130/90-16	140/90-15	140/90-15	170/80-15	150/80-16
Allgemeine Daten							
Radstand (mm)	1520	1525	1520	1520	1525	1640	1685
Maße (Länge, mm)	2250	2335	2270	2235	2335	2405	2500
Lenkkopfwinkel (Grad)	61,7	58	60,5	58	58	57	58
Nachlauf (mm)	133	129	133	129	129	145	142
Gewicht (kg)	227	238	240	237	243, ab 1994: 248	280	335
Tankinhalt (l)	12	14,5	13,5	14,5	16,8	17	20
Beschleunigung (s)	5,6	6, ab 1994: 5,4	4,9	5,2	5,3	5,7	5,2
Höchstgeschw. (km/h)	163	170	178	168	171	167	168
Preis inkl. MwSt (DM)	7915–8695,–	11.230–12.980,–	9541–10.355,–	11.588–12.210,–	12.870–14.990,–	16.290–18.200,–	19.625–22.500,–

Yamaha XZ 550 / S (1982–1986)

Die XZ-Reihe war als Gegenstück zur CX 400/500 von Honda konzipiert worden, konnte sich aber nie richtig durchsetzen. Ihr hochmoderner DOHC-V-Twin leistete 50 bzw. 64 PS und verfügte über eine Kardanwelle zum Hinterrad. Die Abstützung des Hinterrades erfolgte über ein Cantilever-System. Zur Saison 1983 ergänzte Yamaha die XZ-Reihe durch das S-Modell mit einer Vollverkleidung im Stil der Turbo, ohne dadurch den Kundenzuspruch wesentlich vergrößern zu können. Nach kaum drei Jahren verschwand der Mittelklasse-Tourer wieder sang- und klanglos von der Bildfläche, die kantige Optik dürfte das größte Handicap dieser an sich guten Konstruktion gewesen sein: Ein interessantes Technikpaket in ziemlich unattraktiver Verpackung und mit miserablem Startverhalten. Die Fehlersuche brachte auch gestandene Schrauber-Profis ins Schwitzen. Letztlich gehört die XZ 550 zu den erfolglosesten Motorrädern der Achtziger.

Jahr	1982–1986
Modell	**XZ 550 / S**
Motor	
Hubraum (cm³)	553
Zylinder	70° V 2
Bohrung x Hub (mm)	80 x 55
Arbeitsweise	4-Takt
Steuerung	DOHC
Gemischaufbereitung	2 x Mikuni Ø 34
Ventile/Zylinder	4
Verdichtung	10,5
Kühlung	W
Leistung (kW (PS) / bei U/min)	47 (64) / 9500, auch 37 (50) / 9000
Max. Drehmoment (Nm / bei U/min)	50 / 8500, auch 44 / 7000
Batterie	12 V 14 Ah
Generator (Watt)	280
Kraftübertragung	
Anz. Gänge	5
Übersetzung	2,867 / 1,950 / 1,476 / 1,185 / 0,967
Hinterradantrieb	W
Endübersetzung	3,071
Starter	Elektro
Fahrwerk	
Rahmen	SDR
Vorderradfederung	T Ø 35
Hinterradfederung	ZF
Federweg vorne (mm)	140
Federweg hinten (mm)	90
Vorderradbremse	DSB Ø 267
Hinterradbremse	TB Ø 180
Vorderradreifen	90/90-18
Hinterradreifen	4.25/85-18
Allgemeine Daten	
Radstand (mm)	1450
Maße (Länge, mm)	2200
Lenkkopfwinkel (Grad)	63,3
Nachlauf (mm)	118
Gewicht (kg)	221 / 228
Tankinhalt (l)	17
Beschleunigung (s)	4,9, auch 5,9
Höchstgeschw. (km/h)	189; 165
Preis inkl. MwSt (DM)	7315–6680,–

Unter der kantigen Verkleidung der XZ 550 S steckte ein schlanker, leistungsstarker V-Twin mit Downdraft-Vergasern und Beschleunigungspumpe. Den Tourencharakter des offen 64 PS starken Mittelklässlers unterstrich der Kardanantrieb.

Yamaha XVZ 12 / 13 T Venture (1983–1992) Yamaha XVZ 1300 A Royal Star / AT Tour Classic / TF Venture (1996–2002)

Mit der XVZ begann 1983 bei Yamaha das Zeitalter der Supertourer. Der Gold-Wing-Konkurrent verfügte über einen V4-Motor – die Synthese zweier XZ-550-Motoren –, ein Highway-taugliches Fahrwerk und eine voluminöse Plastikverschalung. Verkauft wurde der rund 300 kg schwere Yamaha-Tourer ab 1984 auch in Deutschland, wohl wissend, dass die 18.000 Mark teure Venture im Grunde genommen nur für lange Autobahnetappen taugte. Zum Modelljahr 1989 führte Yamaha als Reaktion auf die Sechszylinder-Goldwing GL 1500 die aufgebohrte XVZ 13 T ein. Die Unterschiede zum Vormodell waren gering: Den American Way of Drive, made in Japan, trennten noch immer Welten von Maschinen wie der BMW K 100. Venture-Domäne waren die Highways, kurvige Landstraßen wie auch schweißtreibender Stadtverkehr waren wirklich nicht ihr Ding.

Die XVZ 1200 (»Venture Royale«) war die seinerzeit – 1983 – hubraum- und leistungsstärkste Yamaha. Hauptabsatzmarkt war Nordamerika. Sie verfügte über einen flüssigkeitsgekühlten DOHC-V4-Motor mit 16 Ventilen, Kardanantrieb, Vollverkleidung, Kassettenradio, elektrisch verstellbare Federelemente und dergleichen mehr. Der Motor bildete die Grundlage für die drei Jahre später eingeführte Vmax.

Der V4-Motor fand dann auch in der XVZ 1300 A Royal Star Verwendung. Auch dieser Chopper war in erster Linie für die USA gebaut worden, dortige Überbestände gelangten dann nach Europa. So richtig hierher passen wollten sie indessen nicht, denn sie waren überdimensioniert: 1695 mm Radstand, 60-Grad-Lenkkopfwinkel und 129 mm Nachlauf machten enge Alpenpässe mühsam; und auch die Bremsanlage legte eine vorausschauende Fahrweise nahe. Keine Klagen gab es dagegen über den auf 74 PS erstarkten V4-Motor, er bot Kraft im Überfluss. Das maximale Drehmoment von 110 Nm lag bereits bei 3500/min an. Stilecht verzichtete der 305 kg schwere Cruiser weitgehend auf die Verwendung von Kunststoff. Nach 1999 stellte Yamaha den Star-Import ein, Restbestände wurden bis 2000 verkauft, zuletzt für 20.000 bzw. 24.000 Mark. Gab's ab Ende 1997 auch als »Royal Star Tour Classic« mit großer Windschutzscheibe, Rindsleder-Packtaschen, sofaähnlichen Sitze und Sissybar. Bei diesem Maxi-Cruiser waren auch die verchromten Schutzbügel serienmäßig. Der Aufpreis gegenüber der Basis lag bei DM 4700,–.

Als Luxustourer positioniert wurde die XVZ 1300 TF (»Royal Star Venture«), die 1998 hierzulande angeboten wurde. Sie basierte auf der Royal Star, war aber erheblich leistungsstärker als diese. Überdies hatte sie, anders als die Star, einen Zahnriemen zum Hinterrad und einen verstärkten Rahmen. Rund 400 Kilogramm schwer, brachte der XXL-Cruiser von Haus aus alles mit, was Luxustourer ausmachte: Mit Vollverkleidung, Lümmel-Sitzen, Wohnmobil-tauglichen 127 Litern Stauraum, Radio und dergleichen Gimmicks mehr blieben keine Wünsche offen. Um das Trumm von einem Motorrad anzuschieben – am besten immer nur geradeaus – war der V4-Dampfer auf 98 PS gebracht worden, ohne dass sich in Sachen Fahrdynamik gegenüber der normalen Star viel änderte. Lediglich Hondas Gold Wing bot in Sachen Ausstattung noch mehr als der Luxustourer mit dem ellenlangen Radstand. Artgerecht bewegt, gab es aber kaum einen besseren Langstrecken-Gleiter.

Die XVZ 1300 A Royal Star war eine Mischung aus Chopper und Cruiser.

Yamaha Vmax (1996–2002)

Um den Venture-V4 herum strickte die amerikanische Yamaha-Dependance ein neues, zumeist überfordertes Fahrwerk, garnierte es mit einer Dragster-Optik und schuf so ein Musclebike, das auch 25 Jahre später immer noch nach Burnout und Schwarzenegger aussah: Echte Modellwechsel hat es nicht gegeben. Erwähnenswert ist eigentlich nur das Modelljahr 1993, als das Kultbike an Gabel, Bremsen und Rädern überarbeitet wurde. Die Kritik am angeblich unfahrbaren Hubraummonster verstummte daraufhin ziemlich schnell. Drei Jahre

Die Yamaha Vmax war das stärkste Serienmotorrad der Welt. Die erste Generation des Drag-Bikes mit offen 145 PS war in Deutschland lediglich über freie Importeure zu beziehen. 145 PS bei 9000/min, 0–100 km/h in 4,1 und 0–200 km/h in 13,6 s – die Höchstgeschwindigkeit von 241 km/h verblasste angesichts dieser Werte.

Alles Attrappe: Die seitlichen Lufthutzen hatten keine Funktion und der Tank befand sich unter der Sitzbank, er fasste 15 Liter. Und unterhalb von 6000 Umdrehungen gab sich die Vmax lammfromm und alltagstauglich. Zwischen 1996 und 2002 bot sie Yamaha offiziell auch in Deutschland an. 98 PS bei 8000/min, 0–100 km/h in 3,7 s, 204 km/h, DM 18.230,–.

später kam die Vmax nach Deutschland, gedrosselt auf politisch korrekte (und versicherungstechnisch bezahlbare) 98 PS bei 8000 Touren, drei Jahre später gab's die 285 Kilogramm Lebendgewicht auch offen mit 145 PS. Noch immer fuhr die Yamaha am liebsten geradeaus. Der Kraftprotz mit den bleichgesichtigen Uhren auf der Tankkonsole kostete zunächst 18.590 Mark und figurierte in der Preisliste der Jahrtausendwende als »Tourer« für 21.400 Mark.

Jahr	1983–1988 / 1989–1992	1996–2002	1996–1999	1998–2002
Modell	**XVZ 12 T / XVZ 13 T**	**Vmax**	**XVZ 1300A / AT Royal Star**	**XVZ 13 TF Royal Star Venture**
Motor				
Hubraum (cm³)	1198 / 1294	1198	1294	1294
Zylinder	70° V 4	70° V 4	65 ° V 4	65 ° V 4
Bohrung x Hub (mm)	76 x 66 / 79 x 66	76 x 66	79 x 66	79 x 66
Arbeitsweise	4-Takt	4-Takt	4-Takt	4-Takt
Steuerung	DOHC	DOHC	DOHC	DOHC
Gemischaufbereitung	4 x Mikuni Ø 34 / Ø 35	4 x Mikuni Ø 35	4 x Mikuni Ø 28	4 x Mikuni Gleichdruck Ø 32
Ventile/Zylinder	4	4	4	4
Verdichtung	10,5	10,5	10,0	10,0
Kühlung	W	W	W	W
Leistung (kW (PS) / bei U/min)	71 (97) / 7000	72 (98) / 8000	54,2 (74) / 5000	70 (95) / 6000
Max. Drehmoment (Nm / bei U/min)	108 / 5000 115 / 5000	101,2 / 3000	109,7 / 3500	119 / 4750
Batterie	12 V 20 Ah	12 V 16 Ah	12 V 18 Ah	12 V 18 Ah
Generator (Watt)	420	k. A.	420	420
Kraftübertragung				
Anz. Gänge	5	5	5	5
Übersetzung	2,600 / 1,772 / 1,347 / 1,068 / 0,906	2,529 / 1,772 / 1,347 / 1,076/ 0,928	2,438 / 1,579 / 1,160 / 0,906 / 0,750	2,529 / 1,632 / 1,200 / 0,960 / 0,786
Hinterradantrieb	W	W	W	W
Endübersetzung	2,577	2,851	2,567	2,567
Starter	Elektro	Elektro	Elektro	Elektro
Fahrwerk				
Rahmen	SDR	SDR	SDR	SDR
Vorderradfederung	T Ø 40	T Ø 43	T Ø 43	T Ø 43
Hinterradfederung	S	S	ZF	S
Federweg vorne (mm)	140	140	140	140
Federweg hinten (mm)	105	100	95	105
Vorderradbremse	DSB Ø 300 / Ø 282	DSB Ø 298	DSB Ø 298	DSB Ø 298
Hinterradbremse	SB Ø 300 / Ø 320	SB Ø 282	SB Ø 320	SB Ø 320
Vorderradreifen	120/80-18 / 120/90-18	110/90-18	150/80-16	150/80-16
Hinterradreifen	140/90-16	150/90-15	150/90-15	150/90-15
Allgemeine Daten				
Radstand (mm)	1610	1590	1695	1705
Maße (Länge, mm)	2430 / 2440	2300	2480	2705
Lenkkopfwinkel (Grad)	61,5	61	60	61
Nachlauf (mm)	125	119	126	152
Gewicht (kg)	325 / 348	285	330, 341	399
Tankinhalt (l)	20	15	18	22,5
Beschleunigung (s)	4,8	3,9	6,9	5,4
Höchstgeschw. (km/h)	192	198	175	186
Preis inkl. MwSt (DM)	17.700–23.010,–	18.590–21.400,–	23.490–27.980,–	29.990,–

Index

Honda 6

Kawasaki 114